Prof. Dr. Horst Tempelmeier
Fachgebiet Fertigungs- und Materialwirtschaft
Institut für Betriebswirtschaftslehre
Fachbereich 1
Technische Hochschule Darmstadt
Hochschulstraße 1
D-6100 Darmstadt

ISBN 3-540-18963-7 Springer-Verlag Berlin Heidelberg New York
ISBN 0-387-18963-7 Springer-Verlag New York Berlin Heidelberg

CIP-Titelaufnahme der Deutschen Bibliothek
Tempelmeier, Horst:
Material-Logistik: quantitative Grundlagen d. Materialbedarfs- u. Losgrößenplanung / Horst Tempelmeier. - Berlin; Heidelberg; New York; London; Paris; Tokyo: Springer, 1988
(Heidelberger Lehrtexte: Wirtschaftswissenschaften)
ISBN 3-540-18963-7 (Berlin ...) brosch.
ISBN 0-387-18963-7 (New York ...) brosch.

Druck: Weihert-Druck GmbH, Darmstadt
Bindearbeiten: J. Schäffer GmbH u. Co. KG., Grünstadt
2142/7130-543210

Vorwort

Die Material-Logistik gewinnt in einer Zeit des steigenden Zwangs zur Kosten- und Bestandsreduktion zunehmend an Bedeutung. Während die betriebswirtschaftliche Literatur zahlreiche Lehrbücher aufweist, in denen materialwirtschaftliche Fragestellungen unter strategischen oder kontrahierungspolitischen Aspekten behandelt werden, fehlt bislang eine problembezogene, quantitativ orientierte Darstellung der logistischen Probleme, die sich im Zusammenhang mit der Versorgung der Produktionsprozesse eines Unternehmens mit Material ergeben. Das vorliegende Lehrbuch soll diese Lücke schließen helfen.

Der Schwerpunkt der Ausführungen liegt im Bereich der (verbrauchsgesteuerten und programmgesteuerten) Materialbedarfsplanung, der eng damit verbundenen dynamischen Losgrößenplanung in mehrteiligen und mehrstufigen Erzeugnisstrukturen sowie auf den Problemen der Unsicherheit in der Materialbedarfsrechnung. Unsicherheit wird jedoch nur insoweit behandelt, als sich aus der Mehrstufigkeit des Erzeugniszusammenhangs besondere Aspekte ergeben. Lagerhaltungssysteme für unabhängig disponierte Erzeugnisse werden dagegen nicht dargestellt, da zu diesem Problemkreis bereits eine umfangreiche Lehrbuchliteratur verfügbar ist.

Aufgrund ihrer engen Verflechtung mit der kurzfristigen Produktionsplanung ist eine überschneidungsfreie Abgrenzung des Entscheidungsbereichs der Material-Logistik oft schwierig bzw. unmöglich. So werden in der vorliegenden Arbeit Probleme angesprochen, deren Diskussion auch in einem Lehrbuch zur Produktionsplanung angemessen wäre. Obwohl material-logistischen Fragestellungen eine tragende Rolle in "neueren" materialflußorientierten Konzepten zur Produktionssteuerung (Toyota-Produktionssteuerungssystem, belastungsorientierte Auftragsfreigabe, OPT) zukommt, werden Probleme der Produktionsdurchführungsplanung in diesem Lehrbuch nicht diskutiert. Die behandelten Problemstellungen finden sich eher in den in der betrieblichen Praxis verbreiteten EDV-Systemen zur Produktionsplanung und -steuerung (PPS-Systeme; MRP-Systeme) wieder.

Das Buch basiert auf Lehrveranstaltungen, die ich in den vergangenen Jahren im Rahmen der Wirtschaftsingenieur- und Wirtschaftsinformatikausbildung an der Technischen Hochschule Darmstadt gehalten habe. Es richtet sich an Studenten der Betriebswirtschaftslehre, des Wirtschaftsingenieurwesens und der Wirtschaftsinformatik sowie an den im Bereich der Produktionsplanung und -steuerung tätigen Praktiker.

Ich danke meinen Mitarbeitern am Fachgebiet Fertigungs- und Materialwirtschaft der Technischen Hochschule Darmstadt für die Unterstützung bei der Anfertigung des Lehrbuchs. Den Herren Dipl.-Wirtsch.-Ing. Th. Endesfelder, Dipl.-Wirtsch.-Ing. H.

Kuhn und Dipl.-Wirtsch.-Ing. U. Tetzlaff danke für ihre zahlreichen kritischen Anregungen. Herrn Dipl.-Wirtsch.-Ing. R. Hoenig gilt mein Dank für die Generierung eines Druckertreibers, der erst die äußere Form dieses Buches möglich machte.

Redaktioneller Hinweis: Dieses Buch wurde mit Microsoft Word 4.0 geschrieben und auf einem Kyocera-Laserdrucker F1010 gedruckt. Die zeitreihenorientierten graphischen Darstellungen wurden mit PlotIt 1.3 erzeugt. Die objektorientierten Graphiken wurden mit UniCAD 2.5 sowie z.T. mit Diagram-Master 5.01 erstellt. Für verschiedene statistische Berechnungen wurde PlotIt 1.3, für allgemeine numerische Auswertungen EUREKA 1.0 eingesetzt.

Darmstadt, im Januar 1988 Horst Tempelmeier

Inhaltsverzeichnis

1. Begriff der Material-Logistik und ihre Abgrenzung von anderen betrieblichen Funktionen

Das vorliegende Lehrbuch befaßt sich mit Problemen, bei denen nicht immer eindeutig ist, ob sie zur Material-Logistik, zur Beschaffung oder zur Produktionsplanung zu zählen sind. Im ersten Abschnitt wird daher zunächst eine Abgrenzung der Material-Logistik von den anderen betrieblichen Funktionsbereichen vorgenommen.

11. Begriff der Material-Logistik

Der Aufgabenbereich der betrieblichen Material-Logistik beinhaltet alle jene Aktivitäten, die sich auf den **räumlichen, zeitlichen und mengenmäßigen Transfer** der in der Produktion eingesetzten Verbrauchsfaktoren von den Lieferanten bis zu ihrer Verarbeitung in einem Produktionsprozeß bzw. bis zur Einlagerung im Fertigproduktlager einer Unternehmung beziehen. Die Material-Logistik schließt in diesem eng auf **logistische Probleme** abstellenden Sinn die Aufgabenbereiche der physischen Beschaffung (physische Versorgung) und der innerbetrieblichen Logistik ein. Sie bildet zusammen mit der physischen Distribution das Logistiksystem einer Unternehmung (siehe Bild 1).

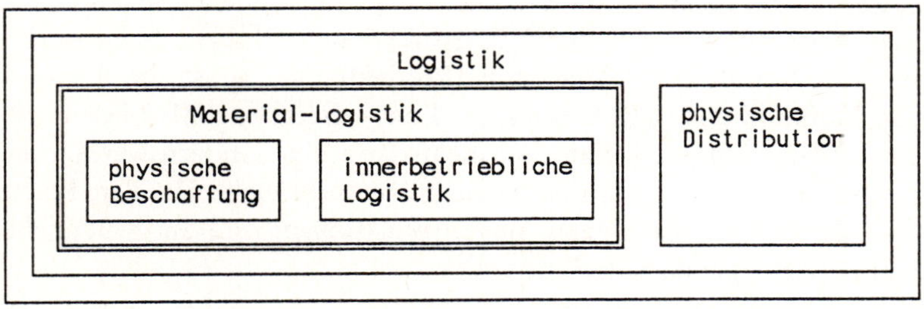

Bild 1: Elemente des Logistiksystems einer Unternehmung

Die Material-Logistik umfaßt den Ausschnitt aus der logistischen[1] Kontrollspanne eines Industrieunternehmens, der den Materialfluß von der Güterübernahme bis zum Verlassen der Fertigungsstätten als selbständig absetzbares Produkt betrifft. Das **Logistiksystem** eines Unternehmens ist insofern ein Supersystem der Material-Logistik, als

1 zum Begriff der Logistik vgl. z.B. Ihde (1983), S. 25; Pfohl (1985)

es auch noch den physischen Produktfluß der absatzfähigen Erzeugnisse zu ihren unmittelbaren Abnehmern umfaßt.

Holt die Unternehmung die Verbrauchsfaktoren selbst bei ihren Lieferanten ab, dann beginnen die material-logistischen Prozesse mit der Verladung der Güter auf die von der Unternehmung kontrollierten Transportmittel. **Letzte Station** der material-logistischen Kontrollspanne ist i.a. ein einer Produktionsstätte angeschlossenes Fertigproduktlager. Für die Höhe der **Lagerbestände** sind dort vor allem produktionswirtschaftliche Gesichtspunkte, z.B. bezüglich der optimalen Fertigungsauftragsgröße maßgebend. Unmittelbar im Anschluß daran beginnt der Aufgabenbereich der physischen Distribution (betriebliche Warenverteilung; Marketing-Logistik[2]).

Die Material-Logistik bezieht sich im Gegensatz zur Materialwirtschaft ausschließlich auf logistische Aktivitäten, also auf Prozesse des **Ausgleichs** von **Raum-, Zeit- und Mengendifferenzen**. Zur Überbrückung der räumlichen, zeitlichen und mengenmäßigen Differenzen zwischen "Nachfrage" und "Angebot" sind die Verrichtungen der **Lagerung**, des **Transports** sowie der **Materialhandhabung und Verpackung** durchzuführen, die durch Prozesse der **Informationsverarbeitung** gesteuert und kontrolliert werden. Diese Prozesse vollziehen sich im Rahmen einer **vorgegebenen räumlichen Struktur** des Logistiksystems der Unternehmung, d.h. bei gegebenen Standorten der Lieferanten, Beschaffungslager und Produktionsanlagen. Die Gestaltung der räumlichen Struktur ist die Aufgabe der lang- bzw. mittelfristigen Strukturplanung (insb. der Standortplanung und der Kapazitätsplanung), die nicht Gegenstand der vorliegenden Arbeit ist[3].

Objekte der Material-Logistik sind die in der Unternehmung eingesetzten Verbrauchsfaktoren, d.h. Roh-, Hilfs- und Betriebsstoffe[4]. Als **Rohstoffe** bezeichnet man diejenigen Realgüter, die unmittelbar in die zu produzierenden Erzeugnisse eingehen und deren **Hauptbestandteile** bilden (z.B. Stahl). Unter dem Begriff **Hilfsstoffe** subsumiert man Stoffe, die ebenfalls unmittelbar in die Erzeugnisse eingehen, die im Vergleich zu den Rohstoffen aber lediglich Hilfsfunktionen erfüllen, da ihr wert- und mengenmäßiger Anteil an den zu erzeugenden Produkten gering ist. Sie üben oft nur eine verbindende Funktion aus (z.B. Schrauben, Leim). **Betriebsstoffe** bilden selbst keinen Bestandteil der Erzeugnisse, gehen also nicht darin ein, sondern werden mittel- oder unmittelbar bei der Herstellung der Erzeugnisse verbraucht. Zu den Betriebsstoffen zählen alle Güter, die dazu dienen, den Produktionsprozeß zu ermöglichen und in Gang zu halten (z.B. Schmiermittel, Energie).

Im Hinblick auf den Grad der Bearbeitung bzw. nach dem Grad der noch vorgesehenen Bearbeitung lassen sich die Verbrauchsfaktoren weiterhin als bezogene Teile und als Handelswaren charakterisieren. **Bezogene Teile** sind jene im Produktionsprozeß noch einzusetzenden Verbrauchsfaktoren, die schon von Lieferanten vorbehandelt worden sind und somit einen im Vergleich zu Rohstoffen höheren Bearbeitungsgrad auf-

2 vgl. hierzu insb. Tempelmeier (1983)

3 vgl. zu den Problemen der betrieblichen und innerbetrieblichen Standortplanung z.B. Domschke/ Drexl (1984); Tempelmeier (1983); Wäscher (1982)

4 vgl. Franken (1984), S. 15-17; Grochla (1978), S. 15; Hahn/Laßmann (1986), S. 329-332

weisen (z.B. elektronische Bauelemente). Schließlich sind **Handelswaren** gekaufte Produkte, die die Unternehmung zwar in ihr Absatzprogramm aufgenommen hat, die aber nicht Bestandteil ihres Produktionsprogramms sind (z.B. Disketten bei EDV-Hardwareanbietern).

12. Beziehungen der Material-Logistik zu Beschaffung, Produktion und Materialwirtschaft

Die Material-Logistik steht in engem Zusammenhang zu den Funktionen der Materialwirtschaft, der Beschaffung und der Produktion (siehe Bild 2).

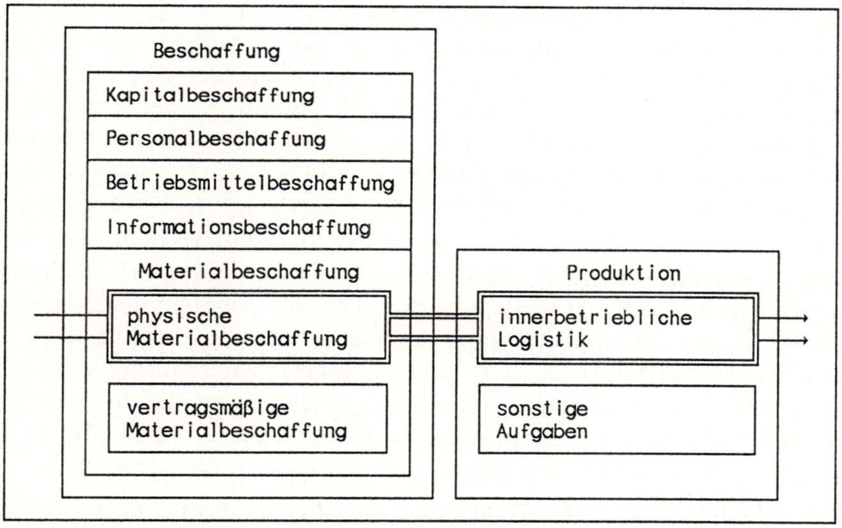

Bild 2: Beziehung der Material-Logistik zu Produktion und Beschaffung

Die Beschaffung ist neben der Produktion und dem Absatz einer der drei realgüterbezogenen Aufgabenbereiche in einer nach Funktionen gegliederten Unternehmung. Zur **Beschaffung** (i.w.S.) zählen alle Maßnahmen, die die **Versorgung der Unternehmung mit Produktionsfaktoren** (Betriebsmittel, Material, Personal, Kapital, Informationen) zum Ziel haben[5]. Die **Materialbeschaffung** kann nach dem Kriterium des Beschaffungsobjekts aus dem Aufgabenkomplex der Beschaffung (i.w.S.) herausgelöst werden und beinhaltet alle Maßnahmen, die sich auf die **Versorgung der Unternehmung mit Verbrauchsfaktoren** beziehen. Neben vielfältigen marktbezogenen Aufgaben, die hier unter dem Sammelbegriff der **vertragsmäßigen Materialbeschaffung** zusam-

5 vgl. Theisen (1974), Sp. 494-503

mengefaßt werden, beinhaltet die physische Beschaffung den zweiten großen Aufgabenkomplex der Beschaffung. In der **physischen Materialbeschaffung** überschneiden sich somit die Beschaffung und die Logistik eines Unternehmens. Eine Abgrenzung von Beschaffung (i.w.S.) und Material-Logistik erfolgt demnach nicht nur nach dem Kriterium des **Beschaffungsobjekts** (Verbrauchsfaktoren), sondern darüberhinaus durch die Konzentration auf die **logistischen** Prozesse der Überbrückung von Raum-, Zeit- und Mengendifferenzen.

In ähnlicher Weise wie die physische Beschaffung als ein Teilsystem der Materialbeschaffung beschrieben wurde, kann die **innerbetriebliche Logistik** als ein Subsystem des Produktionssystems einer Unternehmung aufgefaßt werden, das sich speziell mit den logistischen Aufgaben in der Produktion befaßt. Über logistische Aufgaben hinaus sind in der Produktion noch eine große Anzahl anderer Aufgaben, z.B. mittel- und kurzfristige Produktionsprogrammplanung, Planung der Ver- oder Bearbeitung der Verbrauchsfaktoren (Prozeßplanung), Instandhaltungsplanung, Qualitätskontrolle, etc. zu erfüllen. Die exakte Abgrenzung zwischen innerbetrieblicher Logistik einerseits und vor allem der Produktionsdurchführungsplanung und -steuerung andererseits ist im Einzelfall jedoch schwierig, da Entscheidungen in beiden Bereichen dieselben Entscheidungsobjekte betreffen. So beeinflussen z.B. "logistische" Entscheidungen über den innerbetrieblichen Materialfluß direkt die Möglichkeiten der Produktionssteuerung. Dies wird besonders bei den in letzter Zeit propagierten "neuen" materialflußorientierten Systemen zur Produktionssteuerung deutlich (z.B. Kanbansystem).

Die Abgrenzung der Material-Logistik von der **Materialwirtschaft** hängt von dem gewählten Begriff der Materialwirtschaft ab, der in der betriebswirtschaftlichen Literatur unterschiedlich weit gefaßt wird. So wird von einigen Autoren[6] auch die **physische Distribution**, d.h. die betriebliche Warenverteilung (Marketing-Logistik) zum Bereich der Materialwirtschaft gerechnet[7]. Die Material-Logistik unterscheidet sich von dieser Begriffsfassung der Materialwirtschaft dadurch, daß sie sich auf die Materialzuflüsse zu den Produktionsstellen des Unternehmens bezieht und die Probleme der physischen Distribution der absatzfähigen Erzeugnisse an die Abnehmer nicht betrachtet.

Es hat sich in der Betriebswirtschaftslehre als vorteilhaft erwiesen, eine gedankliche Zerlegung der gesamten Unternehmensaufgabe in die **Funktionsbereiche** der **Beschaffung**, der **Produktion** und des **Absatzes** vorzunehmen, da es auf diese Weise besser möglich ist, spezifische Probleme eines jeden Teilbereichs herauszuarbeiten und zu behandeln. Dies ist u.E. auch für eine Trennung von physischer Materialbeschaffung, innerbetrieblicher Logistik und physischer Distribution sinnvoll. Dabei ist es möglich, die physische Versorgung und die innerbetriebliche Logistik gemeinsam unter dem Oberbegriff der Material-Logistik zusammenzufassen; denn hier treten zahlreiche verwandte

6 z.B. Steinbrüchel (1971); Horvath (1972); Oeldorf/Olfert (1985)

7 In dieser Definition wäre die Materialwirtschaft, zumindest was die Outputseite des Logistiksystems einer Unternehmung betrifft, gleichbedeutend mit der Logistik selbst. Diese Gleichsetzung ist u.E. unzweckmäßig; denn mit dem Begriff der Materialwirtschaft soll gerade ein Teilbereich aller Aktivitäten inhaltlich beschrieben werden, in dem spezifische Problemstellungen auftreten, die sich in ihrem Charakter von den für die physische Distribution typischen Fragestellungen wesentlich unterscheiden und daher überwiegend spezifische Problemlösungsmethoden erfordern.

Problemstellungen auf, denen gemeinsam ist, daß es um die **Versorgung von Subsystemen** (Produktionsstufen) **des Unternehmens mit Material** geht. Aus der Sicht einer einzelnen Produktionsstufe ist es dabei unerheblich, ob der Materialnachschub von einem anderen, vorgelagerten Produktionsprozeß stammt, oder ob die benötigten Verbrauchsfaktoren von Fremdlieferanten bezogen werden. Die physische Distribution mit ihrer absatzorientierten, lieferservicebezogenen Ausrichtung nimmt im Vergleich dazu eine Sonderstellung ein, so daß es sinnvoll erscheint, sie separat zu behandeln. Von dieser Interpretation der Materialwirtschaft unterscheidet sich die Material-Logistik also durch die Beschränkung auf die **Versorgung** der Produktionsprozesse[8].

Nach der in der Literatur vorherrschenden Auffassung sind zum Bereich der Materialwirtschaft auch die Aufgaben der **vertragsmäßigen Beschaffung**, d.h. der betriebliche Funktionsbereich, der gemeinhin als **Einkauf** bezeichnet wird, zu rechnen[9]. Dies führt zu einer weiteren Abgrenzung von Materialwirtschaft und Material-Logistik. Ebenso wie sich auf der **Distributionsseite** die Trennung in eine **vertragsmäßige** Distribution (mit Betonung der **Marktbeziehungen** und der kontrahierungspolitischen Entscheidungen) und eine **physische** Distribution (mit Betonung der **logistischen** Aktivitäten) durchgesetzt hat[10], ist es sinnvoll, auch auf der Versorgungsseite eine solche Trennung in eine vertragsmäßige Materialbeschaffung und eine physische Materialbeschaffung vorzunehmen. Dadurch wird es möglich, die kontrahierungspolitischen Probleme der **vertragsmäßigen** Materialbeschaffungspolitik getrennt von den logistischen Problemen der physischen Produktmanipulation im Beschaffungsbereich zu behandeln[11]. Die **vertragsmäßige Materialbeschaffung** (Einkauf) dient dann der Abwicklung der marktmäßigen Beziehungen bei der Versorgung des Unternehmens mit Verbrauchsfaktoren, während die physische Beschaffung (physische Versorgung) die logistischen Aktivitäten umfaßt. Die Material-Logistik unterscheidet sich von der Materialwirtschaft somit auch durch die Konzentration auf logistische Aspekte der Materialbeschaffung.

Das vorliegende Lehrbuch ist schwerpunktmäßig den Fragen der Materialbedarfs- und Losgrößenplanung gewidmet. Die Materialbedarfsplanung hat die Aufgabe, den Bedarf an Verbrauchsfaktoren, der sich aus einem im Rahmen der kurzfristigen Produktionsprogrammplanung festgelegten Produktionsprogramm[12] für absatzbestimmte Erzeugnisse ergibt, für eine oder mehrere Planungsperioden nach **Art, Menge und Termin** zu ermitteln. Die Planung des Materialbedarfs bildet eine wichtige Voraussetzung für alle weiteren Entscheidungsprozesse innerhalb der betrieblichen Materialwirtschaft, insb. für die Planung der Beschaffungsmengen sowie der Auftragsgrößen und die Pla-

8 Die hier vorgenommen Beschränkung auf die Versorgung der Produktionsprozesse impliziert, daß auch Probleme der Entsorgung eines Unternehmens in der vorliegenden Arbeit betrachtet werden können, sofern sie im Rahmen eines Recycling als spezielle Produktionsprozesse aufgefaßt werden können; zur Behandlung des Recycling vgl. Berg (1979), S. 25-30.

9 vgl. z.B. Berg (1979); Franken (1984); Grochla (1978); Horvath (1972); Kupsch/Lindner (1985); Pekayaz (1985)

10 vgl. z.B. Kirsch/Bamberger/Gabele/Klein (1973), S. 279; Scheuch (1986), S. 341-372

11 vgl. auch Hahn/Laßmann (1986), S. 329

12 Das im Rahmen der mittelfristigen aggregierten Produktionsprogrammplanung grob festgelegte und in der kurzfristigen Programmplanung detaillierte Produktionsprogramm wird in der anglo-amerikanischen Literatur als master production schedule bezeichnet.

nung der Beschaffungszeitpunkte. Die Einbettung der Materialbedarfs- und Losgrößenplanung in den Planungszusammenhang der Produktionsplanung zeigt Bild 3.

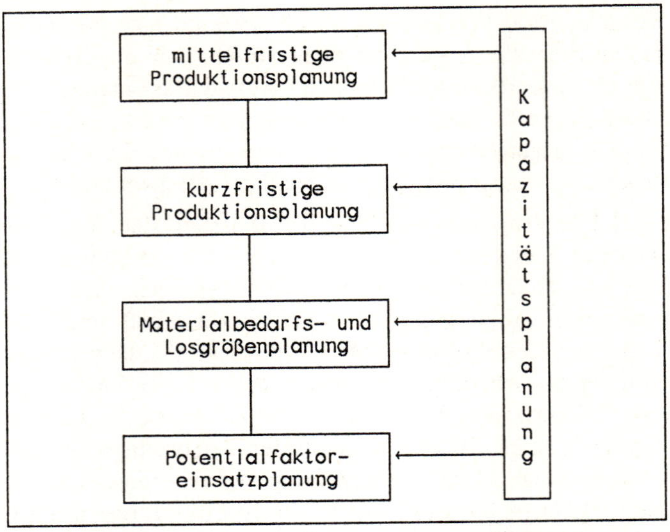

Bild 3[13]*: Einbettung der Materialbedarfs- und Losgrößenplanung in die Produktionsplanung*

Ausgangspunkte der Materialbedarfs- und Losgrößenplanung sind ein vorgegebenes **Produktprogramm** und - im Fall einer programmgesteuerten mehrstufigen Bedarfsplanung - eine vorgegebene **Erzeugnisstruktur**. Das Produktionsprogramm wird zunächst im Rahmen der mittelfristigen aggregierten Produktionsprogrammplanung produktgruppenbezogen für einen Zeitraum von mehreren Monaten festgelegt und dann im Rahmen der kurzfristigen Programmplanung produktbezogenen für einen kürzeren Planungszeitraum spezifiziert[14]. In diesen Planungsschritten werden aggregierte Produktionskapazitäten grob berücksichtigt. Die Ergebnisse der Materialbedarfs- und Losgrößenplanung (Fertigungsaufträge) werden in die Potentialfaktoreinsatzplanung (Grobterminplanung, Ablaufplanung) übernommen und in ein zeitlich strukturiertes Arbeitsprogramm der Potentialfaktoren umgesetzt. Auf sämtlichen Planungsstufen müssen die evtl. vorliegenden Beschränkungen der Kapazitäten in unterschiedlichen Aggregationsgraden berücksichtigt werden.

Die (programmgebundene) Materialbedarfs- und Losgrößenplanung leitet aus dem kurzfristigen Produktionsplan, der die geplanten Produktionsmengen und -termine der Fertigprodukte enthält, unter Verwendung von Informationen über die mengenmäßige (und strukturelle) Zusammensetzung der Erzeugnisse aus verschiedenen Einzelteilen und Baugruppen den Bedarf für Baugruppen, Einzelteile und Rohmaterial mengenmäßig und terminbezogen ab. Das Zeitraster der Materialbedarfs- und Losgrößenplanung

13 vgl. Tersine (1985), S. 458; Silver/Peterson (1985), S. 511; vgl. auch Zäpfel (1982), S. 40
14 vgl. Silver/Peterson (1985), S. 506-517; Vollmann/Berry/Whybark (1984), S. 13

ist so weit, daß arbeitsgangspezifische Rüstzeiten nicht berücksichtigt werden. Es wird davon ausgegangen, daß die Perioden so lang sind, daß innerhalb einer Periode selbst die größte Periodenbedarfsmenge produziert werden kann.

Unter Planungsaspekten sind vor allem zwei **Bedarfsarten** zu unterschieden: **Primärbedarf** und **Sekundärbedarf**. Als **Primärbedarf** bezeichnet man den absatzbestimmten Bedarf an Fertigprodukten und Ersatzteilen. Der Primärbedarf wird sowohl hinsichtlich der Mengen als auch in seiner zeitlichen Struktur durch das **kurzfristige Produktionsprogramm** festgelegt. Seine Prognose ist nur bei reiner Kundenauftragsfertigung, d.h. dann, wenn immer genügend Aufträge vorliegen, überflüssig. Abweichungen von der reinen Kundenauftragsfertigung, etwa zur Verkürzung der Vorlaufzeiten (Lieferzeiten), liegen dann vor, wenn einzelne Bauteile schon vor Eingang des Kundenauftrags auf Vorrat gefertigt werden. In diesem Fall ist eine Vorhersage des Primärbedarfs erforderlich. Die Primärbedarfsmenge ist i.a. als Ergebnis der vorgelagerten kurzfristigen Produktionsprogrammplanung für die Ermittlung der Materialbedarfs vorgegeben. Unter **Sekundärbedarf** versteht man den Bedarf an Rohstoffen, Einzelteilen und Baugruppen, der sich aus einem vorgegebenen Produktionsprogramm (Primärbedarf) ergibt. Er kann bei Kenntnis der Erzeugnisstruktur aus dem Primärbedarf abgeleitet werden[15].

Die weiteren Ausführungen sind wie folgt gegliedert. In den Abschnitten 2 bis 4 wird die Materialbedarfs- und Losgrößenplanung behandelt. Dabei wird die in der Literatur übliche Trennung von Materialbedarfsrechnung (als Teil der Material-Logistik) einerseits und Losgrößenplanung (als Teil der Produktionsplanung) andererseits aufgegeben. Vielmehr wird der Tatsache Rechnung getragen, daß bei mehrteiligen Erzeugnisstrukturen, die in der betrieblichen Praxis vorherrschend sind, die Losgrößenplanung für übergeordnete Erzeugnisse einen bedeutenden Einfluß auf den Bedarfsverlauf der untergeordneten Produkte hat. Wegen dieses engen Zusammenhangs ist eine Materialbedarfsplanung ohne eine integrierte Bestimmung der Fertigungsauftragsgrößen nicht möglich.

Nach einer Untersuchung der Klassifizierungsmöglichkeiten von Verbrauchsfaktoren (Abschnitt 2) wird in Abschnitt 3 die verbrauchsorientierte Materialbedarfsermittlung behandelt. In Abschnitt 4 werden die Probleme der programmorientierten Materialbedarfsermittlung und Losgrößenplanung diskutiert. Abschnitt 5 schließlich beschäftigt sich mit den Fragen, die sich daraus ergeben, daß die Fertigungsprozesse und damit auch die Datengrundlage der Materialbedarfs- und Losgrößenplanung vielfältigen zufälligen Störeinflüssen unterliegen. Die sich daraus ergebenden stochastischen Probleme sind insb. Gegenstand der Planung der Materiallagerung, in der es vor allem darum geht, durch Sicherheitsbestände diese Störeinflüsse abzufangen.

15 Daneben wird häufig noch der Begriff Tertiärbedarf genannt. Hierunter versteht man den Bedarf an Hilfs- und Betriebsstoffen sowie an Verschleiß-Werkzeugen für die Produktion. Eine Vorhersage des Tertiärbedarfs kann oft mit technologischen Kennzahlen erfolgen (z.B. Schmierstoffe je Betriebsstunde einer Maschine). In vielen Fällen wird jedoch ein statistisches Vorhersageverfahren verwendet.

Vertiefende Literatur zu Abschnitt 1.:

Berg (1979)
Franken (1984)
Grochla (1978)
Heinrich (1987)
Ihde (1983)
Kirsch/Bamberger/Gabele/Klein (1973)
Kupsch/Lindner (1985)
Pfohl (1985)
Silver/Peterson (1985)
Tempelmeier (1983)

2. Klassifizierung von Verbrauchsfaktoren

Ziel der Materialbedarfsermittlung ist es, den zukünftigen Materialbedarf nach Menge und Termin so genau wie möglich mit wirtschaftlich vertretbarem Aufwand zu bestimmen. Sofern das Produktionsprogramm gegeben und die Erzeugniszusammensetzung bekannt ist, ist die Berechnung des Materialbedarfs auch im Prinzip für alle in die Produktion eingehenden Materialarten, Einzelteile und Baugruppen möglich. Wegen der entstehenden **Planungskosten** ist es aber i.a. nicht sinnvoll, für jeden Verbrauchsfaktor eine exakte Ermittlung des Bedarfs vorzunehmen. So ist es i.a. zu aufwendig, den Bedarf an Hilfsstoffen direkt aus dem geplanten Primärbedarf abzuleiten, z.B. wenn man den Bedarf an Schrauben in einer Möbelfabrik durch Multiplikation der geplanten Anzahl zu produzierender Schränke und der Anzahl Schrauben je Schrank errechnet. Hier wird man sich aus Kostengründen mit ungenaueren Verfahren der Bedarfsplanung begnügen.

Der **Genauigkeitsgrad** der Bedarfsermittlung hängt somit von den zu erwartenden Kosteneinsparungen bei Einsatz eines genauen Verfahrens im Vergleich mit ungenaueren Verfahren ab[16]. Es leuchtet ein, daß bei einem geringen Materialwert, der nur eine niedrige Kapitalbindung verursacht, eine grobe Schätzung des Bedarfs völlig ausreichend ist. Denn selbst dann, wenn man den Bedarf bei einem solchen Verbrauchsfaktor um ein Vielfaches überschätzt, ist der damit verbundene Anstieg der Lagerkosten doch oft vernachlässigbar gering.

Im Bereich der Material-Logistik existiert eine große Anzahl unterschiedlicher quantitativer Verfahren zur Entscheidungsunterstützung, die sich sowohl hinsichtlich ihrer Planungsgenauigkeit als auch im Hinblick auf die Planungskosten z.T. erheblich unterscheiden. So lassen sich in einem konkreten Fall oft mehrere alternative Lagerdispositionssysteme einsetzen, zwischen denen u.a. auch bezüglich des Aufwandes der Lagerbestandsüberwachung erhebliche Unterschiede bestehen[17]. Auch zur Materialbedarfsermittlung stehen zahlreiche alternativ einsetzbare Verfahren zur Verfügung. Für den Anwender stellt sich in einer konkreten Planungssituation damit das Problem, welches Verfahren für welchen Verbrauchsfaktor einzusetzen ist, damit die von der Verfahrenswahl abhängigen Kosten, d.h. vor allem die **Kosten der Informationsverarbeitung** und die Kosten, die als Folge ungenauer, d.h. **suboptimaler Problemlösungen** entstehen (z.B. erhöhte Lagerbestandskosten aufgrund einer nicht aktuellen Lagerbestandsüberwachung) insgesamt so gering wie möglich werden. Offensichtlich müssen

---

16 vgl. Hahn/Laßmann (1986), S. 328

17 vgl. z.B. Schneeweiß (1981); Tempelmeier (1983), S. 114-215

die mit einem genaueren Planungsverfahren erzielbaren Kosteneinsparungen die Kosten des Verfahrenseinsatzes (z.B. für Betriebsdatenerfassung, Pflege und Verwaltung des Datenbestands, Speicherplatz, Rechenzeit) überkompensieren.

Eine derartige abwägende Beurteilung ist grundsätzlich im Hinblick auf **jeden Entscheidungstyp** vorzunehmen, für dessen Unterstützung unterschiedliche Verfahren verfügbar sind. Zur Vorbereitung der Auswahl eines Verfahrens der **Bedarfsermittlung** und auch im Zusammenhang mit dem Einsatz von **Lagerdispositionssystemen**[18] wird in der betrieblichen Praxis eine **Klassifizierung** der Verbrauchsfaktorarten nach ihrer **wertmäßigen Bedeutung** sowie nach der **Struktur des Bedarfsverlaufs** vorgenommen.

21. Klassifizierung von Verbrauchsfaktoren nach ihrer wertmäßigen Bedeutung

Die relative wertmäßige Bedeutung einzelner Verbrauchsfaktorarten (Material, Baugruppen, Einzelteile) kann durch eine **Werthäufigkeitsverteilung** dargestellt werden[19]. Diese Verteilung gibt Aufschluß darüber, welcher Anteil am Gesamtwert des in einem bestimmten Zeitraum verbrauchten Materials auf einzelne Material- oder Teilearten entfällt. Zur Ermittlung dieser Verteilung werden die Verbrauchsfaktoren in absteigender Reihenfolge nach ihrem Periodenverbrauchswert sortiert[20]. Das Ergebnis ist eine Werthäufigkeitstabelle, aus der ablesbar ist, **welcher Prozentsatz des gesamten Periodenverbrauchswerts** aller Verbrauchsfaktoren auf wieviel **Prozent der Verbrauchsfaktorarten** entfällt. Die graphische Darstellung einer solchen Häufigkeitsverteilung ergibt eine **Kurve**, die stark nach oben gewölbt ist[21]. Bild 4 zeigt eine solche Kurve für ein existierendes Lager.

Bei einer **Gleichverteilung** der Verbrauchswerte auf die Materialarten würde sich eine Gerade durch den Ursprung mit einem Steigungswinkel von 45° ergeben. Die dargestellte Form der Häufigkeitsverteilung, in der ein großes Ungleichgewicht zum Ausdruck kommt, ist für viele Industriebetriebe als typisch anzusehen. Häufig vereinen ca. 15% der Produkte ca. 80% des Gesamtverbrauchswerts auf sich, während ca. 50% der Produkte nur ca. 5% des Gesamtverbrauchswerts stellen[22].

---

18 vgl. Silver/Peterson (1985), S. 67-70; Brown (1984), S. 168; New (1977), S. 60; McLeavey/Narasimhan (1985), S. 102-103

19 vgl. Haupt (1979); Silver/Peterson (1985), S. 67-70

20 vgl. Brown (1963)

21 vgl. auch Flores/Whybark (1986)

22 vgl. auch Kupsch/Lindner (1985), S. 306-308; Eilon und Mallya berichten von einem praktischen Fall, in dem 60% des Periodenverbrauchswerts auf 3% der Materialarten entfielen, während 94% der Materialarten 20% des Verbrauchswerts einer Periode auf sich vereinten; vgl. Eilon/Mallya (1985)

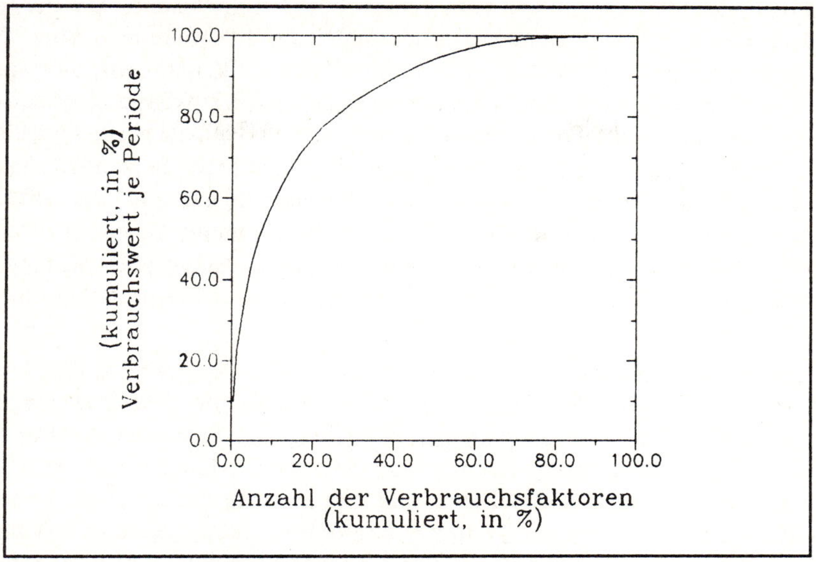

Bild 4: Werthäufigkeitsverteilung

Dieses in der betrieblichen Praxis häufig anzutreffende Ungleichgewicht der Verteilung der Verbrauchswerte auf die Materialarten bildet den Ansatzpunkt zu einer **Klassifizierung der Produkte nach dem Wertanteil,** die unter der Bezeichnung **ABC-Analyse** weit verbreitet ist. Dabei werden die Verbrauchsfaktorarten i.a. zu drei Gruppen zusammengefaßt. Für die in Bild 4 dargestellte Werthäufigkeitsverteilung könnte **eine mögliche Gruppierung** der Produkte wie folgt aussehen (Bild 5):

Wert-gruppe	Produkt-anzahl	%-Anteil Anzahl	%-Anteil Wert	Verbrauchs-wert
A	20	7.9	47.9	1355271
B	45	17.9	31.8	900751
C	150	74.2	20.3	573170

Bild 5: ABC-Klassifikation nach dem Verbrauchswert

Die dargestellte Aufteilung der Menge der Erzeugnisse in **drei** Gruppen hat nur dann einen Sinn, wenn auch unterschiedliche Planungsverfahren zur Behandlung der einzelnen Produktgruppen (z.B. in der Materialbedarfsrechnung oder bei der Bestellmengenplanung und Lagerdisposition) verfügbar sind. Existieren für eine bestimmte Problemstellung nur zwei Verfahren, dann ist auch die Bildung von **zwei Gruppen** (A und B) ausreichend.

Liegt eine Klassifizierung der Produkte entsprechend ihrem wertmäßigen Verbrauch vor, dann lassen sich aus der Literatur folgende **Empfehlungen für die Bedarfs-**

ermittlung und Lagerdisposition[23] entnehmen: Für **A-Teile** könnte ein **programmorientierte** Materialbedarfsplanung unter Rückgriff auf Informationen über die Erzeugniszusammensetzung sinnvoll sein. Die Bedarfsmenge könnte evtl. auftrags- und terminbezogen gespeichert werden, so daß eine schnelle Rückverfolgung zu den verursachenden Aufträgen, aus denen sich ein Bedarf ableitet, möglich ist. Die Überwachung des Lagerbestands könnte kontinuierlich, d.h. nach jeder Bestandsveränderung erfolgen. Für **B-Teile** ist eine relativ grobe Materialbedarfsplanung mittels **verbrauchsorientierter** Verfahren ausreichend. Die Bedarfsmenge kann als auftragsneutraler Periodenbedarf gespeichert werden. Eine periodische Lagerbestandsüberwachung ist i.a. ausreichend. Für **C-Teile** ist oft überhaupt keine systematische Bedarfsermittlung notwendig[24].

Die genannten Empfehlungen setzen voraus, daß eine Gruppierung der Produkte bereits existiert. Das wirft die Frage auf, **in welcher Weise die Klassifizierung vorzunehmen ist**. Die in Bild 5 vorgenommene Aufteilung des Produktspektrums in drei Klassen ist nur als ein Vorschlag aus einer unübersehbaren Menge von Alternativen zu sehen. So könnte im obigen Beispiel auch eine Gruppierung plausibel erscheinen, bei der die A-Gruppe zu Lasten der B-Gruppe vergrößert wird. Eine **entscheidungstheoretisch fundierte Abgrenzung** der A-, B- und C-Gruppe bereitet erhebliche Schwierigkeiten. Sie ist nur dann möglich, wenn es gelingt, die **ökonomischen Konsequenzen** der Zuordnung eines Verbrauchsfaktors zu einer der Klassen zu quantifizieren. So könnte man z.B. für jede Klasse in der ABC-Klassifikation ein klassenspezifisches Verfahren der Bedarfsplanung festlegen und dann jeden Verbrauchsfaktor derjenigen Klasse zuordnen, bei der die von der Klassenzugehörigkeit abhängigen Kosten minimal werden. Leider **scheitert diese Vorgehensweise** oft daran, daß die ökonomischen Konsequenzen der Zuordnung eines Verbrauchfaktors zu einer Klasse nicht ermittelt werden können, da i.a. weder die Qualität eines Prognoseverfahrens, d.h. der mit seinem Einsatz verbundene Nutzen, noch die Kosten der Verfahrensanwendung exakt bewertet werden können[25].

Lediglich für den Bereich der **Lagerhaltungsplanung** sind bislang Ansätze erkennbar, die zum Ziel haben, Produkte in der Weise zu Klassen (Produktgruppen) zusammenzufassen, daß die von der Gruppierung abhängigen Kosten im Lagerbereich minimal werden. Nur wenige Autoren haben sich mit dem Problem der Aggregation von Produkten zu Produktgruppen befaßt, deren Mitglieder dann mit einheitlichen Planungsverfahren behandelt werden können. *Starr und Miller* betrachten den Einfluß der Produktklassifikation auf die Kosten der Lagerüberwachung bei unterschiedlichen Werthäufigkeitsverteilungen[26].

Donaldson schlägt u.a. vor, auf der Grundlage der Untersuchung des Produktspektrums unterschiedliche Lagerdispositionssysteme einzusetzen und für die Produkte, die

---

23 vgl. Arnolds/Heege/Tussing (1985),S. 35-38; Grochla (1978), S. 29-32

24 vgl. Brown (1984), S. 169

25 vgl. Silver/Peterson (1985), S. 90; es sei darauf hingewiesen, daß die Kosten des Verfahrenseinsatzes sich nicht auf die Rechenzeit beschränken, sondern daß oft in größerem Ausmaß Kosten für die Datensammlung, -speicherung und -aufbereitung entstehen.

26 vgl. Starr/Miller (1962), S. 181-190

üblicherweise als B- und C-Teile eingeordnet werden, produktgruppenspezifische einheitliche Produktionszyklen zu verwenden[27]. *Crouch und Oglesby* entwerfen ein Verfahren zur Produktklassifikation, bei dem für alle Mitglieder einer Produktklasse dieselbe Losgröße bzw. Bestellmenge verwendet wird[28]. Eine ähnliche Strategie entwickeln *Eilon und Mallya*[29]. Sie sortieren die Produkte nach fallenden Periodenverbrauchswerten und bilden nach einem heuristischen Suchverfahren Produktgruppen, die dadurch gekennzeichnet sind, daß alle Mitglieder in einer Produktgruppe in der Werthäufigkeitsverteilung benachbarte Ränge einnehmen. *Chakravarty* kommt in einer Untersuchung zu dem Ergebnis, daß unter bestimmten Annahmen eine optimale Gruppierung von Produkten die Eigenschaft aufweist, daß in jeder Produktgruppe nur Produkte mit benachbarten Rängen in der Werthäufigkeitsverteilung enthalten sind[30]. Er bildet Produktgruppen unter der Annahme, daß für alle Mitglieder einer Produktgruppe ein **einheitlicher Produktionszyklus** verwendet wird. Dieser produktgruppenspezifische Produktionszyklus weicht von den für jedes Produkt isoliert berechenbaren optimalen Produktionszyklen ab und führt damit zu einer Erhöhung der Lagerkosten der einzelnen Produkte. *Chakravarty* beschreibt ein Verfahren der dynamischen Optimierung, mit dem eine Gruppierung der Produkte ermittelt wird, bei der die aggregationsbedingte Erhöhung der produktspezifischen Lagerkosten ihr Minimum annimmt.

Im folgenden soll in Anlehnung an die Grundkonzeption von *Chakravarty* der Einfluß der Produktklassifikation, insb. der Anzahl der Produktgruppen auf die Höhe der Kosten der Lagerhaltung untersucht werden. Es gilt, die optimale Zuordnung der individuellen Erzeugnisse zu Produktgruppen zu finden, wobei zunächst angenommen wird, daß für alle Mitglieder einer Produktgruppe eine **einheitliche Bestellmenge**[31] verwendet wird. Es soll dabei von den Annahmen des **klassischen Losgrößen- bzw. Bestellmengenmodells** ausgegangen werden. Unter der Voraussetzung eines kontinuierlichen Lagerabgangs entspricht der durchschnittliche Lagerbestand eines Produkts der Hälfte der Bestellmenge. Diese wird bei **produktindividueller** Lagerhaltungsplanung in der Weise festgelegt, daß die Summe aus produktspezifischen Lagerungs- und Wiederbeschaffungs- bzw. Rüstkosten ihr Minimum annimmt[32]. Jede Abweichung von der optimalen Bestellmenge eines Produkts verursacht einen Anstieg der produktbezogenen Lagerkosten. Bei **produktgruppenbezogener** Lagerhaltungsplanung dagegen wird für jede Produktgruppe g eine einheitliche Bestellmenge q_g errechnet, die für alle Mitglieder der Produktgruppe zum Einsatz kommt. Dabei treten sowohl positive als auch negative Abweichungen zwischen den produktindividuell bestimmten und der produktgruppeneinheitlichen Bestellmengen auf.

27 vgl. Donaldson (1974); Donaldson (1981)

28 vgl. Crouch/Oglesby (1978)

29 vgl. Eilon/Mallya (1985)

30 vgl. Chakravarty (1981); Chakravarty/Orlin/Rothblum (1982); Goyal/Chakravarty (1984); Buffa (1986), S. 15-32

31 In gleicher Weise läßt sich ein Ansatz formulieren und lösen, bei dem davon ausgegangen wird, daß alle Produkte einer Klasse in einem einheitlichen Produktionszyklus bestellt werden; vgl. weiter unten

32 vgl. z.B. Schneeweiß (1981), S. 41-52; im folgenden soll der Einfachheit halber auf Beschaffungsvorgänge bezug genommen werden

Das bei der Produktaggregation verfolgte **Ziel** besteht nun darin, diese Abweichungen möglichst gering werden zu lassen, damit die mit den produktgruppenbezogenen Bestellmengen verbundene Erhöhung der Lagerbestände minimal wird. Bezeichnen wir mit C_i die gesamten Lagerkosten, die sich bei produktindividuell berechneten Bestellmengen ergeben, und mit C_a die Lagerkosten bei produktgruppenbezogener Berechnung der Bestellmengen, dann beträgt die aggregationsbedingte Erhöhung der gesamten Lagerkosten:

$$(1)\quad E = C_a - C_i$$

C_i: Lagerkosten bei produktindividueller Bestellmengenberechnung

C_a: Lagerkosten bei produktgruppenbezogener Bestellmengenrechnung

Da die bei produktspezifischer Berechnung der Bestellmengen entstehenden Lagerkosten, C_i, für eine gegebene Menge von Produkten konstant sind, ist das Ziel der Minimierung der aggregationsbedingten Kostenerhöhung dem Ziel der Minimierung der von der Produktgruppierung abhängigen Lagerkosten C_a äquivalent. Eine Untergrenze für C_a ergibt sich offensichtlich dann, wenn für jedes Produkt eine produktspezifische Bestellmenge q_k ($k \in K$) ermittelt wird; diese Untergrenze ist gleich C_i.

Unter den Annahmen des klassischen Losgrößenmodells ergibt sich die optimale einheitliche Bestellmenge q_g für alle Mitglieder der Produktgruppe g ($g = 1,2,\ldots,G$) nach Gleichung (2):

$$(2)\quad \text{Min } C(q_g) = \sum_{k \in K_g} h_k \cdot q_g/2 + \left[\sum_{k \in K_g} R_k \cdot s_k\right]/q_g \qquad g=1,2,\ldots,G$$

K_g: Menge der Produkte, die der Gruppe g angehören

q_g: Bestellmenge, die für alle Mitglieder der Produktgruppe g einheitlich verwendet wird

Dabei bedeuten

G	Anzahl der zu bildenden Produktgruppen
h_k	Lagerkostensatz des Produkts k
K	Indexmenge aller Produkte
K_g	Indexmenge der Produkte, die der Produktgruppe g zugeordnet sind
q_g	Bestellmenge der Produktgruppe g; diese gilt einheitlich für alle Produkte k ($k \in K_g$) einer Produktgruppe g
R_k	durchschnittliche Periodennachfragemenge des Produkts k
s_k	Bestellkostensatz des Produkts k

Durch Differentiation von Beziehung (2) nach der Entscheidungsvariablen q_g und Nullsetzung der partiellen Ableitung entsteht folgende Bestimmungsgleichung für die **optimale Bestellmenge** q_g der Mitglieder der Produktgruppe g:

$$(3)\quad q_g = \left[\left[2\cdot \sum_{k\in K_g} R_k\cdot s_k\right] \Big/ \left[\sum_{k\in K_g} h_k\right]\right]^{0.5} \qquad g=1,2,\dots,G$$

Die **Kosten** bei Verwendung der optimalen Bestellmenge q_g betragen:

$$(4)\quad C(q_g) = \left[\left[\sum_{k\in K_g} h_k\right]\cdot\left[\sum_{k\in K_g} R_k\cdot s_k\right]\right]^{0.5} \qquad g=1,2,\dots,G$$

Die in Gleichung (4) beschriebenen Kosten sind eine **Funktion des Aggregationsgrades und der Produktgruppenstruktur**, d.h. sie hängen davon ab, wieviel Produktgruppen gebildet und in welcher Weise die K Produkte zu diesen G Produktgruppen zusammengefaßt werden. Die sich aufgrund produktindividuell errechneter Bestellmengen ergebenden Gesamtkosten stimmen offensichtlich nur dann mit den Gesamtkosten auf der Basis produktgruppenspezifischer Bestellmengen überein, wenn alle Produkte einer Produktgruppe bezüglich der in dem Bestellmengenmodell verwendeten Daten identisch sind. Da dies i.a. nicht der Fall ist, entstehen durch die Bildung von Produktgruppen höhere Lagerkosten. Dennoch ist wegen der geringen Sensitivität der Lagerkosten in bezug auf Veränderungen der Bestellmenge[33] zu erwarten, daß auch relativ hoch aggregierte Daten noch zu vergleichsweise geringen aggregationsbedingten Erhöhungen der gesamten Lagerkosten führen.

Das **Problem der Produktgruppenbildung** (bei Verwendung produktgruppeneinheitlicher Bestellmengen) besteht somit darin, die K Produkte in der Weise zu G Produktgruppen zusammenzufassen, daß die Gesamtkosten minimal werden. Diese Problemstellung wird durch folgendes Entscheidungsmodell erfaßt[34]:

Problem AQ

Entscheidungsvariable: Anzahl der Produktgruppen (→ G)

$$(5)\quad \text{Min } Z(G,K_g) = \sum_{g=1}^{G}\left[2\cdot\left[\sum_{k\in K_g} h_k\cdot \sum_{k\in K_g} s_k\cdot R_k\right]\right]^{0.5}$$

Entscheidungsvariable: Struktur der Produktgruppen (→ K_g)

u.B.d.R.

$$(6)\quad \bigcup_{g=1}^{G} K_g = K$$

$$(7)\quad K_g \in K \qquad g=1,2,\dots,G$$

$$(8)\quad K_g \cap K_j = \emptyset \qquad g,j=1,2,\dots,G;\ g\neq j$$

33 Wird im klassischen Bestellmengenmodell das (1+p)-fache der optimalen Bestellmenge verwendet, dann steigen die Lagerkosten um 50 [p p/(1+p)] Prozent; vgl. Silver/Peterson (1985), S. 180-182

34 vgl. auch Chakravarty (1981), S. 20

Das Problem AQ ist ein **kombinatorisches Optimierungsproblem** mit den Entscheidungsvariablen G (Anzahl der zu bildenden Produktgruppen) und K_g (Indexmenge der Mitglieder der Produktgruppe g), zu dessen Lösung im Prinzip die Verfahren der kombinatorischen Optimierung einsetzbar sind. Die Anzahl der möglichen Produktgruppenstrukturen entspricht bei gegebener Anzahl G zu bildender Produktgruppen der Anzahl möglicher Partitionen der Menge K zu G Teilmengen. Sie ist gegeben durch die Stirling-Zahl zweiter Ordnung S(K,G)[35]. Ist auch die Anzahl der zu bildenden Produktgruppen variabel, dann erhöht sich die Komplexität des Aggregationsproblems um ein Vielfaches[36]. Die Lösungsmenge des Problems AQ ist daher selbst bei wenigen Produkten derartig groß, daß die Bestimmung einer global optimalen Lösung für realistische Lagergrößen bei ökonomisch vertretbarem Aufwand nicht möglich ist.

Zur Lösung von Problemen mit der formalen Struktur des Modells AQ eignen sich aber einige heuristische Suchverfahren, die unter der Bezeichnung Clusteranalyse in vielfältigen Anwendungsbereichen immer dann zum Einsatz kommen, wenn es gilt, eine Menge von Objekten nach vorgegebenen Optimalitätskriterien zu einer sehr viel kleineren Menge von Gruppen zusammenzufassen[37]. Aus der Vielzahl der zur Verfügung stehenden clusteranalytischen Suchverfahren setzen wir zur Lösung des Modells AQ das folgende Iterationsverfahren vom k-means-Typ ein[38]:

ITERATION 0:

Bestimme eine Startpartition und bewerte sie gemäß Beziehung (5).

ITERATION 1:

Verschiebe die Produkte der Reihe nach in die jeweils beste andere Produktgruppe, durch die noch eine Verringerung des Zielfunktionswerts nach Gleichung (5) möglich ist.

Wiederhole Iteration 1 solange, bis die Verschiebung keines Produkts in eine andere Gruppe mehr zu einer Verbesserung des Zielfunktionswertes führt.

Bild 6: Verfahren AGGREGAT

Das Verfahren AGGREGAT verbessert eine vorgegebene Anfangspartition der Menge K der Produkte iterativ solange, bis durch die Verschiebung eines Produktes in

35 vgl. Steinhausen/Langer (1977), S. 17
36 vgl. Tempelmeier (1980), S. 49
37 vgl. z.B. Steinhausen/Langer (1977)
38 vgl. Späth (1975)

eine andere Produktgruppe die Lagerkosten nicht mehr verringert werden können. Die Qualität des auf diese Weise erreichten (evtl. nur lokalen) Minimums der Zielfunktion (5) hängt dabei u.a. auch von der vorgegebenen Startpartition ab. Hierzu können folgende Überlegungen angestellt werden. Die für eine gegebene Anzahl G von Produktgruppen nach Beziehung (5) optimale Produktgruppierung ist dadurch gekennzeichnet, daß jeweils Produkte mit ähnlichen Nachfrage- und Kostenmerkmalen in einer Gruppe zusammengefaßt werden. Weiterhin ist zu erwarten, daß die Produktgruppen umso kleiner sein werden, je höher die durchschnittliche Periodennachfragemenge der Gruppenmitglieder ist. Denn je kleiner eine Produktgruppe ist, umso geringer ist i.a. die Summe der Abweichungen der produktindividuellen Lagerkosten von den produktgruppenspezifischen Lagerkosten. Der absolute Aggregationsfehler ist aber für ein Produkt mit hoher Bedarfsmenge größer als für ein Produkt mit geringer Bedarfsmenge. Folglich werden in einer optimalen Lösung diejenigen Gruppen, die Produkte mit hohem Periodenbedarf enthalten, wesentlich kleiner sein als die Gruppen der Produkte mit niedrigeren Periodenbedarfsmengen.

Die genannten Eigenschaften einer optimalen Lösung des Problems AQ für eine gegebene Anzahl G von Produktgruppen können bei der Bestimmung der Anfangspartitionen genutzt werden. Im folgenden sollen daher drei alternative Startpartitionen bezüglich ihrer Auswirkungen auf die Qualität der Lösung des Modells AQ verglichen werden:

I	Standardpartition[39]:

In der Standardpartition werden die Produkte der Reihe nach auf die Produktgruppen verteilt. Bezeichnet g_k die Nummer der Produktgruppe des Produkts k, dann gilt $g_1 = 1$, $g_2 = 2$, ..., $g_G = G$, $g_{G+1} = 1$, $g_{G+2} = 2$, ...

II	Sortierung und Gruppierung mit identischer Gruppengröße:

Hier werden die Produkte zunächst nach ihrer mit dem Lagerkostensatz bewerteten Periodennachfragemenge sortiert und im Anschluß daran der Reihe nach zu Gruppen gleicher Größe zusammengefaßt.

III	Sortierung und Gruppierung mit zunehmender Gruppengröße:

Hier werden die - wie unter II - sortierten Produkte der Reihe nach zu Gruppen mit zunehmender Größe zusammengefaßt.

Der Einsatz des beschriebenen Verfahrens zur Lösung des Modell AQ soll anhand zweier Beispiele aus der betrieblichen Praxis demonstriert werden. Im Beispiel 1 wird ein Lager mit 20 Produkten betrachtet. Die durchschnittlichen Absatzmengen pro Tag

39 vgl. Späth (1975), S. 65

sowie die Produktwerte der einzelnen Artikel und die Lagerkostensätze sind in Bild 7 angegeben. Die fixen Bestellkosten betragen einheitlich s = 20 für alle Produkte. Für den Lagerkostensatz werden einheitlich 8% des Produktwerts angenommen.

Produkt k	1	2	3	4	5	6	7	8	9	10
Bedarfsmenge	146.9	81.8	104.7	42.0	14.5	25.2	43.5	11.9	30.6	36.3
Produktwert	6.60	7.36	4.88	8.66	22.18	11.65	5.94	21.10	7.02	5.52
Produkt k	11	12	13	14	15	16	17	18	19	20
Bedarfsmenge	22.5	31.0	30.0	16.5	30.2	8.5	16.4	29.5	13.0	19.1
Produktwert	8.49	5.99	5.77	9.86	6.32	17.28	8.93	6.30	11.19	7.56

Bild 7: Bedarfsmengen und Produktwerte des Beispiels 1

Die Untergrenze der Lagerkosten kann ermittelt werden, indem man Beziehung (5) mit G = K und der einheitlichen Gruppengröße $K_g = 1$ (g = 1,2,...,G) auswertet. Diese Lösung entspricht einer produktspezifischen Bestimmung der optimalen Bestellmengen. Die Zielfunktionsuntergrenze für die im Beispiel 1 angegebenen Daten beträgt $C_i = 30.38$. Die durch Einsatz des beschriebenen clusteranalytischen Suchverfahrens AGGEGRAT ermittelten minimalen Zielfunktionswerte zeigt Bild 8. In den mit "Δ" gekennzeichneten Spalten sind jeweils die aggregationsbedingten Kostenerhöhungen gegenüber den minimalen Kosten angegeben, die bei Verzicht auf eine Produktgruppenbildung entstehen. Die **Ergebnisse** verdeutlichen, daß schon bei einem relativ hohen Aggregationsgrad von 4 Produkten (das entspricht einer Reduktion auf 20% des ursprünglichen Umfangs) selbst bei der die Problemstruktur nicht ausnutzenden Standardpartition I nur noch eine aggregationsbedingte Kostenerhöhung von weniger als 1% auftritt.

	Startpartition					
	I		II		III	
G	Kosten	Δ	Kosten	Δ	Kosten	Δ
2	31.93	5.10%	31.93	5.10%	31.93	5.10%
3	31.01	2.07%	31.01	2.07%	31.01	2.07%
4	30.59	0.69%	30.59	0.69%	30.59	0.69%
5	30.54	0.52%	30.50	0.39%	30.50	0.39%
6	30.52	0.46%	30.46	0.26%	30.46	0.26%
7	30.41	0.10%	30.41	0.10%	30.46	0.26%
8	30.43	0.16%	30.41	0.10%	30.46	0.26%
9	30.39	0.03%	30.40	0.06%	30.46	0.26%
10	30.39	0.03%	30.39	0.03%	30.41	0.10%
20	30.38	0.00%	30.38	0.00%	30.38	0.00%

Bild 8: Ergebnisse für Beispiel 1

Mit zunehmender Anzahl von Produktgruppen nimmt die Kostenerhöhung degressiv ab[40]. Wegen der heuristischen Struktur des verwendeten Lösungsverfahrens ist die

40 vgl. auch Eilon/Mallya (1985); Chakravarty (1981)

Verringerung jedoch keine stetig fallende Funktion von G, der Anzahl Produktgruppen. Vielmehr kann - wie im Fall von G = 8 zu beobachten - ein geringfügiger Anstieg der Lagerkosten auch bei einer Erhöhung der Anzahl der Produktgruppen auftreten.

Vergleichen wir die durch Einsatz des obigen Entscheidungsmodells ermittelte Produktklassifikation mit einer Gruppierung, die sich nach der in der Praxis üblichen qualitativen Vorgehensweise (ABC-Klassifikation) ergibt. In der ersten Zeile (Rang) in Bild 9 sind die Rangziffern der Produkte in der Werthäufigkeitsverteilung angegeben. Nach der in der Praxis üblichen ABC-Klassifikation enthalten die Klassen A, B und C jeweils Produkte mit benachbarten Rängen. Betrachten wir die nach Einsatz des obigen Entscheidungsmodells ermittelten Gruppen, dann kann festgestellt werden, daß erhebliche Abweichungen der Gruppierungen vorliegen. Diese Abweichungen kommen dadurch zustande, daß bei der qualitativen Vorgehensweise der Bildung von A-, B- und C-Gruppen keine konkret quantifizierte Zielsetzung verfolgt wird, während sich das obige Entscheidungsmodell allein am Kriterium der Lagerkosten orientiert.

Rang	1	2	3	4	5	6	7	8	9	10	11	12	13	14	15	16	17	18	19	20
Gruppe	A	A	A	B	C	B	B	B	C	B	B	B	B	B	B	C	B	C	C	C

Bild 9: Gruppierung der Produkte des Beispiels 1 (3 Gruppen)

Als zweites Anwendungsbeispiel soll ein Lager mit 214 Produkten betrachtet werden. Die Zielfunktionsuntergrenze beträgt hier $C_l = 34629.08$. Die bei Einsatz des beschriebenen clusteranalytischen Verfahrens bei Vorgabe der alternativen Startpartitionen erzielten Ergebnisse sind in Bild 10 zusammengestellt.

	Startpartition					
	I		II		III	
G	Kosten	Δ	Kosten	Δ	Kosten	Δ
2	38470.25	11.09%	38470.07	11.09%	38470.07	11.09%
3	36595.08	5.68%	36594.51	5.68%	36595.08	5.68%
4	35810.91	3.41%	35810.91	3.41%	35795.53	3.37%
5	35425.13	2.30%	35426.50	2.30%	35428.21	2.31%
6	35242.75	1.77%	35175.76	1.58%	35247.38	1.79%
7	35003.13	1.08%	35003.13	1.08%	35004.36	1.08%
8	34925.91	0.86%	34925.91	0.86%	34927.18	0.86%
9	34876.12	0.71%	34859.78	0.67%	34874.62	0.71%
10	34810.63	0.52%	34810.63	0.52%	34857.38	0.66%
20	34735.95	0.31%	34720.78	0.26%	34685.32	0.16%
214	34629.08	0.00%	34629.08	0.00%	34629.08	0.00%

Bild 10: Ergebnisse für Beispiel 2

Auch im Beispiel 2 ist zu erkennen, daß selbst bei einem sehr hohem Aggregationsgrad der Produkte nur eine vergleichsweise geringfügige Erhöhung der Lagerkosten zu beobachten ist. Ursache für diese Erscheinung ist die geringe Sensitivität des klassischen Losgrößenmodells gegenüber Abweichungen von der optimalen Losgröße. Bild 11 veranschaulicht den Zusammenhang zwischen Kostenerhöhung und Aggregationsgrad[41] in graphischer Form.

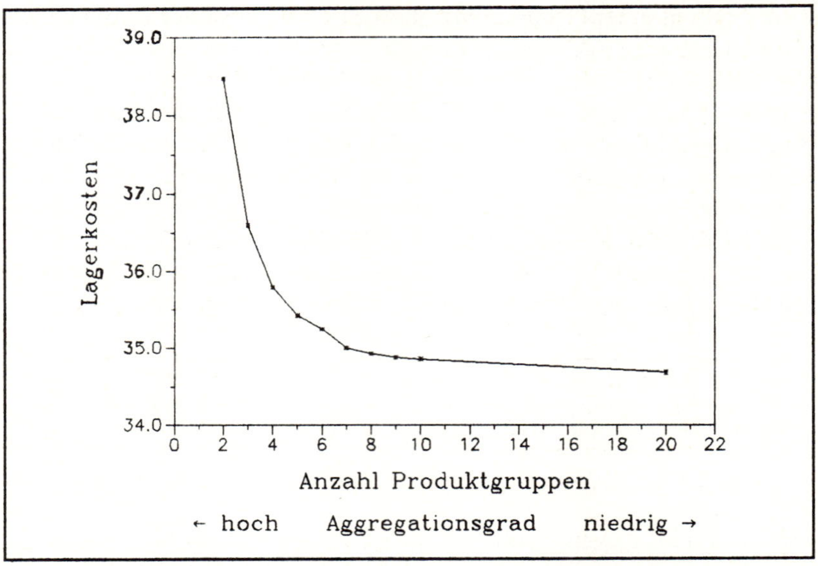

Bild 11: Zusammenhang zwischen Aggregationsgrad und Kostenerhöhung für Beispiel 2

Die zweite Möglichkeit der Produktaggregation besteht darin, daß für alle Mitglieder einer Produktgruppe jeweils ein **einheitlicher Produktionszyklus** (Bestellintervall) t_g $(g=1,2,...,G)$ festlegt wird[42]. Hierdurch lassen sich erhebliche Kosteneinsparungen im Bereich der Lagerbestandsüberwachung und Materialbeschaffung (Bestellabwicklung, Beschaffungstransporte etc.) realisieren. Der kostenminimale Produktions- bzw. Bestellzyklus einer Produktgruppe g wird durch Lösung des folgenden Minimierungsproblems bestimmt:

41 vgl. auch Eilon/Mallya (1985)
42 vgl. auch Tersine (1976), S. 93

Problem AT

(9) $\text{Min } C(t_g) = \sum_{k \in K_g} t_g \cdot R_k \cdot h_k / 2 + \sum_{k \in K_g} s_k / t_g$ $\qquad g=1,2,...,G$

Dabei gilt zusätzlich zu der mit Beziehung (2) eingeführten Notation:

t_g durchschnittlicher Produktionszyklus der Produktgruppe g; dieser gilt einheitlich für alle der Produktgruppe g angehörenden Produkte k ($k \in K_g$)

Zwischen den Beziehungen (2) und (9) besteht ein enger Zusammenhang, da der Produktionszyklus t_g gleich dem Quotienten aus der Periodenbedarfsmenge R_g und der Losgröße q_g ist. Die Minimierung von Beziehung (9) ergibt folgende Bestimmungsgleichung für den optimalen Produktionszyklus der Produktgruppe g:

(10) $t_g = \left[\left[2 \cdot \sum_{k \in K_g} s_k \right] / \left[\sum_{k \in K_g} R_k \cdot h_k \right] \right]$ $\qquad g=1,2,...,G$

Die dem optimalen Produktionszyklus t_g entsprechenden Lagerkosten für die Produktgruppe g betragen:

(11) $C(t_g) = \left[\left[2 \cdot \sum_{k \in K_g} t_g \cdot R_k \cdot h_k \right] \cdot \left[\sum_{k \in K_g} s_k \right] \right]$ $\qquad g=1,2,...,G$

Das Entscheidungsmodell zur optimalen Aggregation der Produkte bei Verwendung eines einheitlichen Produktions- oder Bestellzyklus t_g für alle Mitglieder der Produktgruppe g lautet dann[43]:

Problem AT1

(12) $\text{Min } Z(G, K_g) = \sum_{g=1}^{G} \left[\left[2 \cdot \sum_{k \in K_g} R_k \cdot h_k \right] \cdot \left[\sum_{k \in K_g} s_k \right] \right]$

u.B.d.R.

(13) $\bigcup_{g=1}^{G} K_g = K$

(14) $K_g \in K$ $\qquad g=1,2,...,G$

(15) $K_g \cap K_j = \emptyset$ $\qquad g,j=1,2,...,G;\ g \neq j$

43 vgl. Tanaka/Sawada (1985)

Das Problem AT1 reduziert sich für den Fall, daß die Bestellkosten für alle Produkte mit $c_{3k} = c_3$ (k = 1,2,...,K) identisch sind, wie folgt[44]:

Problem AT2

$$(16)\quad \text{Min } Z(G,K_g) = \sum_{g=1}^{G} \left[2 \cdot s \cdot K_g \cdot \left[\sum_{k \in K_g} R_k \cdot h_k \right] \right]$$

u.B.d.R.

$$(17)\quad \bigcup_{g=1}^{G} K_g = K$$

$$(18)\quad K_g \in K \qquad g=1,2,...,G$$

$$(19)\quad K_g \cap K_j = \emptyset \qquad g,j=1,2,...,G;\ g \neq j$$

Zur Lösung des Modells AT2 entwickelt *Chakravarty* ein Verfahren der dynamischen Optimierung, wobei die unter bestimmten Bedingungen gegebene Problemeigenschaft ausgenutzt wird, daß in der optimalen Lösung nur Produkte mit benachbarten Rängen in einer Produktgruppe enthalten sind. Diese Eigenschaft reduziert den zur Bestimmung der optimalen Lösung des Modells erforderlichen Rechenaufwand beträchtlich und ermöglicht erst den Einsatz eines Verfahrens der dynamischen Optimierung.

Die Modelle AT1 bzw. AT2 haben dieselbe kombinatorische Struktur wie das Modell AQ. Lediglich die Zielfunktionen sind unterschiedlich. Es ist daher möglich, auch hier das oben beschriebene clusteranalytische Suchverfahren AGGREGAT einzusetzen. Zur Veranschaulichung betrachten wir die beiden bereits oben verwendeten Beispiele. Die Ergebnisse für Beispiel 1 sind in Bild 12 zusammengefaßt. Die maximale aggregationsbedingte Erhöhung der Lagerkosten beträgt bei Verwendung produktgruppeneinheitlicher Produktionszyklen für das Beispiel 1 nur noch 1.05%. Bei jedem Aggregationsgrad entsteht durch die Aggregation mit einheitlichen Produktionszyklen je Produktgruppe (Modell AT2) eine geringere aggregationsbedingte Abweichung vom Lagerkostenminimum als bei der Aggregation mit einheitlichen Bestellmengen (Modell AQ). Die Überlegenheit des Modells AT2 nimmt dabei mit steigendem Aggregationsgrad zu.

44 vgl. Chakravarty (1981), S. 20

	Startpartition					
	I		II		III	
G	Kosten	Δ	Kosten	Δ	Kosten	Δ
2	30.70	1.05%	30.70	1.05%	30.70	1.05%
3	30.51	0.42%	30.51	0.42%	30.51	0.42%
4	30.48	0.32%	30.48	0.32%	30.48	0.32%
5	30.48	0.32%	30.41	0.09%	30.41	0.09%
6	30.48	0.32%	30.40	0.06%	30.40	0.06%
7	30.48	0.32%	30.39	0.03%	30.39	0.03%
8	30.41	0.09%	30.39	0.03%	30.39	0.03%
9	30.41	0.09%	30.39	0.03%	30.38	0.00%
10	30.39	0.03%	30.39	0.03%	30.38	0.00%
20	30.38	0.00%	30.38	0.00%	30.38	0.00%

Bild 12: Ergebnisse für Beispiel 1

Die Ergebnisse der Anwendung des Aggregationsmodells AT2 auf das Beispiel 2 zeigt Bild 13.

	Startpartition					
	I		II		III	
G	Kosten	Δ	Kosten	Δ	Kosten	Δ
2	38193.48	10.29%	38193.48	10.29%	38193.48	10.29%
3	36377.86	5.05%	36353.40	4.98%	36377.86	5.05%
4	35758.66	3.26%	35756.03	3.25%	35724.46	3.16%
5	35271.75	1.86%	35271.75	1.86%	35271.75	1.86%
6	35110.54	1.39%	35119.26	1.42%	35139.00	1.47%
7	35014.05	1.11%	35008.76	1.10%	35037.19	1.18%
8	34957.87	0.95%	34957.87	0.95%	34921.60	0.84%
9	34865.43	0.68%	34875.06	0.71%	34895.71	0.77%
10	34782.61	0.44%	34782.61	0.44%	34836.49	0.60%
20	34725.28	0.28%	34705.95	0.22%	34671.67	0.12%
214	34629.08	0.00%	34629.08	0.00%	34629.08	0.00%

Bild 13: Ergebnisse für Beispiel 2

Auch im Beispiel 2 ist die Aggregation mit einheitlichen Produktionszyklen mit einem geringeren Aggregationsfehler verbunden als die Bildung von Produktgruppen mit einheitlichen Bestellmengen nach dem Modell AQ. Die Unterschiede der Lösungsqualität sind hier jedoch i.a. so gering, daß wegen des heuristischen Charakters des eingesetzten Lösungsverfahrens keine generellen Aussagen über die Vorziehenswürdigkeit eines der verwendeten Modelle zulässig sind.

Die dargestellten Ansätze bieten eine Unterstützung bei der Bildung von Produktgruppen im Hinblick auf einen spezifischen Verwendungszweck, die produktgruppenbezogene Lagerhaltungs- bzw. Bestellmengenplanung. Ob eine Aggregation aber überhaupt sinnvoll ist, hängt nicht nur von den möglichen Kosteneinsparungen ab, die in den Bereichen der Lagerüberwachung, Bestellabwicklung und der physischen Beschaffung möglich sind; vielmehr sind bei der Entscheidung über die Anwendung eines bestimmten Lagerdispositionssystems für eine Materialart zahlreiche andere Gesichtspunkte zu beachten, deren Einfluß i.d.R nicht quantifizierbar ist. Hier sind vor allem die Bedeutung einer Materialart für den Produktionsprozeß, das Veralterungsrisiko sowie die Substituierbarkeit zu nennen[45].

Vertiefende Literatur zu Abschnitt 21.:

Chakravarty/Orlin/Rothblum (1982)
Chakravarty (1981)
Crouch/Oglesby (1978)
Donaldson (1974)
Eilon/Mallya (1985)
Haupt (1979)
Tanaka/Sawada (1985)

22. Klassifizierung von Verbrauchsfaktoren nach ihrem Bedarfsverlauf

Betrachtet man den Bedarfsverlauf eines Verbrauchsfaktors über einen längeren Zeitraum hinweg, dann wird man i.a. ein charakteristisches **zeitliches Verbrauchsmuster** feststellen können. Viele Verbrauchsfaktoren zeigen einen regelmäßigen, bei Anwendung eines geeigneten Prognoseverfahren mit hoher Genauigkeit prognostizierbaren Verlauf. Hier sind einerseits Verbrauchsfaktoren zu finden, für die ein sehr **gleichmäßiger Bedarf** zu beobachten ist. Die Periodenbedarfsmengen unterliegen dann zwar zufälligen Schwankungen; diese bewegen sich aber um ein konstantes Niveau, das sich langfristig nicht oder nur gering verändert. Im Unterschied dazu weisen die Verbrauchsmengen zahlreicher Güter einen ausgeprägten **saisonalen** oder einen **sich trendförmig verändernden Verlauf** auf. Schließlich läßt sich eine Gruppe von Materialarten unterscheiden, deren Bedarfsmengen nur einen sehr **unregelmäßigen Bedarfsverlauf** haben. Dabei ist weiter zu differenzieren zwischen **stark schwankendem** Bedarf (mit einem hohen Variationskoeffizienten) und **sporadischem** Bedarf, der dadurch gekennzeichnet ist, daß in einem großen Anteil der Perioden überhaupt kein Bedarf auftritt[46]. Die Bilder 14 und 15 zeigen Zeitreihen der täglichen Verbrauchsmenge für Erzeugnisse mit **regelmäßigem** und mit **sporadischem** Bedarfsverlauf.

45 zur Ausweitung der Betrachtung auf mehrere Kriterien vgl. Flores/Whybark (1986)

46 Insb. ein hoher Anteil solcher "Nullbedarfsperioden" macht den Einsatz eines speziellen Prognoseverfahrens erforderlich; vgl. hierzu Abschnitt 33.

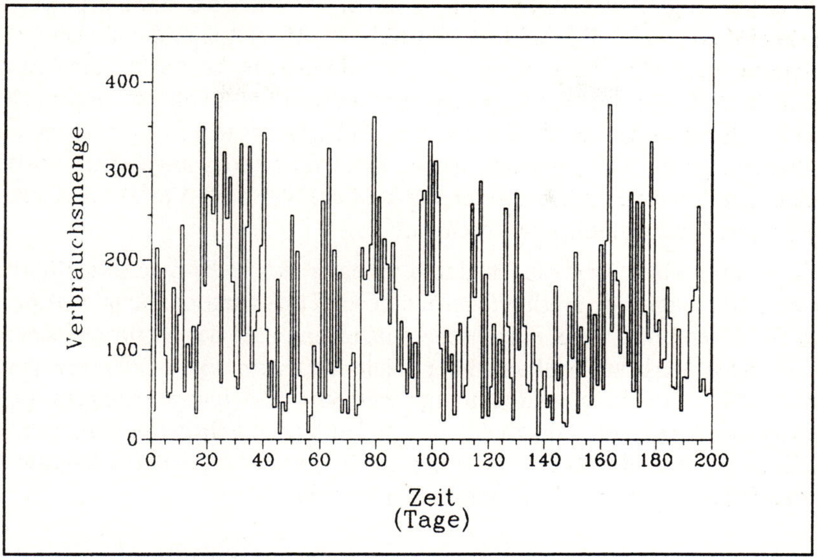

Bild 14: Bedarfszeitreihe bei regelmäßigem Bedarfsverlauf

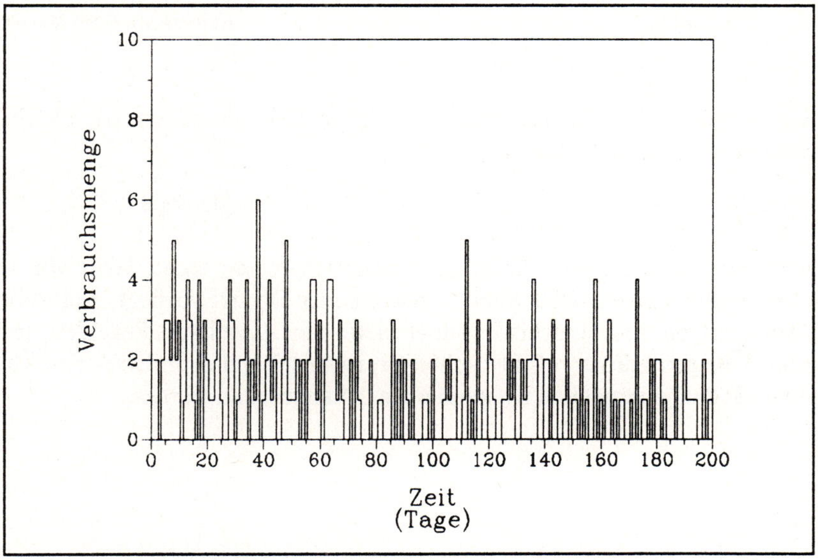

Bild 15: Bedarfszeitreihe bei sporadischem Bedarfsverlauf

Die in Bild 16 wiedergegebene Übersicht zeigt eine mögliche Klassifikation der Verbrauchsfaktoren nach ihrem Bedarfsverlauf, die im Hinblick auf die weiter unten[47]

47 vgl. Abschnitt 3

darzustellenden Prognoseverfahren vorgenommen wurde. Eine derartige Zuordnung der Verbrauchsfaktoren zu Bedarfsklassen erfolgt in der Regel erstmals dann, wenn in einem Unternehmen ein Prognosesystem zur Materialbedarfsvorhersage eingeführt werden soll. In einer solchen Situation liegen maschinell gespeicherte empirische Verbrauchsdaten oft nur in geringem Umfang vor, da bis zu diesem Zeitpunkt die aufwendige produktbezogene Datenspeicherung als nicht notwendig angesehen wurde. Zur Produktklassifikation sind in diesem Planungsstadium daher oft Verfahren einzusetzen, die mit geringem Datenvolumen auskommen.

Die Zuordnung eines Verbrauchsfaktors zu einer der in Bild 16 aufgeführten Bedarfsklassen kann aufgrund verschiedener einfacher Tests vorgenommen werden. Diese Tests sind i.a. anwendbar, wenn empirische Aufzeichnungen der Verbrauchsmengen y_t $(t=1,2,...,T)$ eines Verbrauchsfaktors über einen Zeitraum von 1-2 Jahren vorliegen. Zunächst ist eine Trennung zwischen *regelmäßigem* und *unregelmäßigem* (sporadischen) Bedarf vorzunehmen. Hierzu wird für jeden Verbrauchsfaktor über einen Zeitraum der Länge T der **Mittelwert** [Gleichung (20)] und die **mittlere absolute Abweichung vom Mittelwert, MAD,** [Gleichung (21)] berechnet.

(20) $$\mu = \left(\sum_{t=1}^{T} y_t\right)/T$$ Mittelwert

(21) $$MAD = \left(\sum_{t=1}^{T} |y_t-\mu|\right)/T$$ mittlere absolute Abweichung

Aus diesen beiden Größen läßt sich eine Kennziffer berechnen, die als *Störpegel SP*[48] bezeichnet wird [Gleichung (22)].

(22) $$SP=MAD/\mu$$ Störpegel

Überschreitet der Störpegel für einen Verbrauchsfaktor einen Wert von ca. 0.5, dann kann vermutet werden, daß **stark schwankender** Bedarf vorliegt. Ein Anzeichen für das Vorliegen von **sporadischem Bedarf** bietet der Anteil von Perioden, in denen überhaupt kein Bedarf auftritt; als kritischer Grenzwert, bei dessen Überschreitung von sporadischem Bedarf auszugehen ist, kann etwa 0.4 angesehen werden.

48 vgl. Trux (1972), S. 82; der Störpegel kann bei normalverteilter Bedarfsmenge in den Variationskoeffizienten überführt werden.

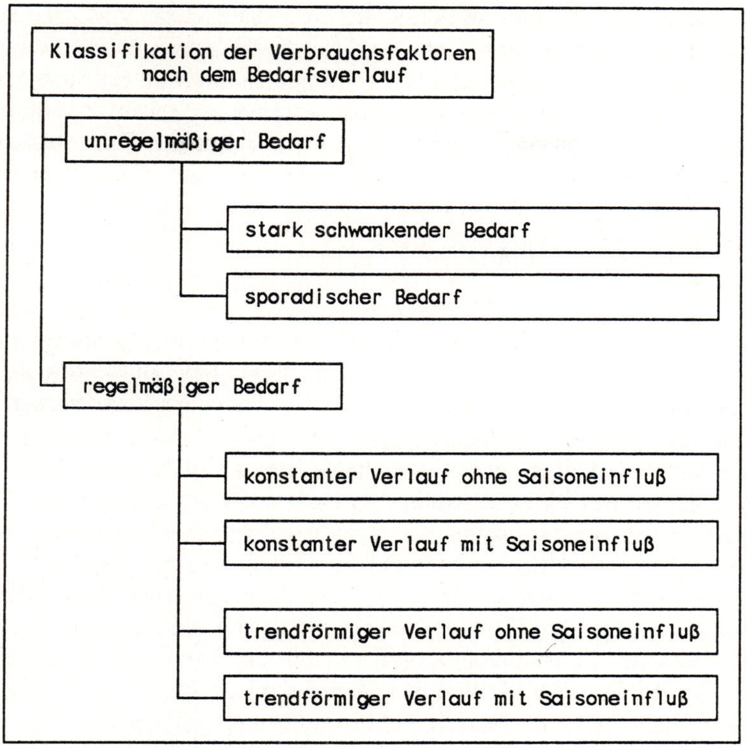

Bild 16: Klassifikation der Verbrauchsfaktoren nach dem Bedarfsverlauf

k	y_k
1	0.0
2	50.0
3	390.0
4	140.0
5	0.0
6	20.0
7	0.0
8	200.0
9	750.0
10	70.0
11	50.0
12	1000.0
13	355.0
14	0.0

Bild 17: stark schwankender Bedarfsverlauf (Beispiel)

Für die in Bild 17 dargestellten Bedarfszeitreihe beträgt der Störpegel SP = 1.0737 und der Nullbedarfsperiodenanteil 0.2857. Es kann somit davon ausgegangen werden, daß unregelmäßiger, stark schwankender Bedarf vorliegt.

Eine wertvolle Hilfe zur Erkennung des grundsätzlichen Verlaufsmusters einer Zeitreihe bietet die Analyse der **Autokorrelationskoeffizienten**. Der Autokorrelationskoeffizient für eine Zeitverschiebung von τ Perioden ist ein Maß für die Stärke des Zusammenhangs zwischen Paaren von Beobachtungswerten derselben Zeitreihe, zwischen denen jeweils eine zeitlicher Abstand von τ Perioden besteht. Der Autokorrelationskoeffizient ist definiert als

$$(23)\quad \rho_\tau = \left[\frac{1}{T-\tau}\cdot\sum_{t=1}^{T-\tau}(y_t-\mu)\cdot(y_{t+\tau}-\mu)\right] \Big/ \left[\frac{1}{T}\cdot\sum_{t=1}^{T}(y_t-\mu)^2\right]$$

wobei T die Länge der Zeitreihe, y_t den Beobachtungswert der Periode t und den Mittelwert der Beobachtungen bezeichnen. Die funktionale Beziehung zwischen der Höhe der Autokorrelationskoeffizienten und der Länge der Zeitverschiebungen bezeichnet man als Autokorrelationsfunktion[49]. Ihre graphische Darstellung nennt man Autokorrelogramm. Die Form des Autokorrelogramms gibt Aufschluß über das dominierende Verlaufsmuster einer Zeitreihe. So kann auf das Vorliegen eines saisonalen Verlaufs geschlossen werden, wenn die Autokorrelationskoeffizienten zyklisch um 0 schwanken und in regelmäßigen Abständen signifikant von 0 abweichen[50]. Eine stetig abnehmende Korrelationsfunktion deutet auf das Vorliegen eines Trends hin. Bewegen sich die Autokorrelationskoeffizienten unregelmäßig um die Abszisse, dann kann auf konstantes Niveau der Zeitreihe bei Dominanz der zufälligen Schwankungen geschlossen werden. Die Bilder 18 und 19 zeigen Autokorrelogramme für eine Zeitreihe mit Saisonschwankungen und eine Zeitreihe mit trendförmigem Verlauf.

Die Existenz eines **trendförmigen Verlaufs** kann auch durch Einsatz der linearen Regressionsrechnung[51] oder mit Hilfe eines **Run-Tests**[52] nachgewiesen werden, bei dem die Folge der (positiven oder negativen) Abweichungen der Beobachtungen von ihrem gemeinsamen Mittelwert auf ein systematisches Verlaufsmuster hin untersucht werden.

49 vgl. Schlittgen/Streitberg (1984), S. 7
50 vgl. Makridakis/Wheelwright (1978), S. 35
51 Hierzu sei auf Abschnitt 3221 verwiesen.
52 vgl. Hoel (1962)

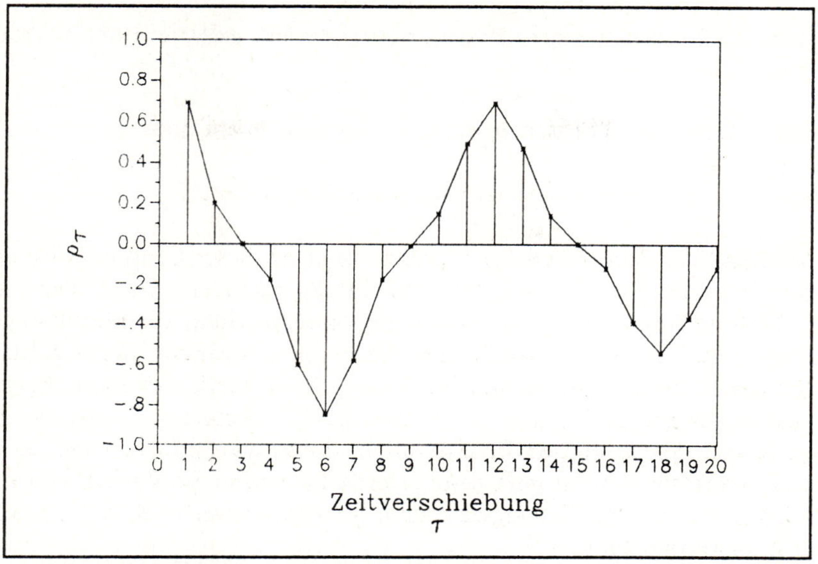

Bild 18: Autokorrelogramm für eine Bedarfszeitreihe mit saisonalen Verlauf

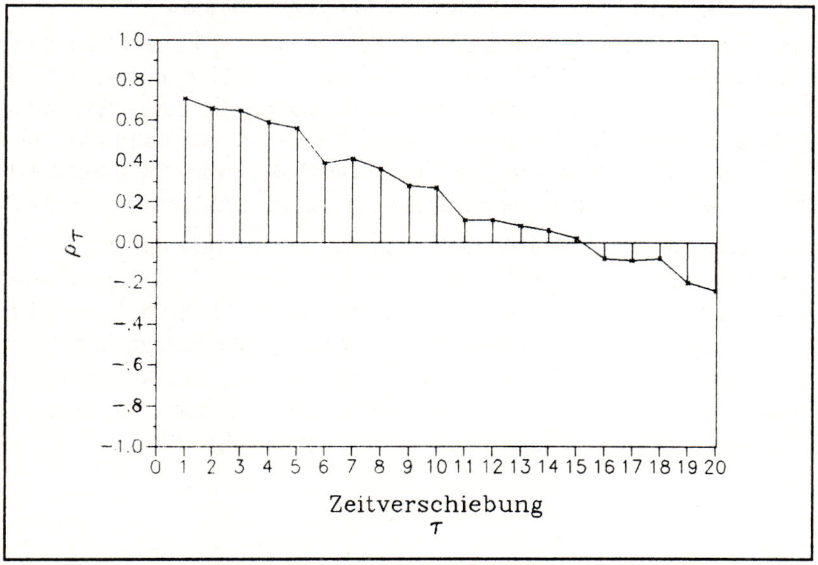

Bild 19: Autokorrelogramm für eine Bedarfszeitreihe mit trendförmigem Verlauf

Eine gröbere **Dreiteilung** der Verbrauchsfaktoren findet sich in der vorwiegend praxisorientierten Literatur[53]:

53 Vgl. Hartmann (1986), S. 131-134

- **Gruppe R**[54]: Güter mit **regelmäßigem** Bedarf bei nur gelegentlichen Niveauveränderungen

- **Gruppe S**: Güter mit **trendförmigem** und/oder **saisonalem** Bedarf

- **Gruppe U**: Güter mit unregelmäßigem, **sporadischen** Bedarf

Entsprechend der Zuordnung der Produkte zu einer dieser Gruppen wird eine differenzierte Anwendung verschiedener **Bereitstellungsprinzipien**[55] empfohlen. Als Prinzipien der Materialbereitstellung lassen sich die **Vorratshaltung**, die **Einzelbeschaffung im Bedarfsfall** und die **einsatzsynchrone Materialbereitstellung** unterscheiden. Das Bereitstellungsprinzip der **Vorratshaltung** besagt, daß Material jeweils in bestimmten Mengen auf Lager genommen, d.h. bevorratet wird. In diesem Fall sind die Produktionsprozesse von dem zeitlichen Bedarfsverlauf durch die Pufferwirkung des Lagers emanzipiert. Vorratshaltung ist insb. dann erforderlich, wenn die Produktionszeit eines Produkts länger ist als der Planungszeitraum, für den ein verbindlicher Produktionsplan aufgestellt werden kann.

Bei Anwendung des Prinzips der **Einzelbeschaffung im Bedarfsfall** wird eine Beschaffungsmaßnahme erst dann ausgelöst, wenn tatsächlich ein spezifischer, mit einem bestimmten Fertigungsauftrag verbundener Bedarf aufgetreten ist.

Beim Prinzip der **einsatzsynchronen Anlieferung** wird in Form bestimmter Lieferungsverträge vereinbart, daß die Lieferanten an festen, durch den Ablauf des Produktionsprozesses determinierten Terminen die jeweils erforderlichen Materialmengen liefern. Die Nichterfüllung dieser Vereinbarungen durch den Lieferanten ist oft mit hohen Konventionalstrafen verbunden. Bei diesem Bereitstellungsprinzip werden die Probleme der Materiallagerung und der Bedarfsprognose auf den Lieferanten abgewälzt.

Die genannten Materialbereitstellungsprinzipien sollten nun auf die Produkte der verschiedenen Gruppen R, S oder U unterschiedlich angewandt werden. So sollte - diese Aussagen sind jeweils nur als Faustregeln zu verstehen - für Produkte der **Gruppe R** Vorratshaltung betrieben werden, während für Produkte der **Kategorie U** eine Bereitstellung im Bedarfsfall empfohlen wird. Kombiniert man die Gruppierungskriterien der ABC-Analyse und der RSU-Analyse, dann ergibt sich ein Schema mit neun Gruppen, denen die Verbrauchsfaktoren zugeordnet werden können (Bild 20).

---

54 Häufig werden zur Kennzeichnung der Klassen anstelle der Buchstaben R,S und U auch die Buchstaben X, Y und Z verwendet

55 vgl. Grochla (1978), S. 29-32

	A	B	C
R	RA	RB	RC
S	SA	SB	SC
U	UA	UB	UC

Bild 20: Zweidimensionale Produktklassifikation

Anhand des dargestellten Schemas lassen sich für die einzelnen Materialgruppen die jeweils tendenziell zweckmäßigsten Bereitstellungs- bzw. Beschaffungssysteme festlegen. So kann z.B. eine vollautomatische Bestellabwicklung auf EDV bei den Kombinationen RA, RB, RC, SA, SB und SC angebracht sein, während für die Formen UA, UB, und UC die manuelle Disposition nach Bedarf vorteilhaft sein kann[56].

Im folgenden sollen nun Verfahren zur Bestimmung des Materialbedarfs dargestellt werden. Grundsätzlich stehen **zwei Typen** von Verfahren für die Materialbedarfsrechnung zur Verfügung[57]: **verbrauchsorientierte Verfahren** (stochastische Verfahren) und **programmorientierte Verfahren** (deterministische Verfahren). Beide Verfahrensgruppen werden eingehend behandelt, wobei der mit der Materialbedarfsermittlung eng verflochtene Fragenkreis der Losgrößenplanung im Zusammenhang mit der programmorientierten Bedarfsermittlung (Abschnitt 4) aufgegriffen wird.

Vertiefende Literatur zu Abschnitt 22:

Dervitsiotis (1981)
Elsayed/Boucher (1985)
Grochla (1978)
Makridakis/Wheelwright (1978)
Scheer (1983)
Schlittgen/Streitberg (1984)
Silver/Peterson (1985)
Trux (1972)

56 vgl. Grochla (1978), S. 31-32

57 Hahn und Laßmann unterscheiden zusätzlich noch prozeßorientierte und projektorientierte Verfahren der Bedarfsermittlung; vgl. Hahn/Laßmann (1986), S. 346.

3. Verbrauchsorientierte Bedarfsermittlung

Bei den verbrauchsorientierten Verfahren[58] der Materialbedarfsplanung bildet der beobachtete **Vergangenheitsbedarf** eines Verbrauchsfaktors den **Ausgangspunkt** für die Bestimmung der in Zukunft zu erwartenden Bedarfsmengen. Voraussetzung dieser Verfahren ist damit, daß bereits über einen ausreichend langen Zeitraum empirische Aufschreibungen über die Bedarfsmengen der Verbrauchsfaktoren erfolgt sind. Dieser beobachtete Bedarf wird ohne unmittelbare Berücksichtigung der in der kurzfristigen Produktionsprogrammplanung festgelegten Produktionsmengen der Fertigprodukte in die Zukunft extrapoliert.

Der Vergangenheitsverbrauch wird als eine **Zeitreihe** interpretiert, d.h. als eine zeitlich geordnete Folge von Periodenverbrauchsmengen. Bezeichnet man mit y_t die beobachtete Verbrauchsmenge eines Erzeugnisses in der Periode t, dann kann die **Zeitreihe der Periodenverbrauchsmengen** durch die Folge $(y_1,y_2,...,y_t,...)$ beschrieben werden. Ein Prognosewert für eine zukünftige Periode $(t+1)$ wird im folgenden durch das Symbol p_{t+1} dargestellt. Prognosen bezüglich des Verbrauchs in der Periode $(t+1)$ werden jeweils am Ende der Periode t erstellt, nachdem der Beobachtungswert y_t für diese Periode vorliegt. Als Datengrundlage zur Errechnung eines Prognosewertes stehen dann die Zeitreihe von Periodenverbrauchsmengen in den Vorperioden $(y_1,y_2,...,y_t)$ und möglicherweise einige andere Daten[59] zur Verfügung. Die bei der Prognose vorliegende Datenstruktur für ein Erzeugnis läßt sich wie in Bild 21 darstellen.

Auf der Grundlage der vorliegenden Vergangenheitsdaten werden unter Anwendung eines **Prognosemodells** die Modellparameter (z.B. bei einem Trendmodell der Achsenabschnitt und die Steigung) geschätzt. Ein Prognosemodell beschreibt die angenommene Gesetzmäßigkeit, die dem Verlauf einer Zeitreihe zugrundeliegt. Die Qualität der Anpassung des Prognosemodells an die Zeitreihe wird durch einen Vergleich von ex-post-Prognosewerten mit den entsprechenden Beobachtungswerten überprüft. Durch Extrapolation des für die Vergangenheit als zutreffend angenommenen Prognosemodells werden die voraussichtlichen Verbrauchsmengen zukünftiger Perioden, $(p_{t+1},p_{t+2},...)$ errechnet.

58 vgl. z.B. Elsayed/Boucher (1985), S. 8-53; Dervitsiotis (1981), S. 431-471; Franken (1984), S. 108-128; Silver/Peterson (1985), S. 88-165;

59 falls kausale Prognosemodelle der Einflußgrößenrechnung verwendet werden, erfolgt die Prognose der zukünftigen Verbrauchsmengen unter Rückgriff auf den beobachteten Verlauf mehrerer beobachteter Zeitreihen.

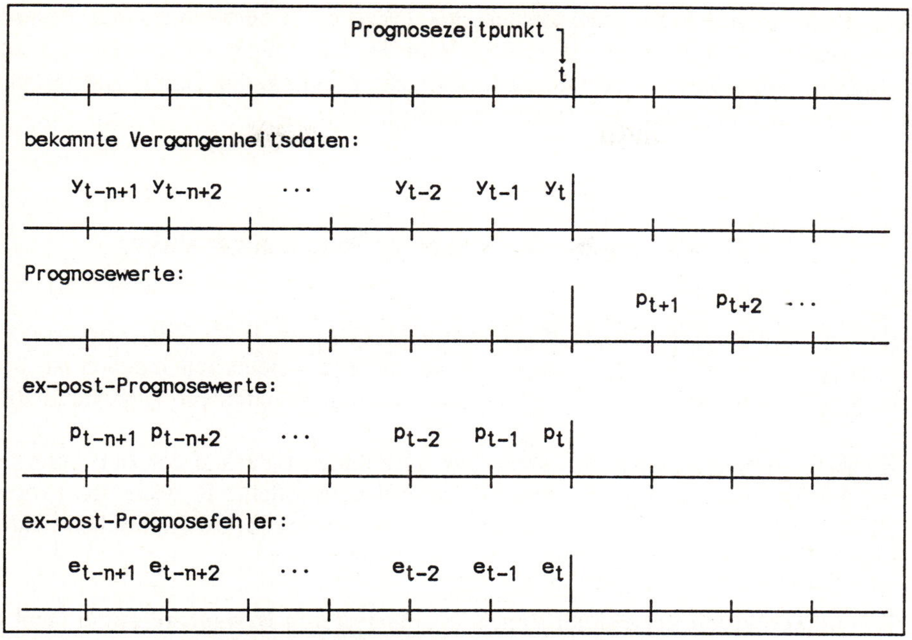

Bild 21: Datenstruktur der Bedarfsprognose[60]

Eine **verbrauchsorientierte, stochastische Bedarfsermittlung** erfolgt

- bei geringwertigen Gütern, wie z.B. Hilfsstoffen, Betriebsstoffen und Verschleißwerkzeugen, die in der betrieblichen Praxis der Gruppe der **C-Teile** zugeordnet werden; hier sind **andere Verfahren** der Bedarfsermittlung **zu aufwendig.**

- bei untergeordneten Erzeugnissen, die in **sehr viele unterschiedliche übergeordnete Baugruppen und Endprodukte eingebaut** werden; in diesem Fall nimmt der Bedarf oft einen regelmäßigen Verlauf an, der mit geeigneten verbrauchsorientierten Verfahren bei geringem Aufwand vergleichsweise genau prognostiziert werden kann.

- wenn **programmorientierte, deterministische Verfahren nicht anwendbar** sind, weil die zum Einsatz dieser Verfahren notwendigen **Informationen nicht verfügbar** sind; z.B. bei Ersatzteilbedarf, ungeplantem Verbrauch, unplanmäßig hohem Ausschuß.

Man kann die Methoden der verbrauchsgesteuerten Bedarfsermittlung zunächst danach unterscheiden, ob sie sich auf **regelmäßigen Bedarf** beziehen oder ob sie für **unregelmäßigen Bedarf** konzipiert sind. An dieser Unterscheidung orientiert sich die Struktur der folgenden Ausführungen. Zuvor wird jedoch die unabhängig von dem einge-

60 vgl. Wheelwright/Makridakis (1985), S. 56

setzten Prognoseverfahren zu untersuchende Frage der **Überwachung der Prognosequalität** diskutiert. Wir stellen diesen Abschnitt der Darstellung der einzelnen Prognoseverfahren voran, da eine Verfahrensauswahl die Kenntnis der Qualitätskriterien zur Beurteilung eines Prognoseverfahrens voraussetzt.

31. Beurteilung der Qualität eines Prognoseverfahrens

Prognosen beziehen sich immer auf zukünftige Ereignisse (z.B. das Eintreffen von Kundenaufträgen). Da deren Vorhersage aber i.a. nicht mit Sicherheit möglich ist, treten regelmäßig **Prognosefehler** auf. Prognosefehler können verschiedene Ursachen haben:

- Es wird ein **ungeeignetes**, d.h. nicht dem tatsächlichen Verlauf der zu prognostizierenden Zeitreihe angepaßtes **Prognosemodell** verwendet; z.B. wenn zur Prognose eines trendförmig ansteigenden Bedarfs das Verfahren der exponentiellen Glättung erster Ordnung eingesetzt wird.

- Es sind **Strukturbrüche** in der Zeitreihe aufgetreten; z.B. wenn aufgrund nicht vorhersehbarer Ereignisse (z.b. Energiepreisverfall) sich das Verbrauchsverhalten der Abnehmer verändert hat. Derartige grundlegende Änderungen im Zeitreihenverlauf können entweder Parameteränderungen des bereits verwendeten Prognosemodells oder den vollständigen Übergang zu einem anderen Prognosemodell erfordern.

Zur Gewährleistung einer hohen Prognosequalität ist es notwendig, die Leistungsfähigkeit eines Prognoseverfahrens sowohl vor dem erstmaligen Einsatz des Verfahrens - bei der Verfahrenswahl - als auch im Zeitablauf zu beurteilen. Dies kann durch eine **Analyse der Prognosefehler** geschehen. Der Prognosefehler ist die Differenz zwischen dem prognostizierten Wert p_t einer Zeitreihe und der tatsächlichen eingetretenen Beobachtung y_t in einer Periode t:

(24) $e_t = p_t - y_t$

- y_t: Beobachtung in Periode t
- p_t: Prognose für Periode t
- e_t: Prognosefehler in Periode t

Zwei Eigenschaften der Prognosefehler sind für die Beurteilung der Güte eines Prognoseverfahrens von besonderer Bedeutung:

- das **Niveau** der Prognosefehler und
- die **Streuung** der Prognosefehler.

Das **Niveau der Prognosefehler** erlaubt eine Aussage darüber, ob eine systematische Abweichung der Prognosewerte von den beobachteten Werten einer Zeitreihe vorliegt. So tritt z.B. eine systematische Unterschätzung der Bedarfsmengen dann auf (negative Prognosefehler), wenn bei trendförmig ansteigendem Bedarf ein Prognoseverfahren eingesetzt wird, das sich lediglich zur Prognose bei konstantem Zeitreihenverlauf eignet. Für ein gutes Prognoseverfahren ist zu fordern, daß die prognostizierten Werte im Durchschnitt (über einen längeren Zeitraum betrachtet) gleich den beobachteten Werten sind. Daraus leitet sich die Bedingung ab, daß das Niveau des Prognosefehlers um Null schwanken muß.

Die **Streuung der Prognosefehler** erlaubt eine Aussage über den Sicherheitsgrad, mit dem prognostizierte Bedarfsmengen in der Zukunft auch tatsächlich realisiert werden. Häufig wird unterstellt, die Prognosefehler folgen einer **Normalverteilung**. Aus dem Verlauf der Normalverteilung läßt sich dann die Aussage ableiten, daß ca. 95% aller Prognosefehler innerhalb eines Bereichs von zwei Standardabweichungen (σ_e) um Null liegen. Das bedeutet: der tatsächliche Beobachtungswert in der Periode t wird mit einer Wahrscheinlichkeit von 95% im Intervall $[p_t \pm 2 \cdot \sigma_e]$ liegen.

Zur Beurteilung der **Streuung der Prognosefehler** können im Prinzip die aus der Statistik bekannten Streuungsmaße (z.B. Varianz, Standardabweichung, Spannweite) eingesetzt werden. So wird die **Varianz des Prognosefehlers** z.B. wie folgt berechnet - wir befinden uns am Ende der Periode t und betrachten die vergangenen n Perioden -:

$$(25)\quad \sigma_{et}^2 = 1/(n-1) \cdot \sum_{k=t-n+1}^{t} (e_k - \mu_{et})^2$$

wobei μ_{et} den Mittelwert der Prognosefehler in den Perioden $[t-n+1, t-n+2, \ldots, t]$ bezeichnet. Die **Standardabweichung der Prognosefehler** beträgt dann

$$(26)\quad \sigma_{et} = \sqrt{\sigma_{et}^2}$$

Obwohl die routinemäßige Berechnung der Standardabweichung bei Einsatz eines Computers recht einfach ist, bereitet ihre Interpretation in der betrieblichen Praxis doch einige Schwierigkeiten. Vor allem aus diesem Grund wird die **mittlere absolute Abweichung**, MAD_t, zur Beurteilung der Streuung des Prognosefehlers und damit der Verläßlichkeit einer Prognose verwendet[61]:

$$(27)\quad MAD_t = (1/n) \cdot \sum_{k=t-n+1}^{n} |e_t|$$

Sofern die Prognosefehler einer Normalverteilung folgen, besteht folgender Zusammenhang zwischen der mittleren absoluten Abweichung und der Standardabweichung:

$$(28)\quad \sigma_{et} = MAD_t \cdot \sqrt{(\pi/2)} \approx 1.25 \cdot MAD_t$$

61 vgl. Silver/Peterson (1985), S. 126-130

Um die für die Berechnung der mittleren absoluten Abweichung notwendige Speicherung der letzten n Prognosefehler zu vermeiden, empfiehlt sich folgende Berechnungsweise, bei der lediglich ein Glättungsparameter γ und MAD_{t-1} zu speichern sind:

$$(29)\quad MAD_t = \gamma \cdot |e_t| + (1-\gamma) \cdot MAD_{t-1}$$

Diese Berechnungsweise ist eine **exponentiell gewogene gleitende Durchschnittsbildung** (exponentielle Glättung) mit dem Glättungsparameter γ, auf die im Zusammenhang mit der Prognose weiter unten[62] im Detail eingegangen wird.

Zur Feststellung von **systematischen Abweichungen** der Prognosen von den Beobachtungswerten in den vergangenen n Perioden wird der **mittlere Prognosefehler** μ_{et} berechnet:

$$(30)\quad \mu_{et} = (1/n) \cdot \sum_{k=t-n+1}^{t} e_k$$

Auch der mittlere Prognosefehler kann mithilfe der exponentiellen Glättung errechnet werden:

$$(31)\quad ERR_t = \delta \cdot e_t + (1-\delta) \cdot ERR_{t-1}$$

Wie bereits erwähnt, ist es eine notwendige Eigenschaft eines guten Prognoseverfahrens, daß diese systematischen Abweichungen um den Nullpunkt schwanken. *Trigg*[63] schlägt zur Überwachung der Prognosequalität folgende Größe vor:

$$(32)\quad SIG_t = ERR_t / MAD_t$$

Das Abweichungssignal SIG_t nimmt Werte zwischen -1 und +1 an. Bei geringen systematischen Abweichungen sollte dieses Abweichungssignal in der Nähe von Null schwanken. Überschreitet der Absolutbetrag des Abweichungssignals SIG_t einen tolerierbaren Grenzwert, dann ist das Prognoseverfahren auf seine Eignung zu überprüfen[64]. Als tolerierbarer Grenzwert wird in der Praxis 0.5 angesehen. Man kann das Abweichungssignal SIG_t bei der adaptiven exponentiellen Glättung zur automatischen Anpassung des Glättungsparameters verwenden, indem man den Glättungsparameter für die Periode t+1, α_{t+1}, gleich dem Absolutbetrag des Abweichungssignals am Ende der Periode t, SIG_t, setzt:

$$(33)\quad \alpha_{t+1} = |SIG_t|$$

Eine Erhöhung des Glättungsparameters α führt dazu, daß die aktuellen Beobachtungswerte bei der Berechnung des Prognosewertes stärker berücksichtigt werden als

62 vgl. Abschnitt 3212
63 vgl. Trigg/Leach (1967), S. 53-59
64 vgl. auch Wheelwright/Makridakis (1985), S. 220-222

bisher und die Prognosewerte damit schneller auf Veränderungen in der Zeitreihe reagieren.

Als möglicher Nachteil des Abweichungssignals SIG_t ist anzusehen, daß grundlegende Änderungen im Verlauf der Zeitreihe erst nach einer zeitlichen Verzögerung entdeckt werden, da die Komponenten des Abweichungssignals, MAD_t und ERR_t, exponentiell geglättet werden. Weiterhin wird die Identifizierung des Zeitpunkts, an dem die Veränderung des Zeitreihenverlauf aufgetreten ist, erschwert[65].

32. Bedarfsprognose bei regelmäßigem Bedarfsverlauf

Im Rahmen der verbrauchsgebundenen Verfahren für regelmäßigen Bedarf wird mit Hilfe von **quantitativen Prognoseverfahren** vom Vergangenheitsbedarf eines Verbrauchsfaktors, d.h. vom bisherigen, empirisch beobachteten Verbrauch auf den zu erwartenden zukünftigen Bedarf geschlossen. Zur quantitativen Prognose wurden zahlreiche Prognosemodelle mit sehr unterschiedlichen Strukturen und Komplexitätsgraden entwickelt[66]. Bei der **Auswahl und dem laufenden Einsatz eines geeigneten Prognosemodells** ist in folgenden **Schritten** vorzugehen[67]:

1. Untersuchung der charakteristischen Merkmale der Zeitreihe
2. Entwicklung eines formalen Prognosemodells
3. Schätzung der Koeffizienten des Prognosemodells (einschl. Bestimmung von Startwerten)
4. Berechnung der Prognosewerte (für zukünftige Perioden), evtl. unter Rückgriff auf qualitative Urteile, die nicht im formalen Prognosemodell erfaßt sind.
5. Beobachtung und Analyse der Prognosegenauigkeit im Zeitablauf; evtl. Anpassung der Koeffizienten des Prognosemodells oder Änderung des Prognosemodells.

Vor Einsatz eines geeigneten Prognoseverfahrens muß man sich zunächst einen Überblick über den grundlegenden Verlauf der betrachteten Zeitreihe von Bedarfsmengen verschaffen. Ein nützliches Instrument ist hier die **graphische Darstellung** der Zeitreihe, aus der das charakteristische Verlaufsmuster oft deutlich erkennbar wird[68]. Zeitreihen werden üblicherweise in vier Komponenten zerlegt:

---

65 vgl. Silver/Peterson (1985), S. 135

66 zu einer umfassenden Übersicht vgl. Wheelwright/Makridakis (1985), S. 13-19; einen Überblick über Prognosesoftware, die auf Mikrocomputern lauffähig ist, geben Sharda/Rock (1986).

67 vgl. z.B. Silver/Peterson (1985), S. 88-90

68 Mit der zunehmenden Verbreitung von Personal Computern und darauf lauffähigen leistungsfähigen Graphik-Programmen (z.B. PlotIt) ist dies kein Problem mehr.

T - langfristiger Trend
C - mittelfristige zyklische Schwankungen (Konjunkturzyklen)
S - Saisonale Schwankungen (innerhalb eines Jahres)
I - unregelmäßige Schwankungen (irreguläre Komponente)

Die folgenden Abbildungen 22 bis 26 stellen die mit Hilfe von Methoden der Zeitreihenanalyse ermittelten Komponenten einer empirisch beobachteten Zeitreihe graphisch dar. Dabei wurde von einer multiplikativen Verknüpfung der Komponenten der Zeitreihe ausgegangen. Die lang- und mittelfristig sich verändernden Komponenten wurden - eine häufig gewählte Variante - zu einer glatten Komponente TC zusammengefaßt.

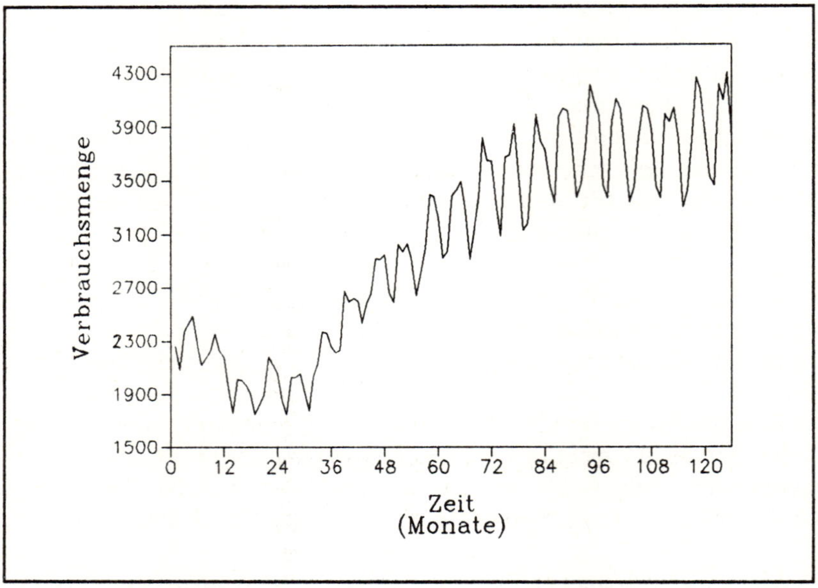

Bild 22: Ursprungswerte einer Zeitreihe (TCSI)

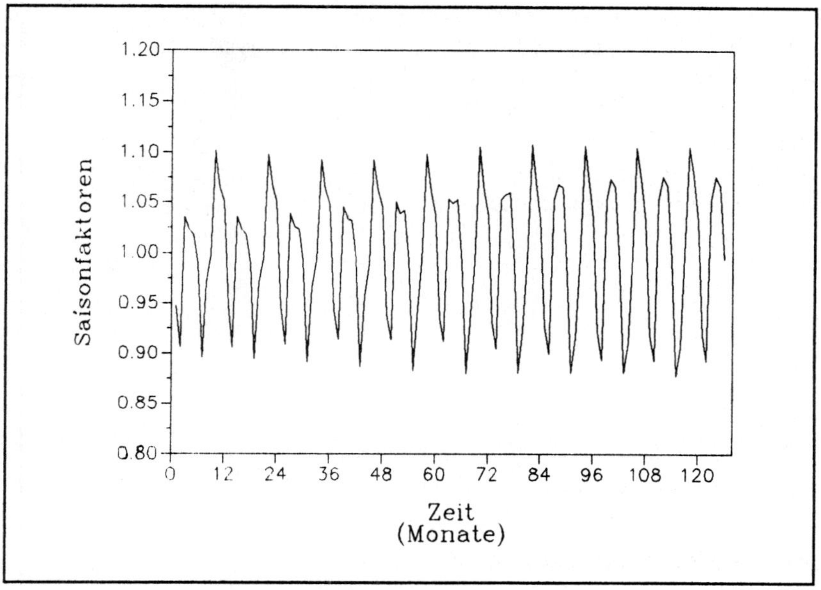

Bild 23: Saisonmuster der Zeitreihe (S)

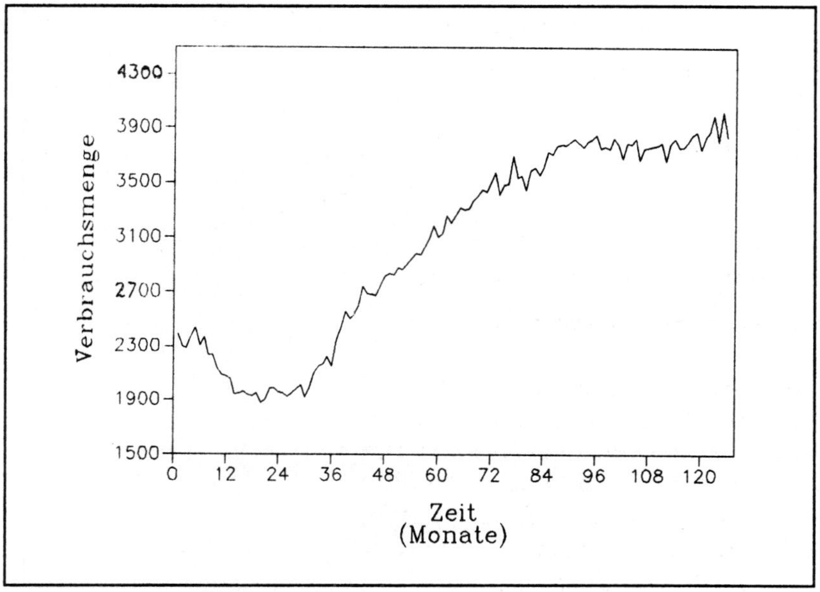

Bild 24: Saisonbereinigte Zeitreihe (TCI)

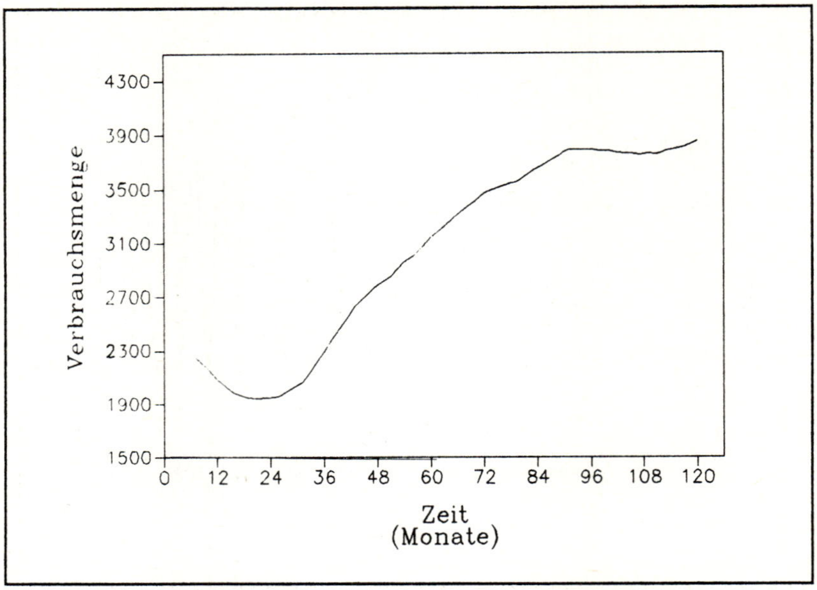

Bild 25: Glatte Komponente der Zeitreihe (TC)

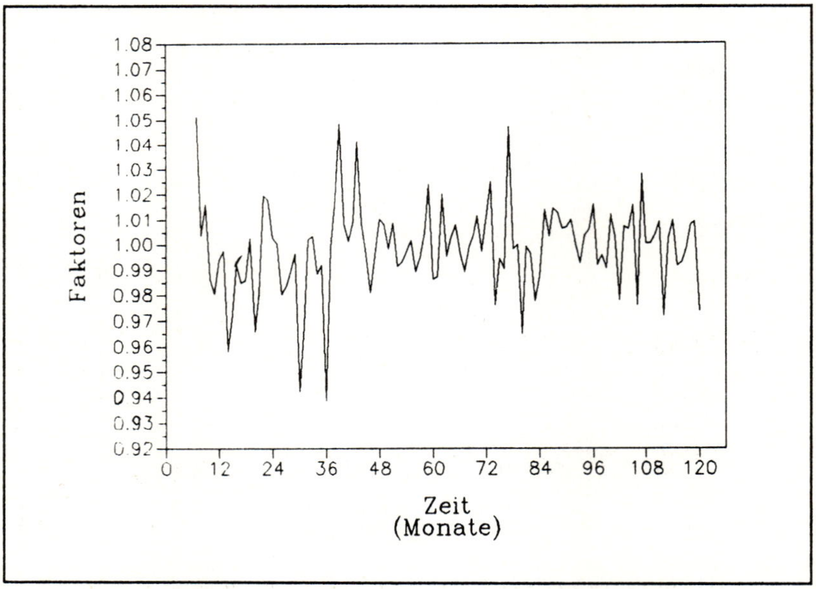

Bild 26: Irreguläre Schwankungen der Zeitreihe (I)

Man geht i.a. von der Vorstellung aus, daß die vier Komponenten einer Zeitreihe entweder **additiv** oder **multiplikativ** miteinander verknüpft sind. Bei der **additiven** Verknüpfung gilt die definitorische Gleichung

(34) $Y = \underline{T+C+S}+\underline{I}$

- I: nicht prognostizierbar (zufällig)
- $T+C+S$: prognostizierbar

Eine **multiplikative** Verknüpfung der Zeitreihenkomponenten kommt dagegen durch die Beziehung

(35) $Y = T \cdot C \cdot S \cdot I$

zum Ausdruck.

Die meisten Ansätze zur Zeitreihenanalyse versuchen, einzelne Komponenten der Zeitreihe oder Kombinationen davon zu isolieren, d.h. deren Regelmäßigkeiten zu erkennen. So könnte man z.B. die lang- und mittelfristigen systematischen Schwankungen ($T \cdot C$), d.h. die Verbindung von Trend und Konjunkturzyklen aus der Zeitreihe herauslösen und damit getrennt von den anderen Komponenten prognostizieren

Bei der Klassifikation der Verbrauchsfaktoren nach ihrem Bedarfsverlauf[69] wurden bereits typische Formen von Zeitreihen mit regelmäßigem Verlauf unterschieden. Im folgenden sollen hierfür geeignete Prognoseverfahren dargestellt werden.

321. Bedarfsprognose bei konstantem Niveau des Bedarfsverlaufs

Bei im Zeitablauf konstantem durchschnittlichem Verbrauch kann die Zeitreihe der Verbrauchsmengen durch folgendes Prognosemodell abgebildet werden:

(36) $y_t = \beta_0 + \epsilon_t \qquad t=1,2,...$

Die Zeitreihe schwankt damit unregelmäßig um ein konstantes Niveau. Dabei bezeichnet β_0 einen zu schätzendem konstanten Koeffizienten, während ϵ_t den Einfluß der irregulären Komponente wiedergeben soll. Es wird i.a. unterstellt, daß die zufällige Größe ϵ_t mit dem Mittelwert $E\{\epsilon_t\}=0$ und der Varianz $V\{\epsilon_t\}$ normalverteilt ist und daß keine Autokorrelation zwischen den einzelnen Ausprägungen der irregulären Komponente in verschiedenen Perioden besteht; das bedeutet: die Höhe der irregulären Komponente in einer Periode t ist unabhängig von der Höhe der irregulären Komponente in Periode t-1.

Das Problem besteht nun darin, die obige - noch recht allgemein gehaltene - Prognosefunktion durch eine numerisch spezifizierte Beziehung zu **schätzen**. D.h es wird notwendig, den Parameter β_0 durch einen bestimmten numerischen Wert, b_0, zu ap-

69 vgl. Abschnitt 22

proximieren. Da für die irregulären Schwankungen ϵ_t angenommen wird, daß sie einen Mittelwert $E\{\epsilon_t\}=0$ haben, gleichen sich die Werte dieser Zufallsgröße im Zeitablauf aus und wir müssen lediglich noch den konstanten Parameter β_0 schätzen. Die Bestimmung von b_0 erfolgt üblicherweise durch Rückgriff auf empirische Daten, d.h. auf die bereits bekannte Zeitreihe der Verbrauchsmengen. Dies kann unter Einsatz verschiedener Verfahren geschehen, von denen zunächst das Verfahren der **gleitenden Durchschnitte** und dann - als Spezialfall der gleitenden Durchschnittsbildung - die **exponentielle Glättung erster Ordnung** dargestellt werden.

3211. Bedarfsprognose mittels gleitender Durchschnitte

Es soll zunächst das der Zeitreihe zugrundeliegende (tatsächliche) Modell[70]

$$(37)\quad y_t = \beta_0+\epsilon_t \qquad t=1,2,...$$

durch die Schätzfunktion

$$(38)\quad y_t^{(1)} = b_0+0 \qquad t=1,2,...$$

approximiert werden[71]. Die Größe $y_t^{(1)}$ wird dann als Prognosewert für die Bedarfsmenge der Periode $(t+1)$, p_{t+1}, verwendet[72]. Zur Berechnung von $y_t^{(1)}$ können im Prinzip alle bekannten Verbrauchsmengen der Vergangenheit, $\{y_1,y_2,...y_t\}$, verwendet werden. Dann nimmt jedoch der Einfluß einer einzelnen Beobachtung auf den Wert von b_0 mit zunehmender Länge der Zeitreihe sehr stark ab, so daß $y_t^{(1)}$ nur noch sehr schwach auf Schwankungen der Beobachtungswerte reagiert[73]. Man begnügt sich für die Schätzung von b_0 daher i.a. mit den n neuesten Verbrauchswerten, d.h. mit den Realisationen

$$(39)\quad \{y_{t-n+1},...,y_{t-2},y_{t-1},y_t\}$$

Der Parameter b_0 des Prognosemodells soll in der Weise festgelegt werden, daß die Anpassung des tatsächlichen Zeitreihenverlaufs durch die Schätzfunktion möglichst genau wird. Ein Maß für die Genauigkeit einer Anpassung ist der **Prognosefehler**

$$(40)\quad e_t = p_t-y_t \qquad t=1,2,...$$

70 vgl. auch Silver/Peterson (1985), S. 102-105; Johnson/Montgomery (1974), S. 410-412

71 vgl. Silver/Peterson (1985), S. 103-105;

72 Das Superskript "(1)" dient zur Kennzeichnung der Ordnung des Schätzwertes, die im Zusammenhang mit der exponentiellen Glättung näher erläutert wird; vgl. Abschnitt 3212.

73 vgl. Franken (1984), S. 112

Man kann nun versuchen, b_0 so zu bestimmen, daß die Summe aller quadrierten Prognosefehler,

$$(41)\quad SQA = e_t^2+e_{t-1}^2+ \dots +e_{t-n+1}^2$$

$$= \sum_{k=t-n+1}^{t} e_k^2$$

$$= \sum_{k=t-n+1}^{t} (y_k-p_k)^2$$

minimal wird. Es entsteht dann ein **Modell** mit der Entscheidungsvariablen b_0 und der Zielfunktion

$$(42)\quad \min SQA(b_0) = \sum_{k=t-n+1}^{t} (y_k-b_0)^2$$

Zur Bestimmung des Minimums leitet man Beziehung (42) nach b_0 ab und setzt die Ableitung gleich Null.

$$(43)\quad \partial SQA(b_0)/\partial b_0 = -2\cdot \sum_{k=t-n+1}^{t} (y_k-b_0) \overset{!}{=} 0$$

Die Auflösung der Ableitung [Gleichung (43)] nach b_0 ergibt

$$(44)\quad b_0 = (1/n)\cdot \sum_{k=t-n+1}^{t} y_k$$

Bezieht man die Größe b_0 auf einen beliebigen Zeitpunkt t, dann ergibt sich:

$$(45)\quad b_{0,t} = (1/n)\cdot \sum_{k=t-n+1}^{t} y_k = p_{t+1} \qquad t=n,n+1,n+2,\dots$$

Beziehung (45) beschreibt den **n-periodischen ungewogenen gleitenden Mittelwert** einer Zeitreihe, bezogen auf den Zeitpunkt t. Schätzt man das Niveau einer stationären Zeitreihe nach dem Kriterium der kleinsten Quadratsumme, d.h. mit dem Ziel, die Summe der **quadrierten** Abweichungen der Prognosewerte von den Realisationen zu minimieren, dann ist das optimale Verfahren die Methode der (ungewogenen) gleitenden Durchschnittsbildung.

Bei der Bemessung des für die Mittelwertbildung erforderlichen Zeitabschnittes (n) ist darauf zu achten, daß einerseits die Vorhersage auf Schwankungen des Verbrauchs umso eher reagiert, je kürzer der Zeitabschnitt n ist. Andererseits kann aber auch nicht ein beliebig kurzer Zeitabschnitt angesetzt werden, da sonst die zufälligen Schwankungen der Zeitreihe nur ungenügend ausgeglichen werden (Extremfall: n = 1). Typische Werte für n liegen zwischen 3 und 12.

Zur Veranschaulichung des Verfahrens der gleitenden Durchschnitte sei die in Bild (27) wiedergegebene Zeitreihe betrachtet:

t	1	2	3	4	5	6	7	8
Monat	Mai	Jun	Jul	Aug	Sep	Okt	Nov	Dez
Menge	100	103	138	114	126	98	169	144

Bild 27: Beispielzeitreihe zum Verfahren der gleitenden Durchschnitte

Die Anzahl der Perioden, die für die Berechnung des Prognosewertes herangezogen werden sollen, bleibt stets gleich n. Bei Hinzukommen eines neuen empirischen Verbrauchswerts der Periode t entfällt der älteste Wert, d.h. der Wert der Periode (t-n). Der Prognosewert für den Monat Januar (t + 1 = 9) mit n = 6 beträgt damit:

$$p_9 = [y_3+y_4+y_5+y_6+y_7+y_8]/6$$

$$= [138+114+126+98+169+144]/6 = 131.5$$

Liegt nun die Realisation des Verbrauchswertes für den Monat Januar (t = 9) vor, dann entfällt für die Berechnung des Prognosewertes für Februar (t + 1 = 10) der beobachtete Wert für Juli (t-6 = 3) und der Wert für Januar (t = 9) kommt hinzu. Der Wert am Anfang des verwendeten Zeitreihenausschnittes entfällt also, während am Ende ein neuer Wert angehängt wird. Für die **EDV-Implementation** dieses Verfahrens ist folgende Vereinfachung interessant. Anstatt

$$(46) \quad y_t^{(1)} = (1/n) \cdot \sum_{k=t-n+1}^{t} y_k \qquad t=n,n+1,\ldots$$

kann man den gleitenden Durchschnitt auch durch folgende rekursive Beziehung bestimmen:

$$(47) \quad y_t^{(1)} = y_{t-1}^{(1)} + (y_t - y_{t-n})/n \qquad t=n,n+1,\ldots$$

Ein wesentlicher Nachteil des Verfahrens der ungewogenen gleitenden Durchschnittsbildung besteht darin, daß für jeden Verbrauchsfaktor immer die letzten n Beobachtungen der Verbrauchsmenge gespeichert werden müssen. Darüberhinaus erscheint die gleichmäßige Gewichtung aller Beobachtungen des Stützbereichs bei der Durchschnittsbildung unbefriedigend[74].

74 vgl. Silver/Peterson (1985), S. 104

3212. Bedarfsprognose mittels exponentieller Glättung erster Ordnung

In der im vorangegangenen Abschnitt dargestellten Form der gleitenden Mittelwertbildung erhält jede Beobachtung im Hinblick auf die Errechnung des Prognosewertes dasselbe Gewicht (1/n). Eine andere, den aktuellen Verlauf der beobachteten Zeitreihe stärker berücksichtigende Vorgehensweise besteht darin, daß man Abweichungen der jüngeren Realisationen von den Prognosewerten **stärker gewichtet** als bereits weiter zurückliegende Prognosefehler. In diesem Fall ist der Parameter b_0 des Prognosemodells so festzulegen, daß folgende **Zielfunktion** minimiert wird:

$$(48)\quad \min WSQA(b_0) = \sum_{k=t-n+1}^{t} w_k \cdot (y_k - b_0)^2$$

Dabei bezeichnet w_k das **Gewicht**, das die Abweichung des Prognosewertes für Periode k von der Beobachtung des Verbrauchswertes in dieser Periode erhält. Wenn die neueren Abweichungen höher gewichtet werden sollen als ältere Abweichungen, dann muß gelten

$$(49)\quad w_t > w_{t-1} > \ldots > w_{t-n+1}.$$

Ein sehr populärer, in der betrieblichen Praxis weit verbreiteter Spezialfall[75] der gewogenen Mittelwertbildung[76] besteht darin, daß man die Gewichte der zurückliegenden Beobachtungswerte wie folgt festsetzt:

$$(50)\quad w_k = \alpha \cdot (1-\alpha)^{t-k} \qquad k=t-n+1, t-n+2, \ldots, t; \; 0<\alpha<1$$

Die Größe g ist ein Parameter, der Werte zwischen 0 und 1 annehmen kann. Diese Form der Gewichtung hat die Eigenschaft, daß jüngere Prognosefehler stärker gewichtet werden als ältere. Bei Verwendung dieses Gewichtungsschemas spricht man auch von **exponentieller Glättung erster Ordnung**. Der Parameter b_0 des Prognosemodells für die betrachtete stationäre Zeitreihe ist nun so festzulegen, daß folgende Zielfunktion minimiert wird:

$$(51)\quad \min WSQA(b_0) = \sum_{k=t-n+1}^{t} \alpha \cdot (1-\alpha)^{t-k} \cdot (y_k - b_0)^2$$

Zur Bestimmung des Wertes b_0, bei dem die in der Zielfunktion beschriebene Summe der gewogenen Abstandsquadrate WSQA minimiert wird, bilden wir die erste Ableitung der Funktion (51) und setzen sie gleich Null:

75 vgl. auch Hax/Candea (1984), S. 154-159; Dervitsiotis (1981), S. 461-463; Johnson/ Montgomery (1974), S. 416-420; Silver/Peterson (1985), S. 105-110

76 Andere Gewichtungsschemata sind möglich, z.B. kann die Gewichtung auch polynomisch erfolgen, vgl. Kendall (1973), S. 31; Salzman (1968)

(52) $\partial WSQA(b_0)/\partial b_0 = -2 \cdot \sum_{k=t-n+1}^{t} \alpha \cdot (1-\alpha)^{t-k} \cdot (y_k - b_0) \overset{!}{=} 0$

Daraus ergibt sich

(53) $b_0 \cdot (-2) \cdot \sum_{k=t-n+1}^{t} \alpha \cdot (1-\alpha)^{t-k} = (-2) \cdot \sum_{k=t-n+1}^{t} \alpha \cdot (1-\alpha)^{t-k} \cdot y_k$

Löst man Gleichung (61) nach b_0 auf, dann erhält man

(54) $b_0 = \left[\sum_{k=t-n+1}^{t} \alpha \cdot (1-\alpha)^{t-k} \cdot y_k \right] / \left[\sum_{k=t-n+1}^{t} \alpha \cdot (1-\alpha)^{t-k} \right]$

Der Ausdruck im Nenner ist eine geometrische Reihe, d.h. eine Reihe mit einem konstanten Quotienten $q = 1-\alpha$. Sie lautet vollständig ausgeschrieben [Bild (28)]:

k	t-n+1	t-n+2	t-n+3	....	t
geom. Reihe	$\alpha(1-\alpha)^{n-1}$	$\alpha(1-\alpha)^{n-2}$	$\alpha(1-\alpha)^{n-3}$	....	$\alpha(1-\alpha)^{n-n}$

Bild 28: Geometrische Reihe

Die Summe der ersten n Glieder einer geometrischen Reihe beträgt[77]

(55) $S_n = c + c \cdot q + \ldots + c \cdot q^{n-1} = c \cdot (1-q^n)/(1-q)$

Für Beziehung (54) ergibt sich nun:

(56) $\sum_{k=t-n+1}^{t} \alpha \cdot (1-\alpha)^{t-k} = \alpha \cdot [1-(1-\alpha)^n]/[1-(1-\alpha)] = 1-(1-\alpha)^n$

Damit beträgt der Parameter b_0, bezogen auf einen bestimmten Zeitpunkt t:

(57) $b_{0,t} = 1/[1-(1-\alpha)^n] \cdot \left[\sum_{k=t-n+1}^{t} \alpha \cdot (1-\alpha)^{t-k} \cdot y_k \right]$

Lassen wir die Anzahl n der bei der gleitenden Durchschnittsbildung berücksichtigten Beobachtungswerte gegen unendlich laufen, dann wird der Ausdruck vor dem Summenzeichen gleich 1 und es kann weiter vereinfacht werden:

77 Es gilt: $c = \alpha$; $q = 1-\alpha$

$$(58)\quad b_{0,t} = \sum_{k=-\infty}^{t} \alpha\cdot(1-\alpha)^{t-k}\cdot y_k$$
$$= \alpha\cdot y_t+\alpha\cdot(1-\alpha)\cdot y_{t-1}+\alpha\cdot(1-\alpha)^2\cdot y_{t-2}+\ \ldots$$

Entsprechend erhält man für b_0, bezogen auf die Vorperiode (t-1), $b_{0,t-1}$:

$$(59)\quad b_{0,t-1} = \sum_{k=-\infty}^{t-1} \alpha\cdot(1-\alpha)^{t-1-k}\cdot y_k$$
$$= \alpha\cdot y_{t-1}+\alpha\cdot(1-\alpha)\cdot y_{t-2}+\alpha\cdot(1-\alpha)^2\cdot y_{t-3}+\ \ldots$$

Multipliziert man nun $b_{0,t-1}$ mit dem Faktor (1-α), dann ergibt sich

$$(60)\quad (1-\alpha)\cdot b_{0,t-1} = \alpha\cdot(1-\alpha)\cdot y_{t-1}+\alpha\cdot(1-\alpha)^2\cdot y_{t-2}+\alpha\cdot(1-\alpha)^3\cdot y_{t-3}+\ldots$$

Durch Bildung der Differenz

$$(61)\quad b_{0,t}-(1-\alpha)\cdot b_{0,t-1} \qquad t=1,2,\ldots$$

erhalten wir

$$(62)\quad b_{0,t}-(1-\alpha)\cdot b_{0,t-1} = \alpha\cdot y_t \qquad t=1,2,\ldots$$

oder

$$(63)\quad b_{0,t} = \alpha\cdot y_t+(1-\alpha)\cdot b_{0,t-1} \qquad t=1,2,\ldots$$

Beziehung (63) beschreibt einen **gewogenen gleitenden Durchschnitt**, der am Ende der Periode t errechnet wird. Man bezeichnet diesen Durchschnitt auch als **Durchschnitt erster Ordnung**, da er auf den Ursprungswerten der Zeitreihe basiert. Die Ordnung des Durchschnitts wird durch das Superskript "(.)" gekennzeichnet:

$$(64)\quad y_t^{(1)} = \alpha\cdot y_t+(1-\alpha)\cdot y_{t-1}^{(1)} \qquad t=1,2,\ldots$$

Zur **Prognose** der Verbrauchsmenge der Periode t+1, die am Ende der Periode t durchgeführt wird, setzen wir nun

$$(65)\quad p_{t+1} = y_t^{(1)} = b_{0,t} \qquad t=1,2,\ldots$$

Der Prognosewert für die Periode (t+1) kann damit wie folgt errechnet werden:

$$(66)\quad p_{t+1} = \alpha\cdot y_t+(1-\alpha)\cdot p_t$$
$$= p_t+\alpha\cdot(y_t-p_t) \qquad t=1,2,\ldots$$

Bei diesem Verfahren wird der Prognosewert für den Verbrauch in der Periode (t+1) also als ein gewogenes arithmetisches Mittel aus dem tatsächlichen Verbrauch der Periode t - gewogen mit dem Faktor α - und dem für Periode t prognostizierten Verbrauch - gewogen mit dem Faktor (1-α) - errechnet. Die Differenz (y_t-p_t), der Prognosefehler, kann auch als ein Schätzwert für die **irreguläre Komponente** der Zeitreihe, ϵ_t, aufgefaßt werden. Die obige Formel zur Errechnung eines Prognosewertes entspricht einer Gewichtung der quadrierten Prognosefehler der zurückliegenden Perioden k mit den Faktoren $w_k = \alpha \cdot (1-\alpha)^{t-k}$ (k = t-n + 1,...,t). Das läßt sich wie folgt nachweisen. Es gilt

$$
\begin{aligned}
(67)\quad y_t^{(1)} &= \alpha \cdot y_t + (1-\alpha) \cdot y_{t-1}^{(1)} \\
&= \alpha \cdot y_t + (1-\alpha) \cdot [\alpha \cdot y_{t-1} + (1-\alpha) \cdot y_{t-2}^{(1)}] \\
&= \alpha \cdot y_t + \alpha \cdot (1-\alpha) \cdot y_{t-1} + (1-\alpha)^2 \cdot y_{t-2}^{(1)} \\
&= \alpha \cdot y_t + \alpha \cdot (1-\alpha) \cdot y_{t-1} + (1-\alpha)^2 \cdot [\alpha \cdot y_{t-2} + (1-\alpha) \cdot y_{t-3}^{(1)}] \\
&= \alpha \cdot y_t + \alpha \cdot (1-\alpha) \cdot y_{t-1} + \alpha \cdot (1-\alpha)^2 \cdot y_{t-2} + (1-\alpha)^3 \cdot y_{t-3}^{(1)} \\
&= \alpha \cdot y_t + \alpha \cdot (1-\alpha) \cdot y_{t-1} + \alpha \cdot (1-\alpha)^2 \cdot y_{t-2} + (1-\alpha)^3 \cdot [\alpha \cdot y_{t-3} + (1-\alpha) \cdot y_{t-4}^{(1)}] \\
&= \alpha \cdot y_t + \alpha \cdot (1-\alpha) \cdot y_{t-1} + \alpha \cdot (1-\alpha)^2 \cdot y_{t-2} + \alpha \cdot (1-\alpha)^3 \cdot y_{t-3} + (1-\alpha)^4 \cdot y_{t-4}^{(1)} \\
&= \text{usw.}
\end{aligned}
$$

Durch **rekursives Einsetzen** erhält man schließlich

$$
(68)\quad y_t^{(1)} = \alpha \cdot y_t + \alpha \cdot (1-\alpha) \cdot y_{t-1} + \alpha \cdot (1-\alpha)^2 \cdot y_{t-2} + \ \dots \ + \alpha \cdot (1-\alpha)^{t-1} \cdot y_{t-(t-1)} + (1-\alpha)^t \cdot y_0^{(1)}
$$

oder

$$
(69)\quad y_t^{(1)} = \sum_{k=1}^{t} \alpha \cdot (1-\alpha)^{t-k} \cdot y_k + (1-\alpha)^t \cdot y_0^{(1)} \qquad t=1,2,\dots
$$

Die Größe $y_0^{(1)}$ ist der erste Durchschnittswert (Prognosewert) der betrachteten Zeitreihe. Dieser Wert muß am Ende der Periode 0 (zu Beginn der Periode 1) extern vorgegeben werden, da noch keine empirischen Beobachtungen zu seiner Berechnung vorliegen. In einer **anderen Indizierung** kann man auch schreiben:

$$
(70)\quad y_t^{(1)} = \sum_{k=0}^{t-1} \alpha \cdot (1-\alpha)^{k} \cdot y_{t-k} + (1-\alpha)^t \cdot y_0^{(1)} \qquad t=1,2,\dots
$$

Hier läuft der Periodenindex rückwärts. Aus dieser Beziehung für den Prognosewert des Verbrauchs in Periode (t + 1) wird deutlich, daß der Einfluß einer Beobachtung auf den Prognosewert mit zunehmendem Alter (k) der Beobachtungen exponentiell abnimmt: je weiter eine Beobachtung zurückliegt, umso geringer wird ihr Gewicht.

Der Parameter α wird auch als **Glättungsparameter** bezeichnet, da er das Ausmaß bestimmt, in dem Veränderungen des tatsächlichen Verbrauchswertes in Periode t im Vergleich zum prognostizierten Wert sich auf den Prognosewert für die nächste Periode (t + 1) auswirken. Je näher der Glättungsfaktor α bei 0 liegt, umso stärker wird die

Zeitreihe geglättet, d.h. umso mehr Gewicht erhalten die weiter zurückliegenden Beobachtungen. Ein α-Wert nahe bei 1 dagegen führt dazu, daß die Prognosewerte sehr stark mit den jüngsten Beobachtungen schwanken. Für praktische Zwecke haben sich Werte für α zwischen 0.1 und 0.3 als günstig erwiesen. Bild 29 zeigt die Wirkung des Glättungsparameters α auf die Höhe der Gewichtungsfaktoren. Es ist erkennbar, daß bei einem extrem hohen Gewichtungsfaktor $\alpha = 0.9$ praktisch nur noch die letzten drei Beobachtungswerte (aus den Perioden t, t-1 und t-2) zur Prognose der Verbrauchsmenge der Periode $t+1$ herangezogen werden.

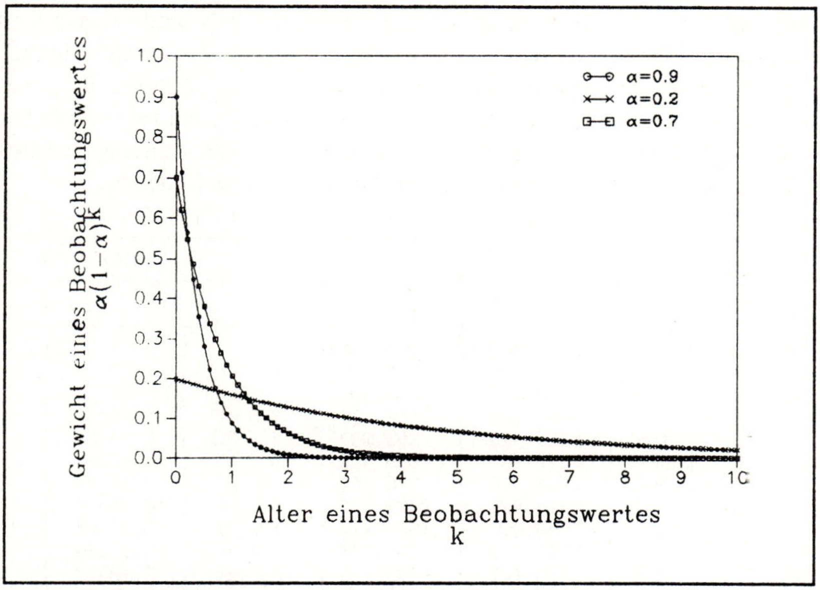

Bild 29: Zusammenhang zwischen Alter und Gewicht eines Beobachtungswertes

Gegenüber dem Verfahren der ungewogenen gleitenden Durchschnittsbildung, bei dem mindestens n Beobachtungen zu speichern sind, kommt das Verfahren der exponentiellen Glättung erster Ordnung in seiner einfachsten mit **zwei Speicherplätzen** pro Verbrauchsfaktor aus (zu speichern sind lediglich der Glättungsparameter g und der letzte Prognosewert p_t). Das ist ein Vorteil, der sich insbesondere dann auswirken kann, wenn der Bedarf für viele tausend Verbrauchsfaktorarten zu prognostizieren ist und wenn der verfügbare Speicherplatz knapp ist.

Betrachten wir folgendes **Beispiel** zur exponentiellen Glättung erster Ordnung. Gegeben sei die in Bild 30 dargestellte empirisch beobachtete Zeitreihe von Bedarfsmengen für ein Produkt:

t	1	2	3	4	5	6	7	8	9	10	11	12	13	14
y_t	3119	3591	1885	1680	3160	1975	2473	229	3882	2358	2250	2860	2650	2050

Bild 30: Zeitreihe der Periodenbedarfsmengen eines Produkts

Als Glättungsparameter soll $\alpha=0.15$ verwendet werden. Um den Prognoseprozeß zu initialisieren, benötigt man einen Startwert $y_0^{(1)}$. Dieser muß extern geschätzt werden. Prinzipiell läßt sich jeder beliebige Wert verwenden, z.B. der Durchschnitt der ersten n Beobachtungen oder auch nur die erste Beobachtung. Da der Einfluß des Initialwertes aufgrund des Gewichtungsschemas ohnehin später sehr gering wird, kann man hier einen groben Schätzwert nehmen. Bei einem konstanten Zeitreihen-Modell mit einer relativ schwachen irregulären Komponente kann ohne weiteres der erste Verbrauchswert verwendet werden. Diese Vorgehensweise wird auch im vorliegenden Beispiel gewählt. Die in Bild 31 angegebene Tabelle zeigt die Berechnung der Prognosewerte nach dem Verfahren der exponentiellen Glättung erster Ordnung.

t	y_t	$p_{t+1}=y_t^{(1)}$	e_t	MAD_t	SIG_t
0		3119.000 ← Startwert			
1	3119	3119.000	0.000		
2	3591	3189.800	472.000		
3	1885	2994.080	-1304.800		
4	1680	2796.968	-1314.080	628.10	0.10461
5	3160	2851.423	363.032	614.75	0.07201
6	1975	2719.960	-876.423	627.12	0.13694
7	2473	2682.916	-246.960	608.00	0.15449
8	229	2314.828	-2453.916	699.35	0.30304
9	3882	2549.904	1567.172	742.41	0.16564
10	2358	2521.119	-191.904	714.50	0.17694
11	2250	2480.451	-271.119	691.86	0.19318
12	2860	2537.383	379.549	675.43	0.15989
13	2650	2554.276	112.617	646.88	0.14990
14	2050	2478.635	-504.276	638.91	0.18364

Bild 31: Beispiel zur exponentiellen Glättung erster Ordnung

In den beiden rechten Spalten der Tabelle sind die mittlere quadratische Abweichung MAD_t und das Abweichungssignal SIG_t angegeben. Zur Initialisierung dieser Größen wurde der durchschnittliche Prognosefehler der ersten drei Perioden ermittelt. Als Glättungsparameter ϵ (für MAD_t) und δ (für ERR_t) wurde jeweils 0.05 angenommen. Ab Periode 4 erfolgte dann eine Glättung von MAD_t und ERR_t. Die obige Tabelle stellt die Ergebnisse einer **ex-post-Prognose** dar; denn die Beobachtungen in den Monaten 1 bis 14 sind bereits bekannt. Beginnend mit dem Monat 15 soll das Verfahren der exponentiellen Glättung erster Ordnung zur Prognose eingesetzt werden. Der betreffende Prognosewert liegt als exponentiell geglätteter Durchschnitt am Ende der Periode 14 vor (2478.635).

Wie man sieht, treten im vorliegenden Beispiel beträchtliche Prognosefehler auf, die durch den hohen Anteil der zufälligen Komponente in der Zeitreihe bedingt sind.

Vertiefende Literatur zu Abschnitt 31.-321.:

Brown (1963)
Brown (1984)
Dervitsiotis (1981)
Elsayed/Boucher (1985)
Franken (1984)
Hax/Candea (1984)
Johnson/Montgomery (1974)
Scheer (1983)
Silver/Peterson (1985)
Wheelwright/Makridakis (1985)

322. Bedarfsprognose bei trendförmig ansteigendem Bedarfsverlauf

Im den vorangegangenen Abschnitten wurde ein Zeitreihenmodell betrachtet, bei dem das **Niveau** der Zeitreihe trotz auftretender unregelmäßiger Schwankungen im Zeitablauf konstant bleibt. Die Anwendung des Kriteriums der Summe der ungewogenen Abstandsquadrate führte zu dem Ergebnis, daß der Modellparameter β_0 am besten durch einen ungewogenen gleitenden Durchschnitt der Beobachtungswerte geschätzt wird. Bei Verwendung des Kriteriums der Summe der exponentiell gewogenen Abstandsquadrate ergab sich als optimales Verfahren die exponentielle Glättung erster Ordnung.

Im folgenden sollen dieselben Kriterien auf den Fall angewandt werden, daß das Niveau der Verbrauchszeitreihe einem **linearen Trend** folgt, der wiederum von unregelmäßigen, zufälligen Schwankungen überlagert wird. Das Modell der Zeitreihe hat dann die folgende Form:

$$(71) \quad y_k = \beta_0 + \beta_1 \cdot k + \epsilon_k \qquad k=t-n+1,\ldots,t$$

- ϵ_k: zufällige Schwankungen
- k: Zeit (unabhängige Variable)
- β_1: Steigung der Trendgeraden
- β_0: Achsenabschnitt der Trendgeraden

Befinden wir uns am Ende der Periode t und blicken wir auf die letzten n Perioden zurück, dann erhalten wir ein System mit n Gleichungen [Beziehung (72)]:

$$
\begin{aligned}
& y_{t-n+1} &&= \beta_0+\beta_1 \cdot (t-n+1)+\epsilon_{t-n+1} \\
(72)\quad & y_{t-n+2} &&= \beta_0+\beta_1 \cdot (t-n+2)+\epsilon_{t-n+2} \\
& \quad\vdots && \\
& y_t &&= \beta_0+\beta_1 \cdot t \qquad\quad +\epsilon_t
\end{aligned}
$$

In Matrixschreibweise ergibt sich:

$$
(73)\quad \underset{(n\times 1)}{\underline{Y}} = \underset{(n\times 2)}{\underline{K}} \cdot \underset{(2\times 1)}{\underline{\beta}} + \underset{(n\times 1)}{\underline{\epsilon}}
$$

Die einzelnen Matrizen bzw. Vektoren des Zeitreihenmodells sind wie folgt definiert:

$$
\underline{Y} = \begin{bmatrix} y_{t-n+1} \\ y_{t-n+2} \\ \cdot \\ \cdot \\ y_t \end{bmatrix} \quad
\underline{K} = \begin{bmatrix} 1 & t-n+1 \\ 1 & t-n+2 \\ \cdot & \cdot \\ \cdot & \cdot \\ 1 & t \end{bmatrix} \quad
\underline{\beta} = \begin{bmatrix} \beta_0 \\ \beta_1 \end{bmatrix} \quad
\underline{\epsilon} = \begin{bmatrix} \epsilon_{t-n+1} \\ \epsilon_{t-n+2} \\ \cdot \\ \cdot \\ \epsilon_t \end{bmatrix}
$$

Bild 32: Matrizen und Vektoren des Zeitreihenmodells für trendförmig ansteigenden Bedarf

Zur Prognose des zukünftigen Verlaufs der Zeitreihe ist die Kenntnis des Achsenabschnitts β_0 und der Steigung β_1 der Trendfunktion erforderlich. Die Schätzung dieser beiden Größen auf der Grundlage empirischer Beobachtungen der Verbrauchszeitreihe kann nach verschiedenen Verfahren geschehen. Im folgenden sollen die **lineare Regressionsrechnung**, die **exponentielle Glättung zweiter Ordnung** und das **Verfahren von Holt** dargestellt werden.

3221. Bedarfsprognose mittels linearer Regressionsrechnung

Die lineare Regressionsrechnung[78] ist ein statistisches Verfahren zur Quantifizierung des funktionalen Zusammenhangs zwischen einer abhängigen und einer (oder mehreren) unabhängigen Variablen. Im betrachteten Anwendungsfall kann die Zeit, die in der vorliegenden Indizierung der Beobachtungswerte von (t-n+1) bis t läuft, als unabhängige Variable und die Zeitreihe der Verbrauchswerte eines Erzeugnisses als abhängige Variable aufgefaßt werden. Bei Einsatz der linearen Regressionsrechnung sind die Modellparameter b_0 (Achsenabschnitt) und b_1 (Steigung der Trendgeraden) so festzu-

78 vgl. Hamburg (1970), S. 459-562; Neter/Wassermann (1974)

legen, daß die Summe der ungewogenen Abstandsquadrate der Beobachtungen von der Trendgeraden minimal wird. Die bei der Schätzung der optimalen Modellparameter verwendete Zielfunktion lautet in diesem Fall:

$$(74)\quad \min SQA(b_0,b_1) = \sum_{k=t-n+1}^{t} (y_k-b_0-b_1\cdot k)^2$$

Zur Minimierung der Zielfunktion (74) bildet man die partiellen Ableitungen nach b_0 und b_1 und setzt sie gleich Null. Die partielle Ableitung nach b_0 lautet:

$$(75)\quad \partial SQA(b_0,b_1)/\partial b_0 = (-2)\cdot \sum_{k=t-n+1}^{t} (y_k-b_0-b_1\cdot k) \stackrel{!}{=} 0$$

Aus Beziehung (75) folgt nach einigen Umformungen die **erste Normalgleichung:**

$$(76)\quad \sum_{k=t-n+1}^{t} y_k = n\cdot b_0+b_1\cdot \sum_{k=t-n+1}^{t} k$$

Als partielle Ableitung der Gleichung (74) nach b_1 ergibt sich:

$$(77)\quad \partial SQA(b_0,b_1)/\partial b_1 = 2\cdot \sum_{k=t-n+1}^{t} (y_k-b_0-b_1\cdot k)\cdot(-k) \stackrel{!}{=} 0$$

Nach einigen Umformungen der Beziehung (77) erhalten wir die **zweite Normalgleichung:**

$$(78)\quad \sum_{k=t-n+1}^{t} y_k\cdot k = b_0\cdot \sum_{k=t-n+1}^{t} k+b_1\cdot \sum_{k=t-n+1}^{t} k^2$$

Damit liegt ein System aus zwei linearen Gleichungen[79] mit zwei Unbekannten vor, das nach b_0 und b_1 aufgelöst werden kann. Die Lösungen lauten

$$(79)\quad b_0 = [\Sigma k^2\cdot\Sigma y_k-\Sigma k\cdot\Sigma(k\cdot y_k)]/[n\cdot\Sigma k^2-(\Sigma k)^2]$$

$$(80)\quad b_1 = [n\cdot\Sigma(k\cdot y_k)-\Sigma k\cdot\Sigma y_k]/[n\cdot\Sigma k^2-(\Sigma k)^2]$$

Die Summation läuft dabei jeweils über den Index k (k = t-n + 1,t-n + 2,...,t). Verändert man die unabhängige Zeitvariable in der Weise, daß sie die Werte von [-(n-1),-(n-2),...,-1,0] oder [1,2,...,n] annimmt, dann können die Gleichungen (79) und (80) weiter vereinfacht werden[80].

---

79 eine Vereinfachung ergibt sich, wenn als einzige unabhängige Variable die Zeit verwendet wird; vgl. Montgomery/Johnson (1974), S. 405ff.

80 vgl. Hoitsch (1973), S. 443-444; vgl. auch Montgomery/Johnson (1974), S. 406; Schlittgen/Streitberg (1984), S. 12-15

Zur Beurteilung der **Güte der Anpassung** der empirischen Verbrauchswerte durch die Trendgerade kann eine **Varianzanalyse** vorgenommen werden. Diese basiert auf der Zerlegung der Summe der quadrierten Abweichungen der Beobachtungswerte von ihrem gemeinsamen Mittelwert in einzelne Komponenten[81]. Die Gesamtvariation der Beobachtungswerte y_k um ihren Mittelwert μ_t besteht aus einem Anteil, der durch die Regressionsgerade erklärt wird und einem Anteil, der nicht durch den Einfluß der unabhängigen Variablen begründet werden kann. Es gelten nun folgende Zusammenhänge[82]:

- **Gesamtvariation:**

$$(81)\quad SQT = \sum_{k=t-n+1}^{t} (y_k - \mu_t)^2$$

μ_t: Mittelwert der Zeitreihe (bezogen auf die letzten n Perioden)
y_k: Beobachtungswert in Periode k

- **durch den Verlauf der Trendgeraden erklärte Variation:**

$$(82)\quad SQR = \sum_{k=t-n+1}^{t} (p_k - \mu_t)^2$$

μ_t: Mittelwert der Zeitreihe (bezogen auf die letzten n Perioden)
p_k: ex-post-Prognosewert für Periode k laut Trendgleichung

- **nicht erklärte Restvariation:**

$$(83)\quad SQE = \sum_{k=t-n+1}^{t} (y_k - p_k)^2$$

p_k: ex-post-Prognosewert für Periode k laut Trendgleichung
y_k: Beobachtungswert in Periode k

Bild 33 verdeutlicht die Zusammenhänge zwischen der Gesamtvariation und den Teilvariationen. Mit Hilfe dieser Größen kann das **Bestimmheitsmaß** als Gütekriterium der Regression berechnet werden. Das Bestimmtheitsmaß ist ein dimensionsloses Maß für den Anteil der Gesamtvariation, der auf den Einfluß der unabhängigen Variablen - im vorliegenden Zusammenhang ist das die Zeit - zurückzuführen ist. Es errechnet sich als Quotient aus der durch den Verlauf der Regressionsgeraden erklärten Variation, SQR, und der Gesamtvariation, SQT:

---

81 Die Summe der Abweichungsquadrate wird im folgenden als Variation bezeichnet.

82 Für die numerische Berechnung der Abweichungsquadratsummen besser geeignete Formeln, die auch die Grundlage für die weiter unten dargestellte Matrixschreibweise bilden, finden sich bei Neter/Wassermann (1974), S. 80

(84) $r^2 = SQR/SQT$

Das Bestimmtheitsmaß kann Werte zwischen 0 und 1 annehmen. Je höher r^2 ist, umso höher ist der Grad der Anpassung der Trendgeraden an die Zeitreihe. Das Bestimmtheitsmaß kann zur Beantwortung der Frage verwendet werden, ob ein signifikanter Trend vorliegt[83]. Als in der Praxis anwendbare Faustregel gilt, daß ab einem Wert von $r^2 > 0.5$ von einem trendförmigen Verlauf der Zeitreihe ausgegangen werden kann[84].

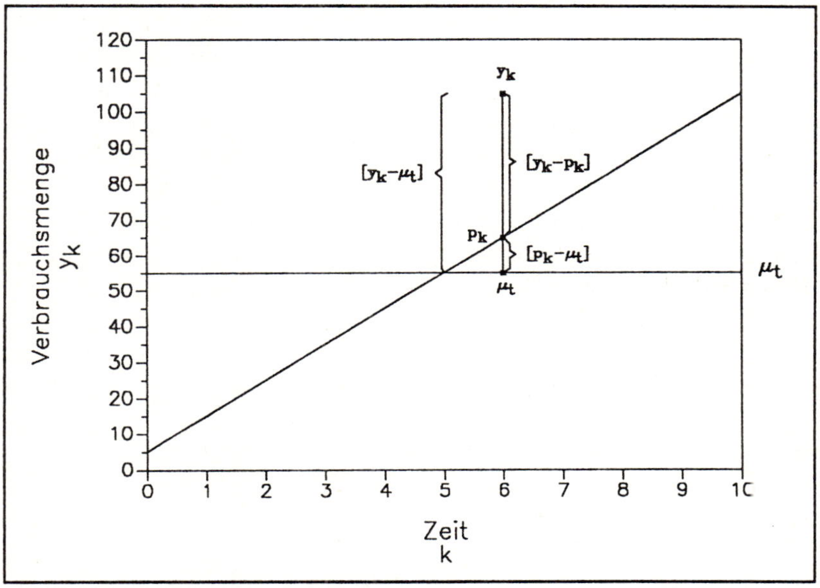

Bild 33: Zusammenfassende Darstellung der Komponenten der Summe der Abweichungsquadrate

Für die Erweiterung der Betrachtung auf mehrere Einflußgrößen, insb. unter Einbeziehung transformierter Formen der Zeitvariablen ist die Matrixschreibweise der Regressionsrechnung hilfreich. In Matrixschreibweise lauten die Normalgleichungen:

83 Eine umfassende vertiefende Darstellung zur (multiplen linearen) Regressionsrechnung findet sich bei Draper/Smith (1981) sowie bei Neter/Wassermann (1974)

84 Ein hoher Wert des Bestimmtheitsmaßes bedeutet nicht notwendigerweise, daß das unterstellte Regressionsmodell brauchbar ist. Wenn die Regressionsrechnung nur auf einem geringen Stichprobenumfang (n) beruht, kann in einigen Fällen das Bestimmtheitsmaß einen hohen Wert annehmen, obwohl die nicht erklärte Varianz für eine praktische Verwendung des Regressionsmodells zu hoch ist.

$$\begin{bmatrix} \Sigma y_k \\ \Sigma k \cdot y_k \end{bmatrix} = \begin{bmatrix} n & \Sigma k \\ \Sigma k & \Sigma k^2 \end{bmatrix} \cdot \begin{bmatrix} b_0 \\ b_1 \end{bmatrix}$$

Bild 34: Normalgleichungen in Matrixschreibweise

Berücksichtigen wir die in Bild 32 vorgenommene Definition des Vektors $\underline{Y}$ und der Matrix $\underline{K}$ dann sehen wir, daß die Normalgleichungen durch folgende Beziehung beschrieben werden:

(85) $(\underline{K}^T\underline{Y}) = (\underline{K}^T\underline{K}) \cdot \underline{b}$

Dieses Gleichungssystem kann nach dem Vektor $\underline{b}$ aufgelöst werden, indem man beide Seiten der Gleichung mit der Inversen von $\underline{K}^T\underline{K}$ multipliziert:

(86) $(\underline{K}^T\underline{K})^{-1}(\underline{K}^T\underline{Y}) = (\underline{K}^T\underline{K})^{-1}(\underline{K}^T\underline{K}) \cdot \underline{b}$

Die Lösung lautet:

(87) $\underline{b} = (\underline{K}^T\underline{K})^{-1}(\underline{K}^T\underline{Y})$

Die **Variationen** lauten in Matrixschreibweise wie folgt[85]:

(88) $SQT = \underline{Y}^T\underline{Y} - n\mu_t^{\,2}$

(89) $SQR = \underline{a}^T\underline{K}^T\underline{Y} - n\mu_t^{\,2}$

(90) $SQE = \underline{Y}^T\underline{Y} - \underline{a}^T\underline{K}^T\underline{Y}$

Sind die Parameter der Regressionsgleichung bekannt, dann können die Prognosen für zukünftige Verbrauchswerte der Perioden (t + 1,t + 2,...) erstellt werden. Für die Periode (t + j) ergibt sich

(91) $p_{t+j} = b_0 + b_1 \cdot (t+j)$

In der dargestellten Matrixschreibweise kann die Regressionsgleichung sehr leicht mit Hilfe eines Computers unter Einsatz von Standardpaketen der linearen Algebra errechnet werden[86]. Dies soll anhand eines Beispiels erläutert werden:

85 vgl. Neter/Wassermann (1974), S. 205-206

86 z.B. PC-MATLAB u.a.; die lineare Regressionsrechnung ist auch Bestandteil der meisten Standardsoftwarepakete der mathematischen Statistik, z.B. PlotIt, STATGRAPHICS.

t	1	2	3	4	5	6	7
y_t	15	20	35	40	55	70	80

Bild 35: Verbrauchszeitreihe

Es soll der Verbrauch für Periode 8 prognostiziert werden. Zunächst berechnen wir die Regressionsgerade. Wir erhalten folgende Zwischenergebnisse:

$$\underline{K} = \begin{bmatrix} 1 & 1 \\ 1 & 2 \\ 1 & 3 \\ 1 & 4 \\ 1 & 5 \\ 1 & 6 \\ 1 & 7 \end{bmatrix} \quad \underline{Y} = \begin{bmatrix} 15 \\ 20 \\ 35 \\ 40 \\ 55 \\ 70 \\ 80 \end{bmatrix} \quad \underline{K}^T\underline{K} = \begin{bmatrix} 7 & 28 \\ 28 & 140 \end{bmatrix} \quad \underline{K}^T\underline{Y} = \begin{bmatrix} 315 \\ 1575 \end{bmatrix}$$

$$(\underline{K}^T\underline{K})^{-1} = \begin{bmatrix} 0.71428571 & -0.14285871 \\ -0.14285714 & 0.35714285 \end{bmatrix} \quad \underline{b} = \begin{bmatrix} 0.00000000 \\ 0.11249999 \end{bmatrix}$$

$\mu_t=45$ SQT=3600 SQR=3543.75 SQE=56.25 $r^2=0.9844$

Bild 36: Ergebnisse der Regressionsrechnung

Mit Hilfe des Vektors $\underline{a}$ kann nun die Regressionsgleichung aufgestelt werden. Sie lautet:

(92) $y_t = b_0+b_1 \cdot t = 0.0+11.25 \cdot t$

Der für Periode t = 8 prognostizierte Verbrauch beträgt somit

(93) $p_8 = 0.0+11.25 \cdot 8 = 90$

Die beschriebene Methode zur Berechnung einer Trendgleichung ist nicht an das Vorliegen eines linearen Trends gebunden. Vielmehr kann sie immer dann eingesetzt werden, wenn die funktionale Beziehung zwischen der Zeit und der Verbrauchsmenge durch geeignete Transformationen in eine lineare Form überführt werden kann. Bild 37 zeigt einige gängige nichtlineare Funktionstypen und die entsprechenden Transformationen.

Funktion		Transformation	linearisierte Form
Exponentialfunktion	$Y=a\cdot e^{b\cdot X}$	$Y^*=\ln Y$	$Y^*=a^*+b\cdot X$ $a^*=\ln a$
Potenzfunktion	$Y=a\cdot X^b$	$Y^*=\ln Y$ $X^*=\ln X$	$Y^*=a^*+b\cdot X^*$ $a^*=\ln a$
Logarithmische Funktion	$Y=a+b\cdot \ln X$	$X^*=\ln X$	$Y=a+b\cdot X^*$
Hyperbel	$Y=a+b/X$	$X^*=1/X$	$Y=a+b\cdot X^*$
Polynom zweiter Ordnung	$Y=a+b\cdot X+c\cdot X^2$	$X^*=X^2$	$Y=a+b\cdot X+c\cdot X^*$

Bild 37: linearisierbare Funktionen (Beispiele)

Durch die Variablentransformation lassen sich viele auf den ersten Blick nichtlineare Funktionsverläufe in eine linearisierte Form überführen. Auch das folgende Modell einer Zeitreihe kann linearisiert[87] und mithilfe der (multiplen[88]) linearen Regressionsrechnung prognostiziert werden:

(94) $y_k = b_0+b_1\cdot k+b_2\cdot \sin(2\cdot\pi\cdot k/z)+e_k$

Dieses Modell könnte man zur Prognose einer Zeitreihe einsetzen, die durch einen Trend und zyklischen (saisonalen) Schwankungen geprägt ist[89]. Dabei bezeichnet k die unabhängige Variable des Modells (Zeit) und z steht für die Länge eines Saisonzyklus (z.B. 12 Perioden). Zur Linearisierung der obigen Funktion sind folgende Transformationen vorzunehmen.

(95) $x_1 = k$

(96) $x_2 = \sin(2\cdot\pi\cdot k/z)$

Die graphische Darstellung einer solchen Funktion zeigt Bild 38[90].

87 vgl. z.B. Elsayed/Boucher (1985), S. 21-28; Naylor (1979), S. 88-98

88 Eine multiple lineare Regressionsrechnung kann bei Rückgriff auf die Matrizenschreibweise durch Erweiterung der Matrix K um je eine Spalte und Erweiterung des Vektors a um je ein Element für jede zusätzlich unabhängige Variable durchgeführt werden.

89 vgl. hierzu auch Abschnitt 323

90 vgl. auch Abschn. 32332

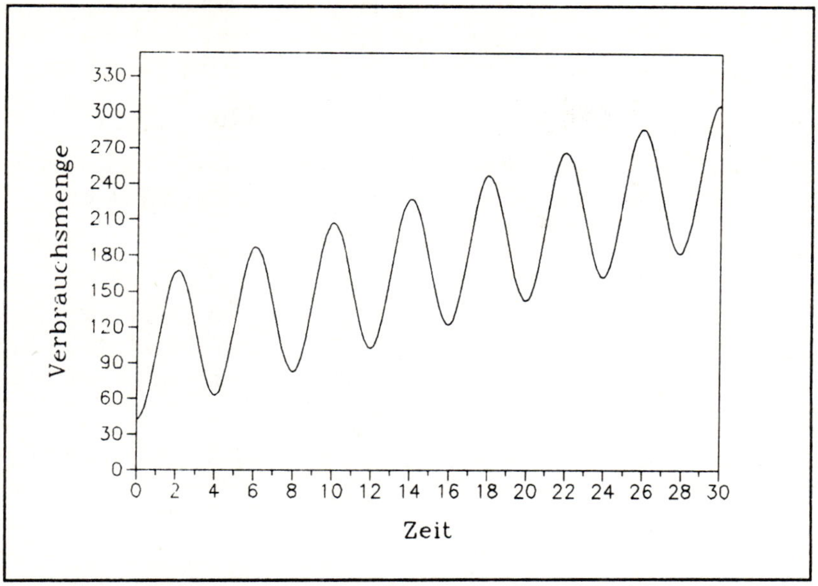

Bild 38: Zeitreihenmodell mit Trend und Saisonschwankungen

Nach jeder Periode, wenn eine neue Beobachtung der Verbrauchsmenge hinzugekommen und der älteste Beobachtungswert gelöscht worden ist, hat sich die Datengrundlage der Regressionsrechnung verändert. Daher muß streng genommen die Regressionsgleichung nach jeder Periode an die neue Datensituation angepaßt werden. Dadurch ist das Verfahren der Regressionsrechnung im Vergleich zu den im folgenden darzustellenden Verfahren mit mehr Rechenaufwand verbunden.

3222. Bedarfsprognose mittels exponentieller Glättung zweiter Ordnung

Beim Verfahren der exponentiellen Glättung zweiter Ordnung wird - wie bei der linearen Regressionsrechnung - von einem linearen Trendmodell ausgegangen:

$$(97)\quad y_k = \beta_0+\beta_1\cdot k+\epsilon_k \qquad k=t-n+1,\ldots,t$$

Wollen wir nun am Ende einer beliebigen Periode t eine Prognose für den Bedarf der nächsten Periode ermitteln bzw. prognostizieren, dann müssen wir die in dieser Periode geltenden Schätzwerte der Parameter b_0 (Achsenabschnitt) und b_1 (Steigung) der Trendgleichung kennen. Zur Bestimmung dieser Größen gehen wir davon aus, daß der Nullpunkt der Zeitachse, an dem der Achsenabschnitt gemessen wird, jeweils mit der aktuellen Periode t verschoben wird, so daß der Achsenabschnitt sich immer auf die Periode t bezieht.

Versuchen wir zunächst einmal, die exponentielle Glättung erster Ordnung zur Prognose des Verbrauchs bei Vorliegen eines linearen Trends einzusetzen. Dabei wird ein **systematischer Fehler** auftreten, der zur Ableitung eines für die vorliegende Situation geeigneten Prognoseverfahrens verwendet werden kann. Die am Ende der Perioden t errechneten Durchschnittswerte, die zur Prognose des Verbrauchs der Perioden (t + 1) verwendet werden, sind in systematischer Weise niedriger als die tatsächlichen Verbrauchswerte der Perioden t. Es tritt also eine **systematische Differenz**

$$(98)\quad y_t - y_t^{(1)} \qquad t=1,2,...$$

auf[91], wobei $y_t^{(1)}$ den am Ende der Periode t errechneten exponentiell geglätteten Durchschnittswert erster Ordnung beschreibt. Glättet man die Zeitreihe nach dem Verfahren der exponentiellen Glättung erster Ordnung, dann ergibt sich bekanntlich als Mittelwert erster Ordnung am Ende der Periode t:

$$(99)\quad y_t^{(1)} = \alpha \cdot y_t + (1-\alpha) \cdot y_{t-1}^{(1)} \qquad t=1,2,...$$

oder

$$(100)\quad y_t^{(1)} = \sum_{k=0}^{t-1} \alpha \cdot (1-\alpha)^k \cdot y_{t-k} + (1-\alpha)^t \cdot y_0^{(1)}$$

Die **Frage** lautet nun: *Wie hoch ist der Erwartungswert dieses Durchschnitts (erster Ordnung), wenn die Zeitreihe einen linearen Trend aufweist?* Berechnet man den Erwartungswert von $y_t^{(1)}$, dann ergibt sich

$$(101)\quad E\{y_t^{(1)}\} = \sum_{k=0}^{t-1} \alpha \cdot (1-\alpha)^k \cdot E\{y_{t-k}\} + (1-\alpha)^t \cdot E\{y_0^{(1)}\}$$

Der Erwartungswert des Verbrauchs in Periode (t-k), y_{t-k}, beträgt gemäß dem angenommenen linearen Trend

$$(102)\quad E\{y_{t-k}\} = b_0 + b_1 \cdot (t-k)$$

Setzen wir diesen Wert in Gleichung (101) ein, dann ergibt sich

$$(103)\quad E\{y_t^{(1)}\} = \sum_{k=0}^{t-1} \alpha \cdot (1-\alpha)^k \cdot [b_0 + b_1 \cdot (t-k)] + (1-\alpha)^t \cdot E\{y_0^{(1)}\}$$

$$= b_0 \cdot \sum_{k=0}^{t-1} \alpha \cdot (1-\alpha)^k + b_1 \cdot t \cdot \sum_{k=0}^{t-1} \alpha \cdot (1-\alpha)^k - b_1 \cdot \sum_{k=0}^{t-1} k \cdot \alpha \cdot (1-\alpha)^k + (1-\alpha)^t \cdot E\{y_0^{(1)}\}$$

91 vgl. Hax/Candea (1984), S. 163-164; Elsayed/Boucher (1985), S. 38-39; Zäpfel (1982), S. 171-176

Im **stationären** Zustand, d.h. wenn t gegen unendlich geht, erhalten wir für einige Summanden dieser Gleichung Vereinfachungen

$$(104)\quad E\{y_t^{(1)}\} = b_0 \cdot \underbrace{\sum_{k=0}^{\infty} g(1-\alpha)^k}_{=1} + b_1 \cdot t \cdot \underbrace{\sum_{k=0}^{\infty} g(1-\alpha)^k}_{=1} - b_1 \cdot \underbrace{\sum_{k=0}^{\infty} k \cdot g(1-\alpha)^k}_{=(1-\alpha)/\alpha} + \underbrace{(1-\alpha)^{\infty}}_{=0} \cdot E\{y_0^{(1)}\}$$

Durch diese Vereinfachungen kann der Erwartungswert für den exponentiell geglätteten Mittelwert erster Ordnung in einem linear ansteigenden Zeitreihenmodell wie folgt beschrieben werden:

$$(105)\quad E\{y_t^{(1)}\} = b_0 + b_1 \cdot t - b_1 \cdot (1-\alpha)/\alpha \qquad t=1,2,\ldots$$

Da der Erwartungswert für den Verbrauch in Periode t

$$(106)\quad E\{y_t\} = b_0 + b_1 \cdot t \qquad t=1,2,\ldots$$

beträgt, läuft der am Ende der Periode t errechnete gleitende Durchschnitt erster Ordnung um den Betrag $[b_1 \cdot (1-\alpha)/\alpha]$ hinter dem Verbrauchswert der Periode t hinterher. Es gilt also die Beziehung[92]:

$$(107)\quad E\{y_t^{(1)}\} = E\{y_t\} - \underbrace{b_1 \cdot (1-\alpha)/\alpha}_{\text{systematischer Fehler}} \qquad t=1,2,\ldots$$

- $E\{y_t\}$: Erwartungswert der Verbrauchsmenge in Periode t
- $E\{y_t^{(1)}\}$: Erwartungswert des exponentiell geglätteten Durchschnitts erster Ordnung am Ende der Periode t

Gleichung (107) besagt, daß im Fall eines linearen Trendverlaufs der am Ende der Periode t berechnete exponentiell geglättete Mittelwert erster Ordnung um einen systematischen Fehler der Höhe $[b_1 \cdot (1-\alpha)/\alpha]$ niedriger ist als der Verbrauch in Periode t. Die Berechnung exponentiell geglätteter Mittelwerte erster Ordnung über mehrere Perioden ergibt folgende **Zeitreihe von Mittelwerten erster Ordnung**:

$$(108)\quad \{\ldots, y_{t-1}^{(1)}, y_t^{(1)}\}$$

Man kann nun die Zeitreihe der Mittelwerte erster Ordnung in gleicher Weise wie die Zeitreihe der ursprünglichen Beobachtungswerte behandeln und darauf ebenfalls die exponentielle Glättung erster Ordnung anwenden. Als Ergebnis dieses Glättungsprozesses erhält man exponentiell geglättete **Mittelwerte zweiter Ordnung**, d.h. gewo-

92 vgl. Elsayed/Boucher (1985), S. 38-40; Hax/Candea (1984), S. 159-164

gene Durchschnitte von Mittelwerten (erster Ordnung). Der Mittelwert zweiter Ordnung am Ende der Periode t errechnet sich als gewogener Durchschnitt aus dem Mittelwert erster Ordnung am Ende der Periode t und dem Mittelwert zweiter Ordnung am Ende der Vorperiode (t-1):

$$(109)\quad y_t^{(2)} = \alpha \cdot y_t^{(1)} + (1-\alpha) \cdot y_{t-1}^{(2)} \qquad t=1,2,...$$

Man kann nachweisen, daß zwischen den Erwartungswerten der Mittelwerte erster und zweiter Ordnung folgende Beziehung gilt:

$$(110)\quad E\{y_t^{(2)}\} = E\{y_t^{(1)}\} - b_1 \cdot (1-\alpha)/\alpha \qquad t=1,2,...$$

Das heißt: der Mittelwert zweiter Ordnung läuft hinter dem Mittelwert erster Ordnung durchschnittlich im gleichen Abstand hinterher wie der Mittelwert erster Ordnung hinter den Beobachtungswerten hinterherläuft. Diese systematische Beziehung zwischen den drei Zeitreihen kann man zur Bestimmung eines Prognoseverfahrens einsetzen. Versuchen wir zunächst, die **Steigung der Trendgeraden** im Zeitpunkt t, $b_{1,t}$, zu schätzen. Da der exponentiell geglättete Mittelwert erster Ordnung sich entsprechend Gleichung (107) nur um einen konstanten Betrag von der Trendgeraden unterscheidet, weisen beide Zeitreihen - sieht man einmal von der irregulären Komponente ab - dieselbe Steigung auf. Darüberhinaus stimmt auch die Steigung der Zeitreihe der exponentiell geglätteten Mittelwerte zweiter Ordnung mit den Steigungen der Trendgeraden und der exponentiell geglätteten Mittelwerte erster Ordnung überein. Das heißt: **die drei Zeitreihen verlaufen parallel**. Dies ist in Bild 39 für eine Zeitreihe mit einem störungsfreien linearen Verlauf dargestellt.

Es ist damit möglich, die Steigung der Originalzeitreihe der beobachteten Verbrauchswerte auch aus der Gleichung für den exponentiell geglätteten Mittelwert zweiter Ordnung zu errechnen. Dies geschieht wie folgt. Lösen wir zunächst die Gleichung (110) für den Erwartungswert des Mittelwertes zweiter Ordnung nach der Steigung der Trendgeraden, b_1, auf:

$$(111)\quad b_1 = \alpha/(1-\alpha) \cdot [E\{y_t^{(1)}\} - E\{y_t^{(2)}\}]$$

exponentiell gewogener Mittelwert zweiter Ordnung

exponentiell gewogener Mittelwert erster Ordnung

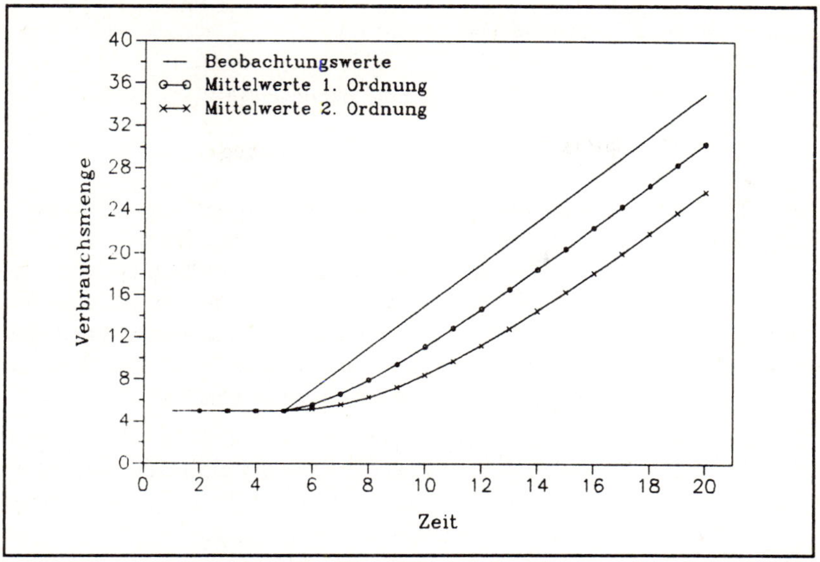

Bild 39: Beobachtungswerte sowie exponentiell geglättete Durchschnitte erster und zweiter Ordnung für eine Zeitreihe mit störungsfreiem linearen Verlauf

Es ist sinnvoll, immer den neuesten, d.h. aktuellsten Schätzwert für die Steigung der Trendgeraden am Ende der Periode t zu verwenden. Wir erhalten dann den Ausdruck

(112) $b_{1,t} = \alpha/(1-\alpha)\cdot[y_t^{(1)}-y_t^{(2)}]$ $\qquad t=1,2,...$

Wie hoch ist nun die erwartete Verbrauchsmenge am Ende der Periode t? Zur Beantwortung dieser Frage greifen wir auf die Beziehung (107) zurück und setzen dort die Gleichung (111) für die Steigung b_1 ein:

(113) $$E\{y_t\} = E\{y_t^{(1)}\}+[(1-\alpha)/\alpha]\cdot\underbrace{[\alpha/(1-\alpha)]\cdot[E\{y_t^{(1)}\}-E\{y_t^{(2)}\}]}_{\text{Steigung der Trendgeraden}}$$

$$= 2\cdot E\{y_t^{(1)}\}-E\{y_t^{(2)}\} \qquad t=1,2,...$$

Beziehung (113) beschreibt den erwarteten Abstand der Trendgeraden von der Zeitachse am Ende der Periode t. Aufgrund dieser Beziehung können wir nun als plausiblen Schätzwert für den Abstand der Trendgeraden von der Abszisse am Ende der Periode t den Ausdruck

(114) $b_{0,t} = 2\cdot y_t^{(1)}-y_t^{(2)}$ $\qquad t=1,2,...$

verwenden. Damit liegt die Gleichung der Trendgeraden am Ende der Periode t vor. Der **Prognosewert** des Verbrauchs für eine zukünftige Periode (t+j), p_{t+j}, beträgt nun:

(115) $p_{t+j} = \underbrace{[2\cdot y_t^{(1)}-y_t^{(2)}]}_{\text{aktueller Achsenabschnitt}}+\underbrace{[\alpha/(1-\alpha)\cdot(y_t^{(1)}-y_t^{(2)}]}_{\text{aktuelle Steigung der Trendgeraden}}\cdot j$

Zur **Initialisierung** des Prognoseverfahrens werden Startwerte $y_0^{(1)}$ und $y_0^{(2)}$ für die beiden Mittelwerte benötigt. Sie lassen sich aus Schätzwerten für $b_{0,0}$ und $b_{1,0}$ ermitteln. Liegt bereits empirisches Datenmaterial vor, z.B. die Verbrauchswerte für einige Perioden, die vor Einsatz des Prognoseverfahrens erfaßt worden sind, dann kann man die beiden Gleichungsparameter mittels der linearen Regressionsrechnung schätzen[93]. Falls keine empirischen Daten vorliegen, dann müssen die Parameter der Trendgeraden auf dem Wege der subjektiven Schätzung festgelegt werden.

Sind die Parameter $b_{0,0}$ und $b_{1,0}$ bekannt, dann können wir sie in die Gleichungen (112) und (114) für den Achsenabschnitt und die Steigung einsetzen und nach den gesuchten Startwerten der beiden Durchschnitte, $y_0^{(1)}$ und $y_0^{(2)}$, auflösen. Aus diesem System mit zwei Gleichungen und zwei Unbekannten erhalten wir:

(116) $y_0^{(1)} = b_{0,0}-b_{1,0}\cdot(1-\alpha)/\alpha$

(117) $y_0^{(2)} = b_{0,0}-2\cdot b_{1,0}\cdot(1-\alpha)/\alpha$

Das Verfahren der exponentiellen Glättung zweiter Ordnung besteht damit aus den in Bild 40 angebenen Schritten.

93 vgl. Hax/Candea (1984), S. 162; eine grobe, aber einfache Methode zur Initialisierung des Prognoseverfahrens besteht darin, den Achsenabschnitt der Trendgeraden durch den Mittelwert der Verbrauchswerte eines Jahres und die Steigung aus der Differenz der mittleren Verbrauchswerte zweier aufeinanderfolgender Jahre zu errechnen.

SCHRITT 0:

Bestimme Anfangswerte für die gleitenden Mittelwerte:

$$y_0^{(1)} = b_{0,0} - b_{1,0} \cdot (1-\alpha)/\alpha$$

$$y_0^{(2)} = b_{0,0} - 2 \cdot b_{1,0} \cdot (1-\alpha)/\alpha$$

Erstelle eine Prognose für die Periode 1:

$$p_1 = b_{0,0} + b_{1,0}$$

SCHRITT t:

Aktualisiere die gleitenden Mittelwerte:

$$y_t^{(1)} = \alpha \cdot y_t + (1-\alpha) \cdot y_{t-1}^{(1)}$$

und

$$y_t^{(2)} = \alpha \cdot y_t^{(1)} + (1-\alpha) \cdot y_{t-1}^{(2)}$$

Erstelle eine Prognose für die Periode (t+j; j=1,2,...):

$$p_{t+j} = [2 \cdot y_t^{(1)} - y_t^{(2)}] + [\alpha/(1-\alpha) \cdot (y_t^{(1)} - y_t^{(2)})] \cdot j$$

Bild 40: Verfahren EXPOGL2

Betrachten wir ein **Beispiel** zur exponentiellen Glättung zweiter Ordnung. Für ein Produkt wurden in den einzelnen Monaten der Jahre 1975-1976 (=24 Monate; t=1,...,24) folgende Bedarfswerte registriert (Bild 41):

t	1	2	3	4	5	6	7	8	9	10	11	12
y_t	317	194	312	316	322	334	317	356	428	411	494	412
t	13	14	15	16	17	18	19	20	21	22	23	24
y_t	460	395	392	447	452	571	517	397	410	579	473	558

Bild 41: Beispieldaten zur exponentiellen Glättung zweiter Ordnung

Es sind mittels der exponentiellen Glättung zweiter Ordnung Prognosen für die zukünftigen monatlichen Verbrauchsmengen zu erstellen. Als Glättungsparameter soll $\alpha = 0.1$ verwendet werden. Zunächst wird auf der Grundlage der bekannten Daten eine ex-post-Prognose durchgeführt, die dann ab Periode 24 zu einer echten ex-ante-Prognose wird.

Beispiel zum Verfahren EXPOGL2

Schritt 0:

$y_t = 275.00+10.88 \cdot t \quad (t=1,2,\ldots,24)$

Da empirische Daten verfügbar sind, können zunächst mittels der linearen Regressionsrechnung Startwerte für die beiden Parameter $b_{0,0}$ und $b_{1,0}$ geschätzt werden.

$b_{0,0} = 275.00$ — Achsenabschnitt

$b_{1,0} = 10.88$ — Steigung

$y_0^{(1)}=275.00-10.88 \cdot 0.9/0.1 = 177.08$ — Startwerte der gleitenden Durchschnitte

$y_0^{(2)}=275.00-2 \cdot 10.88 \cdot 0.9/0.1 = 79.16$

$p_1 = b_{0,0}+b_{1,0} \cdot 1$ — Prognose für Periode t = 1

$= 275.00+10.88 = 285.88$

Schritt t = 1:

$y_1=317$ — Beobachtungswert in Periode 1

$y_1^{(1)}=0.10 \cdot 317+0.9 \cdot 177.08 = 191.07$ — Durchschnitt 1. Ordnung

$y_1^{(2)}=0.10 \cdot 191.07+0.9 \cdot 79.16 = 90.35$ — Durchschnitt 2. Ordnung

$p_2=(2 \cdot y_1^{(1)}-y_1^{(2)})+[\alpha/(1-\alpha)] \cdot (y_1^{(1)}-y_1^{(2)})$ — Prognose für Periode t = 2

$= (2 \cdot 191.07-90.35) +(0.1/0.9) \cdot (191.07-90.35)$

$=302.98$

Ende des Beispiels zum Verfahren EXPOGL2

Bild 42 zeigt die Ergebnisse der Rechnung für sämtliche Perioden des betrachteten Beispiels. In der vorletzten Spalte sind die am Ende der Periode t errechneten Prognosewerte für die nächste Periode (t + 1) angegeben. Die letzte Spalte weist die Prognosefehler aus. Der mittlere Prognosefehler beträgt $\mu_e = -1.67$ bei einer Standardabweichung von $\sigma_e = 59.33$.

t	y_t	$y^{(1)}_t$	$y^{(2)}_t$	b_{0t}	b_{1t}	p_{t+1}	e_t
0	-	177.0800	79.1600	275.0000	10.8800	285.8800	
1	317	191.0720	90.3512	291.7928	11.1912	302.9840	31.12
2	194	191.3648	100.4526	282.2770	10.1014	292.3784	-108.98
3	312	203.4283	110.7502	296.1064	10.2976	306.4040	19.62
4	316	214.6855	121.1437	308.2273	10.3935	318.6208	9.59
5	322	225.4169	131.5710	319.2628	10.4273	329.6902	3.37
6	334	236.2752	142.0414	330.5090	10.4704	340.9794	4.30
7	317	244.3477	152.2720	336.4233	10.2306	346.6539	-23.97
8	356	255.5129	162.5961	348.4297	10.3241	358.7538	9.34
9	428	272.7616	173.6127	371.9105	11.0166	382.9271	69.24
10	411	286.5854	184.9099	388.2609	11.2973	399.5582	28.07
11	494	307.3269	197.1516	417.5021	12.2417	429.7438	94.44
12	412	317.7942	209.2159	426.3725	12.0643	438.4368	-17.74
13	460	332.0148	221.4958	442.5338	12.2799	454.8137	21.56
14	395	338.3133	233.1775	443.4491	11.6818	455.1309	-59.81
15	392	343.6820	244.2280	443.1360	11.0504	454.1864	-63.13
16	447	354.0138	255.2065	452.8210	10.9786	463.7996	-7.18
17	452	363.8124	266.0671	461.5577	10.8606	472.4183	-11.79
18	571	384.5312	277.9135	491.1488	11.8464	502.9952	98.58
19	517	397.7780	289.9000	505.6561	11.9865	517.6426	14.00
20	397	397.7003	300.6800	494.7205	10.7800	505.5005	-120.64
21	410	398.9302	310.5050	487.3554	9.8250	497.1804	-95.50
22	579	416.9372	321.1482	512.7261	10.6432	523.3693	81.81
23	473	422.5434	331.2877	513.7991	10.1395	523.9387	-50.36
24	558	436.0891	341.7679	530.4103	10.4801	540.8904	34.06

Bild 42: Ergebnisse der exponentiellen Glättung zweiter Ordnung

In den Bildern 43 und 44 sind die Ergebnisse graphisch dargestellt. In Bild 45 ist die kumulierte Häufigkeitsverteilung der empirisch beobachteten Prognosefehler der theoretischen Wahrscheinlichkeitsverteilung gegenübergestellt, die für eine Normalverteilung mit einem Mittelwert von $\mu_e = -1.67$ und einer Standardabweichung von $\sigma_e = 59.33$ gilt. Mit Hilfe statistischer Testverfahren kann überprüft werden, ob die Annahme normalverteilter Prognosefehler für das Beispiel aufrechterhalten werden kann. Im vorliegenden Fall führt der **Kolmogorov-Smirnov-Test**[94] zu dem Ergebnis, daß die Annahme der Normalverteilung der Prognosefehler nicht abgelehnt werden kann.

94 vgl. z.B. Banks/Carson (1984), S. 269-271, S. 357-358

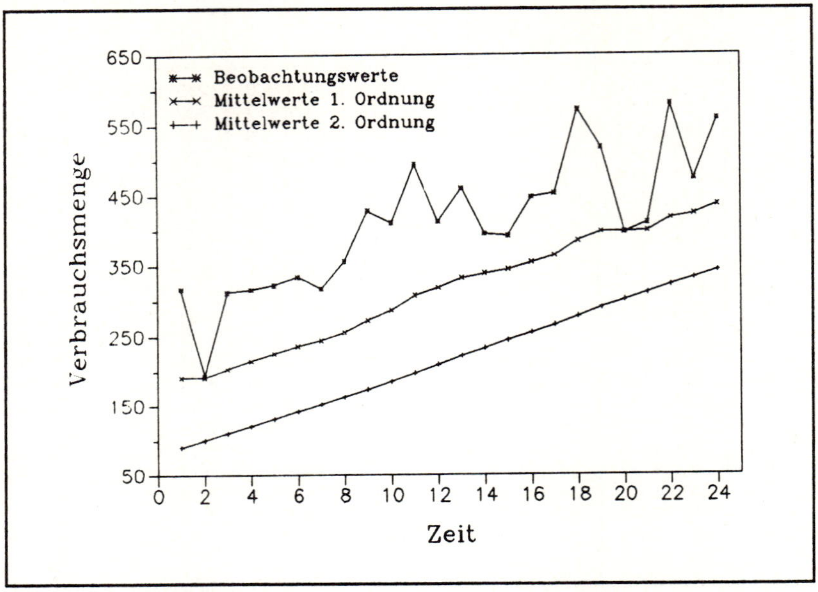

Bild 43: Verlauf der Zeitreihen von Beobachtungswerten sowie Durchschnittswerten erster und zweiter Ordnung

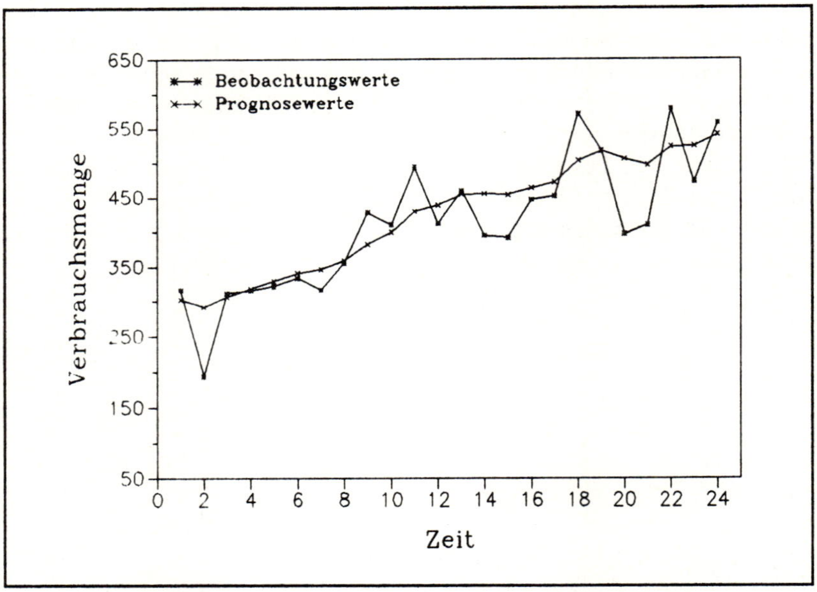

Bild 44: Gegenüberstellung von Prognose- und Beobachtungswerten des Beispiels

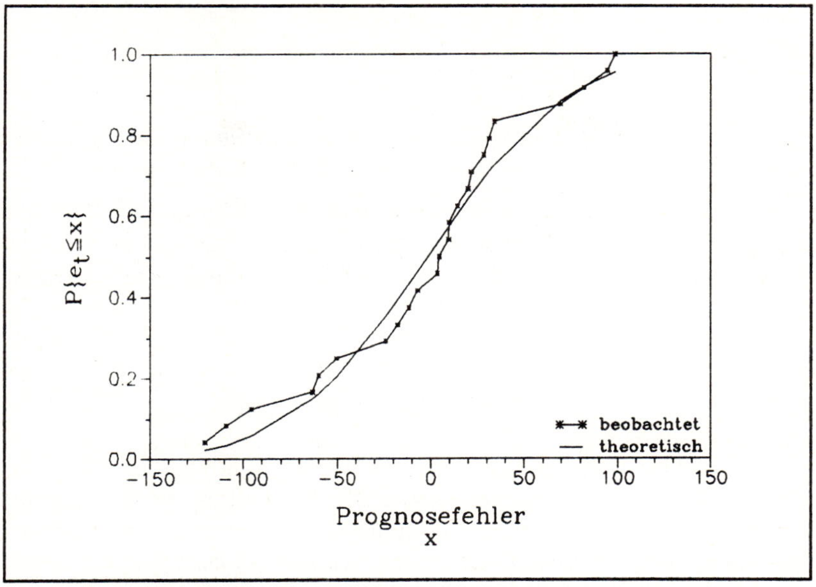

Bild 45: Gegenüberstellung von empirischer und theoretischer Wahrscheinlichkeitsverteilung der Prognosefehler

Eine **vereinfachte Form** des Verfahrens der exponentiellen Glättung zweiter Ordnung, die ohne die Berechnung der gleitenden Durchschnitte auskommt, beschreibt *Gardner*[95]:

(118) $e_t = y_t - p_t$ $t=1,2,...$

(119) $b_{0,t} = b_{0,t-1} + b_{1,t-1} + \alpha \cdot (2-\alpha) \cdot e_t$ $t=1,2,...$

(120) $b_{1,t} = b_{1,t-1} + \alpha^2 \cdot e_t$ $t=1,2,...$

(121) $p_{t+j} = b_{0,t} + b_{1,t} \cdot j$ $t=1,2,...$

Es sei dem Leser überlassen, diese Formeln anhand des obigen Beispiels zu überprüfen.

In der in diesem Abschnitt vorgestellten Form wurden die zur Herleitung des Verfahrens der exponentiellen Glättung zweiter Ordnung notwendigen Beziehungen intuitiv erläutert. Man kann jedoch zeigen, daß genau diese Beziehungen sich ergeben, wenn man die Funktionsparameter b_0 und b_1 so festlegt, daß die Summe der exponentiell gewichteten Abweichungsquadrate der Beobachtungen von der Trendgeraden minimiert wird. Es wird mit dem beschriebenen Verfahren somit folgende Zielfunktion verfolgt:

95 vgl. Gardner (1984), S. 47-50

$$(122)\quad \min WSQA(b_0,b_1) = \sum_{k=t-n+1}^{t} \alpha\cdot(1-\alpha)^{t-k}\cdot(y_k-b_0-b_1\cdot k)^2$$

Bildet man die partiellen Ableitungen dieser Funktion nach b_0 und b_1 und löst man die Gleichungen auf, dann ergeben sich die oben erläuterten Beziehungen[96].

Auch Zeitreihen, in denen Trendverläufe **höherer Ordnung** zu beobachten sind, können mit dem Verfahren der exponentiellen Glättung prognostiziert werden, wobei dann eine exponentielle Glättung entsprechend höherer Ordnung einzusetzen ist[97].

3223. Das Verfahren von Holt

Holt[98] kritisiert an dem Verfahren der exponentiellen Glättung zweiter Ordnung, daß es wegen der Verwendung nur eines Glättungsparameters zu wenig flexibel sei. Er schlägt die Verwendung von **zwei Glättungsparametern** α und β vor, die wie folgt zur Prognose verwendet werden.

- **Achsenabschnitt** der Trendgeraden:

$$(123)\quad b_{0,t} = \alpha\cdot y_t+(1-\alpha)\cdot(\underline{b_{0,t-1}}+b_{1,t-1})$$

└ Achsenabschnitt in Periode t-1

- **Steigung** der Trendgeraden:

$$(124)\quad b_{1,t} = \beta\cdot(\underline{b_{0,t}-b_{0,t-1}})+(1-\beta)\cdot b_{1,t-1}$$

└ aktuelle "Beobachtung" der Steigung

Im Verfahren von *Holt* werden der Achsenabschnitt und die Steigung der Trendgeraden getrennt einer exponentiellen Glättung erster Ordnung unterzogen. Als letzter Prognosewert (für die Periode t) wird in Beziehung (123) der Achsenabschnitt der Periode (t-1), erhöht um den letzten Schätzwert der Steigung, eingesetzt. Als neuester Wert der Steigung wird die Differenz zwischen den letzten beiden Achsenabschnitten (der Periode t und der Periode t-1) verwendet[99].

---

96 vgl. Montgomery/Johnson (1976), S. 72.
97 vgl. Johnson/Montgomery (1974), S. 424-426
98 vgl. Holt (1957)
99 Auch dieses Modell kann in einer anderen Form geschrieben werden; vgl. Gardner (1984), S. 47-50

Gardner[100] hat das Verfahren der exponentiellen Glättung zweiter Ordnung mit dem Verfahren von *Holt* anhand empirischer Zeitreihen verglichen. Er kam zu dem Ergebnis, daß der Zweiparameteransatz von Holt in vielen Fällen bessere Prognosen liefert[101].

Vertiefende Literatur zu Abschnitt 322.:

Brown (1984)
Draper/Smith (1981)
Elsayed/Boucher (1985), S. 10-27
Hax/Candea (1984), S. 159-164
Makridakis/Wheelwright (1978)
Makridakis/Wheelwright (1985)
Montgomery/Johnson (1974)
Naylor (1979)
Neter/Wassermann (1974)
Scheer (1983)

323. Bedarfsprognose bei saisonal schwankendem Bedarfsverlauf

Unter **Saisonschwankungen i.w.S.** versteht man regelmäßig wiederkehrende Auf- und Abwärtsbewegungen einer Zeitreihe in einem definierten Zeitintervall. Dies kann ein Zeitraum von einer Woche, einem Monat, einem Quartal oder einem halben Jahr sein. **Saisonschwankungen i.e.S.** treten dagegen innerhalb eines Jahres auf. Sie sind das Ergebnis von Einflüssen, die in einem Rhythmus von einem Jahr wirksam werden. Ein Saisonmuster kann sowohl konstant sein als auch einem stetigen Wandel unterliegen. Letzteres ist z.B. dann der Fall, wenn sich die Verbrauchsgewohnheiten der Abnehmer, die sich auf das Saisonmuster auswirken, langsam ändern. Saisonschwankungen treten im Idealfall in jedem Jahr zum gleichen Zeitpunkt und in gleicher Intensität auf; die saisonalen Bewegungen können absolut oder relativ konstant sein. Relative Konstanz der Saisonschwankungen ist bei einem steigenden Trendverlauf der Zeitreihe mit einer absoluten Vergrößerung der Saisonkomponente verbunden.

Zur Prognose einer Zeitreihe mit saisonalem Verlaufsmuster stehen mehrere konzeptionell unterschiedliche Verfahren zur Verfügung. Wir wollen im folgenden die Methode der **Zeitreihendekomposition** (Ratio-to-moving-average-Methode), das auf der

100 vgl. Gardner (1980); Gardner (1983), S. 263-267

101 Dies überrascht nicht, da das Verfahren von Holt durch den zusätzlichen Glättungsparameter mehr Einflußmöglichkeiten bietet. Hierdurch verdoppeln sich allerdings auch die Probleme bei der Bestimmung der optimalen Werte der Glättungsparameter.

exponentiellen Glättung basierende **Verfahren von Winters** und die Anwendung der **multiplen linearen Regressionsrechnung** zur direkten Erfassung der saisonalen Einflüsse in einem Prognosemodell darstellen.

3231. Bedarfsprognose durch Zeitreihendekomposition

Das wohl am weitesten verbreitete Verfahren zur Saisonbereinigung einer Zeitreihe ist die **Ratio-to-Moving-Average-Methode**[102] (Dekompositionsmethode). Dieses Verfahren besteht aus einer sukzessiven Berechnung und Elimination der einzelnen Bestandteile einer Zeitreihe auf der Grundlage eines multiplikativen Zeitreihenmodells. Ziel des Verfahrens ist die Berechnung von monatlichen (bzw. quartalsbezogenen) **Saisonindizes** s_m ($m = 1,2,...,12$ oder $m = 1,2,3,4$). Mithilfe derartiger Indizes wird die Zeitreihe um saisonale Einflüsse bereinigt. Das geschieht im multiplikativen Modell durch die Division

(125) $Y_{saisonbereinigt} = Y/S = TCI$

Nach Berechnung der Saisonkomponente wendet man ein geeignetes Prognoseverfahren zur Prognose der saisonbereinigten Zeitreihe TCI an und multipliziert im Anschluß daran den saisonbereinigten Prognosewert für eine zukünftige Periode mit dem entsprechenden Saisonfaktor. Wesentliche Voraussetzung für den Einsatz von Prognoseverfahren für saisonalen Bedarf ist die Existenz empirischer Aufzeichnungen über einen genügend langen Zeitraum (mindestens 3-4 volle Saisonzyklen). In der betrieblichen Praxis ist dies oft nicht der Fall, so daß zwischen der Entscheidung, ein Prognoseverfahren für saisonalen Bedarfsverlauf einzusetzen, und der Erzeugung verläßlicher Prognosewerte einige Jahre verstreichen können.

32311. Bestimmung von Saisonfaktoren

Zur Ermittlung der Saisonkomponente wird im **Verfahren der Zeitreihendekomposition** wie folgt vorgegangen:

1. Ausgehend vom multiplikativen Zeitreihenmodell $Y = TCSI$ wird zunächst die glatte Komponente TC isoliert. Dazu wird ein zentrierter gleitender Durchschnitt mit der Gliederzahl 12 (bzw. bei Quartalswerten 4) verwendet. Dieser gleitende Durchschnitt löst alle jene Komponenten aus der Zeitreihe heraus, die sich mit einer Periodizität von weniger als einem Jahr wiederholen.

---

102 vgl. Hamburg (1970), S. 563-574; vgl. auch Wheelwright/Makridakis (1985), S. 83-109

2. Im Anschluß daran wird die Ursprungsreihe Y = TCSI durch die im vorangegangenen Schritt errechnete glatte Komponente dividiert. Man erhält dann

$$(126)\quad SI = TCSI/(TC)$$

Aus diesem Schritt leitet sich der Name des Verfahrens ab. Die resultierende Reihe SI enthält Indizes, die den Einfluß der saisonalen und der irregulären Komponente wiedergeben.

3. Im dritten Schritt wird nun die irreguläre Komponente aus der Reihe SI ausgeschaltet. Hierbei ist von Bedeutung, ob das Saisonmuster der Zeitreihe stabil ist oder ob es sich im Zeitablauf ändert. Das kann man z.B. durch eine graphische Darstellung der Zeitreihe feststellen.

   a) Ist das Saisonmuster stabil, dann läßt sich die saisonale Komponente in der Zeitreihe, S, isolieren, indem man als typischen Saisonindex eines Monats (oder Quartals) m den Durchschnitt aller für diesen Monat (dieses Quartal) errechneten SI-Werte bildet:

   $$(127)\quad s_m = (1/n) \cdot \sum_{t=1}^{n} si_{tm} \qquad m=1,2,\ldots,z$$

   Dabei bezeichnet n die Anzahl der Jahre und z die Anzahl der Saisonperioden innerhalb eines Jahres.

   b) Ändert sich das Saisonmuster im Laufe der Jahre, dann ist für jeden Saisonindex über die Jahre hinweg ein Trend zu berechnen.

Betrachten wir ein Beispiel zum Verfahren der Zeitreihendekomposition, wobei auf Quartalsdaten zurückgegriffen wird. Ein Unternehmen hat die Verbrauchsmengen eines Produkts über einen Zeitraum von sieben Jahren aufgezeichnet (Bild 46).

Jahr t	Quartal m 1	2	3	4	Summe
1	289	410	301	213	1213
2	212	371	374	333	1290
3	293	441	411	363	1508
4	324	462	379	301	1466
5	347	520	540	521	1928
6	381	594	573	504	2052
7	444	592	571	507	2114

Bild 46: Verbrauchsmengen[103] eines Produkts (Quartalswerte)

Die Analyse der **graphischen Darstellung** dieser Verbrauchszeitreihe (Bild 47) sowie der Verlauf der Autokorrelationsfunktion (Bild 48) legen die Vermutung nahe, daß sowohl ein ansteigender Trend vorliegt als auch saisonale Einflüsse bestehen.

Zur Isolierung der glatten Komponente der Zeitreihe wird zunächst ein viergliedriger **zentrierter gleitender Durchschnitt** berechnet. Ein zentrierter gleitender Durchschnitt für den Stützstellenbereich

$$(128)\quad y_j \quad (j=t-k, t-k+1, \ldots, t, \ldots, t+k-1, t+k)$$

ist wie folgt definiert:

$$(129)\quad y_t^{(1)} = [1/(2\cdot k+1)]\cdot \sum_{j=t-k}^{t+k} y_j$$

Im Gegensatz zu den in Abschnitt 3211 dargestellten gleitenden Durchschnitten sollen diese Durchschnittswerte nun repräsentativ für die in der Mitte liegende Periode des betrachteten Zeitreihenausschnitts der Länge $(2\cdot k+1)$ sein. Es ist offensichtlich, daß ein solcher zentrierter Durchschnitt nur dann genau der Mitte einer Periode entspricht, wenn die Gliederzahl ungerade ist. Das ist in der obigen Formulierung mit der Gliederzahl $(2\cdot k+1)$ der Fall.

103 vgl. Dervitsiotis (1981), S. 449

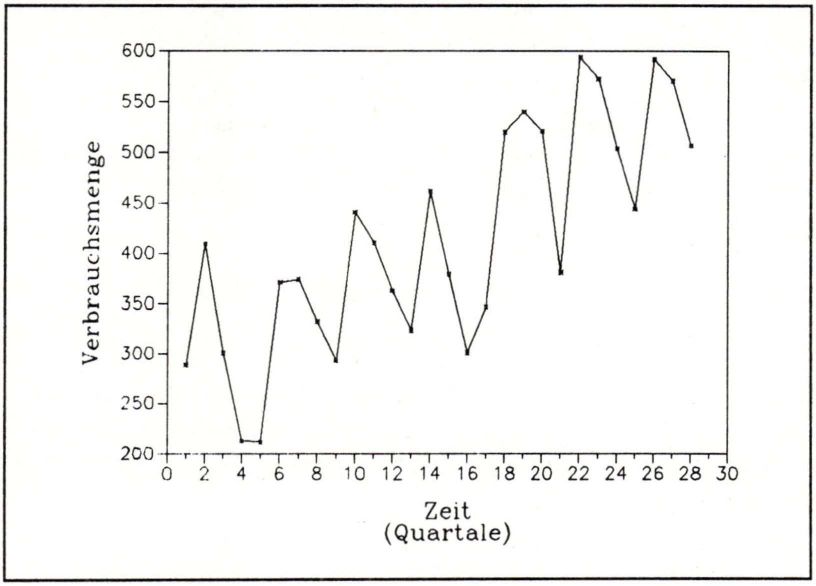

Bild 47: Graphische Darstellung der Verbrauchsmengen

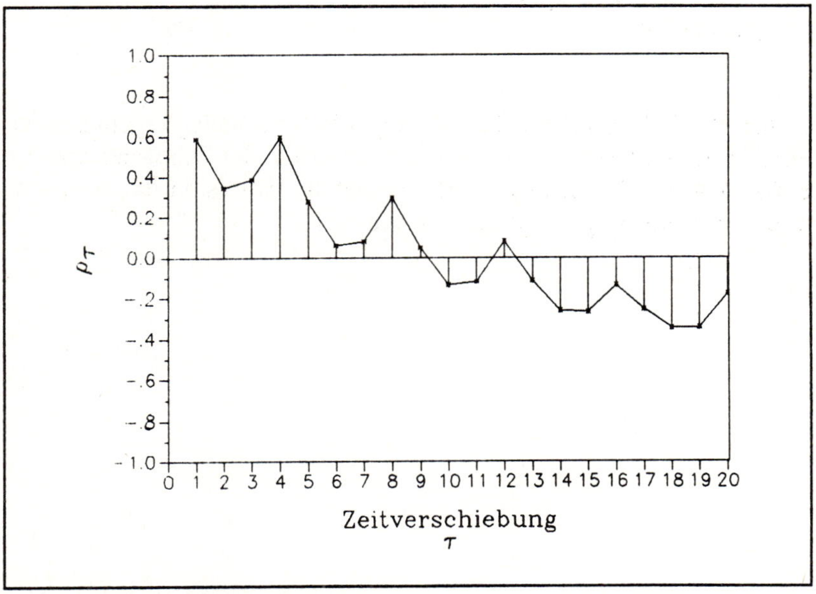

Bild 48: Autokorrelationsfunktion der Zeitreihe der Verbrauchsmengen

Bei einer Gliederzahl von vier Perioden (auf der Basis von Quartalsdaten für ein Jahr) liegt der gleitende zentrierte Durchschnitt immer zwischen zwei Perioden. Der

Durchschnittswert soll aber genau im Zentrum einer Periode liegen. Dies läßt sich durch Bildung des folgenden Durchschnitts zweiter Ordnung erreichen:

(130) $y_t^{(2)} = [0.5 \cdot y_{t-2} + y_{t-1} + y_t + y_{t+1} + 0.5 \cdot y_{t+2}]/4 \qquad t=3,4,\ldots,n-2$

Gleichung (130) beschreibt einen gleitenden Durchschnitt, der aus zwei vier-gliedrigen zentrierten gleitenden Durchschnitten erster Ordnung besteht:

(131) $y_t^{(2)} = [y_t^{(1)} + y_{t+1}^{(1)}]/2$

$= [y_{t-2} + y_{t-1} + y_t + y_{t+1} + y_{t-1} + y_t + y_{t+1} + y_{t+2}]/8$

$= [0.5 \cdot y_{t-2} + y_{t-1} + y_t + y_{t+1} + 0.5 \cdot y_{t+2}]/4$

Der Stützstellenbereich dieses Durchschnitts läuft von der Mitte der Periode (t-2) bis zur Mitte der Periode (t+2). Glätten wir nun die Verbrauchszeitreihe des Beispiels nach der obigen Formel, dann erhalten wir die Werte der glatten Komponente des Quartals m im Jahre t, tc_{tm}:

$tc_{13} = [0.5 \cdot y_{11} + y_{12} + y_{13} + y_{14} + 0.5 \cdot y_{21}]/4$
$= [0.5 \cdot 289 + 410 + 301 + 213 + 0.5 \cdot 212]/4$
$= [303.25 + 284]/2 \qquad = 293.63$
$tc_{14} = [0.5 \cdot y_{12} + y_{13} + y_{14} + y_{21} + 0.5 \cdot y_{22}]/4$
$= [0.5 \cdot 410 + 301 + 213 + 212 + 0.5 \cdot 371]/4$
$= [284 + 274]/2 \qquad = 279$

usw.

Die in Bild 49 wiedergegebene Tabelle zeigt die Berechnungsergebnisse für die gesamte Zeitreihe. In der letzten Spalte wurde die Reihe Y der Beobachtungswerte durch die glatte Komponente TC dividiert, wodurch sich die Indizes für die saisonale und die irreguläre Komponente, $si_{tm} = y_{tm}/tc_{tm}$, ergeben.

t m	y_{tm}	tc_{tm}	si_{tm}
1 1	289	-	-
1 2	410	-	-
1 3	301	293.63	1.025
1 4	213	279.00	0.763
2 1	212	283.25	0.748
2 2	371	307.50	1.207
2 3	374	332.63	1.124
2 4	333	351.50	0.947
3 1	293	364.88	0.803
3 2	441	373.25	1.182
3 3	411	380.88	1.079
3 4	363	387.38	0.937
4 1	324	386.00	0.839
4 2	462	374.25	1.234
4 3	379	369.38	1.026
4 4	301	379.50	0.793
5 1	347	406.88	0.853
5 2	520	454.50	1.144
5 3	540	486.25	1.111
5 4	521	499.75	1.043
6 1	381	513.00	0.743
6 2	594	515.00	1.153
6 3	573	520.88	1.100
6 4	504	528.75	0.953
7 1	444	528.25	0.841
7 2	592	528.13	1.121
7 3	571	-	-
7 4	507	-	-

Bild 49: Isolierte Einzelreihen TC und SI

Damit liegt die Zeitreihe der durch zufällige Einflüsse überlagerten Saisonfaktoren, SI, vor. Im nächsten Schritt sind die irregulären Schwankungen I aus dieser Zeitreihe zu eliminieren. Zu diesem Zweck wird für jedes Quartal m $(m=1,2,3,4)$ ein Durchschnitt aller errechneten SI-Werte gebildet. Die Ergebnisse der Rechnung sind in Bild 50 dargestellt.

Die Summe der Saisonfaktoren muß bei Quartalswerten 4 ergeben. Im vorliegenden Beispiel ist sie wegen aufgetretener Rundungsfehler aber nur 3.9665. Die Durchschnittswerte der Saisonfaktoren müssen daher mit dem Faktor 4/3.9665 multipliziert werden. Dadurch erhalten wir standardisierte Saisonfaktoren mit einem Durchschnittswert von 1. Die Saisonfaktoren betragen dann $s_1=0.8113$, $s_2=1.1829$, $s_3=1.0921$ und $s_4=0.9137$.

Jahr t	Quartal m 1	2	3	4	
1	-	-	1.025	0.763	
2	0.748	1.207	1.124	0.947	
3	0.803	1.182	1.057	0.937	
4	0.839	1.234	1.079	0.793	
5	0.853	1.144	1.111	1.043	
6	0.743	1.153	1.100	0.953	
7	0.841	1.121	-	-	
Summe	4.827	7.041	6.496	5.436	Summe
Durchschnitt	0.8045	1.173	1.083	0.906	3.9665
Durchschnitt (standardisiert)	0.8113	1.1829	1.0921	0.9137	4.0000

Bild 50: Berechnung der Saisonfaktoren

Ein **Nachteil** der dargestellten Ratio-to-Moving-Average-Methode besteht darin, daß Veränderungen der Saisonkomponente nicht - oder nur in größeren Zeitabständen - berücksichtigt werden. Wir werden weiter unten das Verfahren[104] von *Winters* darstellen, bei dem die Saisonkomponente exponentiell geglättet wird. Dabei die Ergebnisse der Zeitreihendekomposition zur Initialisierung des Verfahrens verwendet werden.

Nachdem die Saisonfaktoren berechnet worden sind, werden die Beobachtungswerte der Zeitreihe durch diese Faktoren dividiert. Das Ergebnis ist die saisonbereinigte Zeitreihe TCI. Der Verlauf der saisonbereinigten Zeitreihe kann durch Anwendung eines der bereits dargestellten Verfahren zur Prognose von Zeitreihen ohne Saisonkomponente vorhergesagt werden. Das soll im folgenden für eine Zeitreihe ohne Trend und für eine Zeitreihe mit einem trendförmigen Verlauf dargestellt werden.

32312. Anpassung der Prognose bei konstantem Niveau des Bedarfsverlaufs

Für den Fall, daß kein Trend und keine Saisonkomponente den Verlauf des Bedarfs eines Verbrauchsfaktors beeinflussen, wurde oben die exponentielle Glättung erster Ordnung als geeignetes Prognoseverfahren dargestellt. Die Prognosegleichung lautete:

$$(132) \quad p_{t+1} = y_t^{(1)} = \alpha \cdot y_t + (1-\alpha) \cdot y_{t-1}^{(1)} \qquad t=1,2,...$$

Berücksichtigt man nun **saisonale Einflüsse**, dann kann die Prognosegleichung wie folgt modifiziert werden:

104 vgl. Abschnitt 3232

(133) $p_{t+1} = y_t^{(1)s} \cdot s_{t+1} = [\underbrace{\alpha \cdot y_t/s_t}_{\text{saisonbereinigter Beobachtungswert}} + (1-\alpha) \cdot \underbrace{y_{t-1}^{(1)s}}_{\text{letzter saisonbereinigter Durchschnittswert}}] \cdot s_{t+1}$

wobei s_t den Saisonfaktor darstellt, der für Periode t anzuwenden ist. In der obigen Gleichung wird innerhalb der eckigen Klammern der exponentiell geglättete saisonbereinigte Durchschnitt fortgeschrieben. Der Prognosewert für die nächste Periode (t+1) wird dann durch Multiplikation des saisonbereinigten Durchschnitts mit dem für diese Periode gültigen Saisonfaktor ermittelt.

32313. Anpassung der Prognose bei trendförmig ansteigendem Bedarfsverlauf

Für eine Zeitreihe mit Trend, aber ohne Saisonkomponente wurde die lineare Regressionsrechnung als ein geeignetes Prognoseverfahren beschrieben. Die Prognosegleichung lautete

(134) $p_{t+j} = b_0 + b_1 \cdot (t+j) \qquad t=1,2,\ldots;\ j=1,2,\ldots$

Eine einfache Methode zur Bedarfsprognose bei Vorliegen eines Trends und saisonalen Einflüssen besteht darin, die glatte Komponente durch die Trendgleichung (134) zu extrapolieren und anschließend mit dem für die Prognoseperiode gültigen Saisonfaktor zu multiplizieren. Dies soll für den Fall eines konstanten Saisonmusters demonstriert werden.

Die Anwendung der linearen Regressionsrechnung auf die saisonbereinigten Zeitreihe TCI des obigen Beispiels (Bild 46) ergibt die in Gleichung (135) angegebene Trendgerade, in der jede Periode t einem Quartal entspricht.

(135) $y_t = 261.30 + 10.48 \cdot t \qquad t=1,2,\ldots,28$

Das Bestimmtheitsmaß dieser Regression beträgt 0.594. Extrapoliert man die Trendgerade in das Jahr 8 und multipliziert man die extrapolierten Quartalswerte für k (k=29,..,32) mit den in Bild 50 errechneten Saisonfaktoren, dann ergeben sich folgende Prognosewerte:

$p_{29} = 0.8113 \cdot 564.23 = 457.76$

$p_{30} = 1.1829 \cdot 574.67 = 679.78$

$p_{31} = 1.0921 \cdot 585.11 = 639.00$

$p_{32} = 0.9137 \cdot 595.55 = 544.15$

3232. Das Verfahren von Winters

Das Verfahren von *Winters*[105] geht von folgender Modellvorstellung über den Verlauf der Zeitreihe aus:

$$(136)\quad y_t = \underline{(\beta_0+\beta_1\cdot t)}\cdot s_t+\epsilon_t \qquad t=1,2,...$$

- ϵ_t: irreguläre Schwankungen (I)
- s_t: Saisonkomponente (S)
- $(\beta_0+\beta_1\cdot t)$: Trendkomponente (T)

Es wird damit ein **multiplikativer** Zusammenhang der Zeitreihenkomponenten T und S angenommen. Das Verfahren von *Winters* besteht aus drei Typen von Gleichungen, mit denen der **Achsenabschnitt** und die **Steigung** der Trendgeraden sowie die **Saisonfaktoren** in jeder Periode aktualisiert werden. Dabei kommen unterschiedliche Glättungsparameter α (für den Achsenabschnitt), β (für die Steigung) und γ (für die Saisonfaktoren) zum Einsatz. Das Verfahren baut auf dem Mehrparameteransatz von *Holt*[106] auf. Die Prognosegleichungen lauten:

- **Achsenabschnitt** der Trendgeraden:

$$(137)\quad b_{0,t} = \alpha\cdot y_t/\underline{s_{t-z}}+(1-\alpha)\cdot(b_{0,t-1}+b_{1,t-1})$$

s_{t-z}: aktueller Schätzwert des Saisonfaktors für Periode t

Es ist erkennbar, daß hier der Schätzwert des Achsenabschnitts exponentiell geglättet wird, wobei die neueste Beobachtung y_t um den für die Periode t gültigen Saisonfaktor bereinigt wird, dessen letzte Anpassung einen vollen Saisonzyklus der Länge z zurückliegt.

- **Steigung** der Trendgeraden:

$$(138)\quad b_{1,t} = \beta\cdot\underline{(b_{0,t}-b_{0,t-1})}+(1-\beta)\cdot b_{1,t-1}$$

$(b_{0,t}-b_{0,t-1})$: aktueller Schätzwert der Steigung für Periode t

In Beziehung (138) erfolgt eine exponentielle Glättung der Steigung der Trendgeraden, wobei als neuester Wert der Steigung die Differenz zwischen den letzten beiden Achsenabschnitten (der Periode t und der Periode t-1) verwendet wird.

---

105 vgl. Winters (1960); Silver/Peterson (1985), S. 115-123; Hax/Candea (1984), S. 165-169; Elsayed/Boucher (1985), S. 44-45; Hüttner (1982), S. 107-108; Scheer (1983), S. 121-124

106 vgl. Abschn. 3223

- **Saisonfaktoren**[107]:

$$(139)\quad s_t^u = \gamma \cdot (y_t / b_{0,t}) + (1-\gamma) \cdot s_{t-z}$$

└ aktueller Schätzwert des Saisonfaktors für Periode t

Im Verfahren von *Winters* werden insgesamt drei Glättungsparameter, α, β und γ verwendet. Die Größe $y_t/b_{0,t}$ ist eine Schätzung des Saisonfaktors auf der Grundlage der letzten Beobachtung der aktuellen Saisonperiode. Daher ist auch der geglättete Saisonfaktor ein Durchschnittswert aus aktuellen und historischen Daten.

Auch bei dieser Methode benötigt man **Startwerte** zu Initialisierung des Prognoseprozesses, d.h. Prognosewerte für den Achsenabschnitt und die Steigung der Trendkomponente am Ende der Periode 0 sowie erste Schätzwerte für die Saisonfaktoren. Eine Möglichkeit besteht z.B. darin, die bereits dargestellte **Ratio-to-Moving-Average-Methode** zur Schätzung der Startwerte einzusetzen[108].

Das Verfahren von *Winters* soll anhand der in Bild 46 dargestellten Verbrauchszeitreihe demonstriert werden. Wir übernehmen als Startwerte für die Parameter der Trendgeraden die Werte $b_{0,0}=261.30$ und $b_{1,0}=10.48$. Als Startwerte für die Schätzung der Saisonfaktoren verwenden wir $s_1=0.8113$, $s_2=1.1829$, $s_3=1.0921$ und $s_4=0.9137$. Die Glättungsparameter seien $\alpha=0.2$, $\beta=0.1$ und $\gamma=0.3$. Für die erste Periode lauten die Berechnungen wie folgt:

$$(140)\quad b_{0,t} = \alpha \cdot y_t/s_{t-z} + (1-\alpha) \cdot (b_{0,t-1} + b_{1,t-1})$$

$$b_{0,1} = 0.2 \cdot 289/0.8113 + 0.8 \cdot (261.30 + 10.48) \qquad = 288.6677$$

$$(141)\quad b_{1,t} = \beta \cdot (b_{0,t} - b_{0,t-1}) + (1-\beta) \cdot b_{1,t-1}$$

$$b_{1,1} = 0.1 \cdot (288.6677 - 261.30) + (1-0.1) \cdot 10.48 \qquad = 12.1688$$

$$(142)\quad s_t^u = \gamma \cdot (y_t/b_{0,t}) + (1-\gamma) \cdot s_{t-z}$$

$$s_1^u = 0.3 \cdot (289/288.6677) + (1-0.3) \cdot 0.8113 \qquad = 0.8683$$

Die weiteren Rechenergebnisse sind in Bild 51 tabellarisch zusammengefaßt. Damit die Saisonfaktoren im Verlaufe der Rechnung nicht verzerrt werden, wird nach jeder Periode eine Normalisierung durchgeführt, so daß die Summe der jeweils zuletzt berechneten z Saisonfaktoren z beträgt. Die Normalisierung erfolgt gemäß Gleichung (143).

$$(143)\quad s_t = z \cdot s_t^u / \sum_{j=t-z+1}^{t} s_j^u \qquad t=1,2,\ldots$$

---

107 Das Superskript u soll darauf hinweisen, daß die Saisonfaktoren noch nicht standardisiert sind.

108 vgl. Silver/Peterson (1985), S. 116

Diese Berechnungsweise mit einem über die Zeit hinweggleitenden Saisonfenster stellt sicher, daß in jeder Periode t die Saisonfaktoren der letzten z Perioden einen Durchschnittswert von 1 haben. In jeder Periode t werden die letzten z Saisonfaktoren standardisiert. Ein Saisonfaktor für Periode t wird damit z-mal aktualisiert. In der Spalte "s_t" in Bild 51 ist jeweils der zuerst berechnete Wert eines Saisonfaktors angegeben.

t	y_t	b_{0t}	b_{1t}	s_t	p_t	e_t
-3				0.8113		
-2				1.1829		
-1				1.0921		
0				0.9137		
1	289	288.6677	12.1688	0.8561	220.49	-68.50
2	410	310.9774	13.1829	1.1983	350.86	-59.14
3	301	315.8741	12.3543	1.0398	345.10	44.11
4	213	310.0090	10.5323	0.8483	294.82	81.83
5	212	305.3207	9.0103	0.8261	278.00	66.00
6	371	311.1128	8.6884	1.2333	391.01	20.02
7	374	325.4492	9.2532	1.0909	343.65	-30.35
8	333	345.3842	10.3214	0.8828	287.17	-45.82
9	293	356.1850	10.3693	0.8193	291.03	-1.96
10	441	365.7564	10.2896	1.2141	445.85	4.85
11	411	376.7546	10.3604	1.0845	407.16	-3.84
12	363	391.9407	10.8430	0.8928	341.70	-21.30
13	324	401.5667	10.7213	0.8144	328.97	4.97
14	462	406.1731	10.1098	1.1950	499.00	37.01
15	379	402.7110	8.7526	1.0554	452.81	73.81
16	301	395.4425	7.1505	0.8739	373.76	72.77
17	347	404.9697	7.3882	0.8419	337.05	-9.95
18	520	415.1337	7.6658	1.2268	503.06	-16.93
19	540	439.8405	9.3699	1.0988	449.42	-90.57
20	521	480.5553	12.5043	0.9118	386.24	-134.76
21	381	487.8500	11.9834	0.8075	402.25	21.25
22	594	499.2922	11.9293	1.1938	597.23	3.23
23	573	514.7067	12.2778	1.0903	554.11	-18.89
24	504	532.0505	12.7844	0.9206	480.88	-23.11
25	444	546.3260	12.9335	0.8060	438.00	-5.99
26	592	547.1320	11.7207	1.1649	663.99	71.99
27	571	551.3361	10.9691	1.0823	612.16	41.17
28	507	558.7079	10.6094	0.9259	523.75	16.75

Bild 51: Ergebnisse des Verfahrens von Winters

Die folgenden Bilder 52 und 53 zeigen die dynamische Entwicklung der Schätzwerte für den Achsenabschnitt und die Steigung der Trendgeraden.

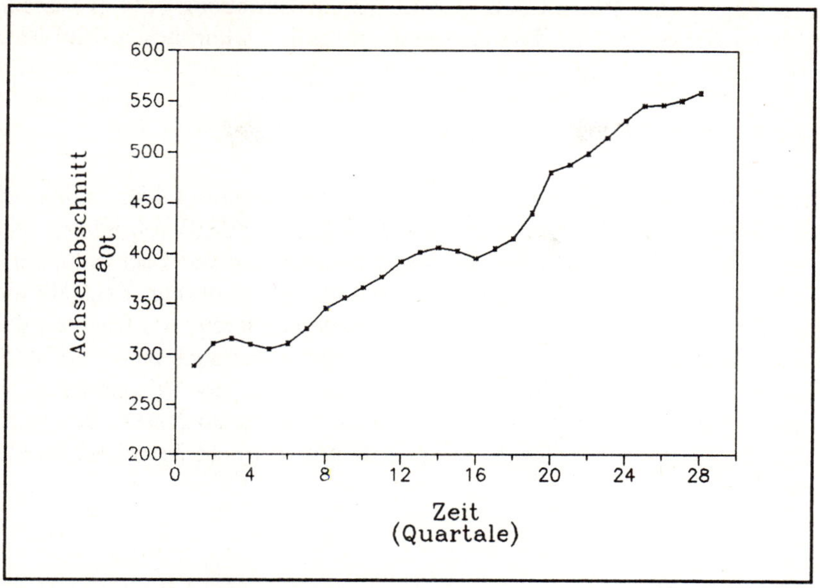

Bild 52: Schätzwerte des Achsenabschnitts

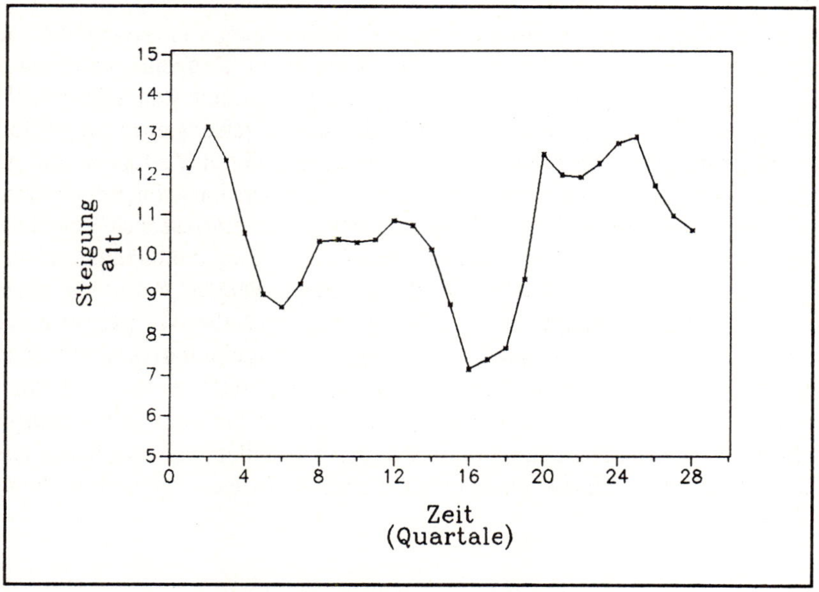

Bild 53: Schätzwerte der Steigung

Die Berechnung der **Prognosewerte** wird gemäß Beziehung (144) vorgenommen. Ihre graphische Darstellung ist dem zusammenfassenden Überblick in Bild 58 enthalten[109].

$$(144)\quad p_{t+j} = (b_{0t}+b_{1t}\cdot j)\cdot s_{t+j-z} \qquad t=1,2,...$$

Die Prognosewerte und die sich daraus ergebenden Prognosefehler sind in den letzten beiden Spalten in Bild 51 angegeben. Das Prognoseverfahren von *Winters* ist naturgemäß komplexer als die einfacheren Verfahren, die nicht in der Lage sind, Saisoneinflüsse zu erfassen. Wie die obige Beispielrechnung jedoch gezeigt hat, läßt sich das Verfahren leicht auf einem Rechner (z.B. PC) implementieren. Als Nachteil des Verfahrens kann angesehen werden, daß jeder Saisonfaktor erst nach einem vollen Saisonzyklus erneut aktualisiert wird. Grundlegende Änderungen des Saisonmusters werden dadurch spät erkannt und in neue Werte der Saisonfaktoren umgesetzt. Ein Verfahren, beim dem nach jeder Periode sämtliche Saisonfaktoren erneut berechnet werden, beschreibt *Harrison*[110].

3233. Bedarfsprognose mit multipler linearer Regressionsrechnung

Gegen die Methoden der Saisonprognose unter Verwendung von Saisonfaktoren wird eingewandt, daß insbesondere bei niedrigem Niveau der Zeitreihe und einem vergleichsweise hohen Anteil der zufälligen Komponente Instabilitäten auftreten[111] können. Dies liegt vor allem daran, daß für einen Saisonfaktor jeweils nur wenige Beobachtungswerte verfügbar sind. Als Alternative zu den dargestellten Verfahren, die mit Saisonfaktoren arbeiten, bietet sich der Einsatz der multiplen linearen Regressionsrechnung an. Die multiple lineare Regressionsrechnung ist ein statistisches Verfahren, das den Zusammenhang zwischen einer abhängigen und mehreren unabhängigen Variablen ermittelt[112]. Im vorliegenden Kontext sind die unabhängigen Variablen bestimmte Funktionen der Zeit, während die abhängige Variable die zu prognostizierende Verbrauchszeitreihe ist. Die multiple lineare Regressionsrechnung kann zur Schätzung der Parameter unterschiedlicher Prognosemodelle eingesetzt werden. Dabei ist zu unterscheiden zwischen Prognosemodellen, die den Einfluß der Saisonkomponente durch *binäre Dummyvariablen* erfassen und Prognosemodellen, bei denen der saisonale Verlauf der Zeitreihe durch die geeignete Kombination *trigonometrischer Funktionen* geschätzt wird.

109 vgl. Abschnitt 32332

110 vgl. Harrison (1967); Scheer (1983), S. 125-129

111 vgl. Silver/Switzer (1985); Silver/Peterson (1985), S. 123

112 zu einer ausführlichen Darstellung vgl. Neter/Wassermann (1974). In Abschnitt 3221 wurde bereits auf die multiple lineare Regressionsrechnung als eine verallgemeinerte Form der linearen Regressionsrechnung hingewiesen.

32331. Bedarfsprognose mit Saison-Dummyvariablen

Der Einfluß der Saisonkomponente kann bei Einsatz der (multiplen) linearen Regressionsrechnung direkt in das Prognosemodell aufgenommen werden. Dies geschieht durch binäre **Dummyvariablen**, die den Wert 1 annehmen, wenn eine Periode t einer Saison m angehört und die in den anderen Perioden den Wert 0 haben. Bezeichnen wir die Saison-Dummyvariablen mit s_{tm} ($t=1,2,...;\ m=1,2,...,z$), dann lautet das erweiterte Prognosemodell nun bei Annahme eines linearen Trendverlaufs und von Quartalswerten ($z=4$):

(145) $$y_t = \underbrace{\beta_0+\beta_1\cdot t}_{\text{lineare Trendkomponente}}+\underbrace{\gamma_1\cdot s_{t1}+\gamma_2\cdot s_{t2}+\gamma_3\cdot s_{t3}+\gamma_4\cdot s_{t4}}_{\text{Saisonkomponente}}+\underbrace{\epsilon_t}_{\text{irreguläre Komponente}} \qquad t=1,2,...$$

In Matrixschreibweise lautet das Prognosemodell

(146) $$\underline{Y} = \underline{K}\cdot\underline{\alpha}+\underline{S}\cdot\underline{\gamma}+\underline{\epsilon}$$

Die Matrix S ist dabei wie folgt definiert (Bild 54).

$$\underline{S} = \begin{bmatrix} 1&0&0&0 \\ 0&1&0&0 \\ 0&0&1&0 \\ 0&0&0&1 \\ 1&0&0&0 \\ 0&1&0&0 \\ 0&0&1&0 \\ 0&0&0&1 \\ 1&0&0&0 \\ &\text{usw.}&& \end{bmatrix}$$

Bild 54: Matrix der Saison-Dummyvariablen

In der obigen Form ist die Schätzung der Parameter des Prognosemodells noch nicht möglich, da im Fall der Verwendung eines Achsenabschnitts (β_0) in der Trendgleichung einige der unabhängigen Variablen linear abhängig sind; denn es kann in jeder Periode der Wert der dem Achsenabschnitt zugeordneten Konstanten[113] als Summe der Saison-Dummyvariablen dargestellt werden. Sachlich bedeutet diese **Multikollinearität**, daß der Einfluß derselben Größe durch zwei Variablen erfaßt wird. Man hat nun die Wahl, entweder eine Regression durch den Ursprung (d.h. ohne Achsenabschnitt) zu schätzen oder eine der Saison-Dummyvariablen zu streichen. Wählt man die

113 dieser ist in jeder Periode 1; siehe auch Matrix $\underline{K}$ in Bild 36

letztgenannte Alternative, dann ist der Einfluß der gestrichenen Saisonvariablen im Achsenabschnitt enthalten.

Zur Veranschaulichung soll das Verfahren der multiplen linearen Regressionsrechnung mit Saison-Dummyvariablen auf das in Bild 46 eingeführte Beispiel angewendet werden. Es wird folgende Regressionsfunktion angenommen:

$$(147)\quad y_t = b_0+b_1\cdot t+g_1\cdot s_{1t}+g_2\cdot s_{2t}+g_3\cdot s_{3t}+e_t \qquad t=1,2,\ldots,28$$

- g_1, g_2, g_3: Regressionsparameter der Saisonvariablen
- b_1: Steigung der Trendgeraden
- b_0: Achsenabschnitt

Die Lösung dieses Modells mittels eines Standardprogramms zur Statistik[114] führt zu den in Bild 55 dargestellten Ergebnissen.

M u l t i p l e   R e g r e s s i o n   A n a l y s i s

Multiple R	.931	F Change	-9.885
R Square	.866	R Square Change	.011
Adjusted R Square	.843	Sum of Squares Change	3849.228
Std. Err. of Est.	44.2962	Percent of SS Change	1.14

	Regression Coefficient	Std. Err. Reg. Coeff.	Beta Weight	Std. Err. Beta Weight	Student T value	Sig.
B(1)	10.372770	1.046400	.7629	.0770	9.91	.00
B(4)	113.31700	23.76964	.4467	.0937	4.77	.00
B(5)	68.515630	23.70044	.2701	.0934	2.89	.01
B(3)	-33.453120	23.88453	-.1319	.0942	-1.40	.17
B(0)	225.75000					

A n a l y s i s   O f   V a r i a n c e

	Sum of Squares	Degrees of Freedom	Error Mean Square	F-test	Sig.
Regression	292659.700	4	73164.910		
Residual	45129.5500	23	1962.1550	37.29	.000
Total	337789.300				

Bild 55: Ergebnisse der Regressionsrechnung mit Saison-Dummyvariablen

Die Regressionsgleichung lautet

$$(148)\quad y_t = 225.75+10.37277\cdot t-33.45312\cdot s_{1t}+113.317\cdot s_{2t}+68.51563\cdot s_{3t}$$

Der Einfluß der vierten Saison ist im Wert des Achsenabschnitts enthalten. Dies wird deutlich, wenn man den Achsenabschnitt (225.75) mit dem Ergebnis der linearen Regression vergleicht, den wir nach einer einfachen linearen Trendrechnung als

114 Zur Durchführung der Regressionsrechnung wurde das System PlotIt eingesetzt.

Startwert für das Verfahren von Winters verwendet haben (260.30). Gegenüber der einfachen linearen Regressionsrechnung steigt aufgrund der Einführung der binären Saison-Dummyvariablen das multiple Bestimmtsheitsmaß von 0.594 auf 0.866.

32332. Bedarfsprognose mit trigonometrischen Funktionen

Der Einfluß der Saisonkomponente auf den Bedarfsverlauf kann auch mithilfe eine Kombination trigonometrischer Funktionen[115], insb. **Sinus- und Kosinuskurven** in einem multiplen linearen Regressionsmodell erfaßt werden. Durch eine geeignete Kombination dieser Größen kann ein weiter Bereich von Zeitreihentypen abgebildet werden.

Eine Sinuskurve wird durch drei Eigenschaften[116] charakterisiert, den **Startpunkt** eines Zyklus (Phase), die **Länge** eines Zyklus (Periode) und die **Amplitude**. Eine Sinuskurve mit der Amplitude a, die im Startpunkt $t=0$ beginnt, wird beschrieben durch

(149) $x = a \cdot \sin(\omega \cdot t)$

Die Größe ω ist der Quotient aus 360 (Grad) und z, der Anzahl von Saisonperioden pro Jahr. In Bogenmaß ausgedrückt ergibt sich

(150) $\omega = 2 \cdot \pi / z$

Eine Sinuswelle mit einem **beliebigen Startpunkt** $t+\lambda$ wird durch folgende Gleichung beschrieben

(151) $x = b \cdot \sin[\omega \cdot (t+\lambda)]$

In Beziehung (151) muß die Lage des Startpunkts, $t+\lambda$, bekannt sein. Eine andere, äquivalente Darstellung der Gleichung lautet[117]

(152) $x = b_2 \cdot \sin(\omega \cdot t) + b_3 \cdot \cos(\omega \cdot t)$

Diese Beschreibung einer Sinuskurve mit beliebigem Anfang eignet sich für die Schätzung einer Sinusfunktion aufgrund einer Zeitreihe empirischer Beobachtungen besser, da die Lage des Startpunkts der Sinuskurve nicht mehr als bekannt vorausgesetzt wird, sondern sich im Rahmen der Kurvenanpassung durch Quantifizierung der Parameter b_2 und b_3 ergibt.

115 vgl. Naylor (1979), S. 88-98; Elsayed/Boucher (1985), S. 21-24; Silver/Switzer (1985), S. 49-85
116 vgl. Johnson/Montgomery (1974), S. 432-434; Hüttner (1982), S. 112
117 vgl. Johnson/Montgomery (1974), S. 433

Die Saisonkomponente kann nun z.B. bei $z=4$ Saisonperioden durch folgenden Ansatz abgebildet werden[118]:

$$(153)\quad s_t = b_2 \cdot \sin(90 \cdot t) + b_3 \cdot \cos(90 \cdot t) \qquad t=1,2,\ldots$$

bzw.

$$(154)\quad s_t = b_2 \cdot \sin(2 \cdot \pi \cdot t/z) + b_3 \cdot \cos(2 \cdot \pi \cdot t/z) \qquad t=1,2,\ldots$$

Die Kosinuswelle ist gegenüber der Sinuswelle verschoben. Die Zyklen beider Wellen wiederholen sich exakt nach 360 Grad bzw. nach $2 \cdot \pi$. Die Saisonkomponente setzt sich im obigen Ansatz additiv aus dem Anteil der Sinuswelle und dem Anteil der Konsinuswelle zusammen. Hierdurch kann jede zeitliche Lage des Beginns eines Saisonzyklus erfaßt werden.

Bei der Verwendung der obigen Darstellung sind für die saisonale Komponente lediglich **zwei Funktionsparameter**[119] zu schätzen. Das ist als Vorteil anzusehen, da die Qualität der Schätzung bei gegebenem empirischen Datenmaterial mit sinkender Anzahl zu schätzender Parameter ansteigt. Diesem Vorteil steht der Nachteil der geringeren Verständlichkeit gegenüber. Daher schlagen *Silver und Switzer* vor, beide Methoden miteinander zu verbinden[120].

Zur Prognose einer Zeitreihe mit trendmäßig ansteigendem Verlauf und saisonalen Einflüssen muß die obige Beziehung um die Trendkomponente ergänzt werden. Für das in Bild 46 betrachtete Beispiel mit linearem Trendverlauf lautet das Zeitreihenmodell

$$(155)\quad y_t = \underbrace{b_0 + b_1 \cdot t}_{\text{Trendkomponente}} + \underbrace{b_2 \cdot \sin(2 \cdot \pi \cdot t/4) + b_3 \cdot \cos(2 \cdot \pi \cdot t/4)}_{\text{Saisonkomponente}} \qquad t=1,2,\ldots,4,\ldots$$

Die Parameter dieses Zeitreihenmodells können nun durch Einsatz der multiplen Regressionsanalyse[121] geschätzt werden. Die mit einem geeigneten Standardsoftwarepaket ermittelten Ergebnisse sind in Bild 56 wiedergegeben. Im vorliegenden Fall lautet die Regressionsgleichung:

$$(156)\quad y_t = 260.6292 + 10.52503 \cdot t - 50.73139 \cdot \sin(2 \cdot \pi \cdot t/4) - 56.93943 \cdot \cos(2 \cdot \pi \cdot t/4)$$

Das Bestimmtheitsmaß beträgt 0.835. Es werden also 83.5 % der Gesamtvarianz der empirischen Zeitreihe durch die geschätzte Regressionsfunktion erklärt. Die Güte der Anpassung ist damit geringfügig geringer als bei Einsatz von binären Saison-Dummyva-

118 vgl. Love (1979), S. 186

119 Bei der Verwendung von Saisonfaktoren sind demgegenüber maximal 12 Parameter zu schätzen.

120 vgl. Silver/Switzer (1985), S. 49-54

121 vgl. Abschnitt 3221

riablen (0.866). In Bild 57 ist die graphische Darstellung dieser Funktion der Zeitreihe der Beobachtungswerte gegenübergestellt.

M u l t i p l e   R e g r e s s i o n   A n a l y s i s

Multiple R	.914	F Change	5.825
R Square	.835	R Square Change	.106
Adjusted R Square	.814	Sum of Squares Change	35752.05
Std. Err. of Est.	48.1936	Percent of SS Change	10.58

	Regression Coefficient	Std. Err. Reg. Coeff.	Beta Weight	Std. Err. Beta Weight	Student T value	Sig.
B(2)	10.525030	1.136370	.7741	.0836	9.26	.00
B(4)	-56.939430	12.93144	-.3666	.0833	-4.40	.00
B(3)	-50.731390	12.93186	-.3266	.0833	-3.92	.00
B(0)	260.62920					

A n a l y s i s   O f   V a r i a n c e

	Sum of Squares	Degrees of Freedom	Error Mean Square	F-test	Sig.
Regression	282034.600	3	94011.540		
Residual	55754.5900	24	2323.1080	40.47	.000
Total	337789.300				

Bild 56: Ergebnisse der Regressionsrechnung mit trigonometrischen Funktionen[122]

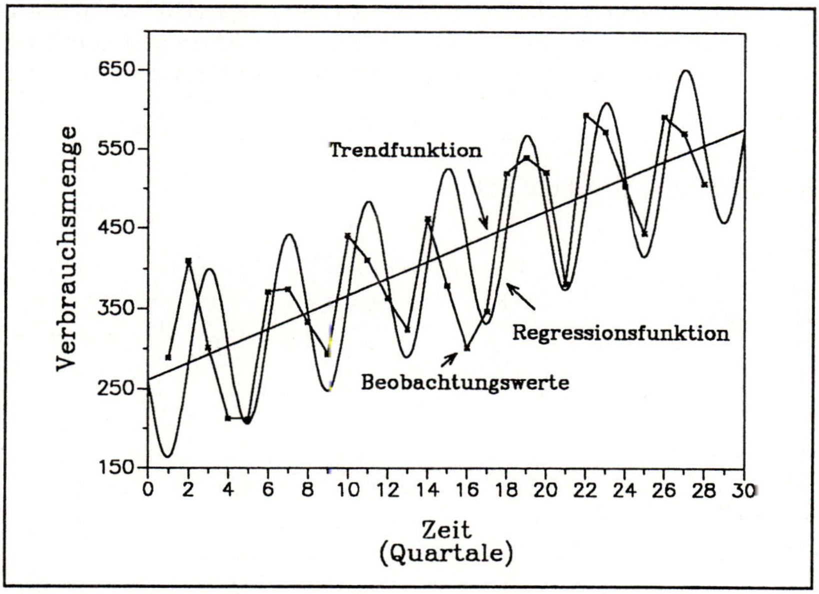

Bild 57: Gegenüberstellung von Beobachtungswerten und Regressionsfunktion

122 Die Berechnung erfolgte mit dem Softwarepaket PlotIt.

Bild 58 zeigt die nach den drei vorgestellten Verfahren für das betrachtete Beispiel ermittelten prognostizierten Zeitreihen im Überblick.

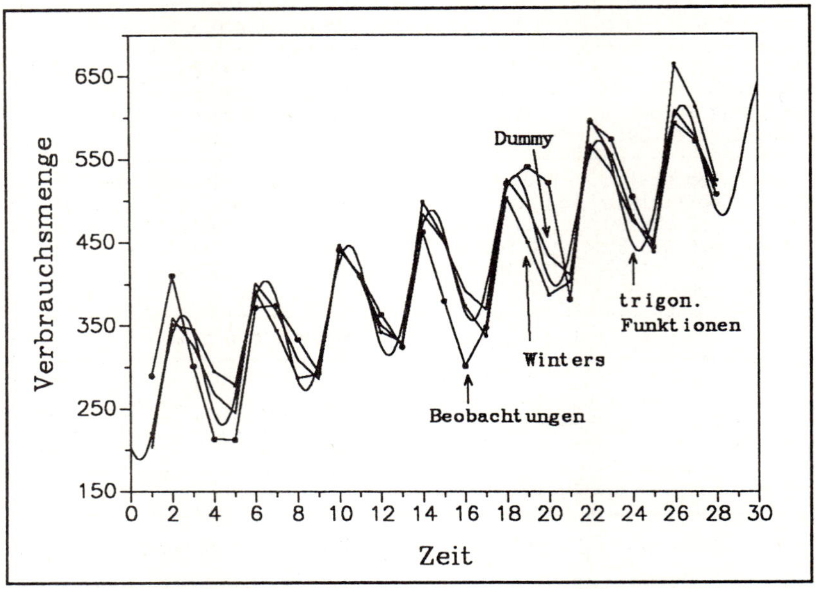

Bild 58: Gegenüberstellung von Beobachtungswerten und Prognosewerten bei Einsatz des Verfahrens von Winters sowie der multiplen linearen Regressionsrechnung mit Saison-Dummyvariablen und trigonometrischen Funktionen

Vertiefende Literatur zu Abschnitt 323.:

Elsayed/Boucher (1985)
Fliedner/Flores/Mabert (1986)
Hax/Candea (1984)
Hüttner (1982)
Neter/Wassermann (1974)
Scheer (1983)
Silver/Peterson (1985)
Tersine (1982)
Wheelwright/Makridakis (1985)
Winters (1960)

33. Bedarfsprognose bei sporadischem Bedarfsverlauf

Von sporadischem Bedarf[123] spricht man, wenn für ein Produkt relativ häufig überhaupt kein Bedarf vorliegt (Nullbedarfsperioden). Sporadischer Bedarf tritt häufig für **untergeordnete Teile** in einer Erzeugnisstruktur auf, weil die Losbildung bei übergeordneten Erzeugnissen zur Zusammenballung der Sekundärbedarfsmengen führt[124]. Oft zeigt sich dieser Bedarfsverlauf, wenn eine zu feine Periodeneinteilung (z.B. auf Tagesbasis) verwendet wird. Auch wenn die Menge der potentiellen Nachfrager eines Produkts klein ist, kann ein sporadischer Bedarfsverlauf eintreten. Wendet man zur Prognose von sporadisch auftretenden Bedarfsmengen die dargestellten Verfahren der exponentiellen Glättung in unveränderter Form an, dann entstehen relativ große Prognosefehler. Bild 59 zeigt eine Zeitreihe von (werk-)täglichen Bedarfsmengen für ein Produkt mit sporadischem Bedarf[125].

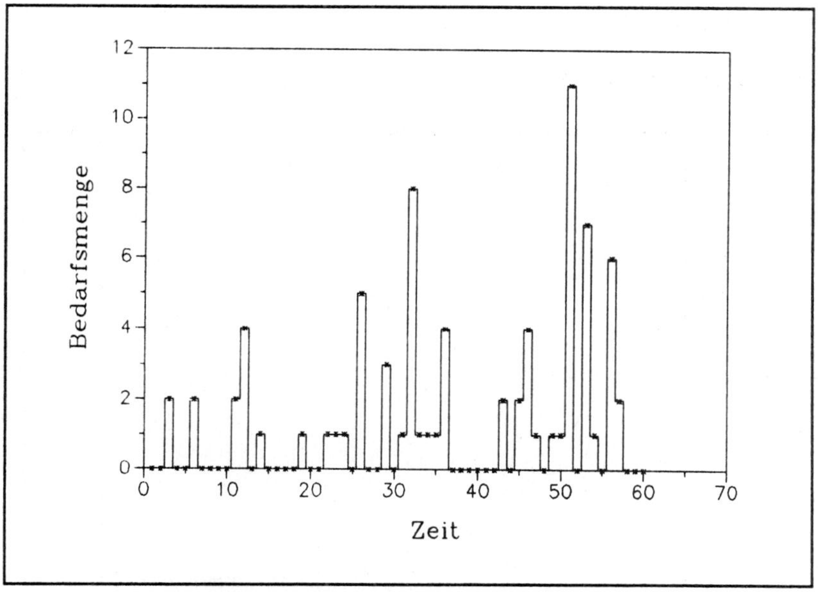

Bild 59: Zeitreihe mit sporadischem Bedarf

Zur Prognose bei sporadischem Bedarf lassen sich vor allem zwei Gruppen von Verfahren unterscheiden, die die Ursachen für die Schwankungen der Bedarfszeitreihe explizit berücksichtigen. Die eine Gruppe von Verfahren basiert auf einer Zerlegung

123 vgl. Hax/Candea (1984), S. 178ff.

124 vgl. Abschnitt 431.; vgl. auch Tempelmeier (1983), S. 233-234

125 Diese Zeitreihe hat einen Störpegel von 0.8607 und einen Nullbedarfsperiodenanteil von 0.3167.

des Periodenbedarfs in seine Komponenten, die *Anzahl der Aufträge* und die *Bedarfsmenge je Auftrag*[126], wobei die Komponenten getrennt prognostiziert und zur Prognose der zukünftigen Periodenbedarfsmenge miteinander multipliziert werden. Andere Verfahren betrachten den Periodenbedarf in den Dimensionen *Zeitpunkt* und *Menge* und prognostizieren jeweils die Zeitspanne bis zum nächsten Auftreten eines Bedarfs (Zwischenankunftszeit; Bedarfsabstand) und die dann zu erwartende Bedarfsmenge.

Wedekind[127] schlägt ein Prognoseverfahren vor, in dem zu jedem Prognosezeitpunkt τ eine Entscheidung darüber zu treffen ist, ob für den Vorhersagezeitraum w ein positiver Bedarf nach dem Verfahren der exponentiellen Glättung erster Ordnung (angewandt auf die Zeitreihe der bisher aufgetretenen positiven Bedarfsmengen) prognostiziert werden soll. Die Alternative dazu ist die Prognose einer Bedarfsmenge von Null. Die Entscheidung für oder gegen eine positive Bedarfsprognose hängt von dem damit verbundenen zu erwartenden Prognosefehler ab. *Wedekind* geht davon aus, daß die Bedarfsabstände einer *Weibullverteilung* folgen. Die Verteilungsfunktion einer weibullverteilten Zufallsvariablen lautet

$$(157)\quad F(x) = 1-e^{[-(\lambda\cdot x)^{c}]}$$

mit den Parametern $c>0$ und $\lambda>0$.

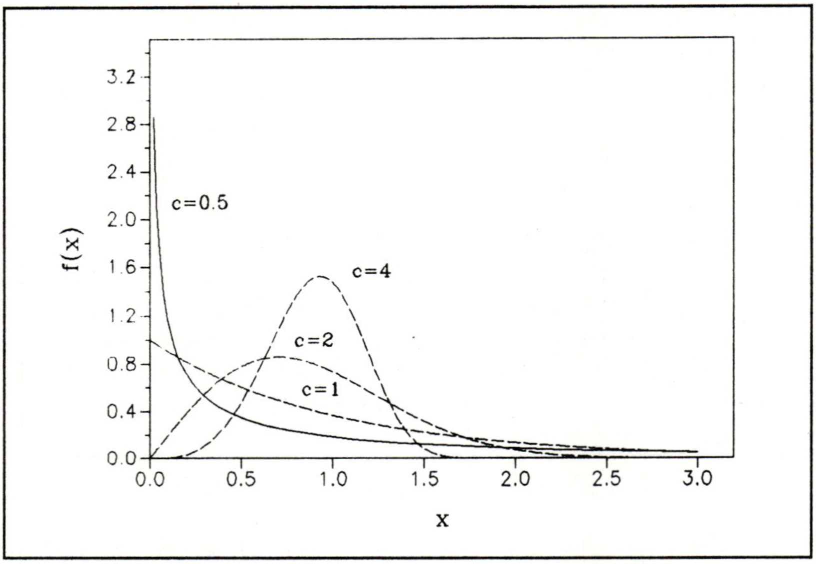

Bild 60: Dichtefunktionen der Weibullverteilung für $\lambda = 1$

126 vgl. z.B. Lewandowski (1974), S. 82-84; Trux (1972), S. 131-158

127 vgl. Wedekind (1968); vgl. auch Scheer (1983), S. 131-133; Lewandowski (1974), S. 84-86

Die Weibullverteilung ist eine sehr flexible Wahrscheinlichkeitsverteilung, die in Abhängigkeit von ihren Parametern sehr unterschiedliche Formen annehmen kann. Bild 60 zeigt einige Verläufe[128] ihrer Dichtefunktion für verschiedene Werte des Parameters c bei einem gegebenen Wert für $\lambda = 1$. Die Weibullverteilung wird nun eingesetzt, um zu einem beliebigen Prognosezeitpunkt τ für einen Vorhersagezeitraum w die Wahrscheinlichkeit für das Auftreten eine positiven Bedarfs unter der Voraussetzung zu bestimmen, daß der letzte Bedarfszeitpunkt bereits v Perioden zurückliegt. Bild 61 verdeutlicht den Zusammenhang zwischen diesen Größen[129].

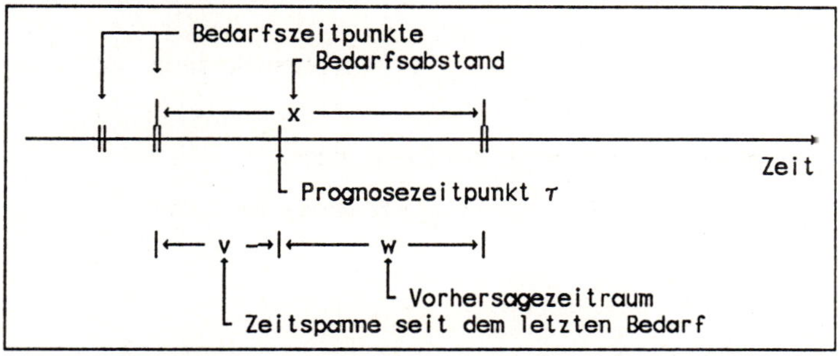

Bild 61: Vorhersage bei sporadischem Bedarf nach Wedekind

Die gesuchte bedingte Wahrscheinlichkeit für das Auftreten eines positiven Bedarfs im Zeitraum w kann wie folgt beschrieben werden:

(158) $P\{\text{nächster Bedarf in } w \mid \text{letzter Bedarf im Zeitpunkt } \tau - v\} = P_W = P\{v < x \leq v+w \mid v < x\}$

oder

(159) $P_W = [F(v+w) - F(v)]/[1 - F(v)]$

Beziehung (159) ermöglicht die Berechnung der Wahrscheinlichkeit dafür, daß im Vorhersagezeitraum w ein Bedarf auftritt. *Wedekind* setzt diese Bedarfswahrscheinlichkeit zur Beantwortung der Frage ein, ob für den Vorhersagezeitraum eine Bedarfsprognose erfolgen soll oder nicht. Mit jeder dieser beiden Alternativen ist ein erwarteter Prognosefehler verbunden. Wird unter Einsatz des Verfahrens der exponentiellen Glättung **ein positiver Bedarf** für den Zeitraum w **prognostiziert**, dann beträgt der erwartete Prognosefehler gemäß Gleichung (160):

128 Wedekind bezeichnet Bedarf als sporadisch, wenn $\lambda \ll 1$ und $c \leq 5$ sind.

129 vgl. Wedekind (1968), S. 4

erwarteter Prognosefehler, falls Bedarf auftritt

erwarteter Prognosefehler, falls kein Bedarf auftritt

(160) $F_{pos} = \mu_e \cdot P_w + (1-P_w) \cdot \mu_p$

mittlere (prognostizierte) Bedarfsmenge

Bedarfswahrscheinlichkeit

mittlerer Prognosefehler bei Anwendung der exponentiellen Glättung erster Ordnung auf die Zeitreihe der positiven Bedarfsmengen

Wird für den Zeitraum w **kein Bedarf prognostiziert**, dann beträgt der erwartete Prognosefehler

erwarteter Prognosefehler, falls Bedarf auftritt

erwarteter Prognosefehler, falls kein Bedarf auftritt

(161) $F_{nul} = P_w \cdot \mu_p + (1-P_w) \cdot 0$

Ein positiver Bedarf für den Zeitraum w wird immer dann prognostiziert, wenn der bei Verzicht auf eine Prognose zu erwartende Fehler größer ist als der Fehler, der bei Durchführung einer Prognose eintritt, d.h wenn $F_{pos} < F_{nul}$ ist; andernfalls wird ein Bedarf von Null Mengeneinheiten prognostiziert. *Wedekind* hat das Verfahren an mehr als 100 Bedarfszeitreihen erfolgreich eingesetzt und berichtet, daß das Verfahren nur in 8% der Fälle scheiterte, wobei aber nicht deutlich wird, was er unter Scheitern versteht. Für die mit diesem Verfahren erzielbare Prognosequalität sind offenbar mehrere Faktoren von Bedeutung. Hier ist einmal die Modellierung der Bedarfsabstände durch eine Zufallsvariable zu nennen. *Wedekind* weist darauf hin, daß außer der Weibullverteilung auch andere Wahrscheinlichkeitsverteilungen anwendbar sind. Darüberhinaus übt auch die Eignung der zur Prognose der positiven Bedarfsmengen eingesetzten Verfahrens einen Einfluß auf die Prognosequalität aus.

Eine ähnliche Form der Prognose bei sporadischem Bedarf schlägt *Croston*[130] vor. Er trennt zwischen der Prognose des nächsten Bedarfszeitpunkts und der Prognose der dann auftretenden Bedarfsmenge. Für beide Größen wird die exponentielle Glättung erster Ordnung eingesetzt. Die Entscheidungsregel am Ende einer beliebigen Periode τ lautet:

- falls die Bedarfsmenge in Periode τ Null war ($y_\tau = 0$), setze $p_{\tau+1} = p_\tau$ und $i_{\tau+1} = i_\tau$, d.h. behalte die zuletzt errechneten Prognosewerte unverändert bei;
- falls in Periode τ ein positiver Bedarf aufgetreten ist ($y_\tau > 0$), berechne neu Prognosewerte für die Bedarfsmengen, p, und die Bedarfsabstände, i, wie folgt:

(162) $p_{\tau+1} = \alpha \cdot y_\tau + (1-\alpha) \cdot p_\tau$ Bedarfsmenge

130 vgl. Croston (1972)

(163) $i_{\tau+1} = \alpha \cdot x_\tau + (1-\alpha) \cdot i_\tau$ Bedarfsabstände

Dabei bezeichnet x_τ die beobachtete und i_τ die prognostizierte Zwischenankunftszeit zwischen zwei Nachfrageperioden. Die Größe $p_{\tau+1}$ gibt die prognostizierte Höhe des nächsten Bedarfs an. Mit $i_{\tau+1}$ wird die prognostizierte Zeitspanne bis zum nächsten Auftreten eines Bedarfs bezeichnet. Die mit dieser Vorgehensweise verbundene Prognosequalität ist i.a. höher als bei direkter Anwendung der exponentiellen Glättung erster Ordnung auf eine Bedarfszeitreihe mit sporadischem Verlauf[131].

Eine andere Möglichkeit der Bedarfsprognose setzt unmittelbar an der Wahrscheinlichkeitsverteilung der Periodenbedarfsmenge eines Erzeugnisses mit sporadischem Bedarf an. Da ein derartiger Bedarfsverlauf durch eine hohe zufällige Komponente beherrscht wird, ist. i.a. kein systematisches Verlaufsmuster erkennbar. Die Annahme eines stationären Bedarfsverlaufs ist dann eine plausible Hypothese. In diesem Fall bietet es sich an, die **Wahrscheinlichkeitsverteilung der Periodenbedarfsmenge** aus den beobachteten Nachfragemengen abzuleiten. Man kann dabei von einer theoretischen Wahrscheinlichkeitsverteilung ausgehen und aus den Beobachtungen deren Parameter ableiten; die Periodenbedarfsmenge kann aber auch durch eine diskrete empirische Wahrscheinlichkeitsverteilung repräsentiert werden.

Eine häufig einsetzbare Wahrscheinlichkeitsverteilung der Periodenbedarfsmenge bei sporadischem Bedarf ist die **Poissonverteilung**. Diese diskrete Verteilung ist insbesondere dann geeignet, wenn die Nachfrage mit einer einheitlichen Auftragsgröße von einer großen Anzahl voneinander unabhängiger Abnehmer stammt. Bei der Poissonverteilung stimmen Mittelwert λ und Varianz σ^2 überein. Zur Schätzung der Parameter einer Poissonverteilung eignet sich folgendes Verfahren der exponentiellen Glättung[132]:

(164) $\lambda_t = \alpha \cdot y_t + (1-\alpha) \cdot \lambda_{t-1}$ geglätteter Mittelwert

(165) $\sigma_t^2 = \alpha \cdot [y_t - \lambda_t]^2 + (1-\alpha) \cdot \sigma_{t-1}^2$ geglättete Varianz

Aus diesen beiden Größen kann die aktuelle Standardabweichung der Periodenbedarfsmenge geschätzt werden. Sie beträgt:

(166) $\sigma_t = \sqrt{[\sigma_t^2 - (\lambda_t)^2]}$

Weicht der Wert der nach Beziehung (166) geschätzten Standardabweichung um weniger als 10% von der Wurzel des Mittelwerts, ($\sqrt{\lambda_t}$), ab, dann kann - so lautet eine Faustregel - davon ausgegangen werden, daß die Periodenbedarfsmenge einer Poissonverteilung folgt.

Eine andere Möglichkeit besteht darin, direkt die **Form der Verteilung** der Periodenbedarfsmenge aufgrund vorliegender Beobachtungen zu schätzen. Dies kann wie

131 vgl. Hax/Candea (1984), S. 180; Silver/Peterson (1985), S. 144-149

132 vgl. Hax/Candea (1984), S. 181

folgt geschehen[133]. Man zerlegt den Planungszeitraum in gleich lange, sich nicht überschneidende Perioden t (t = 1,2,...,n,...). Für die ersten n Perioden erzeugt man aus den vorliegenden Beobachtungen der Bedarfsmengen eine empirische Häufigkeitsverteilung mit den Klassengrenzen $G_0, G_1, ... G_I$ und erzeugt daraus eine geschätzte Wahrscheinlichkeitsverteilung (mit den gleichen Werteintervallen). In den nächsten Perioden l [l = (n + 1, n + 2,...)] aktualisiert man die Wahrscheinlichkeitsverteilung unter Verwendung der exponentiellen Glättung erster Ordnung für diejenige Klasse der Wahrscheinlichkeitsverteilung, in der in der letzten Periode eine Beobachtung zu verzeichnen war.

Die Anzahl der Klassen sei I. Zu Beginn einer Periode t liegt die geschätzte Wahrscheinlichkeitsverteilung $\underline{P}_t$ vor:

$$(167)\quad \underline{P}_t = \begin{bmatrix} p_t(1) \\ p_t(2) \\ . \\ p_t(I-1) \\ p_t(I) \end{bmatrix}$$

In der Periode t wird nun eine Beobachtung y_t gemacht, die in die Klasse i fällt. Wir definieren nun einen Vektor u_t, der an der i-ten Stelle eine 1 und ansonst lauter Nullen enthält. Die neue geschätzte Wahrscheinlichkeitsverteilung der Bedarfsmenge wird nun gemäß Gleichung (168) nach dem Verfahren der exponentiellen Glättung bestimmt:

$$(168)\quad \underline{P}_{t+1} = \alpha \cdot \underline{u}_t + (1-\alpha) \cdot \underline{P}_t$$

Das führt dazu, daß nur die geschätzte Wahrscheinlichkeit der Klasse i, p_i, ansteigt, während die Wahrscheinlichkeiten der anderen Klassen sinken. Die beschriebene Vorgehensweise sei anhand eines Beispiels erläutert. Am Ende der Periode t = 1 seien folgende Werte gegeben (Bild 62):

G_i	Anzahl Beobachtungen	p_i
0	0	0.00
10	120	0.60
20	30	0.15
30	30	0.15
40	10	0.05
50	10	0.05

Bild 62: Wahrscheinlichkeitsverteilung der Bedarfsmenge am Ende der Periode t = 1

Als Bedarfsmenge in Periode t = 2 sei nun $y_2 = 20$ ermittelt worden. Diese Beobachtung fällt in die dritte Häufigkeitsklasse.

133 vgl. Brown (1963), S. 199-206; Hax/Candea (1984), S. 182-185; Johnson/Montgomery (1974), S. 448-450

$$(169)\quad \underline{u}_2 = \begin{bmatrix} 0 \\ 0 \\ 1 \\ 0 \\ 0 \\ 0 \end{bmatrix}$$

Wir verwenden einen Glättungsparameter $\alpha = 0.3$. Dann ergibt sich als geschätzte aktuelle Wahrscheinlichkeitsverteilung der Bedarfsmengen in Periode $t = 2$:

$$(170)\quad \underline{P}_2 = 0.3 \cdot \begin{bmatrix} 0 \\ 0 \\ 1 \\ 0 \\ 0 \\ 0 \end{bmatrix} + (1-0.3) \cdot \begin{bmatrix} 0.00 \\ 0.60 \\ 0.15 \\ 0.15 \\ 0.05 \\ 0.05 \end{bmatrix} = \begin{bmatrix} 0.000 \\ 0.420 \\ 0.405 \\ 0.105 \\ 0.035 \\ 0.035 \end{bmatrix}$$

34. Ausgewählte Probleme bei der Einführung und Anwendung eines Prognosesystems

341. Bestimmung der Glättungsparameter

Die Qualität einer Bedarfsprognose bei Einsatz eines der auf der exponentiellen Glättung basierenden Prognoseverfahren wird von der Wahl des (der) Glättungsparameter(s) beeinflußt. Hier besteht ein grundsätzlicher Konflikt zwischen dem Ziel der Anpassungsfähigkeit der Prognose an neue Entwicklungen der Zeitreihe und dem Ziel der möglichst vollständigen Ausschaltung der zufälligen Komponente aus der Zeitreihe. Je kleiner ein Glättungsparameter ist, umso größer ist der Anteil der zufälligen Schwankungen, der aus der Zeitreihe eliminiert wird; ein niedriger Glättungsparameter bewirkt aber auch, daß die Prognose sich nur sehr zögernd an systematische Veränderungen der Zeitreihe anpaßt.

Liegt eine Zeitreihe von Beobachtungen bereits vor, dann kann zur Bestimmung des optimalen Werts eines Glättungsparameters α das folgende einfache Suchverfahren ALPHOPT eingesetzt werden, das den Parameter α als Entscheidungsvariable behandelt und für jeden Wert von α durch Einsatz der zu verwendenden Prognoseverfahrens die Höhe der Prognosequalität berechnet.

START:
setze FEHLMIN=∞ setze α_{min}=0.04 setze α_{max}=0.40 setze α_d=0.02
ITERATION: für alle α [$\alpha_{min} \le \alpha \le \alpha_{max}$ (Schrittweite α_d)]
führe eine ex-post-Prognose für die letzten n Perioden der Zeitreihe durch und berechne die Prognosequalität $FEHL_\alpha$; falls $FEHL_\alpha$<FEHLMIN, setze $\alpha_{opt}=\alpha$, setze FEHLMIN=$FEHL_\alpha$;
α_{opt} ist der optimale Glättungsparameter

Bild 63: Verfahren ALPHOPT

Das Verfahren ALPHOPT kann auch für andere Prognoseverfahren, die auf dem Prinzip der exponentiellen Glättung basieren, eingesetzt werden. Zur Bestimmung der Prognosequalität ist dabei jeweils das betrachtete Prognoseverfahren einzusetzen. Im Verfahren von *Winters*, das mit drei Glättungsparametern arbeitet, ist für die Bestimmung der optimalen Kombination dieser Parameter eine dreifach ineinander geschachtelte Schleife zu durchlaufen. Als Kriterium für die Prognosequalität kann die Summe der quadrierten Prognosefehler oder die Summe der absoluten Prognosefehler verwendet werden.

Silver und Peterson geben folgende Empfehlungen für die Festlegung der Glättungsparameter im Verfahren von Winters[134] (α_W, β_W und χ_W) für unterschiedliche Werte des entsprechenden Glättungsparameters α_1, der bei Anwendung der exponentiellen Glättung erster Ordnung zum Einsatz käme:

	α_1	α_W	β_W	χ_W
Obergrenze	0.30	0.51	0.176	0.50
vernünftiger Wert	0.10	0.19	0.053	0.10
Untergrenze	0.01	0.02	0.005	0.05

Bild 64: Empfohlene Werte der Glättungsparameter

134 vgl. Silver/Peterson (1985), S. 126

342. Verbrauchsfaktoren mit zeitlich begrenzter Vergangenheit

Insbesondere bei der Einführung eines neuen Produkts und dem damit verbundenen Bedarf an neuartigen Verbrauchsfaktoren, häufig aber auch bei der erstmaligen Einführung eines systematischen Konzepts zur Bedarfsprognose in einem Unternehmen tritt das Problem auf, daß nicht genügend empirische Daten für die Auswahl und Initialisierung eines Prognoseverfahrens zur Verfügung stehen. Bei der Initialisierung eines Prognoseverfahrens sind Schätzwerte für das Zeitreihenniveau, evtl. auch für die Steigung, für Saisonfaktoren sowie für die verwendete Größe zur Überwachung der Prognosequalität (z.B. MAD) festzulegen. Bild 65 zeigt den Bedarfsverlauf für einen neu eingeführten Verbrauchsfaktor.

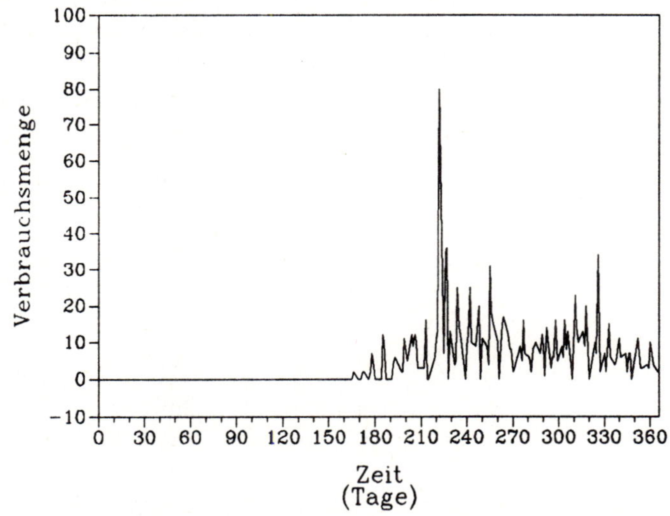

Bild 65: Bedarfsverlauf eines Verbrauchsfaktors mit zeitlich begrenzter Vergangenheit

Zum Zeitpunkt 180 liegt erst eine sehr begrenzte empirische Datenbasis vor. Eine gesicherte Aussage über das der Zeitreihe zugrundeliegende Verlaufsmuster kann zu diesem Zeitpunkt noch nicht getroffen werden. Es können lediglich Vermutungen aufgrund von Erfahrungen angestellt werden, die mit ähnlichen Verbrauchsfaktoren gemacht wurden. Ist man nun in der Lage, den Mittelwert der Periodenbedarfsmengen des Verbrauchsfaktors - z.B. aus den geplanten Primärbedarfsmengen der übergeordneten Produkte - abzuschätzen, dann kann die Standardabweichung bzw. die mittlere absolute Abweichung (MAD) der Prognosefehler aufgrund eines in vielen Unternehmen bestehenden Zusammenhangs zwischen der Streuung der Prognosefehler und der mittleren Bedarfsmenge für ein Produkt geschätzt werden. Empirische Untersuchungen weisen darauf hin, daß in vielen Unternehmungen folgende Beziehung gilt:

(171) $\sigma_{ek} = a \cdot \mu_k^b$

μ_k: mittlere Bedarfsmenge der Produkts k

σ_{ek}: Standardabweichung der Prognosefehler für Produkt k

oder

(172) $\log(\sigma_{ek}) = \log(a) + b \cdot \log \mu_k$

wobei a und b Funktionsparameter sind, die mit Hilfe der linearen Regressionsrechnung ermittelt werden können[135]. Anstelle der Standardabweichung der Prognosefehler kann auch die mittlere absolute Abweichung als abhängige Variable eingesetzt werden. In einem konkreten Fall könnte eine solche Beziehung wie folgt lauten:

(173) $\log MAD_{ek} = 1.04 + 0.65 \cdot \log \mu_k \qquad k=1,2,...$

Setzt man nun für ein neues Erzeugnis den geschätzten Mittelwert der Periodennachfragemenge in die Regressionsgleichung ein, dann erhält man einen Schätzwert für die zu erwartende Streuung des Prognosefehlers für dieses Erzeugnisses, der als Startwert bei der Initialisierung des Prognoseverfahrens verwendbar ist.

343. Behandlung von Ausreißern

Insbesondere in Verbrauchszeitreihen, die durch einen hohen Anteil der zufälligen Komponente geprägt sind, tritt das Problem auf, daß Extremwerte des Periodenbedarfs (Ausreißer) als solche erkannt und aus dem normalen Prognoseprozeß ausgeschaltet werden. Betriebliche Verbrauchs- und Auftragsdaten werden in der Praxis i.a. vor ihrer Speicherung nicht danach aufgeschlüsselt, welche Einflußfaktoren die Ursache für einen in einer Periode aufgetretenen außergewöhnlich hohen oder niedrigen Verbrauch wirksam waren. Oft sind diese Einflußfaktoren nicht einmal bekannt. Als mögliche Determinaten, die das gewohnte Erscheinungsbild eines Verbrauchszeitreihe stören können, sind zu nennen: Projektbedarf, Bedarf aufgrund eines hohen Auftrags, Bedarf aufgrund von Sonderaktionen, Betriebsstörungen etc.

Es ist außerordentlich schwierig, oft unmöglich, derartige Einflüsse, die zu Ausreißern im Erscheinungsbild der Zeitreihe führen, durch ein systematisches Verfahren zu erkennen und aus dem Prognoseprozeß auszuschalten. Hilfestellung bei der Erkennung eines Ausreißers können die zur Überwachung der Prognosequalität eingesetzten Größen, z.B. die mittlere absolute Abweichung (MAD) leisten. So empfiehlt es sich, einen Verbrauchswert als Ausreißer zu behandeln, wenn er etwa um das Vier- bis Fünffache

135 vgl. Brown (1984), S. 45-74, S. 152-153; Silver/Peterson (1985), S. 143-144

der MAD vom Prognosewert abweicht[136]. Eine mögliche Korrekturmaßnahme besteht darin, den Beobachtungswert durch einen "normalen" Beobachtungswert zu ersetzen. Ein solcher Eingriff sollte jedoch nicht ausschließlich einem automatisierten Prognoseverfahren überlassen werden. Vielmehr ist eine Überwachung durch den verantwortlichen Disponenten angebracht.

Vertiefende Literatur zu den Abschnitten 33.-34.:

Brown (1963)
Brown (1984)
Croston (1972)
Hax/Candea (1984)
Johnson/Montgomery (1974)
Lewandowski (1974)
Mertens/Backert (1980)
Mertens (1981)
Scheer (1983)
Silver/Peterson (1985)
Trux (1972)
Wedekind (1968)

136 vgl. Brown (1984), S. 100

4. Programmorientierte Bedarfsermittlung und Losgrößenplanung

Im Gegensatz zur verbrauchsorientierten Bedarfsplanung erfolgt bei der programmorientierten[137] (deterministischen) Bedarfsermittlung die Berechnung der zukünftigen Bedarfsmengen für Verbrauchsfaktoren nicht mit Hilfe von Prognoseverfahren, sondern es werden die Ergebnisse der im Produktionsplanungsprozeß vorgelagerten kurzfristigen Produktionsprogrammplanung als Daten übernommen. Das kurzfristige Produktionsprogramm bildet für die Bedarfsplanung ein mit Sicherheit bekanntes und (kurzfristig) unveränderliches Datum. Die programmorientierte Bedarfsermittlung greift auf vier wichtige **Informationsquellen** zurück:

- das geplante **kurzfristige Produktionsprogramm**[138] an absatzbestimmten Erzeugnissen, d.h. Endprodukten und Ersatzteilen;
- den **Erzeugniszusammenhang;**
- die **Durchlaufzeiten** bzw. Beschaffungszeiten der Erzeugnisse (Fertigprodukte, Baugruppen, Teile);
- die periodenbezogenen **Lagerbestände.**

Bevor wir uns in diesem Abschnitt ausführlich mit den Algorithmen der programmorientierten Materialbedarfsrechnung und der damit eng verknüpften Losgrößenplanung befassen, sollen zunächst die verschiedenen Möglichkeiten zur Darstellung des Zusammenhangs zwischen den Erzeugnissen (Endprodukte, Baugruppen und Einzelteile) erläutert werden.

41. Darstellung des Erzeugniszusammenhangs

Der Zusammenhang zwischen den Erzeugnissen, d.h. zwischen den Endprodukten, Bauteilen und Einzelteilen läßt sich **graphisch, tabellarisch** und in **Matrixform** darstellen.

---

137 vgl. Berg (1979), S. 79-85; Franken (1984), S. 128-135

138 Das kurzfristige Produktionsprogramm wird in der englischsprachigen Literatur auch als master production schedule bezeichnet.

411. Graphische Darstellungsformen

Die Erzeugnisstruktur kann graphisch in Form eines Baums oder (allgemeiner) durch einen gerichteten Graphen, d.h. durch ein Netzwerk, dargestellt werden. Ein solcher Graph besteht aus Knoten und Pfeilen (gerichteten Kanten). Die **Knoten** repräsentieren die Erzeugnisse, während die **Pfeile** die mengenmäßigen Input-Output-Beziehungen zwischen den Erzeugnissen beschreiben. So signalisiert ein Pfeil, der im Knoten i startet und im Knoten j endet: das (untergeordnete) Erzeugnis i geht in das (übergeordnete) Erzeugnis j ein, d.h. es wird dessen Bestandteil. Die Bewertungen der Pfeile geben an, wieviel Mengeneinheiten des untergeordneten Erzeugnisses i zur Herstellung einer Mengeneinheit des übergeordneten Erzeugnisses j benötigt werden Diese Größe bezeichnet man als **Direktbedarfskoeffizienten** oder Produktionskoeffizienten.

- **Erzeugnisbaum**

Ein Erzeugnisbaum (auch Stammbaum oder Aufbauübersicht genannt) ist ein spezieller gerichteter Graph mit Baumstruktur.

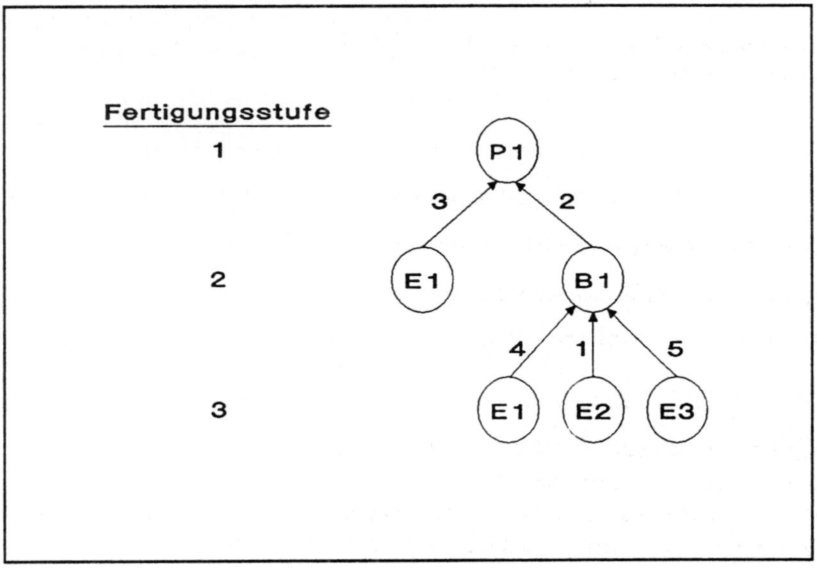

Bild 66: Erzeugnisbaum

Üblicherweise werden die Knoten des Erzeugnisbaums graphisch so angeordnet, daß gleichzeitig die Grundstruktur des **fertigungstechnischen Ablaufs** und des **Materialflusses** ersichtlich wird. Bild 66 zeigt einen Erzeugnisbaum, in dem die Erzeugnisse in dieser Weise nach **Fertigungsstufen** angeordnet sind. Die Fertigungsstufen werden dabei i.a. entgegen dem Fertigungsablauf durchnummeriert: das Endprodukt ist der Fertigungsstufe 0 zugeordnet, alle Erzeugnisse, die unmittelbar in das Endprodukt eingehen, gehören der Fertigungsstufe 1 an, usw.

Es ist kennzeichnend für die **Baumstruktur**, daß jeder Knoten (in Pfeilrichtung gesehen) nur einen Nachfolger hat, aber mehrere Vorgänger haben kann. Baugruppen oder Einzelteile, die in mehrere übergeordnete Erzeugnisse eingehen (in Bild 66 z.B. E1), werden jeweils an den Stellen im Erzeugnisbaum aufgeführt, an denen sie in der Erzeugnisstruktur vorkommen. Das führt dazu, daß **ein Erzeugnis oft durch mehrere Knoten im Erzeugnisbaum dargestellt** werden muß. Dadurch entstehen bei der Speicherung des Erzeugnisbaums Redundanzen, die bei Verwendung der Darstellung mittels eines Gozintographen vermieden werden können.

- **Gozintograph**

Der Begriff "Gozintograph" wurde von *Vaszonyi*[139] geprägt, der einen nicht existenten italienischen Mathematiker **Zepartzat Gozinto** erwähnte. Ein "oberflächlicher" Vergleich mit den englichen Worten "the part that goes into" zeigt, was Vaszonyi mit dieser Bezeichnung gemeint hat und damit auch, was der eigentliche Inhalt des Gozintographen ist. Der Gozintograph ist ein gerichteter, bewerteter Graph G, der formal durch eine **Knotenmenge V**, eine **Pfeilmenge E** und **Pfeilbewertungen** a beschrieben wird:

$$G = (V, E, a)$$

- a: Pfeilbewertungen (Direktbedarfskoeffizienten zwischen den Erzeugnissen)
- E: Pfeilmenge (direkte technologische Beziehungen zwischen den Erzeugnissen)
- V: Knotenmenge (Menge aller Erzeugnisse, d.h. Einzelteile, Baugruppen, Endprodukte)

Die Knoten des Gozintographen stellen die Endprodukte, Baugruppen und Einzelteile dar, während die Pfeile die Input-Output-Beziehungen angeben. Die Pfeilbewertungen repräsentieren die Direktbedarfskoeffizienten. In Bild 67 ist ein Gozintograph für ein Endprodukt (P1) dargestellt, das aus zwei Baugruppen (B1, B2) und zwei Einzelteilen (E1, E2) besteht.

139 vgl. Vazsonyi (1962), S. 385

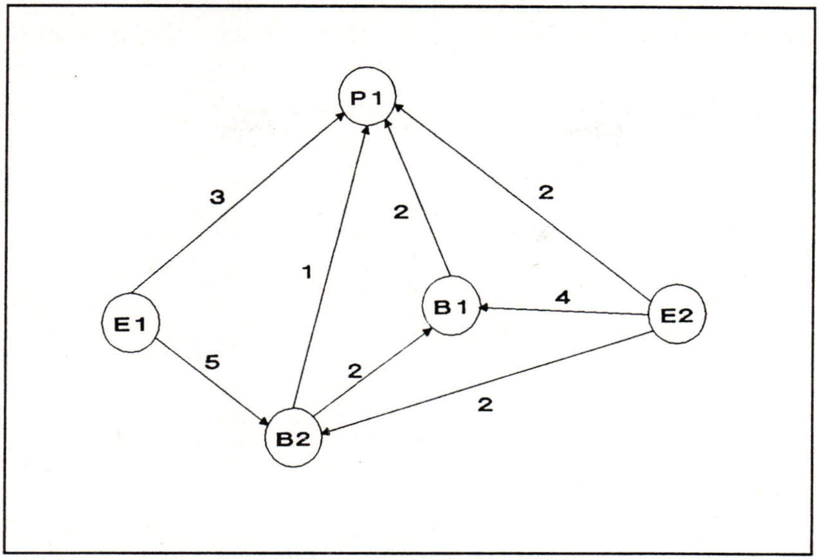

Bild 67: Gozintograph

Die Besonderheit des Gozintographen gegenüber dem Erzeugnisbaum besteht darin, daß auch in dem Fall, daß ein Produkt in mehrere übergeordnete Produkte eingeht, **jedes Erzeugnis nur durch einen Knoten** repräsentiert wird. Diese redundanzfreie Darstellung wird dadurch möglich, daß im Gozintographen mehrere Pfeile von einem Knoten ausgehen können. Mit Hilfe des Gozintographen lassen sich beliebige Formen von Erzeugnisstrukturen darstellen. Nach ihrer Komplexität unterscheidet man die Grundformen der

- **linearen** Erzeugnisstruktur
- **konvergierenden** Erzeugnisstruktur
- **divergierenden** Erzeugnisstruktur
- **generellen** Erzeugnisstruktur.

Bei der **linearen** Erzeugnisstruktur hat jedes Erzeugnis maximal einen Nachfolger[140] und maximal einen Vorgänger[141] (Bild 68a). Hier kann man sich den Produktionsprozeß als die Bearbeitung eines Rohmaterials in mehreren Arbeitsgängen vorstellen, wobei nach jedem Arbeitsgang ein neues identifizierbares und evtl. gelagertes Zwischenprodukt vorliegt. Die **konvergierende** Erzeugnisstruktur ist dadurch gekennzeichnet, daß jedes Erzeugnis maximal einen Nachfolger hat, aber mehrere Vorgänger haben kann (Bild 68b). Eine solche Erzeugnisstruktur ist für Montageprozesse üblich. Bei der **divergierenden** Erzeugnisstruktur hat jedes Erzeugnis maximal einen Vorgän-

140 übergeordnetes Erzeugnis
141 untergeordnetes Erzeugnis

ger, kann aber mehrere Nachfolger haben (Bild 68c)[142]. Die **generelle** Erzeugnisstruktur vereint die Merkmale aller oder einiger der oben genannten Erzeugnisstrukturen in sich (Bild 68d).

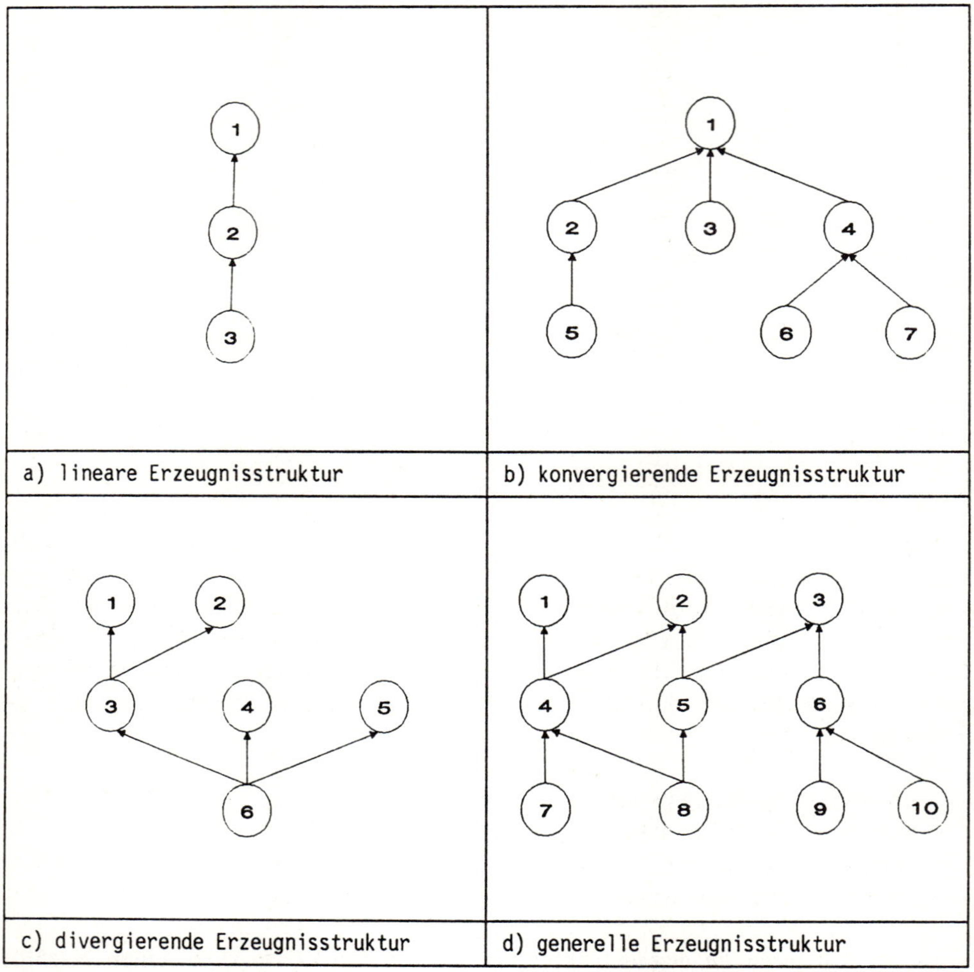

Bild 68: Lineare, konvergierende, divergierende und generelle Erzeugnisstruktur

Die Form der Erzeugnisstruktur bestimmt in hohem Maße die Komplexität der bei der Produktionsplanung und -steuerung auftretenden Probleme. Dies wird auch im Zusammenhang mit der weiter unten darzustellenden Losgrößenplanung deutlich werden.

142 Die divergierende Erzeugnisstruktur wird auch als Distributionsstruktur bezeichnet, da sie Ähnlichkeiten mit der in der Distributionslogistik üblichen Darstellung von mehrstufigen Lagersystemen hat.

412. Tabellarische Darstellungsformen

Die graphische Darstellung einer Erzeugnisstruktur ist zwar sehr anschaulich; das ist aber nur dann der Fall, wenn wenige Erzeugnisse zu betrachten sind. In der betrieblichen Praxis mit einer großen Anzahl zusammenhängender Erzeugnisse wird der Erzeugnisaufbau daher vor allem tabellarisch dargestellt. Hierbei ist zu unterscheiden zwischen verschiedenen Formen von **Stücklisten** und der **Gozintoliste**.

4121. Stücklisten

Stücklisten[143] sind mengenmäßige Verzeichnisse der in ein Endprodukt oder eine Baugruppe eingehenden Erzeugnisse (Baugruppen oder Einzelteile). Sie werden entsprechend der Richtung, in der sie untersucht werden, als (analytische) **Stücklisten** oder als (synthetische) **Teileverwendungsnachweise** bezeichnet. Während bei der analytischen Stückliste gefragt wird: "*Aus welchen untergeordneten Teilen besteht ein Erzeugnis?*", lautet die Fragestellung beim synthetischen Teileverwendungsnachweis: "*In welche übergeordneten Erzeugnisse geht ein bestimmtes Teil ein?*".

Beide Fragestellungen sind für die Produktionsplanung und -steuerung von großer Bedeutung. So kann die **analytische** Betrachtung Aufschluß darüber geben, welche Einzelteile und Baugruppen in welchen Mengen beschafft bzw. produziert werden müssen, damit ein Kundenauftrag für ein Endprodukt zum gewünschten Termin fertiggestellt werden kann. Die **synthetische** Betrachtungsweise ermöglicht die Rückverfolgung eines Auftrags für ein untergeordnetes Erzeugnis zu seinen Verursachern. Sie gibt z.B. Auskunft darüber, welche Produktionsaufträge für übergeordnete Erzeugnisse betroffen sind, wenn sich die Produktionsdauer eines bestimmten Einzelteils aufgrund eines Maschinenausfalls verlängert.

Stücklisten können unstrukturiert oder strukturiert sein. Eine unstrukturierte Stückliste ist die Mengenübersichtsstückliste, während die Baukastenstückliste und die Strukturstückliste strukturierte Stücklisten sind.

- **Mengenübersichtsstückliste**

Die Mengenübersichtsstückliste ist die einfachste, unstrukturierte Form einer Stückliste. In ihr wird lediglich aufgelistet, aus welchen Bestandteilen mit welchen Mengen ein Erzeugnis besteht. Dabei bleibt unbeachtet, in welcher Weise die einzelnen Bestandteile ihrerseits aufgebaut sind, ob z.B. ein Einzelteil direkt in das Enderzeugnis

143 vgl. Hahn/Laßmann (1986), S. 349-361; Küpper (1984), S. 206

eingebaut wird oder ob es Bestandteil einer Baugruppe ist. Damit geben Mengenübersichtsstücklisten keinen Hinweis auf die Form der Erzeugnisstruktur. Die Mengenangaben beziehen sich jeweils auf eine Mengeneinheit des Erzeugnisses, für das die Liste aufgestellt wurde. Sie bezeichnen somit den Gesamtbedarf eines Teils pro Mengeneinheit des betrachteten Erzeugnisses. Gegebenenfalls muß eine Kumulation der Bedarfsmengen über mehrere Fertigungsstufen erfolgen.

Zur Erläuterung sei die in Bild 66 als Erzeugnisbaum dargestellte konvergierende Erzeugnisstruktur betrachtet. Sie wird durch die in Bild 69 wiedergegebene Mengenübersichtsstückliste beschrieben.

Erzeugnis P1		
Sachnummer	Menge	Bezeichnung
E1	11	Teil
B1	2	Baugruppe
E2	2	Teil
E3	10	Teil

Bild 69: Mengenübersichtsstückliste

Mengenübersichtsstücklisten bieten einen schnellen umfassenden Überblick über den gesamten Verbrauchsfaktorbedarf, der mit der Produktion einer Mengeneinheit des betrachteten Erzeugnisses verbunden ist. Sie liefern damit wertvolle Informationen für die Kalkulation.

- **Strukturstückliste**

In der Strukturstückliste wird ein Erzeugnis mit allen seinen Bestandteilen, aber im Gegensatz zur Mengenübersichtsstückliste strukturiert dargestellt: zu jeder Baugruppe werden in den Folgezeilen der Liste jeweils die direkt eingehenden Teile mit ihren Direktbedarfsmengen aufgeführt. Einzelteile (bzw. Baugruppen), die in mehrere übergeordnete Baugruppen eingehen, erscheinen mehrfach - jeweils mit all ihren Bestandteilen. Die Struktur des betrachteten Erzeugnisses wird durch Einrücken und besondere Kennzeichnung der baugruppen- und einzelteilbezogenen Angaben in einer besonderen Spalte durch Zahlen, Sterne, Punkte usw. deutlich gemacht.

Der Vorteil der Strukturstückliste besteht darin, daß aus einer Liste der hierarchische Gesamtzusammenhang eines Erzeugnisses erkennbar ist. Dieser Vorteil der Übersichtlichkeit geht aber - ebenso wie beim Erzeugnisbaum - bei umfangreichen mehrstufigen Erzeugnissen mit genereller Struktur verloren. Bild 70 zeigt die Strukturstückliste für das betrachtete Beispiel.

Erzeugnis P1			
Fertigungsstufe	Sachnummer	Menge	Bezeichnung
1	E1	3	Teil
1	B1	2	Baugruppe
*2	E1	4	Teil
*2	E2	1	Teil
*2	E3	5	Teil

Bild 70: Strukturstückliste

- **Baukastenstückliste**

Die Baukastenstückliste enthält nur die Baugruppen oder Einzelteile, die direkt in ein Erzeugnis eingehen. Sie ist eine einstufige Liste. Für eine mehrstufige Erzeugnisstruktur, also dann, wenn ein Erzeugnis wiederum aus Baugruppen besteht, sind daher mehrere Baukastenstücklisten erforderlich. Für das obige Beispiel sind somit zwei Baukastenstücklisten aufzustellen (siehe Bild 71).

Erzeugnis P1			
Position	Sachnummer	Menge	Bezeichnung
1	E1	3	Einzelteil
2	B1	2	Baugruppe

Erzeugnis B1			
Position	Sachnummer	Menge	Bezeichnung
1	E1	4	Einzelteil
2	E2	1	Einzelteil
3	E3	5	Einzelteil

Bild 71: Baukastenstücklisten

Da die Erzeugnisstruktur nicht aus der Stückliste zu ersehen ist, ist es notwendig, die Positionen zu kennzeichnen, zu denen weitere Stücklisten existieren. Dies geschieht in Bild 71 in der Spalte "Bezeichnung". Die Baukastenstückliste läßt sich direkt durch Verfolgung der Stücklistenketten bei EDV-gestützter Speicherung der Erzeugnisstruktur ermitteln[144].

144 vgl. hierzu Abschnitt 414

4122. Gozintoliste

Eine weitere Form der tabellarischen Darstellung von Erzeugnisstrukturen ist die Gozintoliste. Sie ist die nach Knoten sortierte listenförmige Zusammenfassung der Pfeile eines Gozintographen. Ein Pfeil des Gozintographen, d.h. eine Input-Output-Beziehung zwischen den Erzeugnissen wird durch die drei Größen (*Zielknoten*[145], *Startknoten*[146], *Bewertung*[147]) gekennzeichnet. Die in Bild 66 dargestellte Erzeugnisstruktur wird durch folgende Gozintoliste beschrieben (Bild 72):

j	i	a_{ij}
P1	E1	3
P1	B1	2
B1	E1	4
B1	E2	1
B1	E3	5

Bild 72: Gozintoliste

Wie die Darstellung zeigt, entspricht die Gozintoliste in der vorliegenden Sortierung nach Zielknoten (übergeordneten Erzeugnissen) einer Aneinanderreihung aller Baukastenstücklisten (im vorliegenden Fall existieren zwei Baukastenstücklisten: P1, B1).

413. Matrix-Darstellung

Faßt man in einem Gozintographen die in einem Knoten eintreffenden Pfeile als Input und die den Knoten verlassenden Pfeile als Output auf, dann kann man für jeden Knoten eine Gleichung formulieren, die den Input des Knotens als Funktion des Outputs, d.h. des Bedarfs in allen direkten Folgeknoten angibt. So können wir z.B. für das Einzelteil E1 des in Bild 67 dargestellten Gozintographen Gleichung (174) aufstellen, die den **Sekundärbedarf** des Einzelteils E1 beschreibt.

(174) $y_{E1} = 5 \cdot r_{B2} + 3 \cdot r_{P1}$

Dabei bezeichnen

r_k Gesamtbedarf des Erzeugnisses k, d.h. die insgesamt zu produzierende Menge des Erzeugnisses k

145 übergeordnetes Teil j
146 untergeordnetes Teil i
147 Direktbedarfskoeffizient a_{ij}

y_k Sekundärbedarf des Erzeugnisses k, d.h. den aus dem Gesamtbedarf der übergeordneten Erzeugnisse abgeleiteten Bedarf des Erzeugnisses k

Der Sekundärbedarf des Einzelteils E1 setzt sich damit zusammen aus dem Fünffachen des Gesamtbedarfs der Baugruppe B2 und dem Dreifachen des Gesamtbedarfs des Endprodukts P1. Eine derartige Gleichung kann **für jedes Erzeugnis**, d.h. für jeden Knoten des Gozintographen aufgestellt werden. Allgemein wird der Sekundärbedarf des Erzeugnisses k durch Gleichung (175) beschrieben.

$$(175) \quad y_k = \sum_{j \in N_k} a_{kj} \cdot r_j$$

r_j – Gesamtbedarf des übergeordneten Erzeugnisses j

a_{kj} – Direktbedarfskoeffizient, d.h. Anzahl der Mengeneinheiten des Erzeugnisses k, die zur Produktion einer Mengeneinheit des Erzeugnisses j benötigt werden

N_k – Menge der dem Erzeugnis k direkt übergeordneten Erzeugnisse

Für den in Bild 67 dargestellten Gozintographen erhalten wir das in Beziehung (176) angegebene Gleichungssystem zur Berechnung der Sekundärbedarfsmengen:

$$(176) \quad \begin{aligned} y_{E1} &= 0 \cdot r_{E1} + 0 \cdot r_{E2} + 0 \cdot r_{B1} + 5 \cdot r_{B2} + 3 \cdot r_{P1} \\ y_{E2} &= 0 \cdot r_{E1} + 0 \cdot r_{E2} + 4 \cdot r_{B1} + 2 \cdot r_{B2} + 2 \cdot r_{P1} \\ y_{B1} &= 0 \cdot r_{E1} + 0 \cdot r_{E2} + 0 \cdot r_{B1} + 0 \cdot r_{B2} + 2 \cdot r_{P1} \\ y_{B2} &= 0 \cdot r_{E1} + 0 \cdot r_{E2} + 2 \cdot r_{B1} + 0 \cdot r_{B2} + 1 \cdot r_{P1} \\ y_{P1} &= 0 \cdot r_{E1} + 0 \cdot r_{E2} + 0 \cdot r_{B1} + 0 \cdot r_{B2} + 0 \cdot r_{P1} \end{aligned}$$

Der **Gesamtbedarf** r_k eines Erzeugnisses k setzt sich nach Gleichung (177) zusammen aus dem Sekundärbedarf y_k, d.h. dem abgeleiteten Bedarf, und einem extern vorgegebenen Primärbedarf x_k:

$$(177) \quad r_k = y_k + x_k$$

x_k – Primärbedarf

y_k – Sekundärbedarf

r_k – Gesamtbedarf

Der **Primärbedarf** ist für alle Endprodukte positiv - andernfalls werden sie nicht in die Bedarfsrechnung einbezogen -; Primärbedarf kann aber auch für selbständig absatzfähige Zwischenprodukte auftreten, die z.B. als Ersatzteile verkauft werden. Der Sekundärbedarf für Enderzeugnisse ist immer Null, da die Mengen N_k der Nachfolgeknoten für die Endprodukte leer sind. Setzt man Gleichung (175) in (177) ein, dann ergibt sich der **Gesamtbedarf** des Erzeugnisses k, r_k, gemäß Beziehung (178):

$$(178) \quad r_k = \sum_{j \in N_k} a_{kj} \cdot r_j + x_k \qquad k=1,2,\ldots,K$$

oder in Matrixschreibweise

(179) $\underline{r} = \underline{A} \cdot \underline{r} + \underline{x}$

Die Matrix $\underline{A}$ bezeichnet man als **Direktbedarfsmatrix**. Gleichung (179) bildet die Grundlage für den Einsatz des Matrizenverfahrens zur Bedarfsrechnung[148].

414. EDV-gestützte Speicherung des Erzeugniszusammenhangs

Die bislang beschriebenen Instrumente zur Darstellung des Erzeugniszusammenhangs lassen sich nur auf vergleichsweise kleine oder auf Ausschnitte aus größeren Erzeugnisstrukturen anwenden. In der betrieblichen Praxis sind oft mehrere zehntausend identifizierbare Erzeugnisse (Sachnummern) zu verwalten und deren Daten für die Produktionsplanung- und steuerung im schnellen Zugriff bereitzuhalten - eine Aufgabe, die nur durch Einsatz der EDV bewältigt werden kann.

Kernstück der EDV-gestützten Systeme zur Produktionsplanung und -steuerung (PPS-Systeme) ist eine **Datenbank des Fertigungsbereichs**[149]. In einer derartigen Produktionsdatenbank werden Daten über alle für die Produktionsplanung und -steuerung relevanten Objekte des Produktionsbereichs und deren Beziehungen untereinander gespeichert. Solche Objekte sind z.B. Erzeugnisse, Aufträge, Arbeitspläne, Arbeitsgänge, Lagerorte, Maschinen, Transportmittel und Werkzeuge. Bei der Konzeption einer Fertigungsdatenbank faßt man alle Objekte mit gleicher Struktur zu **Objekttypen** zusammen. So enthält der Objekttyp "AUFTRÄGE" alle Aufträge, die in der Fertigungsdatenbank gespeichert sind. Desgleichen bilden alle Erzeugnisse den Objekttyp "TEILE". Zwischen den einzelnen Objekten können vielfältige Beziehungen bestehen. Beziehungen, die Objekte aus denselben Objektypen miteinander verbinden, bilden einen **Beziehungstyp**. So können z.B. alle Beziehungen zwischen Aufträgen für Einzelteile, Baugruppen und Endprodukte zu einem Beziehungstyp "AUFTRAGS-STRUKTUR" zusammengefaßt werden.

Die Erfassung des **Erzeugniszusammenhangs** in einer Fertigungsdatenbank läßt sich leicht anhand eines Gozintographen veranschaulichen, der bekanntlich eine vollständige und redundanzfreie Darstellung der Erzeugnisse eines Unternehmens und deren Zusammensetzung ist. Die Erzeugnisse werden im Gozintographen als Knoten und die zwischen ihnen bestehenden Input-Ouput-Beziehungen als (mit Direktbedarfskoeffizienten bewertete) Pfeile wiedergegeben. Ein Gozintograph läßt sich somit als aus dem Objekttyp "TEILE" (Knoten) und dem Beziehungstyp "STRUKTUR" (Pfeile) bestehend auffassen. Zwischen den Objekten des Typs "TEILE" können Beziehungen vom Komplexitätsgrad m:n bestehen. Das bedeutet, ein Erzeugnis kann sich aus mehreren untergeordneten Teilen zusammensetzen; es kann aber selbst wiederum in

148 vgl. Abschnitt 424

149 Eine umfassende Darstellung einer Datenbank zum Fertigungsbereich gibt Scheer (1978); vgl. auch Scheer (1984); Scheer (1988)

mehrere übergeordnete Erzeugnisse eingehen. Bild 73 stellt die Erzeugniszusammensetzung in einem Datenbankstrukturdiagramm dar.

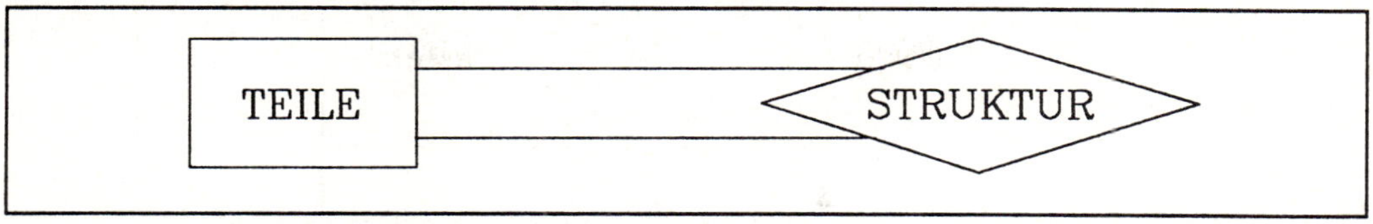

Bild 73: Datenbankstrukturdiagramm des Erzeugniszusammenhangs

Grundlage des Entwurfs einer Datenbank ist ein Datenmodell, d.h. ein formales Hilfsmittel zur Beschreibung der logischen Struktur einer Datenbank. Zur redundanzfreien Darstellung des Erzeugniszusammenhangs eignen sich vor allem das **relationale Datenmodell** und das **Netzwerkmodell**, wobei letzteres die Grundlage der meisten in den Praxis eingesetzten PPS-Systeme bildet. In einem Netzwerkmodell sind nur Beziehungen vom Komplexitätsgrad 1:n zugelassen. Dieser Beziehungstyp wird "Set" genannt. Die im Gozintographen enthaltenen Beziehungen vom Komplexitätsgrad n:m werden in zwei Beziehungen mit den Komplexitätsgraden 1:n und 1:m aufgelöst. Dies ist in Bild 74 dargestellt.

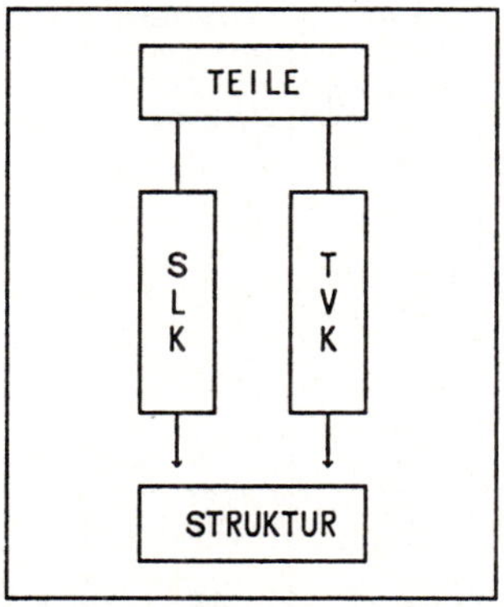

Bild 74: Darstellung eines Gozintographen im Netzwerkmodell

Die Pfeile des Gozintographen werden nun in dem Verbindungsobjekttyp "STRUKTUR" und die Knoten im Objekttyp "TEILE" gespeichert. Die Verbindung der Mitglieder eines Sets erfolgt im Netzwerkmodell durch die Einführung einer Kette, d.h. eine Folge von Zeigern, die ein Navigieren durch das Netzwerk in der gewünschten Auswertungsrichtung gestatten. Zur Unterstützung der analytischen Betrachtungsweise wird eine Kettenklasse "SLK" (Stücklistenkette) und zur synthetischen Bedarfsrechnung eine Kettenklasse "TVK" (Teileverwendungskette) eingeführt. Jede Kette beginnt an einem Ankersatz (owner-record), der immer einem Knoten des Gozintographen entspricht. Bild 75 zeigt die elementbezogene Speicherung des in Bild 67 abgebildeten Gozintographen.

TEILEstammdatei

Satz-adresse	Adresse der ersten Struktur der Stückliste	Adresse der ersten Struktur der Teile-verwendung	Teile-be-zeich-nung
1	11	ENDE	P1
2	15	11	B1
3	17	12	B2
4	ENDE	13	E1
5	ENDE	14	E2

ErzeugnisSTRUKTURdatei

Satz adresse	Adresse des überge-ordneten Teils (TVK)	Adresse des unter-geord-neten Teils (SLK)	Folge-adresse in der Stückli-stenver-bindung (SLK)	Folge-adresse in der Teilever-wendungs verbindung (TVK)	Direkt-bedarfs-koeffi-zient
11	1	2	12	ENDE	2
12	1	3	13	15	1
13	1	4	14	17	3
14	1	5	ENDE	16	2
15	2	3	16	ENDE	2
16	2	5	ENDE	18	4
17	3	4	18	ENDE	5
18	3	5	ENDE	ENDE	2

Bild 75: Teilestammdatei und Erzeugnisstrukturdatei in einer Fertigungsdatenbank nach dem Netzwerkmodell

Die in Bild 75 dargestellte Speicherung des Gozintographen erlaubt nun die Ermittlung der Baukastenstückliste und des Baukastenteileverwendungsnachweises eines beliebigen Erzeugnisses. Soll z.B. die Zusammensetzung des Produkts B1 ermittelt werden, dann erfolgt der Einstieg in die Datenbank über den Teilestammsatz Nr. 2, aus dem die Satzadresse des ersten Glieds der Stücklistenkette SLK (Erzeugnisstruktursatz Nr. 15) gelesen werden kann. Nach Feststellung des in diesem Satz angegebenen untergeordneten Teils wird geprüft, ob es ein weiteres Glied in der Stücklistenkette gibt. Dies ist der Fall (Erzeugnisstruktursatz Nr. 16). Nach Ermittlung des betreffenden untergeordneten Teils wird das Ende der Stücklistenkette festgestellt und die Auswertung beendet. In gleicher Weise kann eine Teilverwendungsbetrachtung angestellt werden.

```
TEILE    (TEILENUMMER,Bezeichnung, etc.)
STRUKTUR (TNROBEN,TNRUNTEN,Direktbedarfskoeffizient)
```

Bild 76: Darstellung des Erzeugniszusammenhangs nach dem Relationenmodell

Bei Speicherung der Erzeugnisstruktur in einer **relationalen Datenbank** werden die Objekttypen "TEILE" und "STRUKTUR" in Form von Relationen dargestellt (Bild 76). Eine Relation ist eine Tabelle mit mehreren Zeilen und mehreren Spalten. In den Spalten werden die Attribute des in der Relation erfaßten Objekttyps gespeichert. Mindestens ein Attribut muß ein eindeutiger Schlüssel sein, der die Identifizierung der Objekte erlaubt. Der Objekttyp "TEILE" wird eindeutig durch den Schlüssel "TEILENUMMER" identifiziert, während zur Identifizierung der Pfeile des Gozintographen (Objekttyp "STRUKTUR") zwei Schlüssel notwendig sind.

Bild 77 zeigt die Speicherung des in Bild 67 dargestellten Gozintographen nach dem Relationenmodell.

Relation TEILE

TEILENUMMER	Bezeichnung
1	P1
2	B1
3	B2
4	E1
5	E2

Relation STRUKTUR

TNROBEN	TNRUNTEN	Direktbedarfskoeffizient
1	2	2
1	3	1
1	4	3
1	5	2
2	3	2
2	5	4
3	4	5
3	5	2

Bild 77: Elementbezogene Darstellung des Erzeugniszusammenhangs in einer Fertigungsdatenbank nach dem Relationenmodell

Die Speicherung des Erzeugniszusammenhangs nach dem Relationenmodell erlaubt eine flexible Auswertung der Datenbank durch Einsatz dialogorientierter Abfragesprachen. Eine Abfrage zur Erstellung einer Baukastenstückliste für das Erzeugnis B2 (Teilenummer 3) in der Sprache SQL (Structured Query Language) ist in Bild 78 wiedergegeben.

```
SELECT    TNRUNTEN,Direktbedarfskoeffizient
FROM      STRUKTUR
WHERE     TNROBEN EQ 3.
```

Bild 78: SQL-Abfrage zur Erzeugung einer Baukastenstückliste

Vertiefende Literatur zu Abschnitt 41.:

Franken (1984)
Grochla (1978)
Hahn/Laßmann (1986)
Küpper (1984)
Scheer (1978)
Scheer (1988)
Zäpfel (1982)

42. Verfahren der Bedarfsauflösung

421. Ablauf der Materialbedarfsplanung

Aufgabe der Materialbedarfsplanung ist es, die für die Herstellung der im kurzfristigen Produktionsprogramm festgelegten absatzbestimmten Erzeugnisse erforderlichen Verbrauchsfaktoren in der benötigten Menge termingerecht bereitzustellen. Dies geschieht in der Weise, daß aus dem vorgegebenen Produktionsprogramm je Periode der Bedarf an Baugruppen und untergeordneten Teilen abgeleitet wird, wobei auch zeitliche Vorlaufverschiebungen zu berücksichtigen sind, die dadurch entstehen, daß die Produktion der Teile selbst wiederum Zeit in Anspruch nimmt.

Der **Bedarf** für ein Erzeugnis kann nach unterschiedlichen Kriterien gegliedert werden. Nach seiner *Stellung im Produktions- bzw. Planungsprozeß* ist zu unterscheiden zwischen

- **Primärbedarf** und
- **Sekundärbedarf**

Unter **Primärbedarf** versteht man den Bedarf an Fertigprodukten und Ersatzteilen, d.h. den Bedarf an Erzeugnissen, die absatzbestimmt sind und damit nicht mehr in nachgelagerte Produktionsprozesse eingehen. In Betrieben mit mehrteiliger Fertigung muß aus dem Primärbedarf der **Sekundärbedarf** abgeleitet werden. Der Sekundärbedarf umfaßt die Bedarfsmengen an Rohstoffen, Einzelteilen und Baugruppen, die zur Herstellung des Primärbedarfs notwendig sind.

Nach dem eingesetzten *Verfahren der Bedarfsplanung* ist zu unterscheiden zwischen

- **programmorientiert errechnetem Bedarf,**
- **verbrauchsorientiert errechnetem Bedarf** und
- **Zusatzbedarf**

Programmorientiert errechneter Bedarf wird durch Einsatz eines der im folgenden darzustellenden Verfahren der deterministischen Bedarfsauflösung ermittelt. **Verbrauchsorientiert errechneter Bedarf** wird mithilfe eines systematischen Prognoseverfahrens[150] aufgrund von Vergangenheitsdaten bestimmt. Es kann sich dabei sowohl um Primärbedarf handeln, z.B. bei Ersatzteilbedarf, dessen Höhe mithilfe von Verfahren der verbrauchsorientierten Bedarfsplanung festgelegt wird. Aber auch Sekundärbedarf kann mittels verbrauchsorientierter Verfahren bestimmt werden, z.B. wenn ein Erzeugnis nach einer ABC-Analyse der Gruppe der C-Teile zugeordnet worden ist. **Zusatzbedarf** schließlich ist über einen prozentualen Zuschlag pauschal erfaßter Bedarf, z.B. Mehrbedarf aufgrund von Ausschuß.

Eine weitere Systematisierung des Bedarfs kann *nach seiner Zuordnung zu den Verarbeitungsstufen* der Materialdisposition vorgenommen werden. Hier ist unter Berücksichtigung der Lagerbestände zu unterscheiden zwischen

- **Bruttobedarf** und
- **Nettobedarf**

Der **Bruttobedarf** ist der periodenbezogene Bedarf ohne Berücksichtigung der Lagerbestände, evtl. ausstehender Bestellungen und reservierter Lagerbestandsmengen. Der Bruttobedarf für ein Erzeugnis besteht aus dem *Primärbedarf*, dem aus dem Bedarf an übergeordneten Produkten abgeleiteten *Sekundärbedarf*, dem Bedarf, der mithilfe *verbrauchsorientierter Verfahren* ermittelt wird und evtl. auftretendem *Zusatzbedarf*, wobei einige der aufgeführten Komponenten auch Null sein können.

Die **Vorgehensweise bei der Bedarfsplanung** kann im Prinzip wie folgt beschrieben werden[151]:

1. Gegeben ist ein mengen- und terminmäßig spezifiziertes kurzfristiges Produktionsprogramm, das als **Primärbedarf** bezeichnet wird. Dieser Primärbedarf wird zeitlich um evtl. auftretende Produktionszeiten (Durchlaufzeiten) vorgeschoben. Daraus ergibt sich dann das mengenmäßig und nach dem spätestens Zeitpunkt des Produktionsbeginns spezifizierte Produktionsprogramm.

150 vgl. Abschnitt 3.
151 vgl. auch Tersine (1982), S. 300

2. Aus dem geplanten Produktionsprogramm eines Endproduktes wird unter Beachtung der Erzeugnisstruktur der **Sekundärbedarf** an Baugruppen, Einzelteilen und Material abgeleitet. Für jedes in ein übergeordnetes Produkt eingehende Teil wird zum Sekundärbedarf der evtl. auftretende Primärbedarf addiert; dies ist für selbständig absatzfähige Baugruppen und Teile erforderlich, die z.B. als Ersatzteile verkauft werden. Dazu werden schließlich noch der verbrauchsorientiert errechnete Bedarf und der Zusatzbedarf addiert. Die Summe bezeichnet man als Bruttobedarf eines Erzeugnisses (Endprodukt, Baugruppe, Einzelteil). Für das Erzeugnis k ergibt sich in bezug auf die Periode t die in Bild 79 zusammengestellte Gleichung:

Primärbedarf k (= direkt absatzbestimmter Bedarf)
+ Sekundärbedarf k (= abgeleiteter Bedarf)
+ verbrauchsorientiert errechneter Bedarf k
+ Zusatzbedarf k
= Bruttobedarf des Erzeugnisses k in Periode t, G_{kt}

Bild 79: Errechnung des terminierten Bruttobedarfs eines Erzeugnisses

Der Bruttobedarf ist terminiert, d.h. er wird zu einem bestimmten Zeitpunkt t benötigt, und zwar zum frühesten Termin, an dem mit der Produktion eines übergeordneten Produkts begonnen werden soll.

3. Nun subtrahiert man vom terminierten Bruttobedarf des Erzeugnisses k in der Periode t, G_{kt}, den disponiblen Lagerbestand, L_{kt}. Der disponible Lagerbestand des Produkts k in Periode t setzt sich wie folgt zusammen:

$$(180)\quad L_{kt} = I_{kt} + B_{kt} - V_{kt} - SB_{kt}$$

- SB_{kt}: Sicherheitsbestand
- V_{kt}: reservierter Lagerbestand
- B_{kt}: noch ausstehende Bestellungen (Bestellbestand)
- I_{kt}: physischer Lagerbestand
- L_{kt}: disponibler Lagerbestand

Subtrahieren wir vom Bruttobedarf des Erzeugnisses k in der Periode t den disponiblen Lagerbestand, dann erhalten wir den Nettobedarf des Erzeugnisses k in Periode t. Ein Nettobedarf entsteht aber nur dann, wenn der disponible Lagerbestand kleiner als der Bruttobedarf ist, andernfalls ist der Nettobedarf 0. Der **periodenspezifische Nettobedarf** eines Erzeugnisses läßt sich damit durch Gleichung (181) beschreiben.

$$(181)\quad B_{kt} = \max\{G_{kt} - L_{kt}, 0\}$$

4. Da die Beschaffung bzw. Produktion der in übergeordnete Erzeugnisse eingehenden Baugruppen, Einzelteile und Materialien selbst eine bestimmte Zeitdauer in Anspruch nimmt, müssen die Nettobedarfsmengen um die Beschaffungs- bzw. Produktionszeiten vorverschoben werden, woraus dann die periodenspezifischen **Beschaffungs-** bzw. **Produktionsmengen** ermittelt werden können.
Allgemein gilt: soll die Nettobedarfsmenge des Erzeugnisses k in der Periode t, B_{kt}, termingerecht erfüllt werden, dann muß mit der Produktion (bzw. Beschaffung) dieser Menge spätestens in der Periode (t-z) begonnen werden, wenn z die Produktionszeit des Erzeugnisses k ist. Es muß also gelten:

$$P_{k,t-z} \geq B_{kt} \qquad (182)$$

$P_{k,t-z}$: Produktionsmenge des Produkts k in Periode t-z

Die beschriebene grundsätzliche Vorgehensweise zur Ermittlung des periodengerechten Produktions- und Beschaffungsprogramms an Endprodukten, Bauteilen und Einzelteilen ist für jedes Erzeugnis durchzuführen. Diese Rechnung kann nun auf unterschiedliche Arten algorithmisch umgesetzt werden. Grundsätzlich ist zu unterscheiden zwischen **analytischen** und **synthetischen** Verfahren sowie **Matrizenverfahren.**

422. Analytische Verfahren

Analytische Verfahren der Bedarfsauflösung gehen von den zu produzierenden Mengen der absatzbestimmten Produkte aus, wie sie im kurzfristigen Produktionsplan festgelegt sind. Die Enderzeugnisse werden dann aufgrund der bekannten Erzeugniszusammensetzung auf dem Weg über die verschiedenen Baugruppen bis hin zu den nicht weiter zerlegbaren Einzelteilen und Rohmaterialien zergliedert. Im folgenden werden das **Dispositionsstufenverfahren** und das **Gozintoverfahren** eingehend erläutert, während bezüglich der aus theoretischer und praktischer Sicht unbefriedigenden Baustufen- und Renettingverfahren auf die Literatur verweisen sei[152].

4221. Dispositionsstufenverfahren

Bei der Bedarfsauflösung nach dem Dispositionsstufenverfahren wird jedes Teil genau einer Dispositionsstufe[153] zugeordnet. Unter Rückgriff auf die graphische Darstellung

152 vgl. Hahn/Laßmann (1986), S. 363; Treu (1972)

153 Die Dispositionsstufennummer eines Erzeugnisses wird im englischsprachigen Schrifttum als low level code bezeichnet.

der Erzeugnisstruktur, z.B. als Gozintograph, kann die Dispositionsstufe des Erzeugnisses k, u_k, nach Gleichung (183) bestimmt werden.

$$u_k = \max_{j \in N_k} \{u_j\} + 1 \tag{183}$$

wobei gilt:

u_k Dispositionsstufe des Erzeugnisses k
N_k Menge der Erzeugnisse, in die das Erzeugnis k direkt eingeht (Menge der Nachfolgeknoten des Knotens k)

Die Dispositionsstufe des Produkts k entspricht damit dem längsten Weg (gemessen durch die Anzahl der Pfeile) im Gozintographen von einem Endprodukt zu dem betrachteten Erzeugnis. In der graphischen Darstellung werden die Knoten jeweils auf die Dispositionsstufe heruntergezogen. Die Bilder 80 und 81 zeigen die Unterschiede zwischen der fertigungsstufenbezogenen und der dispositionsstufenbezogenen Darstellung für eine einfache konvergierende Erzeugnisstruktur.

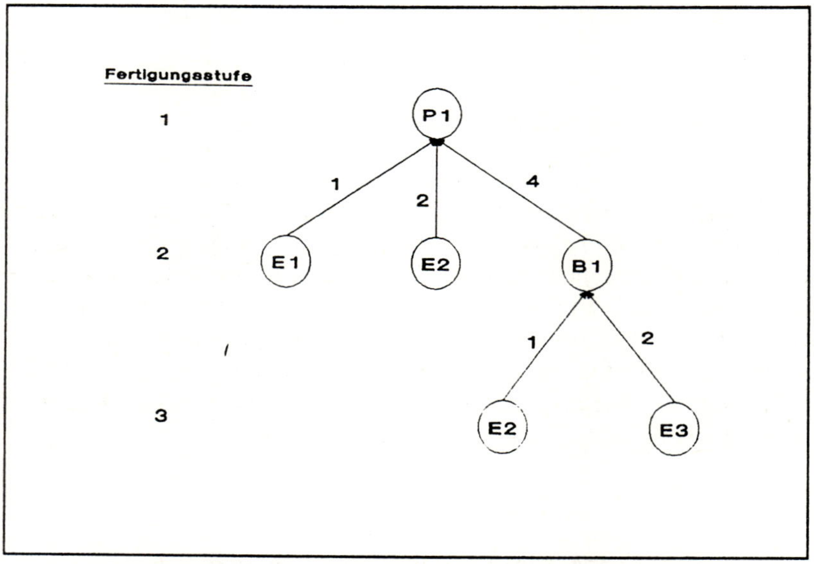

Bild 80: Erzeugnisbaum in Fertigungsstufendarstellung

Die Bedarfsermittlung erfolgt nach dem oben dargestellten allgemeinen Verfahren. Die Produkte werden dabei in der Reihenfolge ihrer Dispositionsstufenzuordnung abgearbeitet. In EDV-gestützten PPS-Systemen wird für jede Dispositionsstufe eine *Aktivitätskette* geführt, über die alle Erzeugnisse miteinander verkettet werden, die der Dispositionsstufe angehören. Bei der Bearbeitung einer Dispositionsstufe werden die terminierten Nettobedarfsmengen der dieser Stufe angehörenden Erzeugnisse auf die untergeordneten Produkte[154] weitergewälzt. Durch die dispositionsstufenbezogene Vorgehensweise ist sichergestellt, daß bei der Bedarfsauflösung für ein Produkt der gesamte Nettobedarf dieses Produkts bekannt ist.

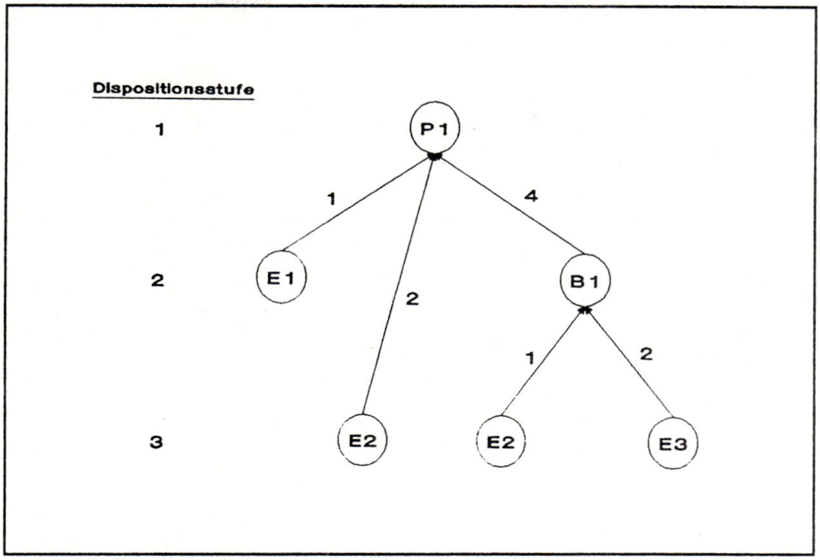

Bild 81: Erzeugnisbaum in Dispositionsstufendarstellung

Die Anwendung des Dispositionsstufenverfahrens wird in Bild 82 anhand der in Bild 81 dargestellten konvergierenden Erzeugnisstruktur demonstriert. Die Zeile "Bedarf für die Auflösung" gibt dabei jeweils die spätesten Produktions- bzw. Bestelltermine der angegebenen Mengen an.

Eine Zusammenfassung zu wirtschaftlichen **Losgrößen** bzw. Bestellmengen wird in dem Beispiel nicht vorgenommen. Dies ist Aufgabe der Bestellmengen- bzw. Losgrößenplanung. In der betrieblichen Praxis erfolgt die Losbildung jeweils unmittelbar nachdem der terminierte Nettobedarf[155] eines Erzeugnisses feststeht. Wegen der damit verbundenen umfangreichen nicht trivialen Probleme wird die Losgrößenplanung in einem gesonderten Abschnitt behandelt[156].

Als Nachteil des Dispositionsstufenverfahrens wird zuweilen genannt daß vor Beginn der Bedarfsrechnung zunächst eine u.U. aufwendige Bestimmung der Dispositionsstufen der einzelnen Erzeugnisse erforderlich ist. Da die Produkte, die in die Bedarfsplanung aufgenommen werden müssen, ohnehin zu ermitteln sind, kommt dem Argument des zusätzlichen Planungsaufwandes jedoch nur geringe Bedeutung zu.

154 Diese Produkte sind immer einer Dispositionsstufe mit einer höheren Nummer zugeordnet.
155 "Bedarf für die Auflösung"
156 vgl. Abschnitt 43

Dispositionsstufe 0

Erzeugnis P1 (z=1)

Periode	1	2	3	4	5	6	7	8	9	10
Bruttobedarf			300			330		250		310
Lagerbestand	60	60	60	0	0	0	0	0	0	0
Nettobedarf			240			330		250		310
Bedarf für die Auflösung		240			330		250		310	

Dispositionsstufe 1

Einzelteil E1 ($a_{E1,P1}=1$; z=3)

Periode	1	2	3	4	5	6	7	8	9	10
Sekundärbedarf		240			330		250		310	
Primärbedarf				10		10			10	
Bruttobedarf		240		10	330	10	250		320	
Lagerbestand	700	700	460	460	450	120	110			
Nettobedarf							140		320	
Bedarf für die Auflösung				140		320				

Baugruppe B1 ($a_{B1,P1}=4$; z=1)

Periode	1	2	3	4	5	6	7	8	9	10
Sekundärbedarf		960			1320		1000		1240	
Bruttobedarf		960			1320		1000		1240	
Lagerbestand	990	990	30	30	30					
Nettobedarf					1290		1000		1240	
Bedarf für die Auflösung				1290		1000		1240		

Dispositionsstufe 2

Einzelteil E3 ($a_{E3,B1}=2$; z=2)

Periode	1	2	3	4	5	6	7	8	9	10
Sekundärbedarf				2580		2000		2480		
Primärbedarf		100		420				600		
Bruttobedarf		100		3000		2000		3080		
Lagerbestand	500	500	400	400						
Nettobedarf				2600		2000		3080		
Bedarf für die Auflösung		2600		2000		3080				

Einzelteil E2 ($a_{E2,B1}=1$; $a_{E2,P1}=2$; z=1)

Periode	1	2	3	4	5	6	7	8	9	10
Sek.-Bedarf P1		480			660		500		620	
Sek.-Bedarf B1				1290		1000		1240		
Σ Sek.-Bedarf		480		1290	660	1000	500	1240	620	
Lagerbestand	900	900	420	420						
Nettobedarf				870	660	1000	500	1240	620	
Bedarf für die Auflösung			870	660	1000	500	1240	620		

Bild 82: Bedarfsrechnung nach dem Dispositionsstufenverfahren

4222. Gozintoverfahren

Grundlage für das Gozintoverfahren ist die Darstellung der Erzeugnisstruktur durch einen Gozintographen bzw. durch eine Gozintoliste. Der Bedarf eines Erzeugnisses wird in der Weise bestimmt, daß im Gozintographen der Bruttobedarf immer von solchen Erzeugnissen auf untergeordnete Produkte überwälzt wird, für die der Bruttobedarf bereits bekannt ist[157]. Dies sind zu Beginn der Rechnung lediglich die Endprodukte. Im Verlaufe des Verfahrens steht dann für immer mehr Produkte der Bedarf fest, der dann wiederum auf Erzeugnisse überwälzt werden kann, die diesen Produkten direkt vorgelagert sind. In Bild 83 ist das Gozintoverfahren beschrieben.

SCHRITT 0:

> Ermittle für jeden Knoten des Gozintographen die Anzahl der ausgehenden Pfeile, z_k, und die Vorgängerindex-menge V_k.
> Für alle k=1,2,...,K:
>
> $r_k = x_k$ (Primärbedarf)

SCHRITT k:

> Wähle ein Erzeugnis k (einen Knoten) mit einem Pfeilzähler z_k=0, dessen Vorgängerindexmenge V_k nicht leer ist. Gibt es kein solches Erzeugnis, STOP;
>
> andernfalls, für alle $j \epsilon V_k$:
>
> $r_j = r_j + a_{jk} \cdot r_k$; Bedarfsmenge
>
> $z_j = z_j - 1$ Pfeilzähler
>
> $V_k = V_k - \{j\}$ Vorgängerindexmenge
>
> Wiederhole Schritt k.

Bild 83: Verfahren GOZINTO[158]

Auch beim Gozintoverfahren muß sichergestellt sein, daß bei der Weiterwälzung des Bedarfs eines Produkts auf die untergeordneten Erzeugnisse der gesamte Sekundärbedarf dieses Produkts bereits bekannt ist. Aufbauend auf der graphischen Darstellung eines Gozintographen wird diese Bedingung durch die Verwendung von Pfeilzählern überprüft. Für jeden Knoten des Gozintographen wird ein **Pfeilzähler** z_k eingerichtet, der jeweils die aktuelle Anzahl der aus dem Knoten herausführenden, noch nicht

157 Dies ist auch bei Einsatz des Dispositionsstufenverfahrens der Fall.

158 vgl. auch Zäpfel (1982), S. 159-160

abgearbeiteten Pfeile angibt. Sobald ein Bedarf aus einem übergeordneten Knoten abgeleitet worden ist, wird der Pfeilzähler des untergeordneten Knotens um 1 verringert. Für alle Knoten, deren Pfeilzähler den Wert 0 haben, ist der Bruttobedarf damit bekannt. Das Verfahren endet, wenn alle Knoten Pfeilzähler mit einem Wert $z_k = 0$ haben.

Die im Verfahren GOZINTO verwendeten Vorgängerindexmengen V_k dienen zur Verwaltung der in einem Knoten eintreffenden Pfeile, über die der Bedarf noch weitergewälzt werden muß. Zur Veranschaulichung des Verfahrens betrachten wir den in Bild 84 dargestellten Gozintographen.

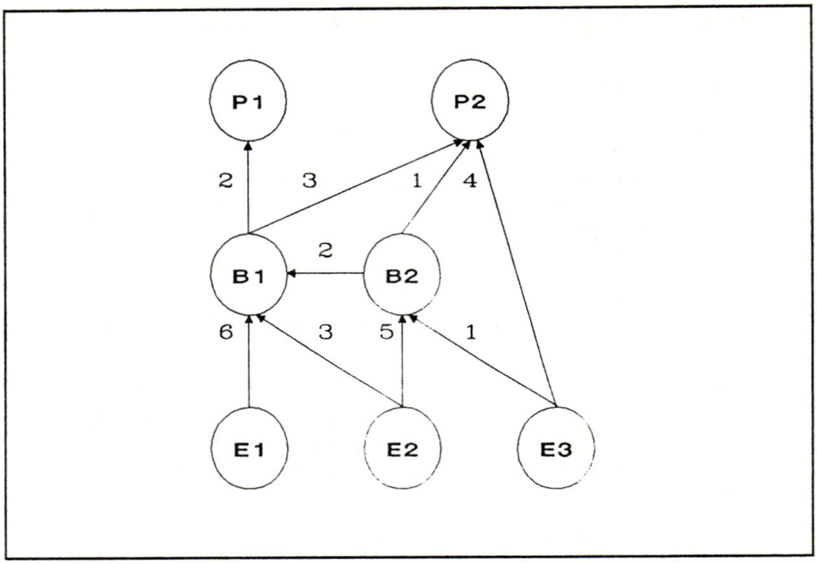

Bild 84: Gozintograph des Beispiels

Bild 85 enthält die tabellarische Aufstellung der zu Beginn des Verfahrens vorliegenden Daten.

k	x_k	z_k	V_k
P1	100	0	{B1}
P2	80	0	{B1, B2, E3}
B1	20	2	{E1, E2, B2}
B2	40	2	{E2, E3}
E1	0	1	0
E2	0	2	0
E3	0	2	0

Bild 85: Beispieldaten zur Bedarfsauflösung nach dem Verfahren GOZINTO

Beispiel zum Verfahren GOZINTO

Schritt 0:

Initialisierung der Bedarfsmengen

$r_{P1}=100$
$r_{P2}=80$
$r_{B1}=20$
$r_{B2}=40$
$r_{E1}=0$
$r_{E2}=0$
$r_{E3}=0$

Schritt 1:

übergeordnetes Produkt k = P1

$V_{P1}=\{B1\}$

Menge der Vorgänger des Endprodukts P1

j=B1

Baugruppe B1

$r_{B1}=20+2\cdot 100=220$
$z_{B1}-1=2-1=1$
$V_{P1}=0$

Alle Input-Output-Beziehungen zwischen dem Produkt P1 und seinen unmittelbaren Vorgängern sind erfaßt.

Schritt 2:

übergeordnetes Produkt k = P2

$V_{P2}=\{B1, B2, B3\}$

Menge der Vorgänger des Eindprodukts P2

j=B1

Baugruppe B1

$r_{B1}=220+3\cdot 80=460$
$z_{B1}=1-1=0$
$V_{P2}=\{B2, E3\}$

j=B2

Baugruppe B2

$r_{B2}=40+1\cdot 80=120$
$z_{B2}=2-1=1$
$V_{P2}=\{E3\}$

j=E3

Einzelteil E3

$r_{E3}=0+4\cdot 80=320$
$z_{E3}=2-1=1$
$V_{P2}=0$

Alle Input-Output-Beziehungen zwischen dem Produkt P2 und seinen unmittelbaren Vorgängern sind erfaßt.

Schritt 3:	übergeordnetes Produkt $k = B1$
$V_{B1}=\{E1, E2, B2\}$	Menge der Vorgänger der Baugruppe B1
$j=E1$	Einzelteil E1
$r_{E1}=0+6 \cdot 460=2760$ $z_{E1}=1-1=0$ $V_{B1}=\{E2, B2\}$	
$j=E2$	Einzelteil E2
$r_{E2}=0+3 \cdot 460=1380$ $z_{E2}=2-1=1$ $V_{B1}=\{B2\}$	
$j=B2$	Baugruppe B2
$r_{B2}=120+2 \cdot 460=1040$ $z_{B2}=1-1=0$ $V_{B1}=0$	Alle Input-Output-Beziehungen zwischen der Baugruppe B1 und ihren unmittelbaren Vorgängern sind erfaßt.
Schritt 4:	übergeordnetes Produkt $k = B2$
$V_{B2}=\{E2, E3\}$	Menge der Vorgänger der Baugruppe B2
$j=E2$	
$r_{E2}= 1380+5 \cdot 1040=6580$ $z_{E2}=1-1=0$ $V_{B2}=\{E3\}$	
$j=E3$	
$r_{E3}=320+1 \cdot 1040=1360$ $z_{E3}=1-1=0$ $V_{B2}=0$	Alle Input-Output-Beziehungen zwischen der Baugruppe B2 und ihren unmittelbaren Vorgängern sind erfaßt. Damit sind alle Produkte abgearbeitet.

Ende des Beispiels zum Verfahren GOZINTO

Die Bedarfsmengen lauten: $r_{B1} = 460$; $r_{B2} = 1040$; $r_{E1} = 2760$; $r_{E2} = 6580$; $r_{E3} = 1360$

423. Synthetische Verfahren

Im Gegensatz zu den analytischen Methoden geht man bei der synthetischen Bedarfsermittlung nicht vom Enderzeugnis, sondern von der Ebene der Einzelteile aus. Während bei der analytischen Bedarfsrechnung die Suche nach den Bestandteilen eines Erzeugnisses im Vordergrund des Interesses steht, lautet die Fragestellung nun: *In welche übergeordneten Produkte geht das betrachtete Einzelteil ein?* Diese Frage ist z.B. dann zu beantworten, wenn sich die Produktionsdauer eines untergeordneten Teils aufgrund unvorhersehbarer Verzögerungen verlängert hat und festzustellen ist, welche übergeordneten Erzeugnisse davon betroffen sind.

Bei der synthetischen Bedarfsermittlung kann im Prinzip nach denselben Verfahren vorgegangen werden wie bei der analytischen Bedarfsermittlung. Lediglich die Bearbeitungsrichtung ist zu ändern. Während z.B. beim analytischen Dispositionsstufenverfahren die Bedarfsauflösung von den Endprodukten in Richtung auf die Einzelteile erfolgt, ist die Bearbeitungsrichtung bei der synthetischen Bedarfsrechnung genau umgekehrt. Zum Zweck der synthetischen Bedarfsermittlung kann jedes Erzeugnis einer **Auflösungsstufe**[159] zugeordnet werden, die dieselbe Funktion hat wie die Dispositionsstufe bei der analytischen Bedarfsrechnung.

424. Matrizenverfahren

Im Zusammenhang mit der Diskussion der Darstellungsformen des Erzeugniszusammenhangs[160] wurde bereits auf die Beschreibung der Erzeugnisse und ihrer Input-Output-Beziehungen durch ein **lineares Gleichungssystem** und damit auch mithilfe von Matrizen eingegangen. Der Gesamtbedarf eines Erzeugnisses k, r_k, setzt sich, wie gezeigt wurde, gemäß Gleichung (184) aus dem **Primärbedarf**, x_k, und dem **Sekundärbedarf**, y_k, zusammen:

$$(184) \quad r_k = y_k + x_k \qquad k=1,2,...,K$$

Der Sekundärbedarf eines Erzeugnisses k ist wiederum davon abhängig, in welche anderen Produkte das Erzeugnis k mit welchen Mengen eingeht. Dies wird durch die Direktbedarfsmengen der übergeordneten Erzeugnisse j[161] am Erzeugnis k ausgedrückt.

In Matrixschreibweise beträgt der **Gesamtbedarf**:

159 vgl. Zäpfel (1982), S. 156-158
160 vgl. Abschnitt 413
161 Nachfolgeknoten im Gozintographen

Direktbedarfsmatrix:

$$\underline{A} = \begin{bmatrix} 0. & 0. & 0. \\ 1. & 0. & 0. \\ 2. & 0. & 0. \end{bmatrix}$$

Technologiematrix:

$$\underline{T} = \begin{bmatrix} 1. & 0. & 0. \\ -1. & 1. & 0. \\ -2. & 0. & 1. \end{bmatrix}$$

Verflechtungsmatrix:

$$\underline{V} = \begin{bmatrix} 1. & 0. & 0. \\ 1. & 1. & 0. \\ 2. & 0. & 1. \end{bmatrix}$$

Primärbedarfsmatrix (T = 10 Perioden):

$$\underline{X} = \begin{bmatrix} 0. & 0. & 0. & 0. & 0. & 0. & 40. & 60. & 80. & 40. \\ 0. & 0. & 0. & 0. & 0. & 0. & 0. & 0. & 0. & 10. \\ 0. & 0. & 0. & 0. & 0. & 0. & 0. & 0. & 0. & 20. \end{bmatrix}$$

Die Multiplikation der Verflechtungsmatrix $\underline{V}$ mit der Primärbedarfsmatrix $\underline{X}$ ergibt folgende **Gesamtbedarfsmatrix** $\underline{R}$:

$$\underline{R} = \begin{bmatrix} 0. & 0. & 0. & 0. & 0. & 0. & 40. & 60. & 80. & 40. \\ 0. & 0. & 0. & 0. & 0. & 0. & 40. & 60. & 80. & 50. \\ 0. & 0. & 0. & 0. & 0. & 0. & 80. & 120. & 160. & 100. \end{bmatrix}$$

Die produktbezogenen periodenspezifischen Gesamtbedarfsmengen müssen spätestens zu den angegebenen Terminen produziert sein bzw. zur Verfügung stehen[166]. Man kann auch die zeitliche Vorlaufverschiebung mit Hilfe von Matrizen vornehmen[167], sofern Bedarfsmengen aus mehreren Perioden nicht zu Losen zusammengefaßt werden, d.h. **keine Losbildung** erfolgt. Wir führen eine **Vorrangmatrix** $\underline{S}$ (KxK) ein. Das Element $s_{ij} = 1$ dieser Matrix gibt an, daß das Erzeugnis i (direkt oder indirekt) für die Produktion einer Einheit des Erzeugnisses j bereitgestellt werden muß; anderfalls ist $s_{ij} = 0$. Es besteht somit der in Gleichung (196) formulierte Zusammenhang mit den Elementen der Verflechtungsmatrix $\underline{V}$.

$$(196) \quad s_{ij} = \begin{cases} 1, & \text{falls } v_{ij} > 0 \\ 0, & \text{falls } v_{ij} = 0 \end{cases}$$

Die **Vorrangmatrix** $\underline{S}$ dient zur Kumulation der Vorlaufverschiebungen für untergeordnete Erzeugnisse. Sie lautet für die betrachtete Erzeugnisstruktur:

$$\underline{S} = \begin{bmatrix} 1. & 0. & 0. \\ 1. & 1. & 0. \\ 1. & 0. & 1. \end{bmatrix}$$

Des weiteren wird eine **Bearbeitungszeitmatrix** $\underline{B}$ (KxK) eingeführt, deren Diagonalelemente die Stückbearbeitungszeiten der Produkte enthalten. Die **Stückbearbeitungszeiten** sind in derselben Zeiteinheit ausgedrückt wie die Primärbedarfsmengen. Im vorliegenden Beispiel lautet die Matrix $\underline{B}$:

$$\underline{B} = \begin{bmatrix} 0.0250 & 0.0000 & 0.0000 \\ 0.0000 & 0.0500 & 0.0000 \\ 0.0000 & 0.0000 & 0.0375 \end{bmatrix}$$

166 Auch die zum Planungszeitpunkt disponiblen Lagerbestände können durch eine Matrix erfaßt werden; davon wird hier jedoch abgesehen; vgl. dazu Chang (1981), S. 30

167 Vgl. Chang/Brown/Johnson (1983); Chang (1985); vgl. auch Vazsonyi (1962), S. 393-405

Die aus den Gesamtbedarfen abgeleiteten **Arbeitsvolumina** (ausgedrückt in Zeiteinheiten) betragen dann unter der Voraussetzung, daß keine Zusammenfassung von Periodenbedarfsmengen zu größeren Fertigungsaufträgen (Losen) erfolgt:

(197) $\underline{W} = \underline{B} \cdot \underline{R}$

$$\underline{W} = \begin{bmatrix} 0.0 & 0.0 & 0.0 & 0.0 & 0.0 & 0.0 & 1.0 & 1.5 & 2.0 & 1.0 \\ 0.0 & 0.0 & 0.0 & 0.0 & 0.0 & 0.0 & 2.0 & 3.0 & 4.0 & 2.5 \\ 0.0 & 0.0 & 0.0 & 0.0 & 0.0 & 0.0 & 3.0 & 4.5 & 6.0 & 3.75 \end{bmatrix}$$

Diese Matrix $\underline{W}$ (KxT) enthält die aus den periodenspezifischen Gesamtbedarfsmengen der Erzeugnisse abgeleiteten periodenspezifischen **Vorlaufverschiebungen.** Ein Element w_{it} gibt dann an, um wieviel Perioden vor dem Zeitpunkt t mit der Produktion der in Periode t bereitzustellenden Gesamtbedarfsmenge des Erzeugnisses i begonnen werden muß. Dabei werden die Über-Unterordnungsbeziehungen der Erzeugnisse noch nicht beachtet. So gibt der Wert $w_{29} = 4.0$ in der obigen Matrix an, daß mit der Produktion der in Periode 9 bereitzustellenden Gesamtbedarfsmenge des Erzeugnisse 2 4.0 Perioden vorher begonnen werden muß. Da aber im vorliegenden Beispiel mit der Produktion der Gesamtbedarfsmenge des Endprodukts 1 für Periode 9 $w_{19} = 2.0$ Perioden früher begonnen werden muß, dieses Endprodukt 1 aber die Gesamtbedarfsmenge des Erzeugnisses 2 der Periode 9 benötigt, muß mit der Produktion dieser Gesamtbedarfsmenge des Produkts 2 nicht nur 4.0 Perioden, sondern 6.0 Perioden früher begonnen werden.

Berücksichtigt man diese Verflechtungen zwischen den Erzeugnisse über die Matrix S, dann erhält man die Matrix $\underline{L}$ (KxT) der **Vorlaufverschiebungen** der Produkte i in den einzelnen Perioden.

(198) $\underline{L} = \underline{S} \cdot \underline{W}$

oder aufgerundet, damit die Produktion jeweils schon zu Periodenbeginn eingeplant wird:

(199) $\underline{Z} = \text{Rund}(\underline{L})$

Im vorliegenden Beispiel ergibt sich als Matrix der **Vorlaufzeiten**:

$$\underline{L} = \begin{bmatrix} 0.0 & 0.0 & 0.0 & 0.0 & 0.0 & 0.0 & 1.0 & 1.5 & 2.0 & 1.0 \\ 0.0 & 0.0 & 0.0 & 0.0 & 0.0 & 0.0 & 3.0 & 4.5 & 6.0 & 3.5 \\ 0.0 & 0.0 & 0.0 & 0.0 & 0.0 & 0.0 & 4.0 & 6.0 & 8.0 & 4.75 \end{bmatrix}$$

oder aufgerundet

$$\underline{Z} = \begin{bmatrix} 0&0&0&0&0&0&1&2&2&1 \\ 0&0&0&0&0&0&3&5&6&4 \\ 0&0&0&0&0&0&4&6&8&5 \end{bmatrix}$$

Die perioden- und produktbezogenen Gesamtbedarfsmengen sowie die unter Beachtung der Erzeugnisstruktur notwendigen Vorlaufzeiten sind nun bekannt. Nun müssen für die Produkte und die Perioden des Planungszeitraums die Produktionsmengen abgeleitet werden. Die **Matrix der terminierten Produktionsmengen** wird gemäß Beziehung (200) berechnet[168].

$$(200)\quad \underline{P} = \sum_{t=1}^{T} \sum_{k=1}^{K} \underline{F}_k \cdot \underline{R} \cdot \underline{e}_t^T \cdot \underline{e}_{t-z(kt)}$$

- $\underline{e}_{t-z(kt)}$: Vorlaufverschiebung
- $\underline{e}_t^T$: Auswahl der Bedarfsperiode
- $\underline{F}_k$: Auswahl des Erzeugnisses

Dabei bezeichnen

F_k	(KxK)-Matrix mit $f_{kk} = 1$ und sonst Nullen
e_t	(1xn)-Vektor mit $e_t = 1$ und sonst Nullen

Die Summation in Gleichung (200) ist erforderlich, weil Produktionsmengen für ein Produkt für verschiedene spätere Bedarfsperioden vorgesehen sein können. Im Beispiel ergeben sich folgende Zwischenschritte bei der Berechnung der Matrix $\underline{P}$:

$k = 1$, $t = 7$ (Produkt 1; erste Periode mit positivem Bedarf):

$$\underline{F}_1 = \begin{bmatrix} 1. & 0. & 0. \\ 0. & 0. & 0. \\ 0. & 0. & 0. \end{bmatrix}$$

168 vgl. auch Troßmann (1986)

$$\underline{F}_1 \cdot \underline{R} = \begin{bmatrix} 0. & 0. & 0. & 0. & 0. & 0. & 40. & 60. & 80. & 40. \\ 0. & 0. & 0. & 0. & 0. & 0. & 0. & 0. & 0. & 0. \\ 0. & 0. & 0. & 0. & 0. & 0. & 0. & 0. & 0. & 0. \end{bmatrix}$$

$$\underline{e}_7^T = \begin{bmatrix} 0. \\ 0. \\ 0. \\ 0. \\ 0. \\ 0. \\ 1. \\ 0. \\ 0. \\ 0. \end{bmatrix}$$

$$\underline{F}_1 \cdot \underline{R} \cdot \underline{e}_7^T = \begin{bmatrix} 40. \\ 0. \\ 0. \end{bmatrix}$$

$$\underline{e}_{7-1} = \begin{bmatrix} 0. & 0. & 0. & 0. & 0. & 1. & 0. & 0. & 0. & 0. \end{bmatrix}$$

$$\underline{F}_1 \cdot \underline{R} \cdot \underline{e}_7^T \cdot \underline{e}_{7-1} = \begin{bmatrix} 0. & 0. & 0. & 0. & 0. & 40. & 0. & 0. & 0. & 0. \\ 0. & 0. & 0. & 0. & 0. & 0. & 0. & 0. & 0. & 0. \\ 0. & 0. & 0. & 0. & 0. & 0. & 0. & 0. & 0. & 0. \end{bmatrix}$$

Die obige Rechnung muß für alle t und alle k wiederholt werden. Dabei ist zu beachten, daß [(t-z(kt)] nicht negativ werden darf, da sonst die Zeit nicht mehr ausreicht, um die Erzeugnisse termingerecht bereitzustellen.

Nach Abschluß der Rechnung liegt folgende **Matrix der terminierten Produktionsmengen $\underline{P}$** vor:

$$\underline{P} = \begin{bmatrix} 0. & 0. & 0. & 0. & 0. & 100. & 80. & 0. & 40. & 0. \\ 0. & 0. & 140. & 40. & 0. & 50. & 0. & 0. & 0. & 0. \\ 160. & 120. & 80. & 0. & 100. & 0. & 0. & 0. & 0. & 0. \end{bmatrix}$$

Der Wert $p_{16} = 100.$ kommt z.B. dadurch zustande, daß die Gesamtbedarfsmenge $r_{17} = 40$ um eine Periode und die Gesamtbedarfsmenge $r_{18} = 60$ um zwei Perioden vorgezogen worden sind.

Das Matrizenverfahren zur Bedarfsauflösung eignet sich sehr gut zur Veranschaulichung der Zusammenhänge in kleinen Erzeugnisstrukturen und bei einer geringen Anzahl von Planungsperioden. Eine praktische Relevanz kommt diesem Verfahren aber nicht zu, da bei umfangreicheren Erzeugnisstrukturen der Speicherbedarf für die Matrizen und der Rechenaufwand - sofern keine spezialisierten Verfahren zur Matrizeninversion zum Einsatz kommen - zu groß wird. Darüberhinaus können mit dem Matrizenverfahren nicht alle Aspekte der programmgesteuerten Bedarfsplanung erfaßt werden. Vor allem die Berücksichtigung der in den einzelnen Perioden des Planungszeitraums verfügbaren Lagerbestände und die Einbeziehung der Losgrößenpolitik bereiten erhebliche Probleme.

Vertiefende Literatur zu Abschnitt 42.:

Afentakis (1982)
Chang (1981)
Chang/Brown/Johnson (1983)
Grochla (1978)
Müller-Merbach (1966)
Müller-Merbach/Schmidt (1970)
Tersine (1982)
Troßmann (1986)
Vazsonyi (1962)

43. Losgrößenplanung

Bei der Diskussion der Verfahren zur Materialbedarfsermittlung in den vorangegangen Abschnitten wurde die Frage der Fertigungsauftragsbildung bzw. der Losgrößenbestimmung zunächst ausgeklammert. Da mit der Losgrößenplanung zahlreiche schwierige Probleme verbunden sind, wird ihr dieser gesonderte Abschnitt gewidmet.

431. Grundsätzliche Überlegungen zum Zusammenhang zwischen Materialbedarfsrechnung und Losgrößenplanung

Sind die periodenbezogenen Nettobedarfsmengen eines Erzeugnisses bekannt, dann stellt sich die Frage, zu welchen Terminen sie produziert bzw. zum Verbrauch bereitgestellt werden sollen. Grundsätzlich bestehen hierzu folgende Möglichkeiten:

- Man beschafft bzw. produziert in jeder Periode genau die Nettobedarfsmenge eines Erzeugnisses. Dies entspricht den Prinzipien der **Materialbereitsstellung im Bedarfsfall** bzw. der einsatzsynchronen Materialbereitstellung[169]. Die Fertigungsauftragsgröße ist dabei jeweils gleich dem Nettobedarf einer Fertigstellungsperiode.

- Man faßt mehrere Nettobedarfsmengen eines Produkts aus (im Extremfall allen) aufeinanderfolgenden Perioden zu größeren Produktions- bzw. Beschaffungslosen zusammen. Diese Politik entspricht dem **Materialbereitstellungsprinzip der Vorratshaltung.**

Nach welchem der genannten Prinzipien nun in einem konkreten Anwendungsfall vorzugehen ist, hängt - sieht man einmal von technischen Voraussetzungen, z.B. der notwendigen Lagerfähigkeit der Produkte ab - von den damit verbundenen **Zielwirkungen**, vor allem von Kosten-, Kapazitäts- und Servicegradaspekten ab.

Wird primär das Prinzip der Materialbereitstellung im Bedarfsfall verfolgt, dann stehen niedrigen Lagerkosten (wegen eines geringen durchschnittlichen Lagerbestands) hohe Beschaffungs- bzw. Einrichtekosten (aufgrund einer großen Anzahl von Rüst- bzw. Beschaffungsvorgängen) gegenüber. Umgekehrt ist es bei Anwendung des Materialbereitstellungsprinzips der Vorratshaltung: hier stehen hohen Lagerkosten (große Lose) vergleichsweise niedrige Rüstkosten (geringe Anzahl von Rüstvorgängen) gegenüber.

Damit stellt sich das **Optimierungsproblem der Bestimmung der optimalen Fertigungsauftrags- oder Beschaffungslosgrößen** in den einzelnen Perioden des Planungs-

169 vgl. Grochla (1978), S. 24-26; Kilger (1986), S. 285-287

zeitraums. Danach sind die Nettobedarfsmengen der Erzeugnisse in der Weise zu Losen zusammenzufassen, daß die gesamten davon beeinflußbaren (relevanten) Kosten minimiert werden, wobei die verfügbare **Produktionskapazität** nicht überschritten und evtl. ein vorgegebenes Niveau des Lieferservice[170] nicht unterschritten werden darf.

Da für die Einhaltung des Lieferserviceniveaus vor allem stochastische Komponenten der Problemstruktur von Bedeutung sind, sollen mit diesem Fragenkreis zusammenhängende Aspekte in einem späteren Abschnitt[171] behandelt und an dieser Stelle zunächst ausgeklammert werden.

Als relevante Kosten werden vor allem die Lagerungskosten und die Rüst- bzw. Bestellkosten[172] berücksichtigt, wie sie aus dem klassischen Grundmodell der Losbildung bekannt sind[173]. Ein **Problem** ergibt sich nun daraus, daß bei mehrstufigen Erzeugnisstrukturen die Bedarfsmengen der einzelnen **Produkte voneinander abhängig** sind. Beziehungen zwischen den Erzeugnissen bestehen einmal aufgrund der Tatsache, daß Endprodukte aus Baugruppen und Einzelteilen zusammengesetzt werden. Dies muß sich auch auf die Nettobedarfsrechnung auswirken. Soll z.B. in einer Periode mit der Produktion eines Endprodukts begonnen werden, dann muß spätestens zu Beginn dieser Periode der aus der geplanten Produktionsmenge des Endprodukts abgeleitete Bedarf an untergeordneten Baugruppen und Erzeugnissen (Sekundärbedarf) fertiggestellt sein.

Die Zusammenfassung mehrerer Periodenbedarfsmengen eines Endprodukts (bzw. allgemein: eines übergeordneten Erzeugnisses) zu einem Produktionsauftrag und damit die frühzeitige Fertigstellung und Einlagerung dieser Produktmengen bedingt, daß auch bestimmte Mengen an untergeordneten Erzeugnissen früher produziert und gelagert werden müssen. Diese Interdependenzen sind bei der im Rahmen der Losgrößenbestimmung vorzunehmenden Abwägung der Lagerkostenzuwächse gegenüber den Rüstkosteneinsparungen zu berücksichtigen.

Eine weitere Ursache für die Existenz von Beziehungen zwischen den Produkten in mehrstufigen Erzeugnisstrukturen liegt in der **gemeinsamen Nutzung knapper Produktionsfaktoren** (vor allem Potentialfaktoren) durch die Produktion der Einzelteile, Baugruppen und Endprodukte. In vielen Fällen konkurrieren mehrere Erzeugnisse zu einem bestimmten Zeitpunkt um dieselben Produktionsfaktoren[174]. Eine solche Situation ist dadurch gekennzeichnet, daß nicht mehr allein Kostengesichtspunkte für die Los-

---

170 zum Problem des Lieferservice vgl. z.B. Tempelmeier (1983), S. 5-9

171 vgl. Abschnitt 5

172 Die Quantifizierung der Rüstkosten bereitet in der Praxis erhebliche Schwierigkeiten Entscheidungstheoretisch betrachtet sollen die Rüstkosten als Opportunitätskosten den entgangenen Nutzen quantifizieren, der mit einem Rüstvorgang verbunden ist. Ein Nutzenentgang wird vor allem dadurch verursacht, daß produktive Kapazität der Produktionsfaktoren nicht zur Produktion eingesetzt, sondern unproduktiv durch den Rüstvorgang gebunden wird. Ist die Kapazität eines Produktionsfaktors knapp, dann entsprechen die Rüstkosten dem entgangenen Deckungsbeitrag der mangels Kapazität nicht produzierten Produktionsmenge (zuzügl. evtl. entstehender direkt zurechenbarer Kosten). Sind die Kapazitäten der Produktionsfaktoren nicht knapp, dann ist der Opportunitätskostenanteil der Rüstkosten Null.

173 Sofern die variablen Produktionskosten (z.B. Fertigungslöhne, Materialkosten) zeitabhängig oder von der Losgröße abhängig sind, müssen auch sie in die Betrachtung einbezogen werden.

174 vgl. Axsäter (1986), S. 52

größenpolitik maßgebend sind, sondern daß Kapazitätsüberlegungen dazu zwingen, von der kostenminimalen (aber kapazitätsmäßig nicht zulässigen) Losgrößenpolitik abzuweichen.

Zur **Bestimmung optimaler Losgrößen** stehen zahlreiche quantitative Entscheidungsmodelle zur Verfügung. Diese Modelle unterscheiden sich in vielfacher Hinsicht, u.a. auch durch die ihnen zugrundeliegenden Annahmen über den **Bedarfsverlauf** und durch die Berücksichtigung von **Kapazitäten** der Potentialfaktoren.

Der **Bedarfsverlauf** eines Erzeugnisses kann entweder stark schwankend oder relativ gleichbleibend sein. In engem Zusammenhang damit steht die für die Durchführung der Materialbedarfsplanung bedeutsame Frage, ob der Bedarf eines Produkts vom Bedarfsverlauf übergeordneter Erzeugnisse unabhängig oder abhängig ist.

Je nach Kombination der Ausprägungen dieser beiden Merkmale können in einem konkreten Fall zunächst die in Bild 88 zusammengefaßten Problemsituationen auftreten:

Grad der Abhängigkeit	Niveau der Bedarfsmengen gleichbleibend	schwankend
unabhängig	statische Lagerhaltungsprobleme mit unabhängigem Bedarf (Fall I)	dynamische Lagerhaltungsprobleme mit unabhängigem Bedarf (Fall II)
abhängig	[statische Lagerhaltungsprobleme mit abhängigem Bedarf (Fall III)]	dynamische Lagerhaltungs-Probleme mit abhängigem Bedarf (Fall IV)

Bild 88: Charakterisierung von Lagerhaltungsproblemen nach dem Grad der Abhängigkeit der Bedarfsmengen und der Form des Bedarfsverlaufs

Im **Fall I** ist der Bedarf unabhängig und im Durchschnitt gleichbleibend bzw. angenähert konstant. Ein derartiger Bedarfsverlauf ist oft bei Baugruppen und Einzelteilen festzustellen, die in sehr viele übergeordnete Produkte eingebaut werden. Durch die vielfältige Verwendung der Erzeugnisse ergibt sich ein annähernd regelmäßiger Bedarf, der durch statistische Prognoseverfahren vorhergesagt werden kann. Zur Bestimmung der optimalen Auftragsgröße eignet sich das klassische Losgrößenmodell oder eine daraus abgeleitete Variante[175].

Fall II ist dadurch gekennzeichnet, daß der Bedarf zwar unabhängig, aber im Zeitablauf nicht konstant ist. Hier liegt ein dynamisches Losgrößenproblem vor. Zur Behandlung dieses Problemtyps können die zahlreichen dynamischen Losgrößenmodelle für isolierte Produkte eingesetzt werden. Einige dieser Modelle werden weiter unten dargestellt.

Fall III ist eingeklammert, weil diese Situation in der Praxis - besonders deutlich wird dies bei geschlossener Produktweitergabe - kaum vorkommt. Denn wenn die Pe-

175 vgl. Schneeweiß (1981), S. 49-52; Tersine (1982), S. 77-124; Tempelmeier (1983), S. 120-130

riodenbedarfsmengen eines untergeordneten Produkts von den Produktionsmengen (Losgrößen) eines übergeordneten Produkts abhängen, dann ist der Periodenbedarf dieses Produkts nicht mehr gleichbleibend, sondern er weist dynamische Schwankungen auf. Bedarfsschwankungen treten einmal dann auf, wenn die *Produktionsgeschwindigkeiten* aufeinanderfolgender Produktionsstufen (Produkte) unterschiedlich sind. Am Beispiel einer linearen Produktionsstruktur läßt sich zeigen, daß bei unterschiedlichen Produktionsgeschwindigkeiten die Produktion des schneller produzierten Produkts zeitweise eingestellt werden muß, damit sich keine überhöhten Lagerbestände anhäufen[176].

Die zweite wesentliche Ursache dafür, daß die Periodenbedarfsmengen für das abhängige Produkt schwanken, liegt in der *geschlossenen Produktweitergabe*, die häufig in der Praxis verwendet wird. Das heißt, ein Fertigungsauftrag (Los) wird erst dann zur nächsten Bearbeitungsstufe weitertransportiert, wenn alle Werkstücke des Loses fertiggestellt sind. Dies veranschaulicht Bild 89[177], in dem die gemeinsame Entwicklung der Lagerbestände zweier Erzeugnisse im Zeitablauf dargestellt ist.

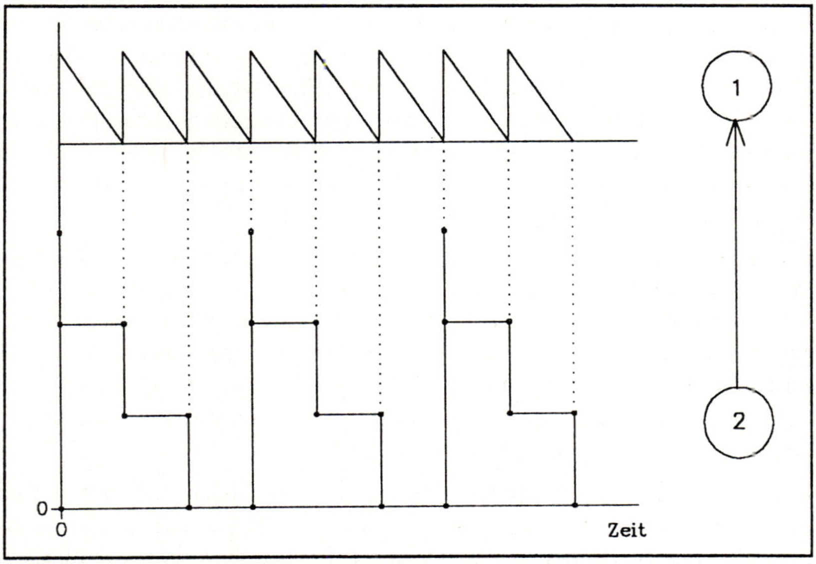

Bild 89: Gemeinsame Entwicklung der Lagerbestände zweier durch direkte Input-Output-Beziehungen miteinander verbundener Erzeugnisse[178]

Das Endprodukt steht einer kontinuierlichen Nachfrage gegenüber. Die Auftragsgrößen werden z.B. nach der klassischen Losgrößenformel gebildet. Die Losweitergabe ist geschlossen, d.h. der Transport zur nächsten Produktionsstufe erfolgt erst nach Be-

176 vgl. Müller-Merbach (1963)

177 vgl. ähnlich Brown (1967)

178 vgl. auch Tempelmeier (1986), S. 62-64

endigung der Bearbeitung des letzten Werkstücks des Loses. In der Periode, in der ein neues Los des Endprodukts aufgelegt wird, tritt für das untergeordnete Produkt ein Bedarf in Höhe der Losgröße des Endprodukts auf. In allen anderen Perioden dagegen ist der Bedarf für das untergeordnete Produkt gleich Null.

Selbst wenn auf der übergeordneten Erzeugnisebene ein gleichbleibender Bedarf auftritt, entstehen durch die Losbildung somit Schwankungen des Periodenbedarfs auf der untergeordneten Erzeugnisebene, so daß der **Bedarf** dort einen **sporadischen** Charakter annimmt. Wegen dieser zwischen den verschiedenen Erzeugnisstufen bestehenden Interdependenzen dürfen bei der Losbildung die Produkte nicht isoliert betrachtet werden, sondern man muß die Auswirkungen der Losbildung auf einer übergeordneten Stufe bezüglich aller untergeordneten Produkte beachten.

Der für abhängigen Bedarf und geschlossene Produktweitergabe typische Fall ist nun der **Fall IV**, bei dem der Bedarfsverlauf eines untergeordneten Erzeugnisses sowohl von den Losgrößenentscheidungen auf den übergeordneten Erzeugnisstufen abhängig als auch dynamisch ist.

Außer im Hinblick auf die unterstellten Eigenschaften des Bedarfsverlaufs lassen sich die vorliegenden Entscheidungsmodelle zur Losgrößenbestimmung danach differenzieren, ob **Kapazitäten** als knapp oder frei verfügbar angesehen werden, ob lediglich ein Produkt oder ob mehrere Produkte betrachtet werden (**Produktanzahl**) und schließlich ob ein einstufiger oder ein mehrstufiger Produktionsprozeß angenommen wird (**Mehrstufigkeit**). Bei mehrstufigen Ansätzen kann darüberhinaus nach der **Form der Erzeugnis- und Prozeßstruktur** unterschieden werden (*lineare*, *konvergierende*, *divergierende* oder *generelle* Erzeugnis- und Prozeßstruktur)[179].

Es ist nicht das Ziel der vorliegenden Arbeit, einen umfassenden Überblick über die gesamte Losgrößentheorie zu vermitteln. Vielmehr wollen wir uns auf die Diskussion von **Lösungsansätzen** beschränken, die zur Behandlung des Problems der **Losgrößenbestimmung bei mehreren Produkten, mehrstufiger Erzeugnisstruktur und dynamischem Bedarf** vorgeschlagen wurden. Derartige Lösungsansätze werden vor allem zur Unterstützung der Fertigungsauftragsbildung in EDV-gestützten Systemen zur Produktionsplanung und -steuerung (PPS-Systeme) benötigt.

Werden die terminierten Nettobedarfsmengen eines übergeordneten Produkts zu Produktionslosen zusammengefaßt, dann hat dies zur Folge, daß auch die Nettobedarfsmengen der untergeordneten Erzeugnisse sich verändern. Eine Veränderung der Periodenbedarfsmengen eines Produkts hat aber einen Einfluß auf dessen optimale Losgrößen bzw. Bestellmengen. Es bestehen damit Interdependenzen zwischen der für ein übergeordnetes Produkt verfolgten Losgrößenpolitik und den auf den untergeordneten Stufen verfolgten Losgrößenpolitiken. Wegen dieser Interdependenzen kann die Losgröße eines übergeordneten Produkts nicht unabhängig von den Losgrößen der untergeordneten Produkte bestimmt werden.

Das bedeutet aber: **die Materialbedarfsrechnung und die Losgrößenbestimmung sind als Ganzheit zu betrachten**. Eine Losgrößenbestimmung ohne Berücksichtigung

179 vgl. auch Billington (1983), S. 10-22; Zäpfel/Attmann (1978), S. 532

der Materialbedarfsrechnung ist sinnlos; andererseits ist auch eine Materialbedarfsrechnung ohne simultane Bestimmung der Losgrößen nicht optimal.

Die weiteren Ausführungen sind wie folgt strukturiert. Zunächst wird das **dynamische Einprodukt-Losgrößenproblem** behandelt (Abschnitt 432.), da dieses Problem die Grundlage der in der betrieblichen Praxis eingesetzten heuristischen Losgrößenverfahren darstellt. Im Anschluß daran wird die Betrachtung auf das **einstufige Mehrprodukt-Losgrößenproblem** bei knapper Produktionskapazität ausgeweitet (Abschnitt 433.), d.h. auf den Fall, daß mehrere Produkte um dieselben Produktionseinheiten konkurrieren; dabei wird die einstufige Betrachtungsweise beibehalten. Schließlich erfolgt im letzten Teil dieses Abschnitts die Behandlung **mehrstufiger Mehrprodukt-Losgrößenprobleme** (Abschnitt 434.).

432. Das dynamische Einprodukt-Losgrößenproblem

Die einfachste Form der Reduzierung der Komplexität des mehrstufigen Mehrprodukt-Losgrößenproblems mit dynamischem Bedarfsverlauf besteht darin, sämtliche **Interdependenzen zwischen den Erzeugnissen zu vernachlässigen** und jedes Produkt isoliert zu behandeln. Berücksichtigt man dabei den Umstand, daß die Periodennettobedarfsmengen der Erzeugnisse Schwankungen unterliegen, dann kann das resultierende Problem als ein dynamisches Einprodukt-Losgrößenproblem abgebildet werden.

Das dynamische Einprodukt-Losgrößenproblem bildet die Grundlage, auf der viele der in den folgenden Abschnitten darzustellenden Ansätze zur Lösung des dynamischen Mehrprodukt-Losgrößenproblems basieren. Ein großer Teil der betriebswirtschaftlichen Literatur zur Losgrößenplanung konzentriert sich auf diesen Problemtyp[180]. Dies gilt auch für die **betriebliche Praxis**, die im Rahmen der Materialbedarfsrechnung und Losgrößenplanung unter Vernachlässigung der Interdependenzen zwischen den Endprodukten, Baugruppen und Einzelteilen für jedes Erzeugnis isoliert Fertigungs- bzw. Beschaffungsaufträge bildet. Dabei wird gedanklich auf dem dynamischen Einprodukt-Losgrößenproblem aufgebaut.

4321. Modellformulierungen

Das dynamische Einprodukt-Losgrößenproblem läßt sich wie folgt beschreiben[181]. Für einen Planungszeitraum von T Perioden liegen geplante Nettobedarfsmengen d_t

180 vgl. z.B. Wemmerlöv (1982); Wemmerlöv (1980); Ohse (1970); Knolmayer (1985) und die dort angegebene Literatur

181 Dieses Problem wird auch als Wagner-Whitin-Problem bezeichnet; vgl. Wagner/Whitin (1958); Johnson/Montgomery (1974), S. 74-79; Schneeweiß (1981), S. 53-58; Silver/Peterson (1985), S. 220-224

$(t=1,2,...,T)$ eines Produkts vor, die jeweils zum Beginn einer Periode bereitzustellen sind. Der Lagerbestand des Produkts zu Beginn der Periode 1[182], y_0, sei Null. Der Lagerbestand am Ende des Planungszeitraums, y_T, soll ebenfalls Null betragen. Ist der Lagerbestand zu Beginn der Planungsperiode positiv, dann kann er zur Versorgung des Bedarfs der ersten Periode(n) eingesetzt werden. Soll am Ende des Planungszeitraums ein positiver Lagerbestand bestehen, dann ist der Bedarf der letzten Periode um diesen Ziellagerbestand zu erhöhen.

Die Beschaffungs- bzw. Produktionszeit des Erzeugnisses ist vernachlässigbar[183]. Fehlmengen sind nicht erlaubt, d.h. der Bedarf einer Periode muß vollständig und rechtzeitig befriedigt werden. Das Produkt wird auf einer Maschine mit **unbeschränkter Kapazität** produziert. Jede Beschaffungsmaßnahme[184] bzw. Auflage eines Produktionsloses verursacht fixe Bestell- bzw. Rüstkosten in Höhe von s GE[185]. Lagerungskosten in Höhe von h GE je Mengeneinheit und Periode werden immer auf die am Ende einer Periode gelagerte Produktmenge berechnet. Zusätzlich können variable Produktionskosten, p_t, berücksichtigt werden[186]. Es ist die kostenminimale Folge von Losen q_t $(t=1,2,...,T)$ (Produktionsplan) zu bestimmen. Das beschriebene Problem kann durch folgendes Entscheidungsmodell dargestellt werden:

Modell WW:

$$(201)\quad \text{Min } C = \sum_{t=1}^{T} [\underbrace{s\cdot x_t}_{\text{Rüstkosten in Periode t}} + \underbrace{h\cdot y_t}_{\text{Lagerungskosten am Ende der Periode t}} + \underbrace{p_t\cdot q_t}_{\text{variable Beschaffungs- bzw. Produktionskosten}}]$$

u.B.d.R.

$$(202)\quad y_{t-1}+q_t-y_t = d_t \qquad t=1,2,...,T$$

$$(203)\quad q_t-M\cdot x_t \le 0 \qquad t=1,2,...,T$$

$$(204)\quad q_t \ge 0 \qquad t=1,2,...,T$$

$$(205)\quad y_t \ge 0 \qquad t=1,2,...,T$$

$$(206)\quad x_t = \{0,1\} \qquad t=1,2,...,T$$

182 bzw. am Ende der Periode 0

183 Die Produktions- bzw. Beschaffungszeit kann Werte > Null annehmen, sofern sie von der Losgröße unabhängig ist; in diesem Fall sind die Lose zeitlich verschoben aufzulegen, so daß sie rechtzeitig zu Beginn der ersten Bedarfsperiode bereitstehen.

184 Im folgenden soll nur noch auf Produktionsvorgänge Bezug genommen werden.

185 Geldeinheiten

186 Die variablen Beschaffungskosten können als nicht entscheidungsrelevant unberücksichtigt bleiben, sofern sie im Zeitablauf konstant sind.

Es bedeuten:

d_t	Nettobedarfsmenge in Periode t
h	Lagerkostensatz
M	große Zahl (M muß größer als die maximal mögliche Losgröße sein)
p_t	variable Produktionskosten
q_t	Losgröße in Periode t
s	Rüstkostensatz
T	Länge des Planungszeitraums
x_t	binäre Rüstvariable
y_t	Lagerbestand am Ende der Periode t

Die Zielfunktion setzt sich zusammen aus den von der Anzahl der aufgelegten Lose abhängigen Rüstkosten, den Kosten für die Lagerung der Erzeugnismengen und den variablen Produktionskosten. Die Größe x_t ist eine Binärvariable, die nur dann den Wert 1 annimmt, wenn in Periode t ein Los aufgelegt wird. Dies wird durch die Nebenbedingungen (203) in Verbindung mit der Minimierungsvorschrift der Zielfunktion erreicht. Sie erzwingen für die Binärvariablen x_t den Wert 1, falls die Losgrößen q_t größer als Null ist. M ist eine große Zahl, die größer sein muß als die maximale Losgröße. Die Beziehungen (202) stellen den Zusammenhang zwischen der Bedarfsmenge einer Periode, den Lagerbeständen am Periodenanfang und -ende und der Lagerzugangsmenge her.

Kapazitätsgesichtspunkte werden in der Formulierung (201)-(206) **nicht** berücksichtigt. So kann der Fall eintreten, daß eine im Hinblick auf die verfolgte Zielsetzung (201) optimale Folge von Losen nicht produzierbar ist. Dies ist insb. dann der Fall, wenn das betrachtete Erzeugnis neben anderen Produkten auf einer Maschine in der gleichen Periode bearbeitet werden soll. Wegen der Grobheit des verwendeten Periodenrasters - eine Periode t entspricht i.a. einem Zeitraum von mehrern Wochen - besteht für die Produktionsablaufplanung aber noch die Möglichkeit, innerhalb einer solchen Teilperiode Freiheitsgrade der Produktionssteuerung auszunutzen[187], z.B. durch Änderung der Produktionsreihenfolge der einzelnen Aufträge an einer Maschine die Rüstzeitensumme zu vermindern[188].

Eine auch für das Verständnis anderer Modellformulierungen des dynamischen Losgrößenproblems wichtige Eigenschaft der optimalen Lösung wurde von *Wagner und Whitin* bewiesen: optimal kann nur eine Losgrößenpolitik sein, in der immer nur dann Lose aufgelegt werden, wenn der Lagerbestand am Ende der Vorperiode erschöpft ist. Es muß also gelten:

$$(207)\quad q_t \cdot y_{t-1} = 0 \qquad t=1,2,\ldots,T$$

Aus dieser Optimalitätsbedingung kann abgeleitet werden, daß ein Los jeweils eine **ganzzahlige Anzahl von Periodenbedarfen** umfassen muß. Andernfalls entstehen Lagerbestandsmengen am Ende einer Periode, die geringer sind als der Bedarf der näch-

187 vgl. McClain/Trigeiro (1985), S. 347

188 Dies ist dann möglich, wenn die Rüstzeiten zwischen den Aufträgen an einer Maschine reihenfolgeabhängig sind.

sten Periode. Die Bedingung (207) und ihre beschriebene Konsequenz erlauben die Darstellung des Problems durch andere Modellierungsvarianten. So kann das dynamische Losgrößenproblem auch als Problem der Bestimmung des **kürzesten Weges in einem Netzwerk**[189] dargestellt werden. Für jeden Periodenbedarf führt man einen Knoten ein. Die Periodenknoten werden durch Pfeile miteinander verbunden, die die Reichweiten der Lose (ganzzahlige Anzahl von Periodenbedarfen) zum Ausdruck bringen. Ein Pfeil zwischen den Knoten τ und t bedeutet: es wird am Ende der Periode τ ein Los fertiggestellt, das die Bedarfsmengen der Perioden τ bis t umfaßt. Bild 90 zeigt ein solches Netzwerk für einen Planungszeitraum von T=3 Perioden. Dabei sind alle möglichen Losgrößen, die jeweils die vollständigen Bedarfsmengen einer ganzzahligen Anzahl von Perioden umfassen, an den Pfeilen vermerkt. Die einem Pfeil vom Knoten τ zum Knoten t zugeordneten Kosten, d.h. die Kosten eines Loses[190], das den Bedarf der Perioden τ bis t abdeckt, betragen:

$$c_{\tau t} = s + h \cdot \sum_{m=\tau}^{t} (m-\tau) \cdot d_m \qquad (208)$$

- d_m: Bedarfsmenge der Periode m
- $(m-\tau)$: Lagerdauer des Bedarfs der Periode m
- h: Lagerkostensatz
- s: Rüstkostensatz

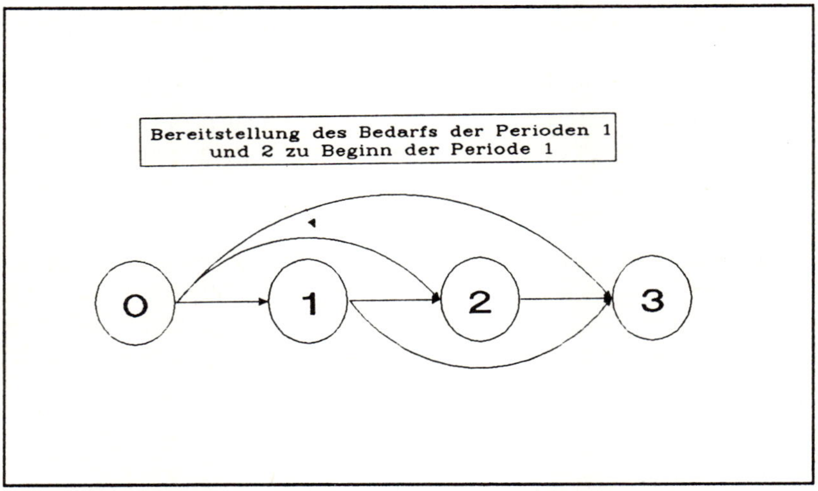

Bild 90: Netzwerkdarstellung des dynamischen Losgrößenproblems

189 vgl. z.B. Evans (1985), S. 231; eine andere graphentheoretische Darstellung verwendet Zangwill; vgl. Zangwill (1969)

190 Periodenabhängige lineare variable Produktionskosten lassen sich ebenfalls berücksichtigen; vgl. Elsayed/Boucher (1985), S. 133; Evans (1985); Zäpfel (1982), S. 198-200

Durch die vorgenommene Transformation kann das betrachtete dynamische Losgrößenproblem auch als ein Problem der Bestimmung des **kostenminimalen Weges in einem Netzwerk** interpretiert werden. Eine **zulässige Lösung** des Problems entspricht einem geschlossenen **Weg** durch das Netzwerk **vom Knoten 0 zum Knoten T**. Die einem Pfeil zugeordneten Kosten sind die Summe aus Rüstkosten, Lagerungskosten und evtl. variablen Produktionskosten. Der Vorteil dieser graphentheoretischen Interpretation besteht darin, daß effiziente Algorithmen zur Bestimmung kostenminimaler Wege in Netzwerken verfügbar sind. Die netzwerkorientierte Darstellung erweist sich darüberhinaus als sehr hilfreich für die Abstimmung der Losgrößenpolitiken verschiedener Erzeugnisse in mehrstufigen Erzeugnisstrukturen[191].

Eine andere Formulierung des dynamischen Losgrößenproblems wird von *Krarup und Bilde*[192] vorgeschlagen. Sie interpretieren das Problem als ein **multiples Standortproblem** ohne Kapazitätsbeschränkungen[193] mit einer speziellen Struktur der möglichen Transportverbindungen. Die möglichen Produktionszeitpunkte werden als potentielle Standorte und die Bedarfszeitpunkte als Nachfrageorte dargestellt. Ein Rüstvorgang (zu Beginn der Periode τ) entspricht dann der Wahl eines Standorts (in Knoten τ). Lagerung bedeutet Transport der Produktmenge über die Zeit (von Produktionsperiode τ bis zur Bedarfsperiode j, d.h. vom Standort τ zum Nachfrageort j). Das dynamische Einprodukt-Losgrößenmodell lautet in dieser Interpretation:

Modell SFLP:

$$\text{(209)} \quad \text{Min } C = \sum_{\tau=1}^{T} \sum_{t=\tau}^{T} [\underbrace{h_{\tau t} \cdot y_{\tau t}}_{} + \underbrace{s \cdot x_{\tau}}_{}]$$

- $s \cdot x_\tau$: Wahl des Standorts τ (= Produktion in Periode τ)
- $h_{\tau t} \cdot y_{\tau t}$: Transport vom Standort τ zum Bedarfsort t (= Lagerung in Periode τ produzierter Mengen bis zur Periode t)

u.B.d.R.

$$\text{(210)} \quad \sum_{\tau=1}^{t} y_{\tau t} = 1 \qquad t=1,2,\ldots,T$$

$$\text{(211)} \quad y_{\tau t} \leq x_\tau \qquad \tau=1,2,\ldots,T;\ t=\tau+1,2,\ldots,T$$

$$\text{(212)} \quad y_{\tau t}, x_\tau \in \{0,1\} \qquad \tau=1,2,\ldots,T;\ t=\tau+1,2,\ldots,T$$

Es bedeuten:

$h_{\tau t}$	Kosten für die Lagerung einer in Periode τ hergestellten, für Periode t bestimmten Mengeneinheit
s	Rüstkostensatz

191 vgl. Abschnitt 43433

192 vgl. Krarup/Bilde (1977); vgl. auch Rosling (1986)

193 vgl. Domschke/Drexl (1984), S. 32-34

T	Länge des Planungszeitraums
x_t	binäre Rüstvariable
$y_{\tau t}$	binäre Variable, die den Wert 1 annimmt, wenn der Bedarf der Periode t durch Produktion in der Periode τ gedeckt wird

Die Größe $y_{\tau t}$ bezeichnet den Anteil der Bedarfsmenge der Periode t, der in Periode τ produziert und demzufolge von Periode τ bis zur Periode t gelagert wird. Die Beschränkung dieser Variablen auf die Werte 0 oder 1 in Nebenbedingung (212) bedeutet, daß ein Bedarf nicht aus mehreren Losen befriedigt wird. Diese Bedingung ergibt sich unmittelbar aus der Optimalitätsbedingung (207)[194]. Die spezielle Struktur der Transportverbindungen ergibt sich aus Beziehung (210). Im "normalen" multiplen Standortproblem läuft der Summationsindex bis T[195]. Die Lagerungskosten[196] für die in Periode τ produzierte Bedarfsmenge der Periode t, $h_{\tau t}$, sind durch Gleichung (213) definiert.

$$(213) \quad h_{\tau t} = h \cdot d_t \cdot \underline{(t-\tau)} \qquad t \geq \tau$$

- $(t-\tau)$: Lagerdauer
- d_t: Bedarfsmenge der Periode t
- h: Lagerkostensatz

Die Nebenbedingungen (210) stellen sicher, daß der Bedarf der Periode t spätestens durch eine Produktion in dieser Periode gedeckt wird. Durch die Beziehungen (211) wird erzwungen, daß immer dann, wenn in einer Periode t produziert wird, die damit verbundenen Rüst- bzw. Produktionskosten in der Zielfunktion berücksichtigt werden. Die Formulierung des Modells SFLP unterstellt, daß in jeder Periode ein positiver Bedarf auftritt. Ist dies nicht der Fall, dann sind die auf diese Periode bezogenen Variablen zu löschen und die Kostenberechnung entsprechend anzupassen. Bild 91 veranschaulicht die Struktur des Modells SFLP. Ein heuristisches Lösungsverfahren auf der Grundlage dieser Modellvorstellung wird von *Bahl und Zionts*[197] vorgeschlagen. Während das multiple Standortproblem ein relativ schwer zu lösendes kombinatorisches Optimierungsproblem darstellt, ist aufgrund der durch Gleichung (213) gegebenen speziellen Kostenstruktur eine sehr einfache Lösung des Modells SFLP möglich[198].

---

194 Die Versorgung eines Periodenbedarfs aus mehreren Losen würde bedeuten, daß zumindest in einer Periode produziert wird, ohne daß der Lagerbestand auf Null gesunken ist. Dies widerspricht der Optimalitätsbedingung (207).

195 vgl. Domschke/Drexl (1984), S. 33-34

196 Auch hier lassen sich wieder periodenabhängige lineare variable Produktionskosten einbeziehen.

197 vgl. Bahl/Zionts (1986); die Heuristik entspricht der von Khumawala für die Standortplanung entwickelten "largest-omega-rule", vgl. Khumawala (1973)

198 vgl. Rosling (1984)

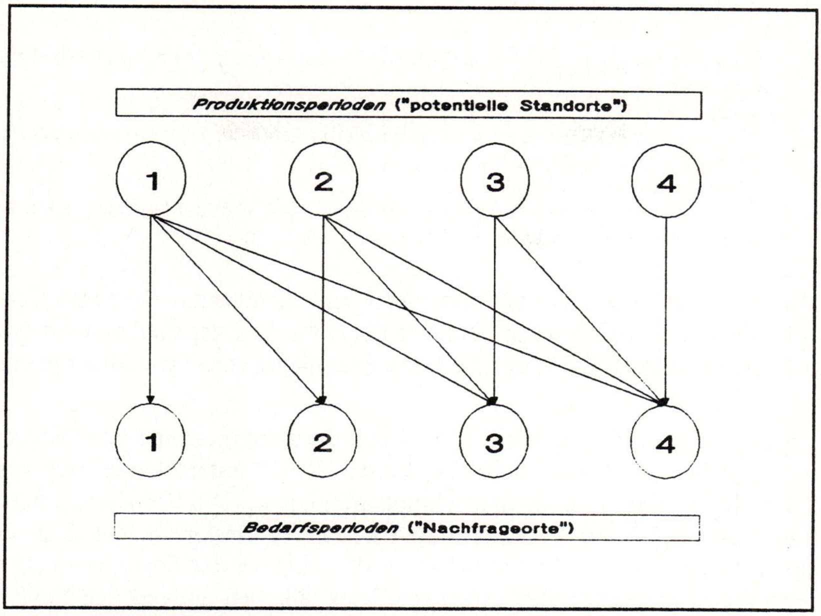

Bild 91: Darstellung des dynamischen Losgrößenproblems als Standortproblem

Rosling[199] erweitert das System der Nebenbedingungen im Modell SFLP durch explizite Schlupfvariablen und entwickelt das folgende Modell.

Modell RFLP:

(214) $\text{Min } C = \sum_{\tau=1}^{T} \sum_{t=\tau}^{T} [h_{\tau t} \cdot y_{\tau t} + s \cdot x_{\tau}]$

u.B.d.R.

(215) $y_{1t} - s_{1t} = 0$ $\quad t=1,2,\ldots,T$

(216) $y_{\tau t} - s_{\tau t} + s_{\tau-1,t} = 0$ $\quad t=2,\ldots T;\ \tau=2,\ldots,t-1$

(217) $y_{tt} + s_{t-1,t} = 1$ $\quad t=1,2,\ldots,T$

(218) $y_{\tau t} \leq x_{\tau}$ $\quad \tau=1,2,\ldots,T;\ t=\tau,\ldots,T$

(219) $s_{\tau t} \geq 0$ $\quad \tau=1,2,\ldots,T;\ t=\tau,\ldots,T$

(220) $y_{\tau t}, x_{\tau} \in \{0,1\}$ $\quad \tau=1,2,\ldots,T;\ t=\tau,\ldots,T$

199 vgl. Rosling (1986)

Es bedeuten:

$h_{\tau t}$	Kosten für die Lagerung einer in Periode τ hergestellten, für Periode t bestimmten Mengeneinheit
s	Rüstkostensatz
$s_{\tau t}$	bis zum Ende der Periode τ bereits produzierter Anteil der Bedarfsmenge der Periode t
T	Länge des Planungszeitraums
x_t	binäre Rüstvariable
$y_{\tau t}$	binäre Variable, die den Wert 1 annimmt, wenn der Bedarf der Periode t durch Produktion in der Periode τ gedeckt wird

Die Modellformulierungen SFLP und RFLP sind äquivalent. Dies läßt sich nachweisen, indem man die Gleichungen (215) bis (217) für eine gegebenen Wert von t addiert. Das Ergebnis der Addition ist eine Nebenbedingung vom Typ (210) aus dem Modell SFLP.

Die Variable $y_{\tau t}$ nimmt den Wert 1 an, wenn die Bedarfsmenge der Periode t bereits in der Periode τ produziert wird. Das Modell RFLP unterscheidet sich vom Modell SFLP durch die Einbeziehung der Schlupfvariablen $s_{\tau t}$. Die Variable $s_{\tau t}$ beschreibt den bis zum Ende der Produktionsperiode τ bereits produzierten Anteil an der Bedarfsmenge der Bedarfsperiode t. Sie hat somit die Aufgabe der Fortschreibung der bis zu einer Periode produzierten Bedarfsmenge. Dies läßt sich anhand der Nebenbedingungen (215) bis (217) veranschaulichen. In Beziehung (215) wird der die in Periode 1 hergestellte Produktionsmenge für Periode t, y_{1t}, gleich der kumulierten Produktionsmenge für Periode t, s_{1t}, gesetzt. Beziehung (216) kann auch wie folgt geschrieben werden [Gleichung (221)]:

$$(221) \quad y_{\tau t} = \underline{s_{\tau t} - s_{\tau-1,t}}$$

- $s_{\tau t} - s_{\tau-1,t}$: in Periode τ produzierter Zuwachs der kumulierten Produktionsmenge für Periode t
- $y_{\tau t}$: Anteil der Bedarfsmenge der Periode t, der in der Periode τ produziert wird

Diese Schreibweise verdeutlicht, daß die Schlupfvariablen $s_{\tau t}$ zur Erfassung der bis zu einer Periode τ bereits produzierten Anteile des Bedarfs einer Periode t dienen.

Beziehung (217) beschreibt die Beziehung zwischen der erst in der Bedarfsperiode t produzierten Menge, y_{tt}, und der kumulierten Produktionsmenge bis zur Vorperiode (t-1), $s_{t-1,t}$: ist der Bedarf der Periode t schon bis zur Periode (t-1) produziert worden ($s_{t-1,t} = 1$), dann darf in der Periode t nicht mehr für diese Bedarfsperiode produziert werden ($y_{tt} = 0$). Ist noch nicht der gesamte Bedarf produziert worden ($s_{t-1,t} < 1$), dann muß die Produktion des noch fehlenden Anteils in Periode t erfolgen ($y_{tt} = 1 - s_{t-1,t} = 1$).

Die Modellformulierung RFLP kann sehr einfach zu einem mehrstufigen dynamischen Mehrprodukt-Losgrößenproblem für eine konvergierende Erzeugnisstruktur erweitert werden[200].

200 vgl. Abschnitt 4342

4322. Lösungsverfahren

Nachdem das dynamische Einprodukt-Losgrößenproblem in einer der beschriebenen Modellierungsvarianten abgebildet worden ist, kann es durch Einsatz eines geeigneten Lösungsverfahrens gelöst werden.

43221. Bestimmung der optimalen Lösung mittels dynamischer Optimierung

Das klassische Verfahren zur Lösung des dynamischen Einprodukt-Losgrößenproblems geht auf *Wagner und Whitin*[201] zurück. Sie schlagen einen Ansatz der dynamischen Optimierung vor. Ein Beispiel soll den Lösungsweg der dynamischen Programmierung für die vorliegende Problemstellung verdeutlichen. Für einen Planungszeitraum von 6 Perioden werden die in Bild 92 wiedergegebenen Bedarfsmengen eines Verbrauchsfaktors prognostiziert:

t	1	2	3	4	5	6
d_t	100	120	80	110	80	40

Bild 92: Bedarfsmengen eines Verbrauchsfaktors

Die Rüst- bzw. fixen Bestellkosten betragen $s=250$; die Lagerung einer ME des Verbrauchsfaktors verursacht Kosten von $h=2$ pro Periode; variable Produktionskosten werden vernachlässigt.

Eine mögliche Lösung dieses Problems besteht darin, daß der Bedarf jeder Periode jeweils zu Periodenbeginn durch ein Los gedeckt wird. In diesem Fall entstehen zwar keine Lagerkosten, da die gesamte Produktionsmenge sofort verbraucht wird; dafür fallen aber in jedem Monat Rüstkosten in Höhe von $s=250$ an[202]. Es kann aber auch der Bedarf mehrerer Perioden durch eine Bestellung gedeckt werden; dabei entstehen einmalige bestellfixe Kosten s und Lagerkosten für die Gütermengen, die erst in den darauffolgenden Perioden verbraucht werden. So können z.B. zu Beginn der ersten Periode 220 ME beschafft werden, wovon 100 ME sofort verbraucht und die restlichen 120 ME bis zum Verbrauch im Periode 2 gelagert werden.

Eine **zulässige Lösung** des betrachteten Problems soll im folgenden **Losgrößenpolitik** genannt werden. Jede Losgrößenpolitik setzt sich aus mehreren zeitraumbezogenen

201 vgl. Wagner/Whitin (1958); vgl. auch Hax/Candea (1984), S. 89-92; Schneeweiß (1981), S. 53-58; Silver/Peterson (1985), S. 227-232; Zäpfel (1982), S. 201-206

202 Diese Vorgehensweise entspricht dem Prinzip der Materialbereitstellung im Bedarfsfall; vgl. Grochla (1979)

Teilpolitiken zusammensetzen. Es gibt sehr viele verschiedene zulässige Losgrößenpolitiken. Allgemein bezeichnen wir eine **Teilpolitik**, die den Bedarfszeitraum von Periode τ bis zur Periode j abdeckt, mit $p_{\tau j}$. In der netzwerkorientierten Problemdarstellung entspricht eine solche Teilpolitik einem Pfeil im Netzwerk vom Knoten (τ-1) zum Knoten j. Das heißt, es wird zu Beginn der Periode τ eine Menge bereitgestellt, die ausreicht, um den Bedarf bis zur Periode j zu decken. Eine solches Los deckt aber noch nicht den gesamten Planungszeitraum von Periode 0 bis Periode T ab. Um dies zu erreichen, könnte man z.B. eine Teilpolitik p_{12} durch die Teilpolitik p_{36} ergänzen. Eine Kombination von Teilpolitiken, die den **gesamten** Planungszeitraum abdecken, ist eine **zulässige Lösung** des Problems. Offenbar gibt es nun soviel zulässige Lösungen, wie es Kombinationsmöglichkeiten der Teilpolitiken $p_{\tau j}$ gibt. Das **Problem** besteht damit darin, die beste Losgrößenpolitik als **optimale Kombination dieser Teilpolitiken** zu finden.

Jede Teilpolitik ist mit bestimmten **Kosten** verbunden. Wir bezeichnen die Kosten der Teilpolitik $p_{\tau j}$ als $c_{\tau j}$. Sie werden wie folgt errechnet:

$$(222)\quad c_{\tau j} = s + h \cdot \sum_{t=\tau+1}^{j} \underbrace{(t-\tau)}_{} \cdot d_t \qquad j > \tau$$

Lagerdauer des Bedarfs der Periode t, d_τ, wenn er schon in Periode τ bereitgestellt wird

Im obigen Beispiel erhalten wir die in Bild 93 zusammengefaßten Kosten $c_{\tau j}$ ($j = 1,2,...,6$; $\tau = 1,2,...,j$) der Teilpolitiken.

letzte Verbrauchs-Periode (j) / Bereitstellungs-Periode (τ)	1	2	3	4	5	6
1	250	490	810	1470	2110	2510
2	-	250	410	850	1330	1650
3	-	-	250	470	790	1030
4	-	-	-	250	410	570
5	-	-	-	-	250	330
6	-	-	-	-	-	250

Bild 93: Tabelle der Kosten für alle Teilpolitiken

Anhand dieser Daten kann nun die optimale Lösung bestimmt werden. Dabei können folgende Eigenschaften des Problems genutzt werden: eine **Lösung** des Problems ist eine **Kombination von Teilpolitiken**, die den gesamten Planungshorizont abdecken; jede dieser Teilpolitiken deckt jeweils einen bestimmten Ausschnitt des Planungszeitraums ab. Eine zulässige Lösung für den Planungszeitraum T bezeichnen wir als P_T. So kann eine mögliche Lösung für den Planungszeitraum $T = 6$ in unserem obigen Beispiel lauten:

(223) $P_6 = (P_5, p_{66})$

- p_{66}: Produktion in Periode 6 und Verbrauch in Periode 6
- P_5: eine noch nicht näher spezifizierte Politik für die ersten fünf Perioden (T = 5)

Andere mögliche Losgrößenpolitiken für den Planungszeitraum T = 6 lauten:

(224)
$$P_6 = (P_4, p_{56})$$
$$P_6 = (P_3, p_{46})$$
$$P_6 = (P_2, p_{36})$$
$$P_6 = (P_1, p_{26})$$
$$P_6 = (\ \ p_{16})$$

Man beachte, daß jede der Politiken P_i sich wiederum aus Teilpolitiken zusammensetzen kann. So könnte P_5 z.B. lauten

(225) $P_5 = (P_2, p_{35})$

- p_{35}: Produktion in Periode 3 und Verbrauch in den Perioden 3 bis 6
- P_2: eine noch nicht näher spezifizierte Politik für die ersten beiden Periode (T = 2)

Es läßt sich nun folgende Aussage treffen: wenn eine Politik P_6 die optimale Politik für den Zeitraum T = 6 sein soll, dann muß die Politik P_i (i = 1,...,5), die ja Bestandteil von P_6 ist, die optimale Politik für den Zeitraum i sein. Die **Kosten** dieser Politik P_6 betragen:

(226) $C_6 = C_i + c_{i+1,6}$

z.B.

$$C_6 = C_5 + c_{66}$$

Die Größe c_{66} ist eine Konstante. Die Kosten C_6 sind daher nur dann minimal, wenn auch C_5 minimal ist. Das bedeutet: die minimalen Kosten einer Losgrößenpolitik $P_6 = (P_5, p_{66})$ werden dann erreicht, wenn für die ersten i = 5 Perioden des Planungszeitraums die kostenminimale Politik betrieben wird. Ist das nicht der Fall, dann kann auch P_6 nicht die beste Politik für den Zeitraum von T = 6 Perioden sein[203]. Bezeichnen wir die minimalen Kosten einer Losgrößenpolitik, die die ersten i Perioden des Planungszeitraums abdeckt, mit f_i, dann kann man diese Kosten durch folgende rekursive Beziehung beschreiben[204] [Gleichungen (227) und (228)]:

(227) $f_i = \min_{1 \le l \le i} \{f_{l-1} + c_{li}\}$

mit

(228) $f_0 = 0$

203 Diese Aussage entspricht dem Bellman'schen Optimalitätsprinzip; vgl. Bellman (1957), S. 83; Beveridge/Schechter (1970), S. 677

204 vgl. auch Johnson/Montgomery (1974), S. 74-78

Die Kosten für eine Losgrößenpolitik, die den Zeitraum von Periode 0 bis Periode i abdeckt, setzen sich damit aus zwei Komponenten zusammen: zum einen die Kosten einer (nicht näher spezifizierten) Losgrößenpolitik, die den Zeitraum von Periode 0 bis Periode l-1 abdeckt und zum anderen den Kosten der (genau spezifizierten) Teilpolitik, die den gesamten Bedarf der Perioden l bis i durch ein in Periode l produziertes Los abdeckt. Gleichung (227) kann nun schrittweise ausgewertet werden, indem man der Reihe nach die minimalen Kosten $f_1, f_2, ..., f_T$ und die damit verbundenen Losgrößenpolitiken ausrechnet. Die optimale Losgrößenpolitik ist dann diejenige, bei der die Kosten f_T entstehen. Das sei anhand des Beispiels demonstriert (Bild 94).

Berechnung von f_1:

Politik-Kombination	Kosten	
(p_{11})	250+0=250	min
$f_1 = 250;\ P_{1opt} = (p_{11})$		

Bild 94-1: Lösungsweg der dynamischen Optimierung; Teil 1

Berechnung von f_2:

Politik-Kombination	Kosten	
$(\quad p_{12})$	490	← min
$(P_{1opt},\ p_{22})$	250+250=500	
$f_2 = 490;\ P_{2opt} = (p_{12})$		

Bild 94-2: Lösungsweg der dynamischen Optimierung; Teil 2

Berechnung von f_3:

Politik-Kombination	Kosten	
$(\quad p_{13})$	810	
$(P_{1opt},\ p_{23})$	250+410=660	← min
$(P_{2opt},\ p_{33})$	490+250=740	
$f_3 = 660;\ P_{3opt} = (P_{1opt}, p_{23}) = (p_{11}, p_{23})$		

Bild 94-3: Lösungsweg der dynamischen Optimierung; Teil 3

Berechnung von f_4:	
Politik-Kombination	Kosten
(p_{14})	1470
(P_{1opt}, p_{24})	250+850=1100
(P_{2opt}, p_{34})	490+470= 960
(P_{3opt}, p_{44})	660+250= 910 ← min
f_4 = 910; P_{4opt} = (P_{3opt},p_{44}) = (p_{11},p_{23},p_{44})	

Bild 94-4: Lösungsweg der dynamischen Optimierung; Teil 4

Berechnung von f_5:	
Politik-Kombination	Kosten
(p_{15})	2110
(P_{1opt}, p_{25})	250+1330=1580
(P_{2opt}, p_{35})	490+ 790=1280
(P_{3opt}, p_{45})	660+ 410=1070 ← min
(P_{4opt}, p_{55})	910+ 250=1160
f_5 = 1160; P_{5opt} = (P_{3opt},p_{45}) = (p_{11},p_{23},p_{44},p_{55})	

Bild 94-5: Lösungsweg der dynamischen Optimierung; Teil 5

Berechnung von f_6:	
Politik-Kombination	Kosten
(p_{16})	2510
(P_{1opt}, p_{26})	250+1650=1900
(P_{2opt}, p_{36})	490+1030=1520
(P_{3opt}, p_{46})	660+ 570=1230 ← min
(P_{4opt}, p_{56})	910+ 330=1240
(P_{5opt}, p_{66})	1160+ 250=1410
f_6 = 1230; P_{6opt} = (P_{3opt},p_{46}) = (p_{11},p_{23},p_{46})	

Bild 94-6: Lösungsweg der dynamischen Optimierung; Teil 6

Das beschriebene Verfahren ermittelt die optimalen Losgrößen unter der Voraussetzung, daß der Lagerbestand am Ende des Planungszeitraums eine zum Planungszeitpunkt bereits bekannte, fest vorgegebene Höhe erreichen soll. Setzt man - was in der betrieblichen Praxis unvermeidbar ist - dieses Verfahren in einem Konzept der rollenden Planung mit einem zeitlich sich verschiebenden Planungsfenster ein, dann ist die ermittelte Losgrößenpolitik nur dann optimal, wenn auch der als Datum vorzugebende Endlagerbestand optimal ist. Die Anwendung des exakten Verfahrens zur Lösung des Modells WW ist in einem rollenden Planungskonzept daher oft nicht optimal. Dies liegt an dem begrenzten Horizont des Modells und an der expliziten Annahme über die Schnittstellen zur zeitlichen Umwelt. Das exakte Verfahren zur Lösung des Modells

WW kann daher nicht a priori als das Verfahren angesehen werden, das auch unter praxisnahen Einsatzbedingungen zu den besten Ergebnissen führt.

Eine netzwerkorientierte Lösung des Problems findet sich bei *Padilla*[205], wobei auf eine Bibliothek von graphentheoretischen Algorithmen[206] zurückgegriffen wird. Eine effiziente FORTRAN-Implementation des Verfahrens gibt *Evans*[207] an.

43222. Heuristische Lösungsverfahren

Mit dem im vorangegangenen Abschnitt dargestellten Lösungsverfahren werden die optimalen Losgrößen für ein isoliert betrachtetes Erzeugnis in einem abgegrenzten Planungszeitraum mit einer vordefinierten Schnittstelle zum vorhergehenden und zum nachfolgenden Planungszeitraum gefunden. Allerdings wird vielfach der relativ hohe Rechenaufwand kritisiert, der mit diesem Verfahren verbunden ist. Es sind daher eine Reihe heuristischer Lösungsverfahren entwickelt worden, die mit geringem Rechenaufwand zu einer befriedigenden, wenn auch nicht notwendigerweise im Hinblick auf die Modellformulierung optimalen Lösung führen[208]. Einige dieser Verfahren sollen im folgenden beschrieben werden.

432221. Verfahren der gleitenden wirtschaftlichen Losgröße

Die grundlegende Idee bei der Entwicklung des Verfahrens der gleitenden wirtschaftlichen Losgröße[209] war die Tatsache, daß im klassischen stationären Grundmodell der Losgrößenbestimmung[210] die Funktion der durchschnittlichen Kosten (bezogen auf eine Mengeneinheit) an der Stelle der optimalen Losgröße ein Minimum aufweist. Das Verfahren der gleitenden wirtschaftlichen Losgröße ergibt sich durch Übertragung dieser Überlegung auf die dynamische Situation. Die Produktionsmenge in einer Periode τ wird solange um zukünftige Bedarfsmengen erhöht, wie dadurch die durchschnittlichen Kosten je Mengeneinheit verringert werden.

Die **durchschnittlichen Stückkosten** sind wie folgt definiert, wenn in der Periode τ eine Bestellung aufgegeben bzw. ein Los aufgelegt wird und damit der Bedarf bis zur Periode j gedeckt wird [(Gleichung (229)]:

205 vgl. Padilla (1982)

206 Diese Bibliothek ist in Form von Nassi-Shneiderman-Diagrammen dokumentiert in Jensen/Barnes (1980)

207 vgl. Evans (1985)

208 zu einem zusammenfassenden Überblick über heuristische Verfahren zur Lösung des dynamischen Einprodukt-Losgrößenproblems vgl. Knolmayer (1985); Wemmerlöv (1980)

209 vgl. Schneeweiß (1981), S. 58-60; Schneeweiß (1987), S. 88-91

210 vgl. Schneeweiß (1981), S. 49-52; Zäpfel (1982), S. 195-198

(229) $$k^{Stück}_{\tau j} = [s + h \cdot \sum_{t=\tau+1}^{j} (t-\tau) \cdot d_t] / \underbrace{\sum_{t=\tau}^{j} d_t}_{\text{Losgröße in Periode } \tau} \qquad j > \tau$$

Es ist jeweils die Losgröße eines in Periode τ fertigzustellenden Loses zu bestimmen, bei der die in Gleichung (229) angegebene Durchschnittskostenfunktion ihr Minimum annimmt. Das Problem lautet damit in Periode τ:

(230) $$\text{Max } \{j \mid k^{Stück}_{\tau j} < k^{Stück}_{\tau, j-1}\}$$

Bei der Ermittlung der optimalen Losgröße eines in Periode τ aufzulegenden Loses erhöht man j, beginnend mit τ, schrittweise solange, wie dadurch die Lösung im Sinne des Optimalitätskriteriums (230) verbessert werden kann. Das Verfahren zur Bestimmung der gleitenden wirtschaftlichen Losgröße q_τ eines in Periode τ aufzulegenden Loses lautet damit:

START:

$j=\tau$; $k^{Stück}_{\tau j}=s$

ITERATION j ($j=\tau+1, \tau+2, \ldots$):

falls $k^{Stück}_{\tau j} < k^{Stück}_{\tau, j-1}$, führe eine weitere Iteration j durch;

andernfalls setze $q_\tau = \sum_{i=\tau}^{j-1} d_i$,

STOP

Bild 95: Verfahren der gleitenden wirtschaftlichen Losgröße

Das nächste Los ist dann für den Zeitpunkt $\tau = j$ einzuplanen. Die Größe dieses Loses kann wieder nach dem in Bild 95 beschriebenen Verfahren bestimmt werden. Bild 96 zeigt die Anwendung des Verfahrens der gleitenden wirtschaftlichen Losgröße auf das in Abschnitt 43221 eingeführte Beispiel, bei dem die Kosten der optimalen Losgrößenpolitik 1230 betragen.

$\tau=1$:	$j=1$:	$k_{\tau j}$ = 250/100 = 2.50	
	$j=2$:	$k_{\tau j}$ = 490/220 = 2.23	← min
	$j=3$:	$k_{\tau j}$ = 810/300 = 2.70	
	q_1 = 220		
$\tau=3$:	$j=3$:	$k_{\tau j}$ = 250/80 = 3.13	
	$j=4$:	$k_{\tau j}$ = 470/190 = 2.47	← min
	$j=5$:	$k_{\tau j}$ = 790/270 = 2.93	
	q_3 = 190		
$\tau=5$:	$j=5$:	$k_{\tau j}$ = 250/80 = 3.13	
	$j=6$:	$k_{\tau j}$ = 330/120 = 2.75	← min
	q_5 = 120		
Kosten: 1290			

Bild 96: Rechenbeispiel zum Verfahren der gleitenden wirtschaftlichen Losgröße

Im vorliegenden Fall wird die optimale Lösung verfehlt.

432222. Stückperiodenausgleichsverfahren

Das Stückperiodenausgleichsverfahren[211] (part period-Verfahren; Kostenausgleichsverfahren) basiert auf der Tatsache, daß im klassischen stationären Losgrößenmodell bei der optimalen Losgröße die Rüstkosten gleich den Lagerungskosten sind. Bei diesem Verfahren werden Bedarfsmengen sovieler aufeinanderfolgender Perioden zu einem Los zusammengefaßt, bis die Rüstkosten annähernd gleich den Lagerungskosten sind. Zu einem Zeitpunkt τ, an dem ein erneutes Los q_τ aufgelegt wird, ist damit das in Gleichung (231) gegebene Problem zu betrachten:

$$(231)\quad \text{Max}\ \{j \mid s \geq h \cdot \sum_{t=\tau+1}^{j} (t-\tau)\cdot d_t\}$$

oder

$$(232)\quad \text{Max}\ \{j \mid s/h \geq \underbrace{\sum_{t=\tau+1}^{j} (t-\tau)\cdot d_t}_{\text{Stückperioden}}\}$$

Die Summe auf der rechten Seite der Beziehung (232) hat die Dimension **Mengeneinheiten mal Zeiteinheiten** (Stückperioden)[212]. Daraus leitet sich der Name des Verfahrens ab. Beim Stückperiodenausgleichsverfahren geht man wieder in der Weise vor, daß man ein in einer Periode τ aufzulegendes Los sukzessive jeweils um den Bedarf ei-

211 vgl. DeMatteis (1968); Hoitsch (1985), S. 225-226; Schneeweiß (1981), S. 60-61
212 part period

ner weiteren Periode erhöht, bis das Optimalitätskriterium (232) erfüllt ist. Bild 97 zeigt den Verfahrensablauf.

START:
$j=\tau$
ITERATION j ($j=\tau+1, \tau+2, \ldots$):
berechne $v = \sum_{t=\tau+1}^{j} (t-\tau)\, d_t$ falls $v > s/h$, führe eine weitere Iteration j durch; andernfalls setze $q_\tau = \sum_{i=\tau}^{j-1} d_i$, STOP

Bild 97: Stückperiodenausgleichsverfahren

In Bild 98 ist die Anwendung des Verfahrens auf das Beispiel wiedergegeben

s/h = 250/2 = 125		
		Stückperioden
$\tau=1$;	j=1:	0
	j=2:	120
	j=3:	280
	$j_{min} = 3$	
	$q_1 = 200$	
$\tau=3$;	j=3:	0
	j=4:	110
	j=5:	370
	$j_{min} = 5$	
	$q_3 = 190$	
$\tau=5$;	j=5:	0
	j=6:	40
	$j_{min} = 6$	
	$q_5 = 120$	
Kosten: 1290		

Bild 98: Rechenbeispiel zum Stückperiodenausgleichsverfahren

Auch hier wird für das betrachtete Beispiel eine suboptimale Lösung ermittelt.

432223. Silver-Meal-Verfahren

Das Verfahren von *Silver und Meal*[213] basiert ebenfalls auf einer Eigenschaft der optimalen Lösung des stationären Losgrößenmodells, und zwar darauf, daß bei der optimalen Losgröße die durchschnittlichen Kosten pro Zeiteinheit ihr Minimum annehmen. Nach dem Silver-Meal-Verfahren wird nun versucht, dieses Ergebnis auch in der dynamischen Situation zu erreichen. Die **durchschnittlichen Kosten pro Zeiteinheit** betragen, falls in Periode τ der Bedarf bis einschließlich der Periode j bestellt wird:

$$(233)\quad k^{Per}_{\tau j} = [s+h\cdot \sum_{t=\tau+1}^{j} (t-\tau)\cdot r_t]/(j-\tau+1) \qquad j>\tau$$

$(j-\tau+1)$: Anzahl der Perioden, für die ein Los aufgelegt wird (einschl. der ersten Periode, für die nicht gelagert wird)

In einer Periode τ wird damit die Zielfunktion (234) verfolgt.

$$(234)\quad \mathrm{Max}\ \{j \,|\, k^{per}_{\tau j} < k^{per}_{\tau ,j-1}\}$$

In Bild 99 ist der Verfahrensablauf dargestellt.

START:

    $j=\tau$; $k^{Per}_{\tau j}=s$

ITERATION j ($j=\tau+1,\tau+2,\ldots$):

    falls $k^{Per}_{\tau j}<k^{Per}_{\tau ,j-1}$, führe eine weitere Iteration j durch;

    andernfalls setze $q_\tau = \sum_{i=\tau}^{j-1} d_i$

    STOP

Bild 99: Verfahren SLVML

Bild 100 zeigt die Anwendung des Silver-Meal-Verfahrens auf das Beispiel.

213 vgl. Silver/Meal (1973); Silver/Meal (1969), S. 51-55; Wemmerlöv (1980), S. 172

$\tau=1$;	$j=1$:	$k_{\tau j} = 250/1$	$= 250$	
	$j=2$:	$k_{\tau j} = (250+240)/2$	$= 245$	← min
	$j=3$:	$k_{\tau j} = (250+240+320)/3$	$= 270$	
	$q_1 = 220$			
$\tau=3$;	$j=3$:	$k_{\tau j} = 250/1$	$= 250$	
	$j=4$:	$k_{\tau j} = (250+220)/2$	$= 235$	← min
	$j=5$:	$k_{\tau j} = (250+220+320)/3$	$= 263.33$	
	$q_3 = 190$			
$\tau=5$;	$j=5$:	$k_{\tau j} = 250/1$	$= 250$	
	$j=6$:	$k_{\tau j} = (250+80)/2$	$= 165$	← min
	$q_5 = 120$			
Kosten: 1290				

Bild 100: Rechenbeispiel zum Silver-Meal-Verfahren

Auch bei Einsatz dieses Verfahrens wird für das betrachtete Beispiel das globale Optimum nicht erreicht.

Bei stark schwankenden Bedarfsmengen können die durchschnittlichen Kosten pro Zeiteinheit als Funktion der Reichweite mehrere lokale Minima aufweisen[214]. Der Abbruch des Verfahrens in einem solchen lokalen Minimum läßt sich dadurch vermeiden, daß man die Berechnung der Gleichung (233) mit Reichweiten bis zum Ende des Planungszeitraums T durchführt und dann das globale Minimum auswählt. Diese Vorgehensweise ist jedoch mit erhöhten Rechenaufwand verbunden.

Numerische Untersuchungen haben ergeben, daß die Lösungsqualität des Silver-Meal-Verfahrens insbesondere dann abnimmt, wenn der Bedarf einen *fallenden Trend* aufweist[215] oder wenn der Anteil von Perioden ohne Bedarf (Nullperioden) relativ hoch ist, d.h. bei *sporadischem Bedarf*. Für beide Situationen entwickeln *Silver und Miltenburg*[216] Modifikationen des Verfahrens, die - wie sich in Testrechnungen erwiesen hat, bessere Ergebnissen als die ursprüngliche Silver-Meal-Heuristik erwarten lassen. Eine einfachere Anpassung des Silver-Meal-Verfahrens an sporadischen Bedarf schlägt *Knolmayer*[217] vor.

214 vgl. zu einem Beispiel Knolmayer (1987), S. 268
215 Dies ist. z.B. bei auslaufenden Produkten der Fall.
216 vgl. Silver/Miltenburg (1984)
217 vgl. Knolmayer (1987)

432224. Losgrößen-Saving-Verfahren

Axsäter[218] modifiziert das für die Tourenplanung entwickelte Clarke-Wright-Saving-Verfahren[219] zur heuristischen Lösung des dynamischen Einprodukt-Losgrößenproblems[220]. Dieses Verfahren ist einsetzbar, da das dynamische Losgrößenproblem formal in die Struktur eines sehr einfachen Tourenplanungsproblems überführt werden kann. Zu diesem Zweck wird das dynamische Losgrößenproblem als ein Netzwerk dargestellt (siehe Bild 101).

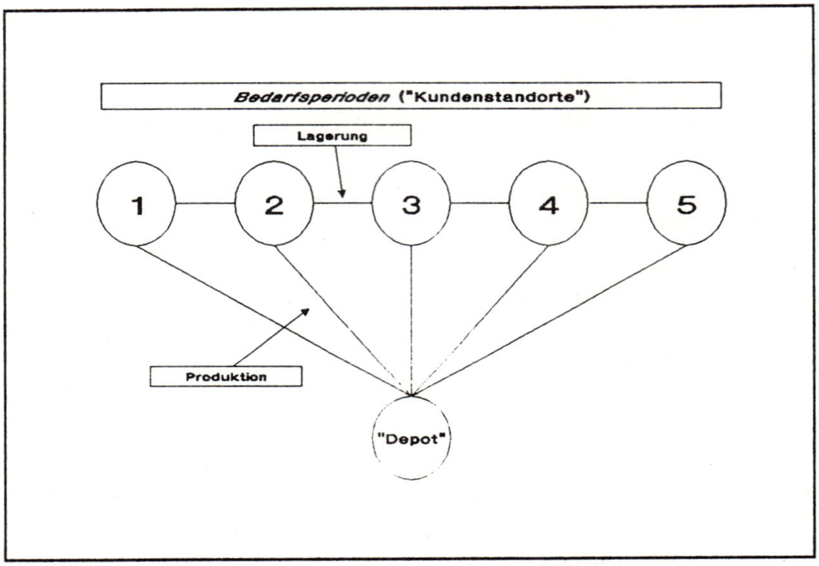

Bild 101: Problemdarstellung für das Losgrößen-Saving-Verfahren

Jede Periode ($\tau = 1,2,...,T$) wird durch einen Knoten repräsentiert. Zusätzlich wird noch ein zentraler Knoten (mit der Nummer 0) eingerichtet. Zwischen benachbarten Periodenknoten sowie zwischen diesen und dem zentralen Knoten werden Kanten eingeführt. Die Kanten vom Knoten 0 zum Knoten τ werden mit den Rüstkosten, s, bewertet. Die Bewertung der Kante zwischen dem Knoten τ und dem Knoten $\tau+1$ repräsentiert die Lagerungskosten, die entstehen, wenn eine Mengeneinheit am Ende der Periode τ bis zur Periode $\tau+1$ gelagert wird. Für jede Kante zwischen zwei aufeinanderfolgenden Perioden τ und $\tau+1$ wird ein Savingwert (Kostenersparnis) errechnet. Dieser beschreibt die Kostenreduktion, die eintritt, wenn eine Produktionsmenge von der Periode $\tau+1$ in die Periode τ verschoben wird.

218 vgl. Axsäter (1980)

219 vgl. zu diesem Verfahren Tempelmeier (1983), S. 256-280

220 Offenbar unabhängig von Axsäters Entwicklung wurde von Karni ein im Prinzip identisches Verfahren präsentiert; vgl. Karni (1981)

Beim Savingverfahren wird in einer *Startlösung* zunächst angenommen, für jeden Periodenbedarf werde ein separates Los aufgelegt. Ausgehend von dieser Startlösung werden dann sukzessive jeweils die beiden zeitlich benachbarten Lose zu einem größeren Los zusammengefaßt, bei denen die Kostenersparnis (Savingwert) am größten ist. Die Kostenersparnis ergibt sich jeweils als Differenz aus eingesparten Rüstkosten und zusätzlichen Lagerungskosten. Zur Berechnung der Kostenersparnisse in den verschiedenen Phasen des Verfahrens sei eine Zwischenlösung betrachtet, die sich nach einigen Schritten eingestellt haben mag (Bild 102).

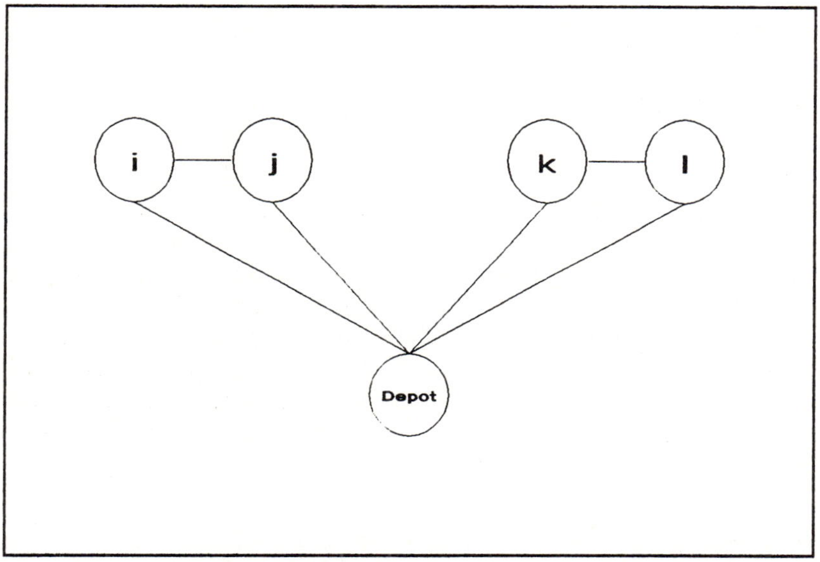

Bild 102: Ausschnitt aus einem Netzwerk (Zwischenlösung nach dem Losgrößen-Saving-Verfahren)

Vier Knoten (Perioden) sind bei der Zusammenlegung zweier Lose von Interesse. Es sind die Knoten i, j, k und l. Die Periodenbedarfsmengen von i und j seien in dem Los q_i und die Bedarfsmengen von k und l im Los q_k zusammengefaßt. Zur Bestimmung des Savingwerts der Kante j-k, s_{jk}, sind folgende Situationen zu unterscheiden:

Fall A: $i=j$ und $k=l$

Diese Situation liegt zu Beginn des Verfahrens vor: Es ist noch keine Losbildung erfolgt. Fassen wir die Bedarfsmengen bzw. Lose $d_j=q_j$ und $d_k=q_k$ zu einem größeren Los zusammen, dann fallen die Rüstkosten s für das zweite, später aufzulegende Los q_k weg; zusätzlich entstehen Lagerungskosten dadurch, daß nun die Bedarfsmenge d_k über einen Zeitraum von einer Periode ($k-j=1$) gelagert werden muß. Es gilt also

(235) $s_{jk} = s-h\cdot d_k$ $\qquad j=1,2,\ldots,T-1;\; k=j+1$

Fall B: $i<j;\ k=l$

In diesem Fall wird der Bedarf der Periode j durch ein Los einer früheren Periode i, q_i, gedeckt. Werden nun die Lose q_i und $q_k = d_k$ zusammengefaßt, dann entfallen wieder die Rüstkosten s für das zweite Los q_k. Die zusätzlichen Lagerungskosten entstehen aber dadurch, daß die Bedarfsmenge $d_k = q_k$ nun schon in Periode i bereitgestellt und damit über einen Zeitraum (k-i) gelagert wird. Die zusätzlichen Lagerungskosten betragen damit

$$\text{(236)}\quad \text{Lagerkostenanstieg} = h\cdot(k-i)\cdot d_k.$$

Der Savingwert beträgt daher für Fall B:

$$\text{(237)}\quad s_{jk} = s-h\cdot(k-i)\cdot d_k$$

Fall C: $i<j;\ k<l$

Der dritte Fall ist dadurch gekennzeichnet, daß der Bedarf der Periode j durch ein früher aufgelegtes Los q_i gedeckt wird, während wiederum das Los q_k den Bedarf für spätere Perioden t ($t=k,k+1,...,l$) deckt. Faßt man nun beide Lose q_i und q_k zusammen, dann entfallen wieder die Rüstkosten für das Los q_k. Dem steht aber ein Anstieg der Lagerungskosten gegenüber, die dadurch verursacht wird, daß die Bedarfsmenge, die durch das Los q_k gedeckt wird, schon in der Periode i eingelagert wird [siehe Gleichung (238)].

$$\text{(238)}\quad \text{Lagerkostenanstieg} = h\cdot(k-i)\cdot q_k = c_1\cdot(k-i)\cdot \underbrace{\sum_{t=k}^{l} d_t}_{q_k}$$

Durch Subtraktion des Lagerungskostenanstiegs von den eingesparten Rüstkosten ergibt sich der Savingwert wie folgt:

$$\text{(239)}\quad s_{jk} = s-h\cdot(k-i) \underbrace{\sum_{t=k}^{l} d_t}_{q_k}$$

Gleichung (239) beschreibt die allgemeine Form der Berechnung der mit einer Zusammenlegung zweier Lose verbundenen Kostenersparnis. Sie kann auch für die Fälle A und B eingesetzt werden, wenn man $i=j$ bzw. $k=l$ setzt. Eine einfache Umformung von Beziehung (239) verdeutlicht, *wann die Zusammenlegung der Lose der Periode i und k vorteilhaft* ist. Dies ist der Fall, wenn gilt

(240) $s/h \geq (k-i) \cdot q_k$

Die rechte Seite der Ungleichung hat wieder der Dimension **Mengeneinheiten mal Zeiteinheiten**. In Bild 103 ist der formale Ablauf des Losgrößen-Saving-Verfahrens beschrieben.

SCHRITT 0:

Berechne Savingwerte der Pfeile j-k wie folgt:

$s_{jk} = s - h \cdot d_k \quad j=1,2,\ldots,T-1; \; k=j+1;$

sortiere die Pfeile nach sinkenden Savingwerten.
Bilde eine Startlösung:

$q_j = d_j \quad j=1,2,\ldots,T$

SCHRITT t:

Ermittle den Pfeil mit dem höchsten Savingwert. Falls alle Savingwerte kleiner oder gleich Null sind, STOP.
Benenne den Startknoten des Pfeils mit j und den Zielknoten des Pfeils mit k. Bezeichne die Periode, in der das Los aufgelegt wird, aus dem der Bedarf der Periode j gedeckt wird, mit i. Bezeichne die letzte Periode, deren Bedarf das Los q_k noch abdeckt, mit l. Fasse die Lose der Perioden i und k wie folgt zusammen:

$q_i = q_i + q_k$

Lösche den Savingwert s_{jk}: $s_{jk}=0$.

Berechne neue Savingwerte $s_{i-1,i}$ und $s_{l,l+1}$ und wiederhole Schritt t.

Bild 103: Verfahren WWSAV

Die Anwendung des Verfahrens WWSAV soll wieder an dem bekannten Beispiel demonstriert werden.

Beispiel zum Verfahren WWSAV

Schritt 0:

Initialisierung der Savingwerte

$s_{12} = 250-2\cdot 120 = 10$
$s_{23} = 250-2\cdot 80 = 90$
$s_{34} = 250-2\cdot 110 = 30$
$s_{45} = 250-2\cdot 80 = 90$
$s_{56} = 250-2\cdot 40 = 170$

Startlösung

$q_1=100$
$q_2=120$
$q_3=80$
$q_4=110$
$q_5=80$
$q_6=40$

Kosten=6·250=1500

Schritt 1:

Aufnahme von 5-6 in die Lösung

$j=5,\ k=6,\ i=5,\ l=6$
$q_5=80+40=120$

Zusammenlegung der Lose 5 und 6

$s_{56} = 0$

Löschen des Pfeils zwischen Knoten 5 und 6

$s_{45} = 250-2\cdot 120 = 10$

Aktualisierung des Savingwerts des Pfeils zwischen den Periodenknoten 4 und 5.

Kosten=1500-170=1330

Schritt 2:

Aufnahme von 2-3 in die Lösung

$j=2,\ k=3,\ i=2,\ l=3$
$q_2=120+80=200$

Zusammenlegung der Lose 2 und 3

$s_{23} = 0$

Löschen des Pfeils zwischen Knoten 2 und 3

$s_{12}=250-2\cdot 200=-150$
$s_{34}=250-2\cdot (4-2)\cdot 110=-190$

Aktualisierung der Savingwerte der Pfeile zwischen den Periodenknoten 1 und 2 sowie 3 und 4

Kosten=1330-90=1240

Schritt 3:

Aufnahme von 4-5 in die Lösung

$j=4,\ k=5,\ i=4,\ l=6$
$q_4=110+120=230$

Zusammenlegung der Lose 4 und 5

$s_{45}=0$

Löschen des Pfeils zwischen Knoten 4 und 5

s_{34}=250−2·(4−2)·230=−670

Aktualisierung des Savingwerts des Pfeils zwischen den Periodenknoten 3 und 4

Kosten=1240−10=1230

STOP

Alle Savingwerte sind kleiner oder gleich Null. Die Lösung kann nicht weiter verbessert werden.

Ende des Beispiel zum Verfahren WWSAV

Die Lösung lautet: $q_1 = 100$, $q_2 = 200$, $q_4 = 230$; Kosten = 1230. Bild 104 veranschaulicht den Ablauf des Verfahrens.

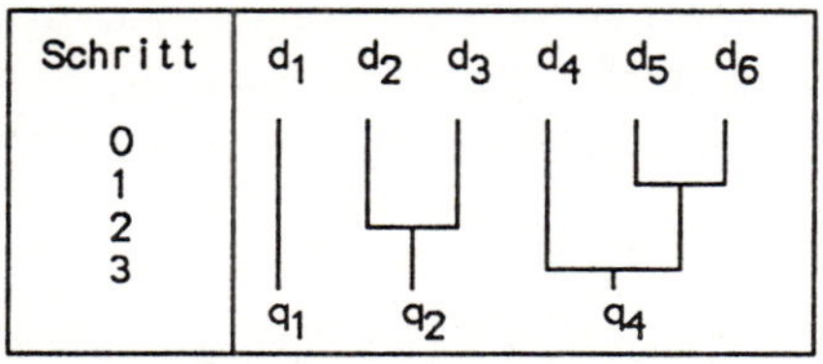

Bild 104: Ablauf des Losgrößen-Saving-Verfahrens

Dieser Produktionsplan ist optimal. Axsäter hat in umfangreichen numerischen Untersuchungen festgestellt, daß das Savingverfahren ca. 40-50% weniger Rechenzeit als das exakte Verfahren von Wagner und Whitin benötigt, aber in sehr vielen Fällen (ca. 70% der untersuchten Beispiele) die optimale Lösung ermittelt.

432225. Grenzkostenverfahren von Groff

Auch das Verfahren von *Groff*[221] basiert auf einer Eigenschaft des klassischen Losgrößenmodells, nämlich darauf, daß bei der optimalen (klassischen) Losgröße die marginale Verringerung der durchschnittlichen Rüstkosten pro Periode gleich dem marginalen Anstieg der durchschnittlichen Lagerkosten pro Periode ist. D.h. Grenz-Rüstkosten und Grenz-Lagerkosten sind bei der optimalen Losgröße gleich.

Wird eine gegebene Losgröße, die den Bedarf von der Perioden 1 bis t abdeckt, um die Bedarfsmenge der Periode $(t+1)$ vergrößert, dann sinken die durchschnittlichen Rüstkosten um den Betrag

221 vgl. Groff (1979); Wemmerlöv (1980), S. 172-173

(241) $s/t - s/(t+1) = s/[t \cdot (t+1)]$

└ marginale Verringerung der durchschnittlichen Rüstkosten pro Periode

Der marginale Anstieg der durchschnittlichen Lagerkosten pro Periode beträgt angenähert

(242) $[d_{t+1}/2] \cdot h$

└ marginaler Anstieg der durchschnittlichen Lagerkosten pro Periode

Groff schlägt vor, ausgehend von einer bestimmten Periode τ die Losgröße dieser Periode, q_τ, solange um Bedarfsmengen zukünftiger Perioden zu vergrößern, bis der Anstieg der durchschnittlichen Lagerkosten pro Periode größer ist als die Verringerung der durchschnittlichen Bestell- bzw. Rüstkosten pro Periode. Die Entscheidungsregel nach diesem Verfahren lautet damit, wenn wir uns in Periode τ befinden:

(243) $\text{Max } \{j \mid [d_{\tau+j}/2] \cdot h \leq s/[j \cdot (j+1)]\}$

oder

(244) $\text{Max } \{j \mid d_{\tau+j} \cdot j \cdot (j+1) \leq 2 \cdot s/h\}$

ITERATION j ($j=\tau, \tau+1, \ldots$):
berechne $v = d_{\tau+j} \cdot j \cdot (j+1)$ falls $v < 2 \cdot s/h$, führe eine weitere Iteration durch; andernfalls setze $q_\tau = \sum_{l=\tau}^{j} d_l$, STOP

Bild 105: Verfahren von Groff

Das Verfahren von Groff wollen wir wieder anhand des bekannten Beispiels nachvollziehen (siehe Bild 106).

Es gilt: $2 \cdot s/h = 2 \cdot 250/2 = 250$					
$\tau=1$:	$j=0$:	$d_1 \cdot 0 \cdot 1 = 0$	$<$	250	$d_1=100$
		$q_1 = d1 = 100$			
	$j=1$:	$d_2 \cdot 1 \cdot 2 = 240$	$<$	250	$d_2=120$
		$q_1 = 220$			
	$j=2$:	$d_3 \cdot 2 \cdot 3 = 480$	$>$	250	$d_3=80$
$\tau=3$:	$j=0$:	$d_3 \cdot 0 \cdot 1 = 0$	$<$	250	
		$q_3 = r_3 = 80$			
	$j=1$:	$d_4 \cdot 1 \cdot 2 = 220$	$<$	250	$d_4=110$
		$q_3 = 190$			
	$j=2$:	$d_5 \cdot 2 \cdot 3 = 480$	$>$	250	$d_5=80$
$\tau=5$:	$j=0$:	$d_5 \cdot 0 \cdot 1 = 0$	$<$	250	
		$q_5 = d5 = 80$			
	$j=1$:	$d_6 \cdot 1 \cdot 2 = 80$	$<$	250	$d_6=40$
		$q_5 = 120$			
Kosten: 1290					

Bild 106: Beispiel zum Verfahren von Groff

Auch diese Lösung ist nicht optimal, denn sie verursacht Kosten in Höhe von 1290.

In einem numerischen Experiment hat *Wemmerlöv* verschiedene heuristische Verfahren im Hinblick auf ihre Lösungsqualität miteinander verglichen[222]. Dabei lagen die Kosten bei Einsatz des *Silver-Meal*-Verfahrens und des Verfahrens von *Groff* im Durchschnitt nur um etwa 1% über den mit dem exakten Verfahren von *Wagner und Whitin* errechneten Kosten, während im Vergleich dazu die in der Praxis favorisierten Verfahren der gleitenden wirtschaftlichen Losgröße und des Stückperiodenausgleichs erheblich schlechtere Lösungen ergaben[223].

Zoller und Robrade[224] untersuchen den Einsatz der verschiedenen Verfahren zur exakten und heuristischen Lösung des dynamischen Einprodukt-Losgrößenproblems in einem *rollenden Planungshorizont*. Sie kommen aufgrund einer umfangreichen numerischen Untersuchung zu dem Ergebnis, daß für regelmäßigen Bedarf insb. das Verfahren von *Groff* zu empfehlen ist, während sie für sporadischen Bedarf eine Kombination aus dem Verfahren von *Groff* und der *Silver-Meal-Heuristik* vorschlagen.

Insgesamt ist festzustellen, daß insb. die Verfahren von *Groff* und *Silver und Meal* unter deterministischen dynamischen Bedarfsbedingungen im Durchschnitt besser geeignet sind als die anderen in der Praxis eingesetzten heuristischen Verfahren.

Diese Aussage verwischt sich jedoch, wenn man die Tatsache berücksichtigt, daß die Bedarfsmengen oft Prognosewerte sind, denen naturgemäß ein **Prognosefehler** anhaftet. *DeBodt und Van Wassenhove* kommen anhand begrenzter analytischer Überle-

222 vgl. Wemmerlöv (1980); vgl. auch Wemmerlöv (1982)

223 zu ähnlichen Ergebnissen kommt auch Knolmayer; vgl. Knolmayer (1984); vgl. Knolmayer (1985)

224 vgl. Zoller/Robrade (1987)

gungen und nach Durchführung eines umfassenden Simulationsexperimentes zu dem Ergebnis, daß bei Auftreten von Prognosefehlern und bei Implementierung der Losgrößenverfahren in einem **System der rollenden Planung keine signifikanten Unterschiede** zwischen den meisten untersuchten heuristischen Losgrößenverfahren festgestellt werden können[225].

Die aus der Untersuchung von dynamischen Einprodukt-Problemen abgeleitete Beurteilung der genannten Verfahren wird schließlich in erheblichem Maße dadurch relativiert, daß in den in der betrieblichen Praxis verbreiteten EDV-Systemen zur Produktionsplanung und -steuerung die beschriebenen Lösungsverfahren in einem **mehrstufigen Erzeugniszusammenhang** eingesetzt werden. Hierdurch werden Fehler induziert, die weit über den in den numerischen Untersuchungen genannten relativen Kostenunterschieden liegen können[226].

Vertiefende Literatur zu Abschnitt 431.-432.:

Axsäter (1980)
Axsäter (1982)
Evans (1985)
Heinrich (1987)
Knolmayer (1985)
Knolmayer (1987)
Padilla (1982)
Schneeweiß (1981)
Silver/Peterson (1985)
Wemmerlöv (1980)
Zoller/Robrade (1988)

225 vgl. DeBodt/Van Wassenhove (1983); auch Wemmerlöv/Whybark (1984); Lee/Adam (1986)
226 vgl. insb. Afentakis (1982); Blackburn/Millen (1982); Heinrich (1987)

433. Das dynamische einstufige Mehrprodukt-Losgrößenproblem

4331. Modellformulierung

Eine naheliegende Erweiterung des dynamischen Einprodukt-Losgrößenproblems ergibt sich aus der simultanen Betrachtung mehrerer Produkte mit dynamisch schwankendem Bedarf, die um **knappe Produktionsfaktoren** konkurrieren. Diese Fragestellung wird durch folgendes Entscheidungsmodell[227] erfaßt:

Modell MWWC:

$$(245)\quad \text{Min } C = \sum_{k=1}^{K} \sum_{t=1}^{T} \underline{s_k \cdot x_{kt}} + \underline{h_k \cdot y_{kt}} + \underline{p_{kt} \cdot q_{kt}}$$

- $p_{kt} \cdot q_{kt}$: variable Beschaffungs- bzw. Produktionskosten für Produkt k
- $h_k \cdot y_{kt}$: Lagerungskosten am Ende der Periode t für Produkt k
- $s_k \cdot x_{kt}$: Rüstkosten in Periode t für Produkt k

u.B.d.R.

$$(246)\quad y_{kt-1} + q_{kt} - y_{kt} = d_{kt} \qquad t=1,2,...,T$$

$$(247)\quad q_{kt} - M \cdot x_{kt} \le 0 \qquad t=1,2,...,T$$

$$(248)\quad \sum_{k=1}^{K} tb_{jk} \cdot q_{kt} + tr_{jk} \cdot x_{kt} \le b_{jt} \qquad j=1,2,...,J;\ t=1,2,...,T$$

$$(249)\quad q_{kt} \ge 0 \qquad t=1,2,...,T$$

$$(250)\quad y_{kt} \ge 0 \qquad t=1,2,...,T$$

$$(251)\quad x_{kt} = \{0,1\} \qquad t=1,2,...,T$$

Es bedeuten:

b_{jt}	Kapazität des Maschine j in Periode t (in Stunden)
d_{kt}	Bedarfsmenge des Produkts k in Periode t
h_k	Lagerkostensatz für Produkt k
M	große Zahl
q_{kt}	Losgröße für Produkt k in Periode t
s_k	Rüstkostensatz für Produkt k
T	Länge des Planungszeitraums
tb_{jk}	Stückbearbeitungszeit für Produkt k an Maschine j
tr_{jk}	Rüstzeit für Produkt k auf Maschine j
x_{kt}	binäre Rüstvariable
y_{kt}	Lagerbestand für Produkt k am Ende der Periode t

227 vgl. De Bodt/Gelders/Van Wassenhove (1984); Zäpfel/Attmann (1979)

Dabei werden die Symbole aus dem Einproduktlosgrößenproblem bekannten Entscheidungsvariablen und Parameter nun produktbezogen - ergänzt um den Index k - definiert. Zusätzlich werden **J knappe Produktionsfaktoren** (j = 1,2,...J) mit den periodenbezogenen Kapazitäten b_{jt} betrachtet. Die Fertigungsaufträge der Produkte beanspruchen diese Produktionsfaktoren mit den **Rüstzeiten** tr_{jk} und den **Stückbearbeitungszeiten** tb_{jk}.

Üblicherweise werden die **Rüstzeiten** aus der Modellformulierung eliminiert, indem man die geschätzte benötigte Gesamtrüstzeit einer Periode von den verfügbaren Periodenkapazitäten abzieht[228]. Eine genaue Bestimmung der Gesamtrüstzeit je Periode setzt aber die Kenntnis der Anzahl der Produktionsperioden voraus. Diese sind aber erst nach der Lösung des Problems bekannt. Die Subtraktion der geschätzten durchschnittlichen Gesamtrüstzeit je Periode von der Periodenkapazität ist daher mit Fehlern verbunden. Dennoch ist ein Verzicht auf die Berücksichtigung von Rüstzeiten vertretbar, wenn die Planungsperioden und die Bearbeitungszeiten einer Periodenbedarfsmenge im Vergleich zur Rüstzeit eines Auftrags relativ lang sind. Dies ist aber im betrachteten Planungsraster, in dem mit Wochen oder längeren Zeiträumen und daher auch mit hohen Periodenbedarfsmengen gerechnet wird, der Fall. Im folgenden sollen daher die **Rüstzeiten vernachlässigt** werden. Erst im Rahmen der Produktionssteuerung werden Rüstzeiten beachtet. Wir ersetzen daher die Beziehungen (248) durch die Nebenbedingungen

$$(252)\quad \sum_{k=1}^{K} tb_{jk} \cdot q_{kt} \le b_{jt} \qquad j=1,2,...,J;\ t=1,2,...,T$$

Für die Anwendung einiger Lösungsverfahren ist eine weitere Veränderung der obigen Modellformulierung notwendig: die Beschränkung auf nur einen knappen Produktionsfaktor. Die Beziehungen (252) lauten unter dieser Annahme:

$$(253)\quad \sum_{k=1}^{K} tb_{k} \cdot q_{kt} \le b_{t} \qquad t=1,2,...,T$$

4332. Lösungsverfahren

Das Problem MWWC ist ein schwieriges Problem[229] der kombinatorischen Optimierung. Da praxisrelevante exakte Lösungsverfahren nicht zur Verfügung stehen, wurden

228 vgl. DeBodt/Gelders/Van Wassenhove (1984), S. 175; vgl. zu einer praktischen Anwendung Van Wassenhove/DeBodt (1983)

229 Die Komplexität des Problems wird behandelt in Florian/Lenstra/Rinooy Kan (1980)

zahlreiche heuristische Verfahren[230] entwickelt. *Van Wassenhove und Maes*[231] unterscheiden folgende grundsätzliche Verfahrenstypen:

- **Heuristische Verfahren für einen knappen Produktionsfaktor**
  - Verfahren, die den *Planunghorizont sukzessiv erweitern*[232]
  - *Verbesserungsverfahren*[233]

- **Verfahren der mathematischen Optimierung**
  - Verfahren, die eine Auswahl aus einer *vorgegebenen Menge von Produktionsplänen* treffen[234]
  - Verfahren, die *relaxierte Modellvarianten* verwenden[235]

Im folgenden wird mit dem Verfahren von *Dixon* ein Verfahren mit schrittweiser Erweiterung des Planungshorizonts und mit dem Verfahren von *Bahl und Ritzman* ein Vertreter der Lösungsmethoden, die auf der mathematischen Programmierung beruhen, beschrieben.

43321. Das Verfahren von Dixon

Dixon[236] betrachtet die obige Modellformulierung mit der Beschränkung auf **einen knappen Produktionsfaktor** und unter Vernachlässigung der Rüstzeiten. Er baut bei der Losgrößenbestimmung auf der **Silver-Meal-Heuristik** auf[237]. Diese Heuristik versucht bekanntlich, für ein isoliertes Produkt Bedarfsmengen aus einer ganzzahligen Anzahl aufeinanderfolgender Perioden zu einem in Periode τ zu produzierenden Los zusammenzufassen, so daß die durchschnittlichen Kosten pro Periode minimal werden:

$$(254)\quad k_{\tau j}^{Per} = [s+h\cdot \sum_{t=\tau+1}^{j} (t-\tau)\cdot d_t]/(j-\tau+1)$$

Nach dem *Silver-Meal-Kriterium* (254) werden in der Produktionsperiode τ die Bedarfsmengen der Perioden $(\tau,\tau+1,...,j)$ produziert. Bei **beschränkter Kapazität** eines

230 vgl. Gelders/Van Wassenhove/Maes (1986); auch Zäpfel/Attmann (1979)
231 vgl. Van Wassenhove/Maes (1984)
232 vgl. Dixon/Silver (1981); Günther (1985); Lambrecht/Vanderveken (1979); Maes/Van Wassenhove (1986b)
233 vgl. Dogramaci/Panayiotopoulos/Adam (1981); Karni/Roll (1982)
234 vgl. Bahl/Ritzman (1984); Lasdon/Terjung (1971); Manne (1958);
235 vgl. Newson (1975); Thizy/Van Wassenhove (1985)
236 vgl. Dixon/Silver (1981)
237 vgl. Abschnitt 432223

Produktionsfaktors konkurrieren nun häufig mehrere Produkte in einer Periode um diesen knappen Produktionsfaktor; in einer derartigen Situation kann nicht sichergestellt werden, daß jedes Produkt in der Periode mit der Losgröße produziert wird, bei der das Durchschnittskostenkriterium (254) minimiert wird. Vielmehr kann es notwendig werden, einzelne oder mehrere Produkte schon in früheren Perioden mit nicht voll ausgelasteter Produktionskapazität zu produzieren, um überhaupt einen zulässigen Produktionsplan zu erhalten. Bei der Festlegung der Produkte, deren Periodenbedarfsmengen teilweise oder vollständig früher produziert werden sollen, sind die produktbezogenen *Rüst- und Lagerungskosten* sowie ihre *Stückbearbeitungszeiten* (Kapazitätsinanspruchnahmefaktoren) zu beachten.

Wie bei vielen heuristischen Verfahren, so hängt auch hier die Qualität der Lösung von der Reihenfolge ab, in welcher die einzelnen Entscheidungsalternativen betrachtet werden. Man benötigt daher eine Vorschrift zur Bestimmung der Reihenfolge, in welcher die Produkte im Rahmen der Losgrößenplanung behandelt werden. *Dixon* schlägt vor, Prioritätsziffern unter Verwendung der aus der Silver-Meal-Heuristik bekannten Durchschnittskosten gemäß Beziehung (255) zu errechnen[238]:

Kostenanstieg bei Erhöhung der Losgröße um den Bedarf der Periode j + 1

zusätzlicher Kapazitätsbedarf

$$(255)\quad p_{\tau k} = [k^{Per}_{\tau j} - k^{Per}_{\tau ,j+1}]/[tb_k \cdot d_{k,j+1}] \qquad k=1,2,\ldots,K \mid d_{k,j+1}>0$$

Bedarfsmenge des Produkts k in Periode j + 1

Stückbearbeitungszeit des Produkts k

durchschnittliche Kosten pro Periode für Produkt k, wenn in Periode τ der Bedarf bis zu Periode j + 1 produziert wird

durchschnittliche Kosten pro Periode für Produkt k, wenn in Periode τ der Bedarf bis zur Periode j produziert wird

Der Ausdruck im Zähler beschreibt die **Erhöhung der periodenbezogenen Durchschnittskosten** bei Vergrößerung der Produktionsmenge für Produkt k in Periode τ um den Bedarf der nächsten Periode (j + 1). Der Ausdruck im Nenner gibt die damit verbundene **Erhöhung der Inanspruchnahme des knappen Produktionsfaktors** (zusätzlicher Kapazitätsbedarf) an. Durch die Verknüpfung beider Größen bezeichnet $p_{\tau k}$ damit den **marginalen Kostenanstieg pro zusätzlich eingesetzter Kapazitätseinheit** (z.B. Maschinenstunde). Ist diese Größe **negativ**, dann steigen die Kosten bei Verwendung der nächsten Kapazitätseinheit zur Produktion des Erzeugnisses k an, d.h. die Produktion weiterer Mengeneinheiten des betrachteten Produkts ist unvorteilhaft. In Bild 107 ist die *Grundstruktur* der Verfahrens von *Dixon* wiedergegeben[239].

238 vgl. Silver/Peterson (1985), S. 590; Günther schlägt in einem ähnlichen Verfahren die Verwendung des Marginalkostenkriteriums von Groff vor, vgl. Günther (1985)

239 vgl. Günther (1987), S. 227

ITERATION τ (τ=1,2,...,T-1):	
	Vergrößere die Produktionsmenge des Produkts mit der jeweils größten marginalen Verringerung der durchschnittlichen Periodenkosten (255) um den Bedarf der nächsten Periode; dies geschieht so lange, bis entweder keine Kostenersparnisse mehr möglich sind oder bis die Kapazität der Periode τ erschöpft ist.
	Für zukünftige Perioden, in denen die Kapazität nicht ausreicht, um den gesamten Bedarf zu produzieren: berechne für jedes Produkt die Kosten, die durch ein Vorziehen der Produktion entstehen und produziere das Produkt mit dem geringsten Kostenanstieg früher.

Bild 107: Grundstruktur des Verfahrens von Dixon

Die **grundsätzliche Vorgehensweise** des Verfahrens von *Dixon* besteht damit darin, daß der Produktionsplan zeitlich nach Produktionsperioden geordnet aufgebaut wird. Zunächst werden die Produktionsmengen aller Produkte in Periode $\tau=1$ festgelegt, dann die Produktionsmengen in Periode $\tau=2$, usw. Die Bestimmung der Produktionsmengen erfolgt in ähnlicher Weise wie im Silver-Meal-Verfahren. Die *Reihenfolge*, in der die einzelnen Produkte betrachtet werden, wird durch die in Beziehung (255) angegebenen Prioritätsziffern bestimmt. Es werden für ein gegebenes Produkt k, für das zum Zeitpunkt $\tau(k)$ ein neues Produktionslos aufzulegen ist, Bedarfsmengen aus zukünftigen Perioden $[\tau(k),\tau(k)+1,...,j(k)]$ zu einem neuen Produktionslos in Periode $\tau(k)$ zusammengefaßt. Dieser Prozeß wird beendet, wenn die **Durchschnittskosten** des Produkts pro Periode wieder **ansteigen oder** wenn die **verfügbare Kapazität des Produktionsfaktors nicht mehr ausreicht**, um die Bedarfsmenge aus der gerade betrachteten Periode zu produzieren.

Wird die Kapazität des knappen Produktionsfaktors in einer Periode überschritten, dann muß die Produktion einzelner produktbezogener Periodenbedarfsmengen zeitlich vorgezogen werden, d.h. es müssen Kapazitätsanforderungen in frühere Perioden verlagert werden, da ansonsten eine unzulässige Lösung auftritt. Dies wird durch die am *Silver-Meal-Kriterium* ausgerichtete Vorgehensweise der Bestimmung der Losgrößen jedoch noch nicht berücksichtigt.

Damit die **Zulässigkeit einer Lösung**, d.h. einer geplanten Kombination von produktbezogenen Losgrößen **in einer Periode** τ gesichert ist, müssen zusätzliche Bedingungen eingehalten werden. Betrachten wir eine (vorläufige) Kombination von Losen der Produkte in der Periode τ, für die in einer bestimmten Stufe des Verfahrens gerade ein Produktionsplan aufgestellt wird. Diese Produktionsmengen enthalten Bedarfsmengen der Periode τ sowie evtl. zukünftiger Perioden j $(j=\tau+1,\tau+2,...)$. Wir bezeichnen die bereits **in Periode τ produzierte Bedarfsmenge der Periode j für das Produkt k** mit $n_{\tau jk}$. Der sich aus den Bedarfsmenge der Periode j ableitende Kapazitätsbedarf in der Produktionsperiode τ, CV_j, wird mit Gleichung (256) erfaßt.

$$(256)\quad CV_{\tau j} = \sum_{k=1}^{K} tb_k \cdot n_{\tau jk} \qquad j=\tau+1,\tau+2,...$$

└ Kapazitätsverbrauch in Periode τ für Periode j

Diese Größe entspricht der Produktionskapazität in Periode τ, die durch die vorgezogene Produktion von Bedarfsmengen der Bedarfsperiode j mit der gerade betrachteten Kombination von produktbezogenen Losgrößen bereits verbraucht wird. Weiterhin bezeichnen wir die in Kapazitätseinheiten ausgedrückte gesamte Bedarfsmenge aller Produkte der Periode j mit CB_j. Sie wird durch Gleichung (257) beschrieben.

$$(257)\quad CB_j = \sum_{k=1}^{K} tb_k \cdot d_{kj} \qquad j=1,2,...$$

└ Kapazitätsbedarf der Periode j

Da die Kapazität des Produktionsfaktors in Periode j nun b_j Einheiten beträgt, ergibt sich für eine zukünftige Periode j folgende **Kapazitätsdifferenz:**

$$(258)\quad CF_j = CB_j - b_j \qquad j=1,2,...,T$$

└ fehlende Kapazität für Periode j

Tritt ein Kapazitätsfehlbedarf in Periode j auf (d.h. $CF_j > 0$), dann kann dieser **nur durch eine Produktion in früheren Perioden** $(\tau,\tau+1,...,j-1)$[240] **beseitigt** werden, da annahmegemäß keine Fehlmengen auftreten dürfen. In der betrachteten Periode τ ist dabei mindestens der Kapazitätsfehlbedarf abzudecken, der nicht mehr zu einem späteren Zeitpunkt $[\tau+1,\tau+2,...,j]$ absorbiert werden kann. Eine Kombination von produktbezogenen Losgrößen in Periode τ ist somit nur dann zulässig, wenn für alle Zeitspannen von der aktuellen Periode τ bis zu einer zukünftigen Periode t $(t=\tau+1,\tau+2,...,T)$ gilt:

$$(259)\quad \underline{\sum_{j=\tau+1}^{t} CV_{\tau j}} \geq \underline{\sum_{j=\tau+1}^{t} (CB_j - b_j)} \qquad t=\tau+1,\tau+2,...,T$$

└ Nettokapazitätsfehlbedarf in den Perioden $\tau+1$ bis t, der in Periode τ abgedeckt werden muß

└ in Periode τ für den Bedarfszeitraum $(\tau+1,...,t)$ produzierte Mengen

Beziehung (259) fordert, daß in der betrachteten aktuellen Produktionsperiode τ, für die die Produktionsmengen festgelegt werden, **soviel zukünftiger Kapazitätsfehlbedarf absorbiert wird, daß in keiner zukünftigen Periode eine Unzulässigkeit auftritt.** Ist Bedingung (259) für mindestens einen zukünftigen Zeitraum $(t-\tau)$ nicht erfüllt, dann

240 Eine Produktion vor Periode τ ist nicht möglich, da in dem Verfahren die für die vor der aktuellen Periode τ liegenden Perioden vorgesehenen Produktionsmengen nicht mehr verändert werden.

wird in Periode τ nicht genug produziert; denn die in den folgenden Perioden noch verbleibende Kapazität reicht dann nicht mehr zur Deckung des gesamten Bedarfs aus. Es ist demnach notwendig, Teile dieses Bedarfs durch Produktion in der aktuellen Periode τ zu decken. Damit eine Kombination von Losgrößen der Produkte in der Periode τ zulässig ist, muß also in Periode τ der gesamte Kapazitätsfehlbedarf zukünftiger Perioden $(j=\tau+1,...,t)$ im voraus produziert werden. Ist dies nicht der Fall, dann treten Fehlmengen auf. Diese Bedingungen zur Beurteilung der Zulässigkeit einer Kombination von Losgrößen in Periode τ werden in dem heuristischen *Verfahren von Dixon*[241] berücksichtigt. Der genaue Verfahrensablauf wird im folgenden beschrieben.

Verfahren DIXON

Iteration τ $(\tau=1,2,...,T)$:

Schritt 1:

setze die **Reichweite**[242] **des Produkts k,** $r_{k\tau}=1$ $(k=1,2,...,K)$;
setze die **Produktionsmenge des Produkts k,** $q_{k\tau}=d_{k\tau}$ $(k=1,2,...,K)$;
berechne die in Periode τ verbleibende **freie Kapazität**, die zur vorgezogenen Produktion zukünftiger Bedarfsmengen verwendet werden kann:

$$RC_\tau = b_\tau - \sum_{k=1}^{K} t_{bk} \cdot q_{k\tau}$$

└ Kapazitätsüberschuß in Periode τ

Schritt 2:

bestimme die früheste Periode t_c, in der die aktuelle, für Periode τ betrachtete Kombination von Losgrößen im Hinblick auf die Kapazitätsbedingung (259) unzulässig wird;
falls $t_c > T$ (Planungshorizont), setze $t_c = T+1$

Schritt 3: *Vergrößerung der Produktionsmengen*

betrachte die *Menge der Produkte*, deren Reichweite $r_{k\tau}$ nicht die Periode t_c umfaßt, und deren nächste noch nicht für die Produktion eingeplante Bedarfsmenge noch in Periode τ produziert werden kann: $M=\{k \mid r_{k\tau} < t_c - \tau\}$

- ist die Menge M leer, führe eine weitere Iteration durch;

241 vgl. Dixon/Silver (1981), S. 26-28

242 die Reichweite eines Produkts ist die Anzahl aufeinanderfolgender Periodenbedarfsmengen, für die die aktuelle Losgröße ausreicht

- andernfalls bestimme aus der Menge M das Produkt l mit der höchsten Prioritätsziffer $p_{\tau l}$ gemäß (255), d.h. das Produkt mit der größten marginalen Verringerung der Kosten pro zusätzlich eingesetzter Kapazitätseinheit[243];

  - ist die Prioritätsziffer $p_{\tau l} \geq 0$, dann ist die Vergrößerung der Reichweite des Produkt l in Periode τ, $r_{l\tau}$, um eine Periode vorteilhaft:

    setze $r_{l\tau} = r_{l\tau} + 1$

    setze $q_{l\tau} = \sum_{j=\tau}^{\tau + r_{l\tau}} d_{lj}$

    berechne den in Periode τ nun noch verbleibenden Kapazitätsüberschuß:

    $RC_{\tau} = RC_{\tau} - tb_k \cdot d_{k,\tau + r_{l\tau}}$

    gehe zu Schritt 2[244];

  - ist die Prioritätsziffer $p_{\tau l} < 0$, dann lohnt sich die Vergrößerung der Reichweite nicht, gehe zu Schritt 4.

Schritt 4:

- falls $t_c > T$, dann liegt eine zulässige Kombination von Produktionsmengen für Periode τ vor, führe eine weitere Iteration durch.

- falls $t_c \leq T$, dann liegt noch keine zulässige Kombination von Produktionsmengen für Periode τ vor; daher muß für mindestens eines der Produkte die Produktionsmenge in Periode τ erhöht werden[245], gehe zu Schritt 5;

Schritt 5:

bestimme den *Kapazitätsbedarf Q, der in Periode τ noch für zukünftige Perioden bereitzustellen ist*, damit der Produktionsplan der Periode τ im Hinblick auf alle zukünftigen Perioden $(t_c, t_c + 1, ..., T)$ zulässig ist[246]. Der Kapazitätsbedarf ergibt sich als maximale Differenz zwischen der kumulierten fehlenden Kapazität und den kumulierten bereits in Periode τ produzierten Mengen:

---

243 nur für Produkte mit einer Reichweite $r_{\tau k}$, die nicht die Periode t_c umfaßt, können noch zukünftige Bedarfsmengen vorgezogenen produziert werden

244 der Sprung zu Schritt 2 wird notwendig, da sich durch Verlängerung der Reichweite des gerade betrachteten Produkts l und die damit verbundene Änderung des Produktionsplans der Periode τ der Wert von t_c verändert haben kann.

245 d.h. es müssen Bedarfsmengen aus späteren Perioden in der Periode τ auf Vorrat produziert werden

246 siehe Gleichung (259)

$$Q = \max_{t_c \le t \le T} \left[\sum_{j=\tau+1}^{t} (CF_j - CV_{\tau j}) \right]$$

- $CV_{\tau j}$: in Periode τ produzierte Menge für Periode j[247]
- CF_j: fehlende Kapazität in Periode j

Schritt 6:

betrachte die Produkte, deren Reichweite nicht bis zur Periode t_c reicht:

- erhöhe probeweise für Produkt k die Reichweite entweder um eine Periode oder um soviel, wie der Kapazitätsbedarf Q in Periode τ erzwingt:

$$r_{k\tau neu} = \min \{ r_{k\tau}+1, \; r_{k\tau}+Q/(d_{k,r_{k\tau}+1}) \}$$

- $r_{k\tau}+1$: Erhöhung um mindestens eine Periode notwendig
- $r_{k\tau}+Q/(d_{k,r_{k\tau}+1})$: die Reichweite muß um weniger als eine Periode erhöht werden

berechne unter Verwendung der Reichweite $r_{k\tau neu}$ für jedes Produkt jeweils den marginalen Anstieg[248] der Kosten pro zusätzlich eingesetzter Kapazitätseinheit gemäß Beziehung (255):

$$\Delta_k = p_{\tau k} = [k^{Per}_{\tau,\tau+r_{k\tau}} - k^{Per}_{\tau,\tau+r_{k\tau neu}}]/[tb_k \cdot d_{k,\tau+r_{k\tau neu}}]$$

- erhöhe die Produktionsmenge für das Produkt k mit dem geringsten Wert für Δ_k; dabei werden W zusätzliche Kapazitätseinheiten der Periode τ verbraucht; errechne die noch bereitzustellende Kapazität: Q: = Q-W;

falls Q > 0, wiederhole Schritt 6; andernfalls führe eine weitere Iteration durch.

Ende des Verfahrens DIXON

Nach Beendigung des Verfahrens liegt eine zulässige Lösung des dynamischen Mehrprodukt-Losgrößenproblems mit Kapazitätsbeschränkungen vor. Durch zusätzliche Maßnahmen (z.B. Elimimierung eines Loses, Zusammenfassung zweier Lose) kann versucht werden, diese Lösung weiter zu verbessern[249].

---

247 ausgedrückt in Kapazitätseinheiten

248 In Schritt 4 wurde festgestellt, daß die Vergrößerung der Reichweiten der jetzt noch betrachteten Produkte nur noch zu Kostenerhöhungen führt.

249 vgl. Dixon/Silver (1981), S. 25-26

Das Verfahren von *Dixon* soll anhand eines Beispiels mit zwei Produkten erläutert werden. Die Bedarfsmengen für einen Planungszeitraum von vier Perioden sind in Bild 108 wiedergegeben.

t	1	2	3	4
d_1	110	49	0	82
d_2	48	75	15	120

Bild 108: Bedarfsmengen

Die Produkte werden auf einer Maschine mit Rüstkosten $s_1 = 100$ und $s_2 = 50$ hergestellt. Die Lagerkostensätze betragen $h_1 = 4$ und $h_2 = 1$. Die Maschine steht mit einer konstanten Periodenkapazität von $b_t = 160$ Stunden zur Verfügung. Die Stückbearbeitungszeiten betragen für beide Produkte $tb_k = 1$ Stunde.

Beispiel zum Verfahren DIXON

Iteration $\tau = 1$:

Schritt 1:

Bestimmung einer Startlösung

$r_{11}=1$, $q_{11}=110$;

Reichweite und Losgröße für Produkt 1 in Periode 1

$r_{21}=1$, $q_{21}=48$

Reichweite und Losgröße für Produkt 2 in Periode 1

$RC_1=2$

Verbleibende Restkapazität in Periode 1

aktuelle (Teil-)Lösung

τ	1	2	3	4
$q_{1\tau}$	110	-	-	-
$q_{2\tau}$	48	-	-	-
RC_τ	2	160	160	160

Schritt 2:

Bestimmung der Periode, ab der der bisherige Produktionsplan unzulässig wird (t_c)

$t=2$: $\Sigma CV_{1j}=0 \geq \Sigma(CB_j-b_j)=-36$

Die Kapazität in Periode 2 (160) reicht aus, um die gesamte Bedarfsmenge der Periode 2 (124) zu produzieren. Es bleibt ein Kapazitätsüberschuß von 36.

$t=3$: $\Sigma CV_{1j}=0 \geq \Sigma(CB_j-b_j)=-181$	Die kumulierte Kapazität der Perioden 2 und 3 (320) reicht aus, um den gesamten Bedarf der Perioden 2 und 3 (139) zu produzieren. Es ein Kapazitätsüberschuß von 181.
$t=4$: $\Sigma CV_{1j}=0 \geq \Sigma(CB_j-b_j)=-139$	Die kumulierte Kapazität der Perioden 2 bis 4 (480) reicht insgesamt aus, um den gesamten Bedarf der Perioden 2 bis 3 (341) zu produzieren. Es bleibt ein Kapazitätsüberschuß von 139.
$t_c \geq T=4$	
$t_c=5$	Die vorliegenden Losgrößen in Periode 1 können produziert werden, ohne daß in den nachfolgenden Perioden (2 bis 4) ein nicht innerhalb dieser Perioden abdeckbarer Kapazitätsfehlbedarf auftritt.

Schritt 3:

Versuch, die Lose der Periode 1 zu vergrößern

$d_{12}=49 > RC_1=2$	Die Reichweite für Produkt 1 reicht nicht bis zur Periode t_c. Eine Vergrößerung der Produktionsmenge für Produkt 1 in Periode 1 wird in betracht gezogen. Aber: die Restkapazität reicht nicht aus, um den Bedarf der Periode 2 schon in Periode 1 zu produzieren.
$d_{22}=75 > RC_1=2$	Die Reichweite für Produkt 2 reicht nicht bis zur Periode t_c. Eine Vergrößerung der Produktionsmenge für Produkt 2 in Periode 1 wird in betracht gezogen. Aber: es steht nicht genügend Restkapazität zur Verfügung, um den Bedarf der Periode 2 schon in Periode 1 zu produzieren.

Iteration $\tau=2$

Schritt 1:

$r_{12}=1,\ q_{12}=49;$	Reichweite und Losgröße für Produkt 1 in Periode 2.
$r_{22}=1,\ q_{22}=75$	Reichweite und Losgröße für Produkt 2 in Periode 2.
$RC_2=36$	Verbleibende Restkapazität in Periode 2. Nach Produktion der Bedarfsmengen der Periode 2 steht noch eine Restkapazität von 36 Stunden zur Verfügung.

τ	1	2	3	4
$q_{1\tau}$	110	49	-	-
$q_{2\tau}$	48	75	-	-
RC_τ	2	36	160	160

aktuelle (Teil-)Lösung

Schritt 2:

Bestimmung der Periode, ab der der bisherige Produktionsplan unzulässig wird (t_c)

t = 3: $\Sigma CV_{2j}=0 \geq \Sigma(CB_j-b_j)=-145$

Die Kapazität der Periode 3 (160) reicht aus, um den gesamten Bedarf der Periode 3 (15) zu produzieren. Es bleibt ein Kapazitätsüberschuß von 145.

t = 4: $\Sigma CV_{2j}=0 \geq \Sigma(CB_j-b_j)=-103$

Die kumulierte Kapazität der Perioden 3 und 4 (320) reicht aus, um den gesamten Bedarf der Perioden 3 und 4 (217) zu produzieren. Es bleibt ein Kapazitätsüberschuß von 103.

$t_c \geq T=4$

$t_c=5$

Die für Periode 2 eingeplanten Losgrößen können produziert werden, ohne daß in den nachfolgenden Perioden (3 bis 4) ein nicht innerhalb dieser Perioden abdeckbarer Kapazitätsfehlbedarf auftritt.

Schritt 3:

Versuch, die Lose der Periode 2 zu vergrößern

$r_{12}=2$

Da der Bedarf des Produkts 1 in Periode 3 Null ist, kann die Reichweite des Produkt 1 in Periode 2 auf $r_{12}=2$ erhöht werden.

$d_{23}=15 \leq RC_2=36$

Die Reichweite des in Periode 2 aufgelegten Loses für Produkt 2 reicht nicht bis zur Periode t_c. Daher wird überprüft, ob der Bedarf der Periode 3 noch in das Los aufgenommen werden kann. Die Restkapazität (36) reicht aus, um den Bedarf der Periode 3 in Periode 2 zu produzieren. Jetzt ist zu prüfen, ob es sich unter Kostengesichtspunkten lohnt, das in Periode 2 aufgelegte Los für Produkt 2 zu vergrößern.

$p_{23}=[(50/1)-(50+1\cdot 15)/2]/15=1.6667$

- $(50/1)$: durchschnittliche Periodenkosten ohne Erhöhung der Produktionsmenge
- $(50+1\cdot 15)/2$: durchschnittliche Periodenkosten bei Erhöhung der Produktionsmenge
- 15: Kapazitätsbedarf

Reduktion der Kosten pro zusätzlich eingesetzter Kapazitätseinheit bei Erhöhung der Produktionsmenge des Produkts 2 um den Bedarf der Periode 3. Da die Kosten sinken, ist es vorteilhaft, die Produktionsmenge für Produkt 2 in Periode 2 um den Bedarf der Periode 3 zu erhöhen. Später wird sich herausstellen, daß dies unvorteilhaft ist, da wegen der knappen Kapazität in Periode 4 ein Los in Periode 3 aufgelegt werden muß. Dabei bleibt soviel Kapazität übrig, daß auch noch der Bedarf der Periode 3 produziert werden kann. Aufgrund dieser Überlegungen wird die soeben getroffene Erhöhung der Produktionsmenge in Periode 2 später wieder rückgängig gemacht.

$l=2$ Index des Produkts, für das die in Periode 2 verbliebene Restkapazität verwendet wird.

$r_{22}=2$ Neue Reichweite für Produkt 2 in Periode 2

$q_{22}=90$ Neue Losgröße für Produkt 2 in Periode 2

$RC_2=21$ Verbleibende Restkapazität in Periode 2

aktuelle (Teil-)Lösung

τ	1	2	3	4
$q_{1\tau}$	110	49	-	-
$q_{2\tau}$	48	90	-	-
RC_τ	2	21	160	160

Schritt 2:

Bestimmung der Periode, ab der der soeben ermittelte Produktionsplan unzulässig wird (t_c)

$t=3$: $\Sigma CV_{2j}=15 \geq \Sigma(CB_j-b_j)=-145$

Die Kapazität der Periode 3 (160) reicht aus, um den gesamten Bedarf der Periode 3 (15) zu produzieren. Es bleibt ein Kapazitätsüberschuß von 145. In Periode 2 werden bereits 15 Einheiten vorab produziert.

$t=4$: $\Sigma CV_{2j}=0 \geq \Sigma(CB_j-b_j)=-103$

Die kumulierte Kapazität der Perioden 3 und 4 (320) reicht aus, um den gesamten Bedarf der Perioden 3 und 4 (217) zu produzieren. Es bleibt ein Kapazitätsüberschuß von 103.

$t_c \geq T=4$

$t_c=5$

Die für Periode 2 eingeplanten Produktionsmengen können produziert werden, ohne daß in den nachfolgenden Perioden (3 bis 4) ein nicht innerhalb dieser Perioden abdeckbarer Kapazitätsfehlbedarf auftritt.

Schritt 3:

Versuch, die Lose der Periode 2 weiter zu vergrößern

$d_{14}=82 > RC_2=21$

Der Bedarf der Periode 4 für Produkt 1 ist größer als die Restkapazität. Daher kann die Losgröße für Produkt 1 in Periode 2 nicht erhöht werden.

$d_{24}=120 > RC_2=21$

Der Bedarf der Periode 4 für Produkt 2 ist größer als die Restkapazität. Daher kann die Losgröße für Produkt 2 in Periode 2 nicht vergrößert werden.

Iteration $\tau=3$:

Schritt 1:

$r_{13}=1,\ q_{13}=0;$

Reichweite und Produktionsmenge für Produkt 1 in Periode 3. In Periode 3 liegt kein Bedarf für Produkt 1 vor.

$r_{23}=1,\ q_{23}=0;$

Reichweite und Produktionsmenge für Produkt 2 in Periode 3. Der Bedarf der Periode 3 wird bereits in Periode 2 produziert.

$RC_3=160$

Verbleibende Restkapazität in Periode 3

Schritt 2:

Bestimmung der Periode tc, ab der der zuletzt ermittelte Produktionsplan unzulässig wird

$t=4$: $\Sigma CV_{3j}=0 < \Sigma(CB_j-b_j)=42$

Die in Periode 4 fehlende Kapazität (42) ist größer als die Menge, die bereits durch Produktion in Periode 3 (0) abgedeckt wird. Werden nicht mindestens 42 Mengeneinheiten des Bedarfs der Periode 4 früher (in Periode 3) produziert, dann kann keine zulässige Lösung erreicht werden.

$t_c=4$

Daher liegt nun die Situation vor, daß die Produktionsmengen in Periode $\tau=3$ erhöht werden müssen, damit der Kapazitätsfehlbedarf in Periode 4 abgedeckt werden kann.

Schritt 3:

Versuch, die Lose der Periode 3 zu vergrößern

$p_{31}=[(100/1)-(100+4\cdot82)/2)]/82=-1.3902$

Pro zusätzlicher für Produkt 1 eingesetzter Kapazitätseinheit in Periode 3 steigen die Kosten um 1.3902.

p_{32}=[(50/1)-(50+1·120)/2)]/120=-0.2917

Pro zusätzlicher für Produkt 2 eingesetzter Kapazitätseinheit steigen die Kosten um 0.2917. Da beide Kostensätze < 0 sind, lohnt sich die Erhöhung der Produktionsmengen der Periode $\tau=3$ aus Kostengründen nicht. Weiter bei Schritt 4.

Schritt 4:

Prüfung, ob zulässiger Produktionsplan vorliegt

Weiter bei Schritt 5, da t_c=4

Es liegt noch kein zulässiger Produktionsplan vor.

Schritt 5:

Bestimmung der noch in Periode 3 für spätere Perioden bereitzustellenden Kapazität

Q=42

Da in Periode 4 insgesamt 42 Kapazitätseinheiten fehlen, müssen diese in Periode 3 bereitgestellt werden.

Schritt 6:

r_{13neu}=1+42/82 =1.51

Wird der Kapazitätsbedarf durch Produktion des Produkts 1 abgedeckt, dann muß die Reichweite des in Periode 3 aufzulegenden Loses mindestens 1.51 betragen.

r_{23neu}=1+42/120=1.35

Wird der Kapazitätsbedarf durch Produktion des Produkts 2 abgedeckt, dann muß die Reichweite des in Periode 3 aufzulegenden Loses mindestens 1.35 betragen.

Δ_{31}=[(100/1)-(100+4·82/2)/1.51]/82 = -2.2321

Anstieg der Kosten pro zusätzlich eingesetzter Kapazitätseinheit bei Produktion von Produkt 1.

Δ_{32}=[(50/1)-(50+1·120)/2)/1.35]/120 = -0.6327

Anstieg der Kosten pro zusätzlich eingesetzter Kapazitätseinheit bei Produktion von Produkt 2.
Die Erhöhung der Produktionsmenge des Produkts 2 ist mit dem geringsten Kostenanstieg verbunden.

r_{23}=1.35, q_{23}=42;

Neue Reichweite und Losgröße für Produkt 2 in Periode 3. Der restliche Bedarf des Produkts 2 in Periode 4 wird durch ein Los in Periode 4 gedeckt. Dadurch wird erreicht, daß die Lagerungskosten so gering wie möglich steigen.

τ	1	2	3	4
$q_{1\tau}$	110	49	-	-
$q_{2\tau}$	48	90	42	-
RC_τ	2	21	118	160

aktuelle (Teil-)Lösung

$Q=0$

Die Produktionsmengen in Periode 3 sind zulässig. Ein weiterer schon in Periode 3 zu dekkender Kapazitätsbedarf aus späteren Perioden besteht nicht.

Iteration $\tau=4$:

Schritt 1:

$r_{14}=1,\ q_{11}=82;$ Reichweite und Losgröße für Produkt 1 in Periode 4

$r_{24}=1,\ q_{21}=78$ Reichweite und Losgröße für Produkt 2 in Periode 4

$RC_4=0$ Verbleibende Restkapazität in Periode 4

aktuelle (Teil-)Lösung

τ	1	2	3	4
$q_{1\tau}$	110	49	-	82
$q_{2\tau}$	48	90	42	78
RC_τ	2	21	118	0

Schritt 2:

$t_c=5$ Das Ende des Planungshorizont ist erreicht. STOP.

Ende der Beispiels zum Verfahren DIXON

Die vorliegende Lösung kann noch weiter verbessert werden. So ist z.B. eine Verbesserung dadurch möglich, daß überprüft wird, ob alle Produktmengen so spät wie möglich produziert werden. Dies ist für die Bedarfsmengen des Produkts 2 in Periode 3 nicht der Fall. Wir ändern den Produktionplan durch Verschiebung dieser Mengen in Periode 3. Die optimale Lösung ist in Bild 109 dargestellt.

τ	1	2	3	4
$q_{1\tau}$	110	49	-	82
$q_{2\tau}$	48	75	57	78
RC_τ	2	36	103	0

Bild 109: optimale Produktionsmengen

Über einen praktischen Anwendungsfall des Verfahrens von Dixon berichten *Van Wassenhove und Vanderhenst*[250]. *Günther* beschreibt eine Anwendung des Verfahrens von Dixon, in der die Kapazitätsschranke als Entscheidungsparameter verwendet wurde, mit dem Ziel, eine möglichst gleichmäßige Auslastung der Kapazität zu erreichen[251].

Die publizierten Ergebnisse von numerischen Untersuchungen verschiedener heuristischer Verfahren zur Lösung des betrachteten Mehrprodukt-Losgrößenproblems mit Kapazitätsbeschränkungen (einschl. des Verfahrens von *Dixon*) zeigen, daß mit dem Verfahren von *Dixon* i.d.R. eine sehr gute Lösungsqualität erreichbar ist[252].

43322. Das Verfahren von Bahl

Das Verfahren von *Bahl*[253] baut auf einem bereits 1958 von Manne vorgetragenen Ansatz der mathematischen Programmierung auf. Die Grundidee des Verfahrens besteht darin, eine endliche Menge von produktbezogenen Produktionsplänen mit jeweils unterschiedlichen Produktionszyklen zu erzeugen und diese als Entscheidungsalternativen in einem Modell der linearen Programmierung zusammenzufassen. Für jedes Produkt k werden mehrere Produktionspläne j ($j \in J_k$) entwickelt. Ist ein Produktionsplan für den gesamten Planungshorizont definiert, dann lassen sich die damit verbundenen Kosten sowie die Belastung der Produktionsfaktoren in den einzelnen Planungsperioden leicht ermitteln. Die Nebenbedingungen des LP-Modell enthalten die Kapazitätsrestriktionen der knappen Produktionsfaktoren. Eine vereinfachte Form des von *Bahl* formulierten LP-Modells lautet wie folgt[254]:

250 vgl. Van Wassenhove/Vanderhenst (1983)

251 vgl. Günther (1987a)

252 vgl. z.B. die Ergebnisse von Thizy/Wassenhove (1985); Günther (1987b)

253 vgl. Bahl/Ritzman (1984)

254 Bahl und Ritzman berücksichtigen die Möglichkeit, durch Überstunden die Periodenkapazität eines Produktionsfaktors zu erweitern; vgl. auch Bahl (1983); Bahl/Ritzman (1984)

$$(260)\quad \text{Min} = \sum_{k=1}^{K} \sum_{j \in J_k} c_{kj} \cdot \gamma_{kj}$$

- c_{kj}: Kosten des Produktionsplans j für Produkt k
- J_k: Menge der für Produkt k entwickelten Produktionspläne

u.B.d.R.

$$(261)\quad \sum_{k=1}^{K} \sum_{j \in J_k} t_{jst} \cdot \gamma_{kj} \le b_{st} \qquad s=1,2,\ldots,S;\ t=1,2,\ldots,T$$

- t_{jst}: Kapazitätsbelastung des Produktionsfaktors s durch den Produktionsplan j des Produkts k in Periode t

$$(262)\quad \sum_{j \in J_k} \gamma_{kj} = 1 \qquad k=1,2,\ldots,K$$

$$(263)\quad \gamma_{kj} = \{0,1\} \qquad k=1,2,\ldots,K;\ j \in J_k$$

Es bedeuten:

b_{st}	Kapazität des Produktionsfaktors s in Periode t
c_{kj}	Kosten der Produktionsplans j für Produkt k
γ_{kj}	binäre Variable, die den Wert 1 annimmt, wenn Produktionsplan j für Produkt k gewählt wird
J_k	Menge der für Produkt k betrachteten Produktionsplanalternativen
t_{jst}	Kapazitätsbelastung des Produktionsfaktors s in Periode t durch den Produktionsplan j (dieser ist eindeutig einem Produkt k zugeordnet)

Das Problem (260)-(263) ist ein **binäres Optimierungsproblem** mit den Entscheidungsvariablen γ_{kj}. Rüstvorgänge (insb. Rüstzeiten), Losgrößen und Lagermengen werden implizit durch die Zuordnung zu einer spezifizierten Produktionsplanalternative erfaßt. Die Nebenbedingungen (261) stellen sicher, daß die in Periode t verfügbare Kapazität der Produktionsfaktoren nicht überschritten wird. Die Gleichungen (262) gewährleisten, daß für jedes Produkt k genau ein Produktionsplan ausgewählt wird.

Zur Lösung des Problems könnten prinzipiell Standardalgorithmen der binären Optimierung eingesetzt werden. Wegen der hohen Anzahl von Binärvariablen ist dies jedoch in der praktischen Anwendung zu aufwendig. Deshalb vernachlässigen *Bahl und Ritzman* die Ganzzahligkeitsbedingungen und lösen das Problem durch Einsatz eines Standardverfahren der linearen (kontinuierlichen) Optimierung. Die Binärvariablen werden dann auf- bzw. abgerundet.

Die mit diesem Verfahren erreichbare Lösungsqualität wird vor allem durch die Qualität der generierten und im LP-Ansatz zur Auswahl gestellten Produktionsplanalternativen beeinflußt. Darüberhinaus ist die Rundung der in der optimalen kontinuierlichen Lösung nicht-ganzzahligen Binärvariablen eine Fehlerquelle. Diese Fehlerquelle verliert jedoch an Gewicht, je größer die Anzahl der Produkte K im Vergleich zum

Produkt aus der Länge des Planungshorizontes T und der Anzahl knapper Produktionsfaktoren S ist[255].

Der beschriebene Lösungsansatz der Mehrprodukt-Losgrößenproblems bildet eine Komponente eines heuristischen Verfahrens zur kurzfristigen Produktionsprogrammplanung, Materialbedarfs- und Losgrößenplanung[256].

Vertiefende Literatur zu Abschnitt 433:

Bahl (1980)
Bahl/Ritzman (1984)
De Bodt/Gelders/Van Wassenhove (1984)
Dixon/Silver (1981)
Gelders/Van Wassenhove/Maes (1986)
Günther (1987a)
Günther (1987b)
Lambrecht/Vanderveken (1979)
Maes/Van Wassenhove (1986a)
Maes/Van Wassenhove (1986b)
Newson (1975)
Thizy/Van Wassenhove (1985)

255 vgl. Van Wassenhove/Maes (1984)
256 vgl. Bahl/Ritzman (1984)

434. Das dynamische mehrstufige Mehrprodukt-Losgrößenproblem

4341. Grundsätzliche Überlegungen

Die bisherigen Ausführungen waren auf einstufige Erzeugnis- und Prozeßstrukturen beschränkt. In der betrieblichen Praxis sind jedoch mehrstufige und mehrteilige Erzeugnis- und Prozeßstrukturen vorherrschend. Während wir bei der Darstellung des Erzeugniszusammenhangs[257] vor allem auf die **mengenmäßige Zusammensetzung der Endprodukte aus Baugruppen und Einzelteilen** abgestellt haben, sind nun auch die Strukturen der Produktionsprozesse zu berücksichtigen. Die im Zusammenhang mit der Materialbedarfsplanung verwendete **produktbezogene** Darstellung des Erzeugniszusammenhangs dient vor allem der mengenmäßigen Ermittlung der Sekundärbedarfe. Für die Produktionsplanung (Losgrößenbestimmung und Terminplanung) ist diese Darstellungsweise aber oft zu hoch aggregiert. Vielmehr ist es notwendig, als kleinste Planungseinheiten die **einzelnen Arbeitsgänge**, die an den Produkten auszuführen sind, zu betrachten[258]; denn nicht ein Erzeugnis, sondern ein Arbeitsgang nimmt Betriebsmittelkapazitäten in Anspruch. Setzt sich ein erzeugnisbezogener Arbeitsplan darüberhinaus aus mehreren Arbeitsgängen zusammen, dann belegen diese häufig unterschiedliche Betriebsmittel. Da bei der Bestimmung von Fertigungsauftragsgrößen (Losgrößen) aber immer **betriebsmittelbezogene Rüstkosten** (bzw. Rüstzeiten) gegenüber Lagerungskosten abgewogen werden, kann nur in einer arbeitsgangbezogenen Darstellung die detaillierte Kapazitätsbelegung berücksichtigt werden.

Eine **arbeitsgangbezogene** Darstellung der Erzeugnis- und Prozeßstruktur ist in Bild 110 dargestellt. Rechtecke stellen die **Erzeugnisse** dar. Ein Pfeil zwischen zwei Rechtecken symbolisiert die unmittelbaren mengenmäßigen **Input-Output-Beziehungen** zwischen den betroffenen Erzeugnissen. Kreise innerhalb eines Rechtecks repräsentieren die zur Produktion eines Erzeugnisses notwendigen **Arbeitsgänge**. Die Menge aller Kreise in einem Erzeugnisrechteck beschreibt den **Arbeitsplan** dieses Erzeugnisses. Untereinander verschachtelt dargestellte Rechtecke beschreiben die periodisierten absatzbestimmten Bedarfsmengen eines Erzeugnisses. Durch gestrichelte Linien werden die Betriebsmittelzuordnungen der einzelnen produktbezogenen Arbeitsgänge kenntlich gemacht.

---

257 vgl. Abschnitt 41

258 Eine arbeitsgangbezogene Darstellung der Produktionsstruktur wird auch im Produktionsplanungs- und -steuerungssystem OPT verwendet; vgl. z.B. Fox (1983); vgl. auch Aquilano/Smith (1980); Scheer (1978); Smith (1980)

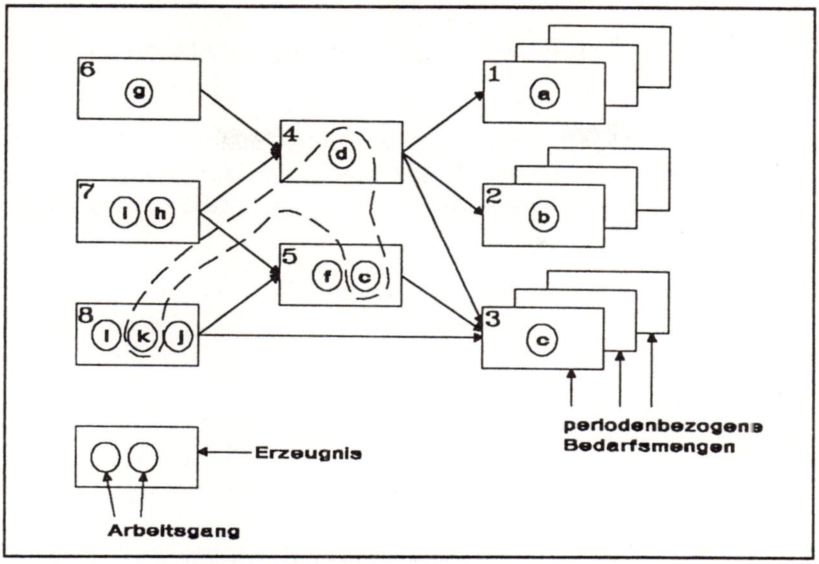

Bild 110: Arbeitsgangsbezogene Darstellung einer generellen Erzeugnisstruktur

Die in der Literatur vorliegenden Untersuchungen zum Problem der Bestimmung von Losgrößen im Rahmen der Materialwirtschaft (insb. in der Materialbedarfsrechnung) beziehen sich i.a. auf Erzeugnisse als kleinste betrachtete Einheiten. Diese Vorgehensweise basiert auf der Annahme, daß man die linear aneinandergereihten an einem Teil vorgenommenen *Bearbeitungsoperationen* (Arbeitgänge) zu einem komplexen erzeugnisbezogenen Bearbeitungsprozeß *aggregieren* und die Rüstkosten für die einzelnen Arbeitsgänge zu einem erzeugnisbezogenen Rüstkostenblock addieren kann. Das ist jedoch nur möglich, wenn nicht mehrere Erzeugnisse auf denselben Betriebsmitteln bearbeitet werden. Nur unter dieser Voraussetzung kann ein Mehrprodukt-Losgrößenproblem in mehrere voneinander unabhängige Einprodukt-Losgrößenprobleme zerlegt werden[259].

4342. Modellformulierungen

In der Literatur sind zahlreiche Modellformulierungen des dynamischen mehrstufigen Losgrößenproblems vorgeschlagen worden[260]. Im folgenden sollen für unterschiedliche Erzeugnisstrukturen einige Formulierungen diskutiert werden.

259 vgl. z.B. Moily (1986)

260 vgl. z.B. Billington/McClain/Thomas (1983); DeBodt/Gelders/Van Wassenhove (1984); Rao (1981)

43421. Generelle Erzeugnis- und Prozeßstruktur

Das Problem der deterministischen Materialbedarfs- und Losgrößenplanung kann durch folgendes quantitative Entscheidungsmodell abgebildet werden, wobei als Produkte die nach den einzelnen Arbeitsgängen vorliegenden **Zwischenprodukte** betrachtet werden[261]:

Modell GEN$_V$:

$$(264)\quad \text{Min } Z = \sum_{t=1}^{T} \sum_{k=1}^{K} p_{kt} \cdot q_{kt} + h_{kt} \cdot y_{kt} + s_{kt} \cdot x_{kt}$$

q_{kt}: Losgröße für Arbeitsgang k zu Beginn der Periode t

y_{kt}: Lagerbestand nach Arbeitsgang k am Ende der Periode t

x_{kt}: Rüstvariable für Arbeitsgang k in Periode t

u.B.d.R.

Lagerbilanzgleichung für Zwischenprodukt k in Periode t:

$$(265)\quad y_{k,t-1} + q_{k,t-z(k)} - \sum_{i \in N_k} a_{ki} \cdot q_{it} - y_{kt} = d_{kt} \qquad k=1,2,\ldots,K;\ t=1,2,\ldots,T$$

Kapazitätsrestriktion für Produktionseinheit j in Periode t:

$$(266)\quad \sum_{k \in K_j} (tb_k \cdot q_{kt} + tr_k \cdot x_{kt}) \le b_{jt} \qquad j=1,2,\ldots,J;\ t=1,2,\ldots,T$$

tb_k: Stückbearbeitungszeit für Arbeitsgang k

tr_k: Rüstzeit für Arbeitsgang k

b_{jt}: Kapazität der Produktionseinheit j in Periode t

$$(267)\quad q_{kt} - M \cdot x_{kt} \le 0 \qquad k=1,2,\ldots,K;\ t=1,2,\ldots,T$$

$$(268)\quad q_{kt} \ge 0 \qquad k=1,2,\ldots,K;\ t=1,2,\ldots,T$$

$$(269)\quad x_{kt} = \{0,1\} \qquad k=1,2,\ldots,K;\ t=1,2,\ldots,T$$

261 Bei Verwendung einer eindeutigen Zuordnung können Arbeitgänge und Zwischenprodukte im folgenden als synonym betrachtet werden.

Es bedeuten:

a_{ki}	Direktbedarfskoeffizient bezüglich Zwischenprodukt k und i
b_{jt}	verfügbare Kapazität der Produktionseinheit j in Periode t
K	Anzahl der Erzeugnisse (k = 1,2,...,K)
K_j	Menge der Arbeitsgänge, die durch die Produktionseinheit j vollzogen werden
M	große Zahl
N_k	Menge der Nachfolger des Produkts k (direkt übergeordnete Produkte bzw. nachfolgende Arbeitsgänge)
p_{kt}	variable Produktionskosten für Produkt k in Periode t d_{kt} Primärbedarf für Zwischenprodukt k in Periode t
q_{kt}	Losgröße für Arbeitsgangs k
T	Länge des Planungszeitraums in Perioden (t = 1,2,...,T)
tb_k	Stückbearbeitungszeit für Arbeitsgang k
tr_k	Rüstzeit für Arbeitsgang k
x_{kt}	binäre Rüstvariable für Arbeitsgang k in Periode t
y_{kt}	Lagerbestand für Produkt k am Ende der Periode t
z(k)	Bearbeitungszeit eines Fertigungsauftrags für Produkt k (einschl. Rüstzeit)

Die Größe z(k) bezeichnet die minimale arbeitsgangbezogene Durchlaufzeit eines Fertigungsauftrags, die niemals unterschritten wird. Mit dem Arbeitsgang k muß mindestens z(k) Zeiteinheiten vor Beginn des frühesten Nachfolgearbeitsgangs begonnen werden. Diese minimale Vorlaufzeitverschiebung z(k) ist sachlich identisch mit einem Summanden in der linken Seite der Kapazitätsrestriktion (266), sofern keine ablaufbedingten Wartezeiten berücksichtigt werden. Streng genommen ist z(k) also keine konstante Größe, wie in der obigen Formulierung angenommen, sondern eine Variable, deren Höhe von q_{kt} abhängt. Eine Formulierung des Modells, die diese Tatsache erfaßt, würde aber zu nichtlinearen Nebenbedingungen führen. Außerdem haben empirische Untersuchungen ergeben, daß die Bearbeitungszeit i.d.R. nur einen vergleichsweise geringen Anteil an der gesamten Durchlaufzeit eines Erzeugnisses in Anspruch nimmt. Man kann daher - ohne größere Verzerrungen des Problems befürchten zu müssen - die Mindestvorlaufverschiebung z(k) als eine Konstante behandeln. Diese Größe darf aber nur die Durchlaufzeit enthalten, die bei unbeschränkten Kapazitäten aller Produktionseinheiten realisierbar wäre. Alle anderen Komponenten der Durchlaufzeit eines Arbeitsgangs, insb. die Liegezeiten wegen mangelnder Bearbeitungskapazität, werden in der vorliegenden Modellformulierung durch die Kapazitätsrestriktionen (266) modellintern ermittelt[262]. Reicht die Kapazität eines Betriebsmittels in einer Periode t nicht aus, um die bezüglich der Lager- und Rüstkosten optimalen Losgrößen der Erzeugnisse zu produzieren, dann wird die Produktion (mindestens) eines Erzeugnisses (d.h. der Beginn eines Arbeitsgangs) zeitlich in eine frühere Periode τ vorgezogen[263]. Die Differenz $(t-\tau)$ entspricht dann der Wartezeit bzw. Lagerdauer der Zwischenprodukte nach Beendigung des Arbeitsgangs.

Die obige Formulierung bezieht sich auf Arbeitsgänge; denn nur auf dieser Ebene läßt sich ein Bezug zur periodenbezogenen Kapazitätsbeanspruchung an den einzelnen

262 vgl. Billington/McClain/Thomas (1983)

263 vgl. auch Abschnitt 4332

Produktionseinheiten herstellen. In der Literatur zur Losgrößenplanung wird jedoch vorwiegend eine Darstellung des Problems gewählt, in der die Kapazitätsbeschränkungen der Betriebsmittel unbeachtet bleiben[264]. Dadurch wird es möglich, die linear aneinandergereihten Arbeitsgänge eines (Zwischen-)Produkts zu einer komplexeren Einheit zu aggregieren und das Losgrößenproblem auf der Basis von Produkten zu behandeln.

Zur **Bewertung der Lagerbestände** in einer mehrstufigen Erzeugnisstruktur bieten sich zwei Möglichkeiten an. Die **erste Möglichkeit** baut auf den tatsächlichen Lagerbeständen nach den einzelnen Arbeitsgängen auf. Die Lagerbestände werden mit den vollen Lagerkostensätzen bewertet. Diese Form der Bewertung wurde auch in der obigen Modellformulierung eingesetzt. Die **zweite Möglichkeit** besteht darin, nach jedem Arbeitsgang (bzw. nach jeder Wertsteigerungsstufe) nur den Wertzuwachs der betreffenden Produktionsstufe zu betrachten. Als Mengengerüst der Kostenberechnung dient dann der **systemweite Lagerbestand** (echelon stock)[265] eines Erzeugnisses. Der systemweite Lagerbestand eines Produkts k, E_k, ist die Gesamtmenge dieses Produkts, die sich noch im Lagersystem der betrachteten Unternehmung befindet und noch nicht an Abnehmer weiterverkauft worden ist. Dabei ist es unerheblich, ob die einzelnen Mengeneinheiten noch physisch als identifizierbare Exemplare des Produkts k vorliegen oder ob sie schon in übergeordnete Erzeugnisse eingebaut worden sind und damit ihre Identität verloren haben.

Bei Verwendung der zweiten Modellierungsvariante geht man wie folgt vor. Zunächst wird der Lagerbestand des Erzeugnisses k durch den **systemweiten Lagerbestand**[266] (echelon stock), E_{kt}, ersetzt:

$$E_{kt} = y_{kt} + \sum_{j \in \Gamma_k} v_{kj} \cdot y_{jt} \qquad k=1,\ldots,K;\ t=1,2,\ldots \tag{270}$$

- $\sum_{j \in \Gamma_k} v_{kj} \cdot y_{jt}$: Menge des Erzeugnisses k, die in übergeordnete Erzeugnisse eingebaut worden ist
- y_{kt}: Menge des Erzeugnisses k, die in Periode t noch nicht in übergeordnete Teile eingegangen ist (physischer Lagerbestand)

Die Größe Γ_k bezeichnet die Menge **aller** (direkt oder indirekt) dem Erzeugnis k übergeordneten Erzeugnisse. Mit v_{kj} wird der *Verflechtungsbedarf* zwischen den Erzeugnissen k und j bezeichnet, d.h. die Stückzahl, mit der das Produkt k in einer Einheit des übergeordneten Produkts j enthalten ist[267]. Der mit Gleichung (270) beschriebene systemweite Lagerbestand des Erzeugnisses k ist gleich der gesamten Menge dieses Erzeugnisses, die an irgendeiner Stelle im betrachteten Lagersystem noch vorhan-

264 Derartige Formulierungen des Problems finden sich z.B. in Billington (1983); De Bodt/Gelders/van Wassenhove (1984); Jacobs/Khumawala (1982); McClain/Maxwell/Muckstadt/Thomas/Weiss (1982); McLaren (1977); Heinrich (1987)

265 Der Begriff echelon stock wurde von Clark und Scarf eingeführt; vgl. Clark/Scarf (1960)

266 Auf das Konzept des systemweiten Lagerbestands wird weiter unten ausführlich eingegangen werden; vgl. Abschnitt 4343231

267 vgl. auch Abschnitt 424

den ist. Dabei ist es unerheblich, ob die Mengeneinheiten des Produkts k noch physisch als solche zu erkennen sind oder ob sie bereits in andere Erzeugnisse eingebaut worden sind.

Weiterhin werden die Lagerungskosten auf den systemweiten Lagerbestand bezogen, damit Doppelbewertungen vermieden werden:

$$(271)\quad e_k = h_k - \sum_{j \in V_k} a_{jk} \cdot h_j$$

- $h_k - \sum_{j \in V_k} a_{jk} \cdot h_j$: Lagerungskosten bezogen auf den physischen Lagerbestand
- e_k: Lagerungskosten bezogen auf den systemweiten Lagerbestand

Die Größe V_k bezeichnet dabei die Menge der Indizes der **direkten Vorgänger** des Produkts k. Unter Verwendung des Konzepts des **systemweiten Lagerbestands** lautet das dynamische mehrstufige Mehrprodukt-Losgrößenproblem[268] wie folgt

Modell GEN$_e$:

$$(272)\quad \text{Min } Z = \sum_{k=1}^{K} \sum_{t=1}^{T} \underline{s_k \cdot x_{kt}} + \underline{e_k \cdot E_{kt}}$$

- $e_k \cdot E_{kt}$: Lagerungskosten bezogen auf den systemweiten Lagerbestand
- $s_k \cdot x_{kt}$: Rüstkosten

u.B.d.R.

Lagerbilanzgleichung für Produkt k in Periode t:

$$(273)\quad E_{k,t-1} + q_{k,t-z(j)} - E_{kt} - \underline{\sum_{j \in N_k} a_{kj} \cdot q_{jt}} = d_{kt} \qquad k=1,\ldots,K$$

- $\sum_{j \in N_k} a_{kj} \cdot q_{jt}$: Sekundärbedarf des Erzeugnisses k in Periode t

$$(274)\quad q_{kt} - M \cdot x_{kt} \leq 0 \qquad k=1,2,\ldots,K;\; t=1,2,\ldots,T$$

$$(275)\quad q_{kt},\; E_{kt} \geq 0 \qquad k=1,2,\ldots,K;\; t=1,2,\ldots,T$$

$$(276)\quad x_{kt} = \{0,1\} \qquad k=1,2,\ldots,K;\; t=1,2,\ldots,T$$

Es bedeuten:

a_{ki}	Direktbedarfskoeffizient bezüglich Produkt k und i
e_k	Lagerkostensatz bezogen auf den systemweiten Lagerbestand für Produkt k
E_{kt}	systemweiter Lagerbestand des Produkts k am Ende der Periode t
q_{kt}	Losgröße des Produkts k in Periode t

268 vgl. ähnlich Afentakis (1982), S. 75

s_k Rüstkosten für Produkt k
x_{kt} binäre Rüstvariable

Diese auf den systemweiten Lagerbestand bezogene Formulierung hat den Vorteil, daß sie eine sehr einfache Berechnung der Lager- und Rüstkosten ermöglicht, die mit einer gegebenen Produktionspolitik verbunden sind.

43422. Konvergierende Erzeugnis- und Prozeßstruktur

Eine konvergierende Erzeugnis- und Prozeßstruktur ist dadurch gekennzeichnet, daß jedes Erzeugnis **nur einen Nachfolger**, d.h. ein übergeordnetes Produkt hat. Eine solche Erzeugnisstruktur ist für reine **Montageprozesse** typisch. Das mehrstufige dynamische Losgrößenproblem für eine konvergierende Erzeugnisstruktur kann wie folgt dargestellt werden[269]:

Modell KON_v:

(277) $$\text{Min } Z = \sum_{k=1}^{K} \sum_{t=1}^{T} \underbrace{s_k \cdot x_{kt}}_{\text{Rüstkosten}} + \underbrace{h_k \cdot y_{kt}}_{\text{Lagerungskosten}}$$

u.B.d.R.

Lagerbilanzgleichung für das Enderzeugnis 1:

(278) $$y_{1,t-1} + q_{1t} - y_{1t} = d_{1t} \qquad t=1,2,...,T$$

Lagerbilanzgleichung für die untergeordneten Erzeugnisse:

(279) $$y_{k,t-1} + q_{kt} - y_{kt} - \underbrace{a_{k,n(k)} \cdot q_{n(k),t}}_{\text{Sekundärbedarf des Erzeugnisses k in Periode t}} = 0 \qquad k=2,3,...,K$$

(280) $$q_{kt} - M \cdot x_{kt} \le 0 \qquad k=1,2,...,K; \; t=1,2,...,T$$

(281) $$q_{kt}, \; y_{kt} \ge 0 \qquad k=1,2,...,K; \; t=1,2,...,T$$

(282) $$x_{kt} = \{0,1\} \qquad k=1,2,...,K; \; t=1,2,...,T$$

269 vgl. Afentakis/Gavish/Karmarkar (1984); Crowston/Wagner (1973)

Es bedeuten:

a_{ki}	Direktbedarfskoeffizient bezüglich Produkt k und i
h_k	Lagerkostensatz für Produkt k
$n(k)$	Index des dem Produkt k direkt übergeordneten Erzeugnisses (einziger Nachfolger)
q_{kt}	Losgröße des Produkts k in Periode t
s_k	Rüstkostensatz für Produkt k
x_{kt}	binäre Rüstvariable
y_{kt}	Lagerbestand des Produkts k am Ende der Periode t

Primärbedarf tritt nur für das Endprodukt auf. Auf die Berücksichtung von Durchlaufzeiten wird verzichtet, da die zeitliche Struktur des Produktionsprozesses nach Ermittlung der optimalen Lösung problemlos durch entsprechende Rückwärtsterminierung der Losauflagen erfaßt werden kann.

Afentakis, Gavish und Karmarkar[270] formulieren das Problem unter Verwendung des systemweiten Lagerbestands, um ein effizientes Branch&Bound-Verfahren zu seiner Lösung zu entwickeln, in dessen Verlauf eine Zielfunktionsuntergrenze (lower bound) durch das Verfahren der Lagrange'schen Relaxation bestimmt werden soll. Sie formulieren daher zunächst das obige Modell in eine äquivalente Formulierung um, die sich für die Anwendung der Lagrange'schen Relaxation besser eignet. Unter Verwendung des systemweiten Lagerbestands lautet das dynamischen Mehrprodukt-Losgrößenproblem für eine konvergierende Erzeugnisstruktur:

Modell KON$_e$:

(283) $$\text{Min } Z = \sum_{k=1}^{K} \sum_{t=1}^{T} \underbrace{s_k \cdot x_{kt}}_{\text{Rüstkosten}} + \underbrace{e_k \cdot E_{kt}}_{\text{Lagerungskosten bezogen auf den systemweiten Lagerbestand}}$$

u.B.d.R.

Lagerbilanzgleichung für das Erzeugnis k:

(284) $$E_{1,t-1} + q_{1t} - E_{1t} = \underbrace{v_{k1} \cdot \overbrace{d_{1t}}^{\text{Primärbedarf des Endprodukts 1 in Periode t}}}_{\text{Gesamtbedarf für Erzeugnis k in Periode t}} \qquad k=1,2,\ldots,K;\; t=1,2,\ldots,T$$

(285) $$\underbrace{a_{k,n(k)}}_{\text{Direktbedarfskoeffizient}} \cdot E_{n(k),t} - E_{kt} \leq 0 \qquad k=1,2,\ldots,K;\; t=1,2,\ldots,T$$

270 vgl. Afentakis/Gavish/Karmarkar (1984)

(286) $q_{kt} - M \cdot x_{kt} \leq 0$ $\quad k=1,2,...,K; \; t=1,2,...,T$

(287) $q_{kt}, E_{kt} \geq 0$ $\quad k=1,2,...,K; \; t=1,2,...,T$

(288) $x_{kt} = \{0,1\}$ $\quad k=1,2,...,K; \; t=1,2,...,T$

Es bedeuten:

a_{ki}	Direktbedarfskoeffizient bezüglich Produkt k und i
d_{1t}	Primärbedarf des Endprodukts 1 in Periode t
e_k	Lagerkostensatz bezogene auf den systemweiten Lagerbestand für Produkt k
E_{kt}	systemweiter Lagerbestand des Produkts k am Ende der Periode t
$n(k)$	Index des dem Produkt k direkt übergeordneten Erzeugnisses (einziger Nachfolger)
q_{kt}	Losgröße des Produkts k in Periode t
s_k	Rüstkosten für Produkt k
x_{kt}	binäre Rüstvariable

Aufgrund der vollzogenen Transformation kann nun der Sekundärbedarf eines jeden untergeordneten Teils mit Hilfe des Verflechtungsbedarfskoeffizienten direkt aus dem Primärbedarf d_{1t} des (einzigen) Enderzeugnisses 1 abgeleitet werden. Soll der Primärbedarf des Enderzeugnisses 1 in Periode t erfüllt werden, dann muß die Menge des Teils k zu Beginn der Periode t entweder am Lager k vorrätig sein oder in der Periode t neu produziert werden oder schon in übergeordnete Erzeugnisse eingebaut sein.

Die beiden dargestellten Formulierungen des Mehrprodukt-Losgrößenproblems für konvergierende Erzeugnisstrukturen sind äquivalent, d.h. sie führen zu denselben optimalen Lösungen. Für die **optimale Lösung** beider Modellformulierungen gelten folgende **Eigenschaften**:

a) Eine Produktion für Erzeugnis k erfolgt nur dann, wenn der Lagerbestand des Erzeugnisses auf Null gesunken ist, d.h. es muß gelten[271]

   (289) $q_{kt} \cdot E_{k,t-1} = 0$ $\quad k=1,2,...,K; \; t=1,2,...,T$

b) Erzeugnis k wird in Periode t nur dann produziert, wenn auch sein direkter Nachfolger n(k) in Periode t produziert wird[272].

   (290) wenn $q_{kt}>0$, dann $q_{n(k),t}>0$ $\quad k=2,3,...,K; \; t=1,2,...,T$

Wegen der Eigenschaft a) kann das Problem in K Probleme der Bestimmung des kostengünstigsten Wegs zerlegt werden[273], **zwischen deren zulässigen Lösungen be-**

271 Diese Bedingung wurde von Zangwill für eine lineare Erzeugnis- und Prozeßstruktur auf der Grundlage einer graphentheoretischen Problemdarstellung formuliert; vgl. Zangwill (1969); vgl. auch Veinott (1969); Crowston/Wagner (1973); vgl. auch Beziehung (207) in Abschnitt 4321.

272 Diese Eigenschaft wird "nested schedule property" genannt; bei generellen Erzeugnisstrukturen gilt diese Eigenschaft nur noch im Hinblick auf mindestens ein Nachfolgeprodukt; vgl. Afentakis (1982); Heinrich verwendet diese Eigenschaft in seinem heuristischen Verfahren zur Erzeugung einer Basisproduktionspolitik; vgl. hierzu Abschnitt 43432322

273 vgl. Afentakis/Gavish/Karmarkar (1984), S. 227

stimmte Beziehungen bestehen müssen. Diese Beziehungen werden durch die Eigenschaft b) beschrieben. Betrachten wir zur Veranschaulichung dieser Eigenschaften die in Bild 111 dargestellte Erzeugnisstruktur mit einem Endprodukt und zwei Einzelteilen:

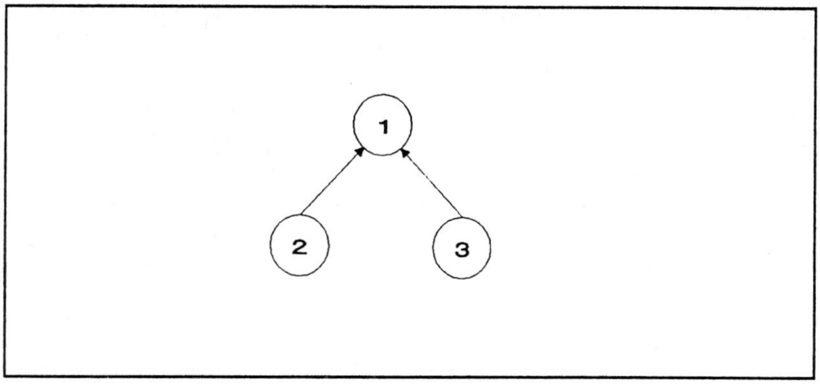

Bild 111: Konvergierende Erzeugnisstruktur

Vernachlässigen wir zunächst einmal die Beziehungen zwischen den Erzeugnissen, dann kann für jedes Erzeugnis k ein dynamisches Einprodukt-Losgrößenproblem identifiziert werden, das auch als Problem des kostengünstigsten Weges von einem Startknoten 0 zu einem Endknoten T darstellbar ist. Für das Erzeugnis 3 kann z.B. bei einem Planungshorizont von T=3 das in Bild 112 wiedergegebene Netzwerk[274] "durch die Zeit" entwickelt werden:

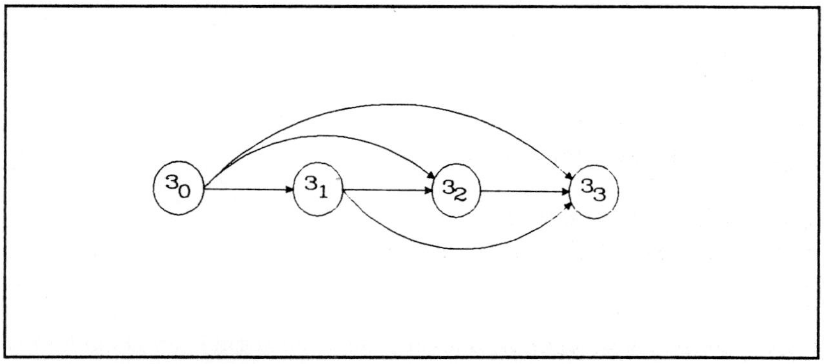

Bild 112: Losgrößen-Netzwerk für Erzeugnis 3

Die Pfeile zwischen diesen Knoten beschreiben die Reichweiten der Losgrößen. Die "Benutzung" eines Pfeils verursacht Rüstkosten und Lagerkosten. Allgemein gilt für

274 vgl. auch Abschnitt 4321

den Pfeil von Knoten k_t zum Knoten k_{t+j}: die Losgröße entspricht der Zusammenfassung der Bedarfsmengen der Perioden $t+1, t+2, \ldots, t+j$ zu einem Los, das zu Beginn der Periode $t+1$ produziert bzw. fertiggestellt wird.

Ein solches Netzwerk kann für jedes Erzeugnis k formuliert werden. Die optimale Lösung des dynamischen Losgrößenproblems entspricht dann dem kostenminimalen (kürzesten) Weg zwischen dem Knoten k_0 und dem Knoten k_T. Eine zulässige Lösung eines solchen isolierten Einproduktproblems wird durch die sortierte (Index-)Menge der Knoten beschrieben, die auf dem kostengünstigsten Weg vom Knoten k_0 zum Knoten k_T liegen. Wir bezeichnen diese erzeugnisbezogenen Indexmengen mit $H^k(T)$. So bedeutet z.B. die Indexmenge $H^3(T) = (0,2,3)$, daß für Erzeugnis 3 zu Beginn der Periode 1 (am Ende der Periode 0) ein Los fertiggestellt wird, das den Bedarf bis zur Periode 2 abdeckt und daß zu Beginn der Periode 3 (am Ende der Periode 2) ein Los aufgelegt wird, das den Bedarf der Periode 3 umfaßt. Für jedes Erzeugnis k kann die Lösung des isolierten dynamischen Losgrößenproblems durch eine solche Indexmenge dargestellt werden.

Die Erzeugnisse sind nun aber nicht unabhängig voneinander. So kann aufgrund der Eigenschaft b) festgestellt werden, daß nur ein Teil der erzeugnisbezogenen - isoliert betrachtet - zulässigen Lösungen auch hinsichtlich der Problems KON_e zulässig ist. Insbesondere muß aufgrund Eigenschaft b) zwischen den Lösungen der Teilprobleme für zwei benachbarte Erzeugnisse die Beziehung

(291) $H^k(T) \in H^{n(k)}(T) \qquad k=2,\ldots,K$

gelten. Das heißt, die Menge der Knoten auf dem kostengünstigsten Weg für das untergeordnete Produkt k muß eine Teilmenge der Knoten auf dem kostengünstigsten Weg für das (einzige) direkt übergeordnete Erzeugnis n(k) sein. So sind die folgenden beiden Lösungen für $k=3$ und $k=1$ sind auch bezüglich des Gesamtproblems zulässig:

(292) $H^1 = (0,1,2,3)$

(293) $H^3 = (0, \quad 2,3)$

Die Lösungen

(294) $H^1 = (0, \quad 2,3)$

(295) $H^3 = (0,1,2,3)$

dagegen verletzten die Eigenschaft b) und sind somit nicht zulässig. Denn hier wird für Erzeugnis 3 ein Los in Periode 1 fertiggestellt, obwohl kein Los des übergeordneten Erzeugnisses 1 produziert wird und damit auch kein Sekundärbedarf in der Periode 1 für das Erzeugnis 3 auftritt. Die Eigenschaft b) bezieht sich also insbesondere auf die zeitliche Abstimmung zwischen den Produktionsterminen.

Zwischen den systemweiten Lagerbeständen der Produkte k und n(k) bestehen also - wie dargestellt wurde - bestimmte Beziehungen. Diese Beziehungen lassen sich durch die Ungleichung (296) beschreiben.

$$(296)\quad a_{k,n(k)} \cdot E_{n(k),t} - E_{kt} \le 0 \qquad k=2,3,\ldots,K;\ t=1,2,\ldots,T$$

Die Bedingungen (296) verhindern, daß das Mehrprodukt-Losgrößenproblem in mehrere voneinander unabhängige Einprodukt-Probleme zerlegt werden kann, die dann mittels eines spezialisierten Verfahrens gelöst werden. Eine gebräuchliche Methode zur Behandlung solcher 'schwieriger' Nebenbedingungen besteht darin, daß man sie mit Dualvariablen (Lagrange-Multiplikatoren) $W=\{w_{kt}\}$ multipliziert und in die Zielfunktion aufnimmt. Diese Lagrange-Faktoren bestrafen die Verletzungen der Nebenbedingungen durch eine Lösung des Modells KON_e. Gesucht ist eine Lösung, bei der diese Abweichungen gleich Null sind. Die Zielfunktion lautet nun

$$(297)\quad \text{Min } Z = \sum_{k=1}^{K} \sum_{t=1}^{T} [s_{kt} \cdot x_{kt} + h_k \cdot E_{kt}]$$

$$+ \sum_{t=1}^{T} \sum_{k=1}^{K} [a_{k,n(k)} \cdot E_{n(k),t} - E_{kt}] \cdot w_{kt}$$

Den zweiten Term der Zielfunktion kann man noch weiter umformen:

$$(298)\quad \sum_{t=1}^{T} \sum_{k=1}^{K} [a_{k,n(k)} \cdot E_{n(k),t} - E_{kt}] \cdot w_{kt}$$

$$= \sum_{t=1}^{T} \sum_{k=1}^{K} [\sum_{j \in V_k} a_{jk} \cdot E_{kt} \cdot w_{jt} - E_{kt} \cdot w_{kt}]$$

$$= \sum_{t=1}^{T} \sum_{k=1}^{K} [\sum_{j \in V_k} a_{jk} \cdot w_{jt} - w_{kt}] \cdot E_{kt}$$

Damit kann das Modell nun wie folgt formuliert werden:

Modell KON_eD:

$$(299)\quad \text{Min } Z(\underline{W}) = \sum_{k=1}^{K} \sum_{t=1}^{T} [s_{kt} \cdot x_{kt} + \underbrace{(e_k + \sum_{j \in V_k} a_{jk} \cdot w_{jt} - w_{kt})}_{\text{modifizierte marginale Lagerungskosten}} \cdot E_{kt}]$$

u.B.d.R.

$$(300)\quad E_{1,t-1} + q_{1t} - E_{1t} = v_{k1} \cdot r_{1t} \qquad k=1,2,\ldots,K;\ t=1,2,\ldots,T$$

$$(301)\quad q_{kt} - M \cdot x_{kt} \le 0 \qquad k=1,2,\ldots,K;\ t=1,2,\ldots,T$$

(302) $q_{kt}, E_{kt} \geq 0$ $\qquad k=1,2,\ldots,K;\ t=1,2,\ldots,T$

(303) $x_{kt} = \{0,1\}$ $\qquad k=1,2,\ldots,K;\ t=1,2,\ldots,T$

Für gegebene Werte von $W = \{w_{kt}\}$ kann das obige Problem in K voneinander unabhängige Teilprobleme zerlegt werden, zu deren Lösung effiziente Verfahren verfügbar sind. Das Problem besteht jedoch nun darin, die optimalen Werte der Lagrange'schen Multiplikatoren zu bestimmen. Hierzu schlagen *Afentakis, Gavish und Karmarkar* ein spezialisiertes Verfahren vor, auf dessen Einzelheiten nicht weiter eingegangen werden soll[275]. Die Arbeiten an der Entwicklung eines exakten Lösungsverfahrens auf der Grundlage der obigen Problemformulierung inspirierten *Afentakis* zu der Entwicklung eines heuristischen Verfahren, das weiter unten beschrieben wird[276].

Rosling[277] erweitert die Formulierung des dynamischen Einprodukt-Losgrößenproblems auf der Grundlage des unkapazitierten Standortproblems[278] für den Fall konvergierender Erzeugnisstrukturen. Diese Formulierung führte zur Entwicklung eines außerordentlich effizienten exakten Lösungsverfahrens. Die Modellformulierung lautet:

Modell ROS:

(304) $$\text{Min } Z = \sum_{k=1}^{K} \left[\underbrace{\sum_{\tau=1}^{T} \sum_{t=\tau}^{T} [e_{\tau t} \cdot y_{k\tau t}}_{\text{Lagerungskosten für Produkt } k} + \underbrace{\sum_{\tau=1}^{T} s_k \cdot x_{k\tau}}_{\text{Rüstkosten für Produkt } k \text{ in Periode } \tau} \right]$$

u.B.d.R.

(305) $y_{k1t} - s_{k1t} = y_{n(k),1t}$

(306) $y_{k\tau t} - s_{k\tau t} + s_{k,\tau-1,t} = y_{n(k),\tau t}$ $\qquad \tau=2,3,\ldots,t-1$ $\qquad k=1,2,\ldots,K;\ t=1,2,\ldots,T$

(307) $y_{ktt} + s_{k,t-1,t} = y_{n(k),tt}$

(308) $y_{k\tau t} \leq x_{k\tau t}$ $\qquad k=1,2,\ldots,K;\ t=1,2,\ldots,T;\ \tau=1,2,\ldots,T$

(309) $s_{k\tau t} \geq 0$ $\qquad k=1,2,\ldots,K;\ t=1,2,\ldots,T;\ \tau=1,2,\ldots,T$

(310) $y_{k\tau t}, x_{k\tau t} = \{0,1\}$ $\qquad k=1,2,\ldots,K;\ t=1,2,\ldots,T;\ \tau=1,2,\ldots,T$

275 vgl. hierzu Afentakis/Gavish/Karmarkar (1984)
276 vgl. Abschnitt 43433
277 vgl. Rosling (1986)
278 vgl. Abschnitt 4321

Diese Formulierung ist eine direkte Erweiterung der entsprechenden Modellversion für das dynamische Einprodukt-Losgrößenproblem[279]. Es handelt sich um ein großes gemischt-ganzzahliges lineares Optimierungsproblem, das jedoch so umfangreich ist, daß eine Lösung mit Standardalgorithmen nicht in Frage kommt. *Rosling* schlägt zur Lösung dieses Problems ein spezialisiertes Branch&Bound-Verfahren vor, in dem die heuristische Lösung einer relaxierten Form des Modells ROS zur Bestimmung der Zielfunktionsuntergrenzen verwendet wird.

4343. Lösungsverfahren

Grundsätzlich besteht die Möglichkeit, zur Lösung der im vorangegangenen Abschnitt formulierten Losgrößenmodelle in Standardsoftwarepaketen implementierte Verfahren zur gemischt-ganzzahligen linearen Optimierung einzusetzen. Wegen der - insb. bei generellen Erzeugnisstrukturen - hohen Problemkomplexität ist diese Vorgehensweise jedoch selbst dann nicht praktikabel, wenn nur wenige Produkte und wenige Planungsperioden betrachtet werden[280]. Auch Lösungsansätze, die die spezielle Struktur der jeweiligen Modellformulierung ausnutzen, liegen zur Behandlung praktisch relevanter Problemgrößen nur in beschränktem Umfang vor. So entwickelt Rao[281] ein exaktes Lösungsverfahren für Losgrößenprobleme bei genereller Erzeugnisstruktur ohne Kapazitätsbeschränkungen, das auf dem Benders'schen Dekompositionsverfahren basiert. *Steinberg und Napier* schlagen die Formulierung des Losgrößenproblems als ein verallgemeinertes Netzwerkflußproblem mit Fixkosten vor[282], zu dessen Lösung sie ein Standardsoftwarepaket der gemischt-ganzzahligen linearen Optimierung einsetzen.

Lediglich für spezielle Erzeugnisstrukturen liegen exakte Lösungsverfahren vor, die Probleme mit praktische relevanten Größenordnungen optimal zu lösen in der Lage sind. Ein effizientes Verfahren für konvergierende Erzeugnisstrukturen schlagen *Afentakis, Gavish und Karmarkar*[283] vor. Das zum gegenwärtigen Zeitpunkt effizienteste Verfahren für konvergierende Erzeugnisstrukturen wurde von *Rosling*[284] entwickelt.

Da exakte Verfahren zur Lösung praxisrelevanter Problemstellungen nicht existieren, sind zahlreiche Versuche unternommen worden, heuristische Verfahren zu entwerfen. Diese kann man zunächst danach unterscheiden, welcher Nachfrageverlauf unter-

279 vgl. hierzu Abschnitt 4321

280 McLaren berichtet von Rechentests, in deren Verlauf Losgrößenprobleme für generelle Erzeugnisstrukturen ohne Kapazitätsbeschränkungen bei drei Produkten und sechs bis acht Planungsperioden auf einer Rechenanlage vom Typ CDC 6500 mehrere tausend Sekunden CPU-Zeit beanspruchten; vgl. McLaren (1977), S. 57

281 vgl. Rao (1981); das Verfahren von Rao erreichte für einige Losgrößenprobleme mit maximal neun Produkten und neun Perioden die optimale Lösung innerhalb von 30 Sek. CPU-Zeit auf einer Rechenanlage von Typ CYBER 74.

282 vgl. Steinberg/Napier (1980)

283 vgl. Afentakis/Gavish/Karmarkar (1984); vgl. zur Formulierung dieses Modells auch Abschnitt 43422

284 vgl. Rosling (1986)

stellt wird. Lösungsansätze auf der Basis **kontinuierlicher** Endproduktnachfrage wurden von *Crowston, Wagner und Henshaw*[285], *Schwarz und Schrage*[286], *Moily*[287], *Maxwell und Muckstadt*[288] sowie von *McClain und Trigeiro*[289] entwickelt. Da diese Verfahren auf den Fall konstanter Nachfrage mit unendlichem Planungshorizont zugeschnitten sind, sollen sie hier nicht weiter betrachtet werden[290]. Wir wollen uns vielmehr mit dem Fall **dynamisch schwankender** Endproduktnachfrage in einem endlichen Planungshorizont befassen. Verfahren für eine derartige Problemsituation lassen sich danach unterscheiden, ob sie das Mehrprodukt-Mehrperioden-Losgrößenproblem **erzeugnisorientiert** oder **periodenorientiert** zerlegen. Bevor diese Ansätze jedoch im einzelnen dargestellt werden, soll zunächst ein einfaches Verfahren der Produktaggregation beschrieben werden.

43431. Produktaggregation

Die einfachste und gröbste Methode zur Behandlung des Losgrößenproblems bei mehrstufigen konvergierenden Erzeugnisstrukturen besteht in der Aggregation der Produkte zu einem **Superprodukt**[291]. In diesem Fall werden alle Erzeugnisse zu einem Produkt zusammengefaßt. Die Rüstkosten dieses Superprodukts sind dann

$$(311)\quad s = \sum_{k=1}^{K} s_k$$

und für den Lagerkostensatz erhalten wir

$$(312)\quad h = \sum_{k=1}^{K} h_k$$

Unter Verwendung dieser Kostensätze kann nun ein **einstufiges dynamisches Losgrößenproblem** unter Einsatz eines der dafür geeigneten Verfahren gelöst werden. *Afentakis* hat dieses Heuristik anhand zahlreicher Beispiele mit der optimalen Lösung für eine konvergierende Erzeugnisstruktur verglichen. Die Kosten der ermittelten Lösungen lagen dabei im Durchschnitt nur 3.99% über den minimalen Kosten. Es ist aber offensichtlich, daß durch eine derartige Zusammenballung der Produktionsmengen

285 vgl. Crowston/Wagner/Henshaw (1972)

286 vgl. Schwarz/Schrage (1975)

287 vgl. Moily (1982)

288 vgl. Maxwell/Muckstadt (1984)

289 vgl. McClain/Trigeiro (1985)

290 Dennoch ist es u.U. möglich, Lösungsideen auf den Fall dynamisch schwankender Nachfrage zu übertragen.

291 vgl. Afentakis (1982)

sehr starke **Schwankungen der Kapazitätsbedarfe** auftreten und daß eine derartige Vorgehensweise nur selten in der Praxis einsetzbar sein wird.

43432. Erzeugnisorientierte Dekomposition

Bei der erzeugnisorientierten Dekomposition wird das K-Produkt-T-Perioden-Problem in K voneinander unabhängig bearbeitete **Einprodukt-T-Perioden-Probleme** zerlegt. Eine Abstimmung der erzeugnisbezogenen Teilprobleme erfolgt entweder nicht oder über spezielle Modifikationen der in den Teilproblemen verwendeten Kostenparameter.

434321. Isolierter Einsatz von Einprodukt-Losgrößenverfahren ohne Kostenanpassung

Die in der betrieblichen Praxis übliche Methode der Losgrößenplanung in PPS-Systemen besteht darin, daß für jedes Erzeugnis im Anschluß an die Bestimmung seines periodenbezogenen Nettobedarfs durch Einsatz eines der in Abschnitt 432 dargestellten Losgrößenverfahren Fertigungsaufträge gebildet werden. Diese Verfahren sind jedoch nur für Erzeugnisse mit unabhängigem Bedarfsverlauf geeignet; denn sie berücksichtigen nicht die zwischen den Produkten der verschiedenen Erzeugnisstufen bestehenden Interdependenzen. Es wird bei Anwendung dieser Verfahren somit implizit unterstellt, eine Losgrößenentscheidung für ein übergeordnetes Produkt könne unabhängig von den für die untergeordneten Baugruppen und Einzelteile zu bestimmenden Losgrößen getroffen werden. Wie bereits weiter oben erläutert wurde, bestehen zwischen den Erzeugnissen Interdependenzen. Vernachlässigt man diese Interdependenzen bei der Losgrößenbestimmung, dann kann das zur Folge haben, daß die minimalen Gesamtkosten, die bei theoretisch richtiger Losgrößenbestimmung erreicht werden können, erheblich überschritten werden.

In den in der betrieblichen Praxis verbreiteten EDV-gestützten Systemen zur Produktionsplanung und -Steuerung wird den Anwendern die Wahl zwischen verschiedenen Algorithmen zur Losbildung gelassen[292]. Dabei werden regelmäßig die Interdependenzen zwischen den Erzeugnissen **nicht** berücksichtigt. Als Konsequenz dieser Vorgehensweise ergibt sich eine **zeitliche Trennung von Materialbedarfsrechnung und Losgrößenbildung**. Bei Einsatz des **Dispositionsstufenverfahrens** zur Bedarfsrechnung

292 Häufig werden in PPS-Systemen lediglich die klassische Losgrößenformel, die gleitende wirtschaftliche Losgröße oder das Stückperiodenausgleichsverfahren zur Auswahl angeboten; vgl. Scheer (1980); Skutta (o.J.), S. 27

werden zunächst für die Erzeugnisse einer Dispositionsstufe die periodenspezifischen Nettobedarfsmengen ermittelt. Bevor man dann zur nächsten Dispositionsstufe übergeht, werden die Bedarfsmengen mehrerer Perioden zu einem Los zusammengefaßt.

Das mehrstufige Losgrößenproblem für K Erzeugnisse bei abhängigem Bedarf wird in der Praxis also in K voneinander unabhängig behandelte Einprodukt-Losgrößenprobleme für unabhängigen Bedarf zerlegt. Diese Vorgehensweise kann zu erheblichen Kostenerhöhungen im Vergleich zu einer abgestimmten Festlegung der Losgrößen führen. Die Lösungsqualität nimmt dabei mit zunehmender Tiefe der Erzeugnisstruktur ab. In den veröffentlichten numerischen Untersuchungen wurden Kostenerhöhungen im Bereich zwischen 2% und 37% (abhängig von der Erzeugnisstruktur) festgestellt[293].

Kritisch zu untersuchen ist in diesem Zusammenhang, welche **Kostensätze** bei Einsatz dieser Verfahren zu verwenden sind. Hier wird in der Praxis wohl allgemein mit **Vollkostensätzen** gerechnet, in denen die Lagerkosten für ein Endprodukt oder eine Baugruppe auf der Grundlage der gesamten Kosten aller vorhergehenden Produktionsstufen berechnet werden. Eine Alternative zu dieser Vorgehensweise besteht darin, mit produktionsstufenbezogenen **Grenzlagerungskosten** zu rechnen[294].

434322. Abgestimmter Einsatz von Einprodukt-Losgrößenverfahren ohne Kostenanpassung

Eine geringfügige Modifikation der im vorangegangenen Abschnitt angesprochenen Vorgehensweise besteht darin, daß man versucht, für unterschiedliche Produkte auch unterschiedliche Lösungsverfahren anzuwenden und diese **Losgrößenverfahren auf den unterschiedlichen Stufen aufeinander abzustimmen**. Betrachten wir z.B. eine zweistufige Erzeugnisstruktur. Durch die Bündelung der Nettobedarfsmengen auf der übergeordneten Erzeugnisstufe wird die Ungleichmäßigkeit des Bedarfsverlaufs für das untergeordnete Erzeugnis noch verstärkt. Je weiter man sich von der Stufe der Fertigerzeugnisse entfernt, umso ausgeprägter wird die Bedarfsmengenbündelung und umso ausgeprägter werden demzufolge die **Schwankungen des Kapazitätsbedarfs**[295].

Um dieser Tendenz entgegenzuwirken, kann es sinnvoll sein, auf einer direkt untergeordneten Erzeugnisstufe anstelle einer weiteren Losbildung jeweils nur die abgeleitete Nettobedarfsmenge zu produzieren. Dadurch wird vermieden, daß die Bedarfsbündelung noch weiter verstärkt wird.

---

293 vgl. Afentakis (1986); Blackburn/Millen (1982); Graves (1979); Heinrich (1987)

294 vgl. die Empfehlung in Scheer (1978), S. 200; unsere weiteren Überlegungen werden zeigen, daß die von Scheer empfohlene Verwendung von Grenzlagerkosten bei mehrstufigen Erzeugnisstrukturen sachlich nicht zu halten ist.

295 zu einer Untersuchung der Auswirkungen verschiedener Einflußfaktoren auf die Kapazitätsauslastung vgl. Bott (1981)

Grundsätzlich kann also **auf jeder Erzeugnisstufe** eine spezifische Methode zur Losbildung eingesetzt werden. Welche Kombination in einem konkreten Fall nun anzuwenden ist, läßt sich nicht allgemeingültig bestimmen. Hier kommt es auf die Datenkonstellation des spezifischen Anwendungsfalls an. Forschungsbemühungen, die zum Ziel haben, generelle Aussagen zu diesem Thema zu treffen, erscheinen wenig vielversprechend, da die Anzahl der möglichen Kombinationen von erzeugnisbezogen eingesetzten Losgrößenverfahren mit der Anzahl der Erzeugnisse und der Anzahl verfügbarer Losgrößenverfahren kombinatorisch ansteigt.

Stufe 1	Stufe 2	Kosten
Regelmäßiger Bedarf:		
EOQ	EOQ	2340
EOQ	L4L	2220
PP	PP	1775
PP	L4L	1775
Minimale Kosten:		1775
Ansteigender Bedarf:		
EOQ	EOQ	2336
EOQ	L4L	2178
PP	PP	2017
PP	L4L	2075
Minimale Kosten:		1827
Sinkender Bedarf:		
EOQ	EOQ	2464
EOQ	L4L	2262
PP	PP	1808
PP	L4L	1700
Minimale Kosten:		1700
Sporadischer Bedarf:		
EOQ	EOQ	2459
EOQ	L4L	2287
PP	PP	2030
PP	L4L	2105
Minimale Kosten:		1690

Bild 113: Ergebnisse des kombinierten Einsatzes von Einprodukt-Losgrößenverfahren[296]

Um den Einfluß unterschiedlicher Kombinationen von Losbildungsverfahren auf verschiedenen Erzeugnisstufen auf die Höhe der Kosten zu demonstrieren, sollen Er-

296 Es bedeuten: EOQ - klassische Losgrößenformel; PP - Stückperiodenausgleichsverfahren; L4L - keine Losbildung (Losgrößen = Periodenbedarfsmengen)

gebnisse von *Jacobs und Khumawala*[297] referiert werden: für eine zweistufige Erzeugnisstruktur wurden alle möglichen Kombinationen verschiedener Losgrößenverfahren auf verschiedene typische Bedarfszeitreihen angewandt. Die Ergebnisse wurden untereinander und mit der jeweils bekannten optimalen Lösung verglichen. Als Beispiel seien die in Bild 113 zusammengestellten Ergebnisse herausgegriffen.

Die jeweils angegebenen minimalen Kosten wurden mithilfe eines Lösungsansatzes der gemischt-ganzzahligen linearen Optimierung ermittelt. Die Darstellung zeigt, daß von der Wahl einer geeigneten Kombination von Losgrößenverfahren ein Einfluß auf die Höhe der gesamten Kosten ausgeht. Allgemeine Aussagen darüber, welche Verfahrenskombination in einer konkreten Situation anzuwenden ist, lassen sich jedoch nicht treffen.

Die Auswirkungen der Kombination unterschiedlicher Losgrößenverfahren auf die **Kapazitätsauslastung** untersucht *Collier*[298]. Dabei werden auch Kosten der Veränderung der Kapazitäten der Produktionsfaktoren berücksichtigt.

434323. Isolierter Einsatz von Einprodukt-Losgrößenverfahren mit Kostenanpassung

Während die bisher angesprochenen Losgrößenverfahren die Beziehungen zwischen den Erzeugnissen nur unvollkommen beachten, versuchen die im folgenden darzustellenden Methoden, auf dem Wege der **Kostenanpassung** eine Abstimmung zwischen den auf unterschiedlichen Erzeugnisstufen zu treffenden Losgrößenentscheidungen herbeizuführen. Die Kostenanpassung ist eine leicht zu implementierende Form der Abstimmung, da sie lediglich eine Veränderung der Eingabedaten der Losgrößenverfahren bewirkt, wobei die Verfahrensstruktur unverändert bleibt.

In diesem Abschnitt werden verschiedene in den letzten Jahren vorgeschlagene Methoden zur Bestimmung der "optimalen" Werte der in Einprodukt-Losgrößenverfahren einzusetzenden Kosten dargestellt. Im Prinzip versuchen diese Verfahren, abzuschätzen, in welchem Ausmaß sich die Rüst- und Lagerungskosten auf untergeordneten Erzeugnisstufen verändern, wenn auf einer übergeordneten Erzeugnisstufe die Losgröße erhöht wird.

297 vgl. Jacobs/Khumawala (1982); vgl. auch Collier (1980); für dreistufige Erzeugnisstrukturen vgl. Chi/Malstrom/Classen (1984)

298 vgl. Collier (1980)

4343231. Verfahren für konvergierende Erzeugnisstrukturen

In den vorangegangenen Abschnitten wurde dargestellt, wie in der betrieblichen Praxis Einprodukt-Losgrößenverfahren unabhängig voneinander eingesetzt werden. Als Lagerkostensatz eines Erzeugnisses wird dabei i.a. eine Größe verwendet, die sich aus dem Wert des Erzeugnisses, z.B. den Herstellkosten, w_k und einem wertabhängigen Lagerkostenfaktor, v, multiplikativ zusammensetzt:

(313) $h_k = w_k \cdot v$

Zur Veranschaulichung der folgenden Ausführungen betrachten wir die in Bild 114 dargestellte lineare Erzeugnisstruktur.

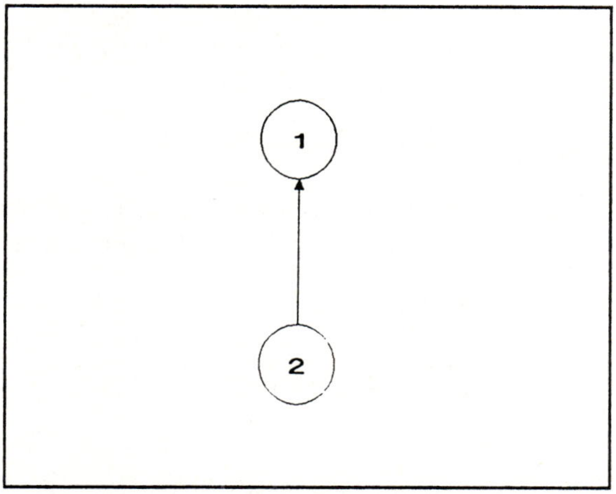

Bild 114: Lineare Erzeugnisstruktur (Beispiel)

Wird nach Einsatz eines Losgrößenmodells z.B. eine Bestellung für das Einzelteil 2 bei einem **Fremdlieferanten** aufgegeben, dann beträgt nach Eintreffen der Bestellmenge q_2 im Beschaffungslager der Wertzuwachs des durchschnittlichen Lagerbestands in der Unternehmung, d.h. im betrachteten Lagersystem:

(314) $h_2 \cdot q_2/2 = w_2 \cdot v \cdot q_2/2$

wobei w_2 nun den Beschaffungspreis des Einzelteils darstellt. Die Größe $w_2 \cdot v$ gibt den Wert einer im Rahmen dieser externen Beschaffungsmaßnahme zusätzlich eingelagerten Mengeneinheit korrekt wieder.

Fragen wir nun nach der Veränderung der Lagerkosten, wenn ein **Los für das übergeordnete Produkt 1** aufgelegt werden soll. Welcher Lagerkostensatz ist hier zu berücksichtigen? Wie verändern sich die gesamtem Lagerkosten für die Produkte 1 und 2, wenn die Losgröße für das Erzeugnis 1 q_1 beträgt?

Zunächst *steigen die durchschnittlichen Lagerkosten für das Produkt 1* durchschnittlich um den Betrag

$$(315)\quad h_1 \cdot q_1/2 = w_1 \cdot v \cdot q_1/2$$

an, wobei w_1 nun die gesamten Herstellkosten des Produkts 1, also die Summe aus den Materialkosten (einschl. der Kosten für das Einzelteil 2) und den Fertigungskosten für 1 darstellt.

Andererseits hat die Produktion einer Menge q_1 zur Folge, daß insgesamt $a_{21} \cdot q_1$ Mengeneinheiten des Einzelteils 2 aus dem Lager entnommen werden und in die Produktion des Endprodukts 1 eingehen. Dadurch *sinken die durchschnittlichen Lagerkosten für das Erzeugnis 2* um den Betrag

$$(316)\quad (q_1 \cdot a_{21} \cdot w_2 \cdot v)/2$$

Insgesamt ergibt sich somit als *Anstieg der Lagerkosten für die Produkte 1 und 2* infolge der Entscheidung, ein Los der Größe q_1 aufzulegen:

$$(317)\quad (q_1 \cdot w_1 \cdot v)/2-(q_1 \cdot a_{21} \cdot w_2 \cdot v)/2 = q_1 \cdot (w_1-a_{21} \cdot w_2) \cdot v/2$$

Die bisherigen Überlegungen führen zu dem Ergebnis, daß bei der Entscheidung über die Losgröße des übergeordneten Produkts 1 als Lagerkostensatz die Größe

$$(318)\quad (w_1-a_{21} \cdot w_2) \cdot v = h_1-a_{21} \cdot h_2$$

entscheidungsrelevant ist. Allgemein kann man auch schreiben

$$(319)\quad e_k = h_k - \sum_{j \in V_k} a_{jk} \cdot h_j \qquad k=1,2,\ldots,K$$

volle Lagerkosten aller direkten Vorgänger des Produkts k

voller Lagerkostensatz des Produkts k

Diese Größe ist der **systemweite (marginale) Lagerkostensatz**[299] des Erzeugnisses k. Bei der Entscheidung über die Losgröße eines Erzeugnisses ist also auch die Verringerung der Lagerkosten für die untergeordneten Erzeugnisse zu beachten. Als entscheidungsrelevante Lagerkosten sind somit die zusätzlichen Kosten (Grenzkosten) aus der Gesamtlagerperspektive anzusetzen.

Zur Bestimmung der aus einer Losgrößenentscheidung resultierenden Lagerkosten wird der Lagerkostensatz mit dem durchschnittlichen Lagerbestand eines Erzeugnisses multipliziert. Das wirft die Frage nach der **Höhe des durchschnittlichen Lagerbestandes für ein untergeordnetes Erzeugnis**, im obigen Beispiel für Produkt 2 auf. Betrachtet man den Bestandsverlauf für den physischen Lagerbestand des Erzeugnisses 2, dann ist

299 vgl. Abschnitt 43421

ein ausgeprägter stufenförmiger Verlauf festzustellen, obwohl der Bestand des Endprodukts 1 kontinuierlich abnimmt.

Trifft man nun die Entscheidung, ein Los des Größe q_2 aufzulegen, dann erhöht sich die Lagerbestandsmenge im gesamten Lagersystem durchschnittlich um $q_2/2$. Denn das Erzeugnis 2 bleibt bis zum endgültigen Verkauf im Lagersystem, und zwar entweder in reiner (unverarbeiteter) Form, d.h. als physisch erkennbares Produkt 2, oder als Einbauteil in anderen übergeordneten Erzeugnissen, z.B. im Produkt 1.

Den gesamten Lagerbestand eines Erzeugnisses im Lagersystem - sei es in reiner Form oder als eingebautes Teil, das physisch gar nicht mehr zu erkennen ist - bezeichnet man als **systemweiten Lagerbestand**[300]. Der systemweite Lagerbestand eines Erzeugnisses k kann damit definiert werden als die gesamte Menge des Erzeugnisses k, die sich physisch im Lager k befindet oder die bereits in nachfolgende übergeordnete Produkte eingegangen ist, aber noch nicht verkauft worden ist und demzufolge noch nicht das betrachtete Lagersystem, d.h. den Verantwortungsbereich des für die Losgrößenentscheidungen zuständigen Disponenten verlassen hat.

Bild 115 verdeutlicht den Zusammenhang zwischen dem physischen Lagerbestand des Einzelteils 2 und seinem systemweiten Lagerbestand unter der Annahme, daß die Nachfrage nach dem Endprodukt 1 mit einem Mittelwert R_1 kontinuierlich verläuft.

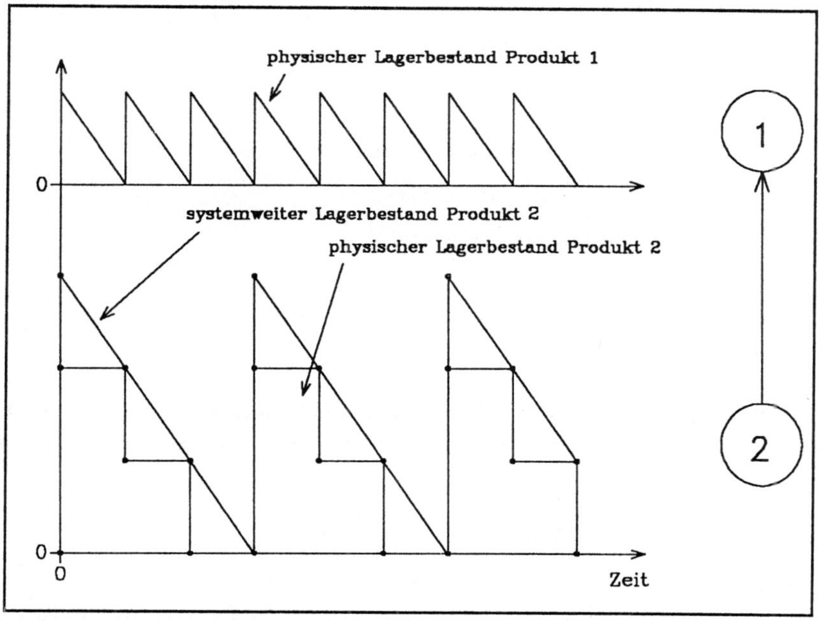

Bild 115: Entwicklung des physischen und des systemweiten Lagerbestands des untergeordneten Erzeugnisses 2

300 Im englichsprachigen Schrifttum wird dieser Lagerbestand "echelon stock" genannt.

Der durchschnittliche physische Lagerbestand des Erzeugnisses 1, B_1, beträgt:

(320) $B_1 = (R_1 \cdot t_1)/2$

Die Größe t_1 bezeichnet die Länge des Bestellzyklus des Erzeugnisses 1. R_1 ist der mittlere Periodenbedarf des Endprodukts 1. Der durchschnittliche physische Lagerbestand des Erzeugnisses 2, B_2, beträgt:

(321) $B_2 = (R_1 \cdot t_1 \cdot m_2 - R_1 \cdot t_1)/2$

Die Größe m_2 ist das Verhältnis zwischen der Losgröße des untergeordneten Produkts 2 und der Losgröße des übergeordneten Produkts 1, im vorliegenden Fall also: $m_2 = 3$. Der physische Lagerbestand des Erzeugnisses 2 weist in Bild 115 einen stufenförmigen Verlauf auf.

Der **systemweite Lagerbestand** des untergeordneten Erzeugnisses 2 ist gleich dem physischen Lagerbestand zuzüglich der schon in das Endprodukt eingebauten Menge, die im Lagerbestand des Endprodukts 1 enthalten sind. Die durchschnittlichen systemweiten Lagerbestände beider Produkte betragen:

(322) $E_1 = B_1$

- B_1: physischer Lagerbestand des Produkts 1
- E_1: systemweiter Lagerbestand des Produkts 1

(323) $E_2 = B_2 + E_1$

- E_1: systemweiter Lagerbestand des Produkts 1
- B_2: physischer Lagerbestand des Produkts 2
- E_2: systemweiter Lagerbestand des Produkts 2

oder allgemein

(324) $E_k = B_k + E_{n(k)} \qquad k=1,2,\ldots,K$

Dabei ist n(k) der Index des (einzigen) direkten Nachfolgers (übergeordneten Produkts) des Erzeugnisses k in der Erzeugnisstruktur. Für das in Bild 115 dargestellte Beispiel erhalten wir:

(325) $E_2 = (R_1 \cdot t_1 \cdot m_2 - R_1 \cdot t_1)/2 + (R_1 \cdot t_1)/2$

$\quad\;\; = (R_1 \cdot t_1 \cdot m_2)/2$

Wenn zwischen den Losgrößen bzw. Produktionszyklen der beiden Erzeugnisse ein im Zeitablauf konstantes Verhältnis

(326) $m_2 = t_2/t_1$

besteht, kann der systemweite Lagerbestand des untergeordneten Erzeugnisses auch nach Gleichung (327) ermittelt werden.

$$(327)\quad E_2 = (R_1 \cdot t_1 \cdot t_2/t_1)/2 = (R_1 \cdot t_2)/2$$

Beziehung (327) beschreibt den durchschnittlichen systemweiten Lagerbestand des Erzeugnisses 2, der - bewertet mit dem marginalen Lagerkostensatz - die Lagerkosten als Funktion der Losgröße bzw. der Länge des Produktionszyklus eines Erzeugnisses angibt. Die Mengenanteile des Erzeugnisses 2, die bereits in das übergeordnete Erzeugnis 1 eingegangen sind, müssen hier als entscheidungsrelevant mitberücksichtigt werden, da die Losgrößenentscheidungen auf den nachfolgenden Erzeugnisstufen nur noch den *Wertzuwachs* berücksichtigen.

Fragen wir uns nun, was geschieht, wenn man sich an den vorgetragenen Überlegungen orientiert und diese systembezogenen (Grenz-)Kostensätze als entscheidungsrelevante Lagerkosten in einem der beschriebenen Einprodukt-Losgrößenverfahren einsetzt? Zur Beantwortung dieser Frage sei folgende vereinfachte Situation betrachtet, die so einfach gehalten ist, daß die Problemstruktur klar erkennbar ist:

- konvergierende Erzeugnisstruktur;
- Primärbedarf tritt nur für das Endprodukt auf;
- der Verlauf des Primärbedarfs ist kontinuierlich und im Durchschnitt konstant;
- unendlich hohe Lagerzugangsgeschwindigkeit;
- alle Direktbedarfskoeffizienten sind 1;
- Durchlaufzeiten werden nicht berücksichtigt.

Das Problem der simultanen Bestimmung der Losgrößen für alle Produkte kann unter diesen Annahmen wie folgt formuliert werden:

$$(328)\quad \text{Min } Z = \sum_{k=1}^{K} (s_k \cdot R_k/q_k + e_k \cdot q_k/2)$$

e_k: systemweiter (marginaler) Lagerkostensatz des Produkts k

s_k: Rüstkostensatz des Produkts k

Der Quotient R_k/q_k ist die Anzahl von Losen pro Periode, für die die Nachfrage R_k gilt. Der Kehrwert $t_k = q_k/R_k$ bezeichnet dann genau die Länge eines Produktionszyklus des Erzeugnisses k. Gleichung (328) kann damit äquivalent auch wie folgt geschrieben werden:

$$(329)\quad \text{Min } Z = \sum_{k=1}^{K} (s_k/t_k + e_k \cdot R_k \cdot t_k/2)$$

Zur weiteren Vereinfachung des Problems sei unterstellt, daß zwischen den Bestellzyklen der einzelnen Erzeugnisse im Zeitablauf **konstante Verhältnisse** m_k bestehen. Für ein Erzeugnis k und seinen einzigen Nachfolger, n(k), gilt dann:

(330) $m_k = t_k / t_{n(k)}$ $\qquad k=1,2,...,K$

Wir setzen dabei die Länge des Bestellzyklus des hypothetischen Nachfolgers des Endprodukts $t_{n(1)} = 1$[301]. Das heißt, der Bestellzyklus des untergeordneten Produkts ist ein Vielfaches des übergeordneten Produkts. Da die Direktbedarfskoeffizienten annahmegemäß gleich 1 sind, sind auch die durchschnittlichen Periodenbedarfsmengen aller Erzeugnisse identisch [$R_k = R_1$ $(k=1,2,...,K)$]. Damit kann das Problem wie folgt geschrieben werden:

(331) $\text{Min } Z = \sum_{k=1}^{K} (s_k/(m_k \cdot t_{n(k)}) + e_k \cdot R_1 \cdot m_k \cdot t_{n(k)}/2)$

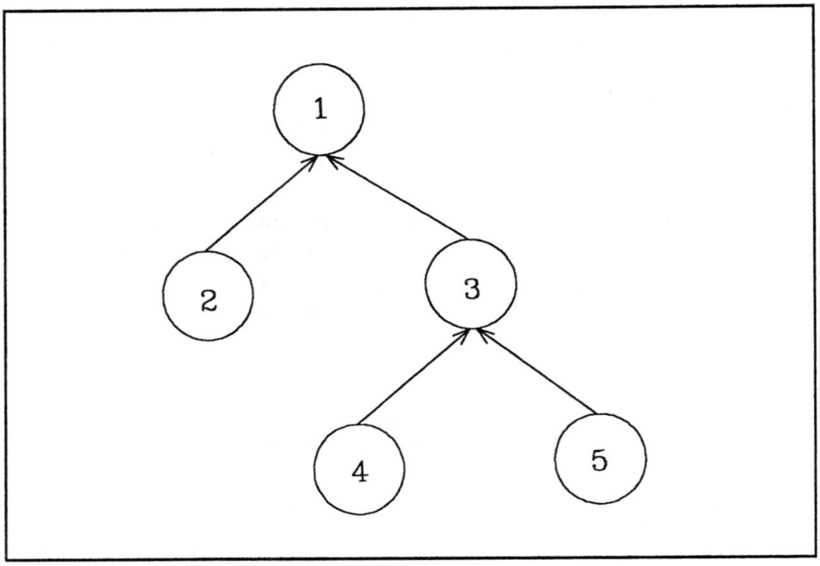

Bild 116: Konvergierende Erzeugnisstruktur (Beispiel)

Schreibt man Zielfunktion (331) für die in Bild 116 dargestellte konvergierende Erzeugnis-Struktur vollständig aus, dann erhalten wir:

(332) $Z = s_1/(1 \cdot m_1) + s_2/(m_2 \cdot t_1) + s_3/(m_3 \cdot t_1) + s_4/(m_4 \cdot t_3) + s_5/(m_5 \cdot t_3)$
$+ m_1 \cdot 1 \cdot R_1/2 + e_2 \cdot m_2 \cdot t_1 \cdot R_1/2 + e_3 \cdot m_3 \cdot t_1 \cdot R_1/2 + e_4 \cdot m_4 \cdot t_3 \cdot R_1/2 + e_5 \cdot m_5 \cdot t_3 \cdot R_1/2$

Wegen

(333) $m_1 = t_1$

301 Diese Größe ist die Länge der Basisperiode, auf die sich die Bedarfsmengenangabe bezieht.

(334) $m_2 = t_2/t_1$

(335) $m_3 = t_3/t_1$

(336) $m_4 = t_4/t_3$

(337) $m_5 = t_5/t_3$

(338) $t_4 = m_4 \cdot t_3$

(339) $t_3 = m_3 \cdot t_1$

kann Beziehung (332) nach Gleichung (340) umgeformt werden:

(340) $$Z = s_1/t_1+(s_2/m_2)/t_1+(s_3/m_3)/t_1+[s_4/(m_4m_3)]/t_1+[s_5/(m_5m_3)]/t_1$$
$$+ e_1(t_1R_1/2)+e_2m_2(t_1R_1/2)+e_3m_3(t_1R_1/2)+e_4m_4m_3(t_1R_1/2)+e_5m_5m_3(t_1R_1/2)$$

oder

(341) $$Z = \underline{[s_1+s_2/m_2+s_3/m_3+s_4/(m_4m_3)+s_5/(m_5m_3)]}/t_1$$

└ modifizierter Rüstkostensatz für Produkt 1

$$+ \underline{[e_1+e_2m_2+e_3m_3+e_4m_4m_3+e_5m_5m_3]} \cdot t_1 \cdot R_1/2$$

└ modifizierter Lagerkostensatz für Produkt 1

Gleichung (341), bei der die Beziehungen zwischen den Bestellzyklen benachbarter Erzeugnisse **implizit** mit berücksichtigt worden sind, kann weiter umgeformt werden, indem man die modifizierten Kostensätze **bei gegebenen Werten** der Faktoren m_k $(k=1,2,...,K)$ rekursiv errechnet. Man erhält dann

(342) $$S_k = s_k + \sum_{i \in V_k} S_i/m_i$$

└ S_i: modifizierter Rüstkostensatz des Erzeugnisses i

└ s_k: Rüstkostensatz des Erzeugnisses k

└ S_k: modifizierter Rüstkostensatz des Erzeugnisses k

und

(343) $$H_k = e_k + \sum_{i \in V_k} H_i \cdot m_i$$

└ H_i: modifizierter Lagerkostensatz des Erzeugnisses i

└ e_k: systemweiter Lagerkostensatz des Erzeugnisses k

└ H_k: modifizierter Lagerkostensatz des Erzeugnisses k

- **MI-Methode:**

Eine weitere u.U. sinnvolle Restriktion besteht darin, daß die Faktoren m_k **nur ganzzahlige Werte** annehmen dürfen. In diesem Fall muß gelten

(364) $[m_k]^2 = s_k \cdot e_{n(k)} / (s_{n(k)} \cdot H_k)$ $\qquad k=2,3,\ldots,K$

Gleichung (364) kann gelöst werden, indem man den kleinsten Wert von m_k bestimmt, der folgende Ungleichung gerade noch erfüllt[313]:

(365) $m_k \cdot (m_k+1) \geq s_k \cdot e_{n(k)} / (s_{n(k)} \cdot H_k)$ $\qquad k=2,3,\ldots,K$

Der optimale Bestellzyklus für das Endprodukt 1 beträgt wieder

(366) $t_1 = \sqrt{[2 \cdot S_1 / (R_1 \cdot H_1)]}$

Für das betrachtete Beispiel erhalten wir die in Bild 121 zusammengefaßten Ergebnisse.

k=5:	$m_5 \cdot (m_5+1) \geq 4.49$	$\approx m_5=2$	
k=4:	$m_4 \cdot (m_4+1) \geq 2.25$	$\approx m_4=2$	
k=3:	$S_3=200+450/2+450/2$		= 650
	$h_3=4+4 \cdot 2+2 \cdot 2$		= 16
	$m_3 \cdot (m_3+1) \geq 0.81$	$\approx m_3=1$	
k=2:	$m_2 \cdot (m_2+1) \geq 2.99$	$\approx m_2=2$	
k=1:	$S_1=100+650/1+150/2$		= 825
	$H_1=2+16 \cdot 1+1 \cdot 2$		= 20

Bild 121: Ergebnisse nach der MI-Methode

- **Rüstkosten-Anpassung:**

McLaren[314] hat vorgeschlagen, lediglich die Rüstkosten zu modifizieren und unmodifizierte volle Lagerkostensätze beizubehalten:

(367) $m_k = \sqrt{[s_k \cdot h_{n(k)} / (s_{n(k)} \cdot h_k)]}$

└ unmodizierter voller Lagerkostensatz des Erzeugnisses k

313 Moily schlägt in einem Modell, in dem Losteilung zugelassen ist, eine einfache Auf- oder Abrundung vor; vgl. Moily (1986), S. 120

314 vgl. McLaren (1977); vgl. auch McLaren/Whybark (1976)

Die modifizierten Rüstkosten betragen für das Erzeugnis k

(368) $S_k = s_k + \sum_{i \in V_k} S_i/m_i \qquad k=2,3,\ldots,K$

Der optimale Bestellzyklus für das Endprodukt 1 beträgt hier

(369) $t_1 = \sqrt{[2 \cdot S_1/(R_1 \cdot h_1)]}$

└ unmodifizierter voller Lagerkostensatz für Produkt 1

Für das obige Beispiel ergeben sich die in Bild 122 zusammengefaßten Ergebnisse.

k=5:	$m_5=\sqrt{[450 \cdot 10/(200 \cdot 2)]}$ $S_5=450$	= 3.35
k=4:	$m_4=\sqrt{[450 \cdot 10/(200 \cdot 4)]}$ $S_4=450$	= 2.37
k=3:	$m_3=\sqrt{[200 \cdot 13/(100 \cdot 10)]}$ $S_3=200+450/3.35+450/2.37$	= 1.61 = 523.90
k=2:	$m_2=\sqrt{[150 \cdot 13/(100 \cdot 1)]}$ $S_2=150$	= 4.42
k=1:	$S_1=100+523.90/1.61+150/4.42$	= 258

Bild 122: Ergebnisse nach dem Verfahren der Rüstkostenanpassung

Die vollen Lagerkostensätze werden beim Verfahren der Rüstkostenanpassung beibehalten.

Vergleichen wir noch einmal die errechneten Werte für das Beispiel mit den fünf Erzeugnissen im Überblick (Bild 123):

Kostenanpassung für eine konvergierende Erzeugnisstruktur								
Stufe k	s_k	h_k	MCC S_k	MCC H_k	MI S_k	MI H_k	Rüstkostenanpassung S_k	Rüstkostenanpassung h_k
1	100	13	898.73	17.98	825	20	258.00	13
2	150	1	150	1	150	1	150	1
3	200	10	712.13	14.24	650	16	523.90	10
4	450	4	450	4	450	4	450	4
5	450	2	450	4	450	2	450	2

Bild 123: Vergleich der Ergebnisse bei Einsatz der verschiedenen Kostenanpassungsverfahren

Diese modifizierten Kostensätze werden nun verwendet, um durch Einsatz eines der dargestellten einstufigen Verfahren zur Bestimmung der optimalen Losgrößen bzw. die optimalen Produktionszyklen für ein Produkt bei unabhängigem Bedarf Losgrößen zu bestimmen, bei denen durch die Kostensätze die Beziehungen zwischen den einzelnen Erzeugnissen implizit erfaßt sind. Dies soll für die in Bild 116 abgebildete Erzeugnisstruktur für folgende Bedarfszeitreihe dargestellt werden.

t	1	2	3	4	5	6	7	8	9	10	11	12	13	14	15
r_t	40	30	10	15	25	60	20	60	10	30	10	50	40	20	30

Bild 124: Bedarfszeitreihe

Verwendet man die nach der **MI-Methode** modifizierten Kosten zur Bestimmung der optimalen Losgrößen, dann ergibt sich in dem betrachteten Beispiel folgender Produktionsplan:

k\t	1	2	3	4	5	6	7	8	9	10	11	12	13	14	15
1	80	-	-	40	-	80	-	70	-	40	-	50	60	-	30
2	120	-	-	-	-	80	-	110	-	-	-	140	-	-	-
3	80	-	-	40	-	80	-	70	-	40	-	50	60	-	30
4	80	-	-	40	-	80	-	110	-	-	-	140	-	-	-
5	120	-	-	-	-	190	-	-	-	-	-	140	-	-	-

Bild 125: Produktionsplan

Die Kosten dieser Produktionsplans betragen 10765.00. Die bei Verwendung optimaler Losgrößen[315] erreichbaren Kosten betragen im vorliegenden Beispiel 10755. Bild 126 vermittelt einen Überblick über die Lösungsqualität der behandelten Verfahren zur Modifikation der Kosten bei Anwendung auf das betrachtete Beispiel. Es wird deutlich, daß die in der Praxis übliche Verwendung unmodifizierter Kostensätze mit einem beträchtlichen Optimalitätsverlust verbunden sein kann.

	Kosten
keine Kostenanpassung	11235
MC-Methode	10765
MCC-Methode	10765
MI-Methode	10765
Rüstkosten-Anpassung	10935
optimale Lösung	10755

Bild 126: Vergleich der Kosten

315 Die optimale Lösung wurde nach dem Verfahren von Rosling ermittelt.

Blackburn und Millen[317] haben die dargestellten Modifikationen der Kostenparameter für die Losgrößenplanung in einem dynamischen Mehrprodukt-Losgrößenproblem eingesetzt. Obwohl die vorgenommenen Modifikationen unter der restriktiven Annahme eines **stationären** Losgrößenmodells, d.h. unter der Prämisse eines kontinuierlichen und konstanten Nachfrageverlaufs abgeleitet wurden, zeigen die referierten Ergebnisse (bezogen auf fünf verschiedene konvergierende Erzeugnisstrukturen), daß insbesondere die **KCC-Methode** und die **KI-Methode** sowie die Methode der **Rüstkostenanpassung** gegenüber der unmodifizierten Verwendung von systembezogenen, nur auf den Wertzuwachs einer Produktionsstufe bezogenen Lagerkostensätzen erhebliche Verbesserungen der Lösung gestatten. Eine Verwendung von unmodifizierten wertzuwachsbezogenen Lagerkostensätzen (echelon holding costs) dagegen ist als noch ungünstiger einzustufen als die Verwendung von unmodifizierten vollen Lagerkostensätzen[318]. Der besondere Vorteil der Kostenanpassung besteht darin, daß sie in die derzeit in der betrieblichen Praxis eingesetzten EDV-Systeme zur Produktionsplanung und -steuerung integriert werden kann, ohne daß eine Änderung der Programmlogik notwendig wird.

4343232. Verfahren für generelle Erzeugnisstrukturen

Im folgenden soll die Betrachtung auf **generelle Erzeugnisstrukturen** ausgedehnt werden. Es wird nun der Fall angenommen, daß ein Erzeugnis mehrere direkte Nachfolger haben kann, die in der Indexmenge N_k zusammengefaßt sind.

43432321. Das Verfahren von Dagli und Meral

Eine direkte Erweiterung des Ansatzes von *Blackburn und Millen* auf den Fall einer **generellen Erzeugnisstruktur** mit mehreren Endprodukten wird von *Dagli und Meral*[319] vorgeschlagen. Sie gehen in Ergänzung zu den im vorangegangenen Abschnitt getroffenen Annahmen von folgender Situation aus. Das untergeordnete Erzeugnis k geht mit einer **Direktbedarfsmenge** a_{kj} in das direkt übergeordnete Erzeugnis j ein. Der aus allen dem Produkt k direkt übergeordneten Erzeugnissen $j \in N_k$ abgeleitete **durchschnittliche Gesamtbedarf** des Erzeugnisses k beträgt[320]:

$$(370) \quad R_k = \sum_{j \in N_k} R_j \cdot a_{kj} \qquad k=1,2,3,\ldots,K$$

317 vgl. Blackburn/Millen (1982)
318 Zu diesem Ergebnis kommt auch Wemmerlöv; vgl. Wemmerlöv (1981/82)
319 vgl. Dagli/Meral (1985)
320 vgl. auch Abschnitt 413

Die bei der Bestimmung der optimalen Losgrößen aller Erzeugnisse maßgebliche **Zielfunktion** lautet[321]:

mittlerer Periodenbedarf für Produkt k

$$(371)\quad \text{Min } Z = \sum_{k=1}^{K} [s_k/t_k + (e_k \cdot \sum_{j \in N_k} R_j \cdot a_{kj} \cdot t_j/2)]$$

Kosten des systemweiten Lagerbestands des Produkts k pro Periode

Rüstkosten des Produkts k pro Periode

Es bedeuten:

a_{kj}	Direktbedarfskoeffizient
e_k	systemweiter (marginaler) Lagerkostensatz für Produkt k
N_k	Menge der direkten Nachfolger des Produkts k
R_k	durchschnittlicher Bedarf des Produkts k
s_k	Rüstkostensatz für Produkt k
t_k	Produktionszyklus für Produkt k

Es wird wieder unterstellt, daß zwischen den Bestellzyklen der einzelnen Erzeugnisse im Zeitablauf **konstante Verhältnisse** bestehen. Da ein Erzeugnis nun aber **mehrere direkt übergeordnete Erzeugnisse** haben kann, werden die Verhältnisse zwischen den Produktionszyklen direkt benachbarter Produkte wie folgt formuliert:

$$(372)\quad m_{kj} = t_k/t_j \qquad j \in N_k$$

oder

$$(373)\quad t_k = m_{kj} \cdot t_j \qquad j \in N_k$$

Im Unterschied zu einer konvergierenden Erzeugnisstruktur gibt es nun für jedes Erzeugnis (Knoten im Gozintographen) nicht nur *einen*, sondern *mehrere* solcher Faktoren, da jedem Pfeil[322], der einen Knoten verläßt, ein Faktor m_{kj} zugeordnet ist. Während bei einer konvergierenden Erzeugnisstruktur mithilfe der Faktoren m_k die Rüstkosten eines untergeordneten Erzeugnisses dem *einzigen* übergeordneten Erzeugnis zeitproportional zugeschlagen wurden, ist die zeitliche Proportionalisierung dann nicht mehr eindeutig, wenn ein Rüstvorgang für ein untergeordnetes Erzeugnis durch den Bedarf *mehrerer* übergeordneter Produkte verursacht wird.

Bevor die Zielfunktion (371) durch Einsetzen der konstanten Verhältnisse m_{kj} umgeformt werden kann, ist daher eine weitere **heuristische Festlegung** vorzunehmen, die sich auf die anteilmäßige Verteilung der Rüstkosten des Erzeugnisses k auf die (einen

321 vgl. auch Beziehung (329)

322 Ein Pfeil beschreibt eine direkte Input-Output-Beziehung zwischen zwei Erzeugnissen.

Rüstvorgang für Produkt k verursachenden) übergeordneten Erzeugnisse aus der Menge N_k bezieht. Diese Verteilung erfolgt dem Vorschlag von *Dagli und Meral* folgend **im Verhältnis der Anteile** der übergeordneten Erzeugnisse $j \in N_k$ **am Gesamtbedarf** des betrachteten Erzeugnisses k[323]. Bei einer derartigen Proportionalisierung beträgt der Bestellzyklus des Erzeugnisses k:

$$(374) \quad t_k = \sum_{j \in N_k} m_{kj} \cdot t_j \cdot \alpha_{kj} \qquad k=1,2,\ldots,K$$

└ Menge der direkten Nachfolger des Produkts k (zu N_k)

mit

$$(375) \quad \sum_{j \in N_k} \alpha_{kj} = 1 \qquad k=1,2,\ldots,K$$

Dabei wird der Gewichtungsfaktor α_{kj} aus dem Anteil des durchschnittlichen Bedarfs des übergeordneten Erzeugnisses j am durchschnittlichen Gesamtbedarf des Produkts k errechnet [siehe Gleichung (376)]:

$$(376) \quad \alpha_{kj} = a_{kj} \cdot R_j / \left[\sum_{i \in N_k} a_{ki} \cdot R_i \right] \qquad k=1,2,\ldots,K;\ j \in N_k$$

└ durchschnittlicher Gesamtbedarf für Produkt k (zu $\left[\sum_{i \in N_k} a_{ki} \cdot R_i \right]$)

└ durchschnittlicher Gesamtbedarf des Produkts j (zu R_j)

└ Direktbedarfskoeffizient (zu a_{kj})

Die zusätzliche Gewichtung über die Anteile α_{kj} ist deswegen erforderlich, weil die Produktionszyklen der direkt miteinander zusammenhängenden oder über einen gemeinsamen Vorgänger miteinander verbundenen Erzeugnisse aufeinander abgestimmt sein müssen. Bild 127 stellt den betrachteten Mengenfluß zwischen den direkt miteinander in Beziehung stehenden Erzeugnissen dar.

323 Dieser Verteilungsmodus wird auch von Heinrich untersucht (DPCA-Verteilungsregel bzw. BK-Verteilungsregel); vgl. Heinrich (1987), S. 162; vgl. auch Abschnitt 43432322 dieser Arbeit

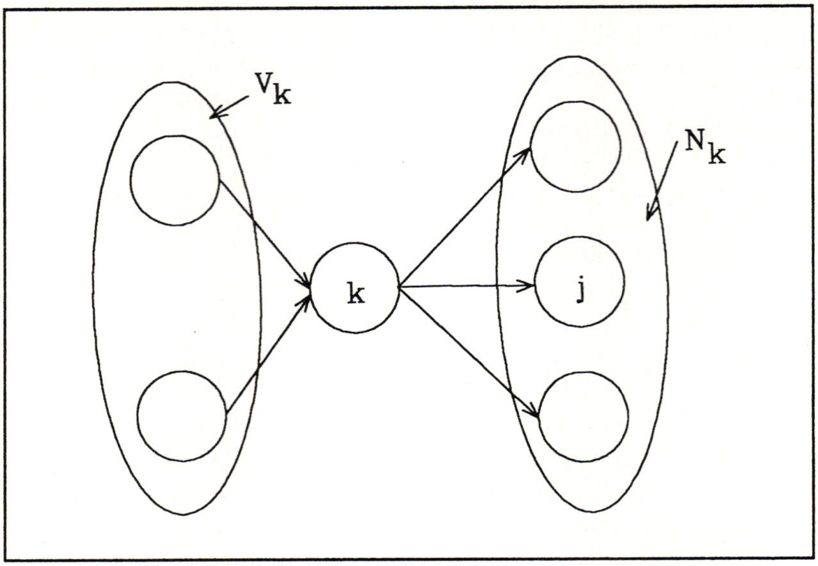

Bild 127: Mengenfluß zwischen dem Erzeugnis k und den direkt übergeordneten Erzeugnissen $j \in N_k$

Bei nur **einem** übergeordneten Erzeugnis (konvergierende Erzeugnisstruktur) wurden im Ansatz von *Blackburn und Millen* die Rüstkosten entsprechend dem zeitlichen Anteil des Produktionszyklus des übergeordneten Erzeugnisses am Produktionszyklus des untergeordneten Erzeugnisses proportionalisiert. Nun - bei mehreren übergeordneten Produkten - wird der durch die Proportionalisierung den übergeordneten Erzeugnissen zugerechnete Rüstkostenanteil zusätzlich auf diese Erzeugnisse entsprechend deren Bedarfsverhältnissen verteilt[324]. Dem Vorschlag von *Dagli und Meral*[325] entsprechend wird die Proportionalisierung der **Rüstkosten** gemäß Gleichung (377) vorgenommen.

(377) $S_k = s_k + \sum_{j \in V_k} S_j \cdot \alpha_{jk} / m_{jk}$ $\qquad k=1,2,\ldots,K$

- m_{jk}: zeitbezogene Proportionalisierung
- α_{jk}: mengenbezogene Proportionalisierung
- V_k: Menge der direkten Vorgänger des Produkts k

Die Modifikation der marginalen **Lagerkostensätze** erfolgt gemäß Gleichung (378).

324 Die Proportionalisierung entsprechend der Bedarfsmengen stellt nur einen der möglichen Verteilungsmodi dar. Eine andere Variante besteht darin, die Rüstkosten gleichmäßig auf die Nachfolger des Produkts zu verteilen (SK-Verteilungsmodus); vgl. Heinrich (1987), S. 161; Heinrich/Schneeweiß (1986), S. 165

325 vgl. Dagli/Meral (1985), S. 273

$$(378)\quad H_k = e_k + \sum_{j \in V_k} H_j \cdot m_{jk} \cdot \alpha_{jk} \qquad k=1,2,\ldots,K$$

Menge der direkten Vorgänger von Produkt k

Auch in diesem Ansatz besteht wieder das **Problem der Bestimmung der optimalen Werte der Faktoren** m_{jk}. *Dagli und Meral* übernehmen hierzu die Vorschläge von *Blackburn und Millen*[326], insb. die **MC-Methode**, die **MCC-Methode** und die **MI-Methode**. Bei der Bestimmung von m_{jk} werden jeweils die Mengenanteile α_{jk} der übergeordneten Erzeugnisse berücksichtigt.

Nach der **MC-Methode** ergibt sich:

$$(379)\quad m_{jk} = \sqrt{[S_j \cdot e_k)/(s_k \cdot H_j) \cdot \alpha_{jk}]} \qquad k=1,2,\ldots,K;\ j \in V_k$$

Die Anwendung der **MCC-Methode** führt zu folgenden m_{jk}-Faktoren:

$$(380)\quad m_{jk} = \max\{[\sqrt{(S_j \cdot e_k)/(s_k \cdot H_j) \cdot c_{jk}}],1\} \qquad k=1,2,\ldots,K;\ j \in V_k$$

Die nach der **MI-Methode** errechneten Verhältnisse zwischen den Produktionszyklen zweier Produkte j und k betragen:

$$(381)\quad m_{jk} \cdot (m_{jk}+1) \geq [S_j \cdot e_k)/(s_k \cdot H_j)] \cdot \alpha_{jk} \qquad k=1,2,\ldots,K;\ j \in V_k$$

Zur Veranschaulichung soll eine Erzeugnisstruktur mit zwei Endprodukten und drei Einzelteilen betrachtet werden (siehe Bild 128).

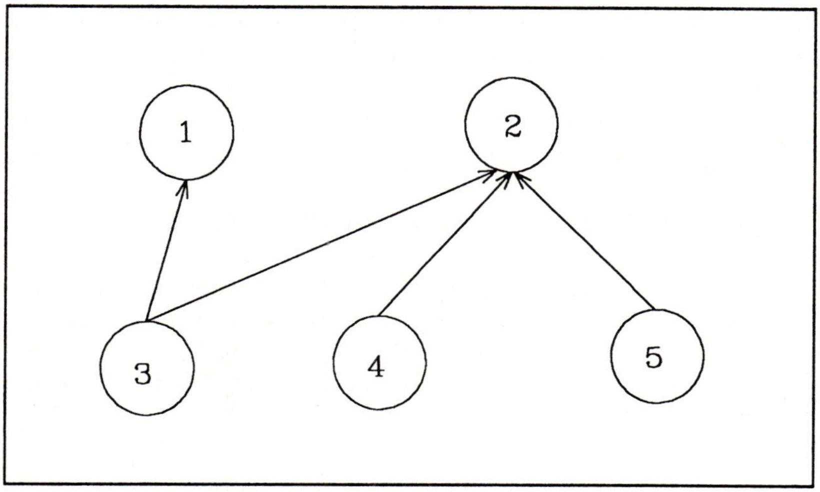

Bild 128: Generelle Erzeugnisstruktur (Beispiel)

326 vgl. Abschnitt 4343231

Die Rüstkostensätze s_k, die marginalen Lagerkostensätze e_k und die Dispositionsstufennummern u_k der Produkte sind in Bild 129 zusammengefaßt.

k	s_k	e_k	h_k	u_k
1	400.00	1.00	2	0
2	200.00	1.00	9	0
3	50.00	1.00	1	1
4	100.00	4.00	4	1
5	100.00	3.00	3	1

Bild 129: Kostendaten

Die **Primärbedarfsmengen** der beiden Endprodukte verlaufen in einem Planungszeitraum der Länge T = 8 wie in Bild 130 dargestellt.

k\t	1	2	3	4	5	6	7	8
1	5	12	8	9	7	19	11	9
2	38	45	34	40	42	48	35	38

Bild 130: Primärbedarfsmengen für die Endprodukte 1 und 2

Sämtliche Direktbedarfskoeffizienten a_{kj} sind 1. Die **durchschnittlichen Gesamtbedarfsmengen** der Produkte pro Periode betragen dann unter Berücksichtigung der Erzeugnisstruktur:

k	R_k
1	10.00
2	40.00
3	50.00
4	40.00
5	40.00

Bild 131: durchschnittliche Gesamtbedarfsmengen

Die Anwendung des Verfahrens von *Dagli und Meral* soll anhand der **MC-Methode** demonstriert werden. Dabei wird die Erzeugnisstruktur - beginnend mit den Erzeugnissen der untersten Dispositionsstufe - in gleicher Weise, wie für den Fall der konvergierenden Erzeugnisstruktur dargestellt - rückwärts abgearbeitet. Die Ergebnisse sind in Bild 132 zusammengefaßt.

k=5:	S_5=100 H_5=3 α_{52}=1	
	m_{52}=√(100/200)·(1/3)·1	= 0.4082
k=4:	S_4=100 H_4=4 α_{42}=1	
	m_{42}=√(100/200)·(1/4)·1	= 0.3536
k=3:	S_3=50 H_3=1 α_{31}=0.2 α_{32}=0.8	
	m_{32}=√(50/200)·(1/1)·0.8	= 0.4472
	m_{31}=√(50/400)·(1/1)·0.2	= 0.1581
k=2:	S_2=200+100·1/0.4082+100·1/0.3536+50·0.8/0.4472	= 817.2288
	H_2=1+3·0.4082+4·0.3536+1·0.4472	= 3.0862
k=1:	S_1=400+50·0.2/0.1581	= 463.2511
	H_1=1+1·0.1581	= 1.1581

Bild 132: Kostenmodifikation nach Dagli und Meral

Entsprechend der von *Blackburn und Millen* vorgeschlagenen Vorgehensweise wird unter Verwendung dieser modifizierten Kostensätze für jedes Produkt ein Einprodukt-Losgrößenproblem gelöst. Setzt man dazu das exakte Verfahren der dynamischen Optimierung ein, dann ergibt sich für das betrachtete Beispiel folgender Produktionsplan (Bild 133).

k\t	1	2	3	4	5	6	7	8	Kosten
1	80.0	.0	.0	.0	.0	.0	.0	.0	1014.00
2	320.0	.0	.0	.0	.0	.0	.0	.0	10253.00
3	400.0	.0	.0	.0	.0	.0	.0	.0	50.00
4	320.0	.0	.0	.0	.0	.0	.0	.0	100.00
5	320.0	.0	.0	.0	.0	.0	.0	.0	100.00
Gesamtkosten									11517.00

Bild 133: Nach dem Konzept von Dagli und Meral ermittelter Produktionsplan

Im vorliegenden Beispiel führt die Kostenanpassung nach dem Verfahren von *Dagli und Meral* zu einer *relativ schlechten Lösung*. Weiter unten wird sich zeigen, daß diese Lösung noch erheblich verbessert werden kann[327]. *Dagli und Meral* haben die verschiedenen Varianten des Verfahrens[328] anhand zahlreicher Beispiele mit der in der Praxis üblichen Verwendung unmodifizierter Kostensätze verglichen und kamen erwartungsgemäß zu dem Ergebnis, daß beträchtliche Kosteneinsparungen möglich sind. Aller-

327 vgl. Abschnitt 43432322 (Verfahren von Heinrich)

328 Die Herleitung des Verfahrens bei Dagli und Meral ist nicht problemlos nachvollziehbar, da sie in der Herleitung von einem Endprodukt ausgehen, aber in den Rechenbeispielen mehrere Endprodukte betrachten.

dings liegen noch keine numerischen Untersuchungen bezüglich der Qualität der vorgeschlagenen Kostenmodifikation im *Vergleich zu anderen Verfahren* vor. Wendet man das Verfahren von *Dagli und Meral* auf konvergierende Erzeugnisstrukturen an, dann erhält man dieselben Ergebnisse wie mit dem Verfahren von *Blackburn und Millen*; denn in diesem Fall sind die Faktoren α_{kj} immer gleich 1 und die Gleichungen zur Approximation der Faktoren m_{kj} reduzieren sich auf die entsprechenden von *Blackburn und Millen* entwickelten Beziehungen. Da das Verfahren ebenfalls auf dem Konzept der Kostenanpassung beruht, kann es in gleicher Weise wie der Ansatz von *Blackburn und Millen* leicht in EDV-Systeme zur Produktionsplanung und -steuerung integriert werden.

Als grundsätzlicher Einwand gegen dieses Konzept der Kostenanpassung läßt sich jedoch vorbringen, daß die *Konsistenz* der Faktoren m_{jk} nicht überprüft wird. Das kann bei mehrstufigen Erzeugnisstrukturen zu unzulässigen Kombinationen der Produktionszyklusverhältnisse führen.

43432322. Das Verfahren von Heinrich

Ein weiteres auf **generelle Erzeugnisstrukturen** anwendbares heuristisches Verfahren wird von *Heinrich*[329] vorgeschlagen. Der Entwicklung dieses Konzepts liegt die Auffassung zugrunde, daß weniger die **deterministischen Schwankungen**, d.h. der dynamische Charakter der Bedarfsmengen der Produkte, als vielmehr die **Mehrstufigkeit** des Erzeugniszusammenhangs die Struktur einer optimalen Lösung des betrachteten mehrstufigen dynamischen Mehrprodukt-Losgrößenproblems bestimmen. Ausgehend von dieser Annahme schlägt *Heinrich* ein heuristisches Verfahren vor, in dessen Mittelpunkt die Lösung eines mehrstufigen stationären Losgrößenproblems steht.

Das von *Heinrich* vorgeschlagene Verfahren besteht aus **zwei Phasen**, in denen jeweils mehrere Rechenschritte durchlaufen werden. In Phase I wird zunächst die Lösung eines der ursprünglichen dynamischen Problemstellung angenäherten stationären mehrstufigen Mehrprodukt-Losgrößenproblems mit Hilfe eines heuristischen Verfahrens ermittelt. Die Lösung dieses Ersatzproblems wird dann in Phase II zur Erzeugung eines dynamischen Produktionsplans verwendet, wobei verschiedene Varianten der Produktionsplangenerierung betrachtet werden. Das Verfahren von *Heinrich* hat den in Bild 134 wiedergegebenen Aufbau.

329 vgl. Heinrich/Schneeweiß (1986); Heinrich (1987)

Phase I: *Lösung eines stationären mehrstufigen Mehrprodukt-Losgrößenproblems*

Stufe 1: Bestimmung einer Basisproduktionspolitik (mit Koppelung der Produktionspläne)

Schritt A: Bestimmung einer Startlösung
Schritt B: Verbesserung der Startlösung durch Verlängerung der Produktionszyklen
Schritt C: Verbesserung der in Schritt B ermittelten Lösung durch Verkürzung der Produktionszyklen

Stufe 2: Verbesserung der Basispolitik (ohne Koppelung der Produktionspläne)

Phase II: *Erzeugung eines Produktionsplans*

Alternativen:
a) direkte Übernahme der stationären Produktionszyklen
b) Kostenanpassung

Bild 134: Aufbau des Verfahrens HEINRICH

In **Phase I** wird zunächst in einer ersten Stufe eine **Basisproduktionspolitik** bestimmt, die dann in einer weiteren Stufe iterativ verbessert wird. Die Basisproduktionspolitik beruht auf **zwei Prämissen**:

- Zwischen den Produktionszyklen von Erzeugnissen mit direkten Input-Output-Beziehungen soll ein **ganzzahliges Verhältnis** bestehen[330]. Außerdem soll der Bestellzyklus eines untergeordneten Erzeugnisses k größer sein als der Bestellzyklus des übergeordneten Produkts j. Auf diese Weise wird eine Losteilung vermieden. Es gilt also die Bedingung

$$(382) \quad t_k/t_j \geq 1 \text{ und ganzzahlig} \qquad k=1,2,\ldots,K;\; j\in N_k$$

  wobei N_k die Indexmenge der *direkten Nachfolger*[331] des Produkts k ist. Durch Bedingung (382) wird erzwungen, daß die Auflage eines Produktionsloses für ein Erzeugnis k mit einer gleichzeitigen Produktion für die nachfolgenden (übergeordneten) Erzeugnisse einhergeht.

- Die Produktionszyklen der Erzeugnisse werden so festgelegt, daß sie einen **gemeinsamen Multiplikator** haben. Es wird also angenommen:

330 Diese sog. integrality property ist zwar nicht immer optimal (insb. bei Erzeugnissen mit hohen Rüstkosten und geringer Nachfrage); sie erleichtert aber die Problemlösung.
331 übergeordnete Erzeugnisse

$$(383)\quad t_i = b^{\beta(i)} \qquad b=2,3,\ldots;\ \beta(i)=0,1,2,3,\ldots;\ i=1,2,3,\ldots$$

Ist z.B. der Basisfaktor[332] $b=2$, dann sind die in Bild 135 wiedergegebenen Kombinationen der Produktionszyklen zweier direkt miteinander in Verbindung stehender Erzeugnisse k und $j \in N_k$ zulässig. Produktionspläne, die in der beschriebenen Weise aufeinander abgestimmt sind, werden *gekoppelte Produktionspläne* (nested schedules) genannt.

t_j	t_k				
2^0	2^0	2^1	2^2	2^3	...
2^1	2^1	2^2	2^3	2^4	...
2^2	2^2	2^3	2^4	2^5	...
2^3	2^3	2^4	2^5	2^6	...

Bild 135: Zulässige Kombinationen der Produktionszyklen

Unter Berücksichtigung der getroffenen Annahmen formuliert *Heinrich* folgendes vereinfachte Problem mit stationärer Nachfrage und einem unendlichen Planungshorizont (*Nested Scheduling Problem*)[333]:

Modell NSP

$$(384)\quad \text{Min } Z = \sum_{k=1}^{K} [\underbrace{s_k/t_k}_{(a)} + \underbrace{R_k \cdot e_k \cdot (t_k-1)/2}_{(b)}]$$

(b): durchschnittliche Lagerungskosten je Periode

(a): durchschnittliche Rüstkosten je Periode

u.B.d.R.

$$(385)\quad t_k/t_j \geq 1 \text{ und ganzzahlig} \qquad k=1,2,\ldots;\ j \in N_k$$

$$(386)\quad t_k = b^{\beta(k)} \qquad \beta(k)=0,1,2,3,\ldots;\ k=1,2,3,\ldots$$

Es bedeuten:

b	Basisperiodenlänge
e_k	marginaler Lagerkostensatz
N_k	Menge der direkten Nachfolger des Produkts k
R_k	durchschnittliche Bedarfsmenge für Produkt k
s_k	Rüstkosten des Produkts k
t_k	Produktionszyklus des Produkts k

332 Der Basisfaktor b ist die Zeiteinheit, auf die sich die Endproduktnachfrage bezieht, z.B. eine Schicht, ein Arbeitstag, eine Woche, etc.

333 vgl. Heinrich (1987), S. 134

Entscheidungsvariablen dieses stationären Ersatzmodells für die ursprüngliche dynamische Problemstellung sind die Produktionszyklen t_k aller Produkte. Die **Zielfunktion** beschreibt die **durchschnittlichen Rüst- und Lagerungskosten je Periode**. Die Lagerdauer eines Erzeugnisses k beträgt (t_k-1), da angenommen wird, daß alle Bedarfsmengen (auch die Periodenbedarfsmengen der Endprodukte) jeweils zu Beginn einer Periode vom Lager entnommen werden. Wie aus Bild 115[334] zu ersehen ist, fallen dann in der letzten Periode eines Produktionszyklus für ein Produkt keine Lagerungskosten mehr an, da schon zu Beginn dieser Periode das Lager geräumt worden ist. Zur Bewertung des Lagerbestands werden die systembezogenen Lagerkostensätze[335] verwendet.

Als produktbezogene Nachfragemengen R_k werden Durchschnittswerte der Periodenbedarfsmengen über alle Perioden des Planungshorizontes eingesetzt. Bei der Berechnung der durchschnittlichen Nachfragemengen für untergeordnete Erzeugnisse wird die Erzeugnisstruktur entsprechend berücksichtigt. Es gilt also[336]

$$(387)\quad R_k = \frac{1}{T}\cdot\sum_{t=1}^{T} R_{kt} \qquad \text{alle Endprodukte } k \mid N_k = 0$$

$$(388)\quad R_k = \sum_{j\in N_k} R_j \qquad \text{alle untergeordneten Produkte } k \mid N_k > 0$$

Bei Berücksichtigung beliebiger **Direktbedarfskoeffizienten** $a_{kj} > 1$ können die durchschnittlichen Bedarfsmengen der untergeordneten Erzeugnisse nach Gleichung (389) bestimmt werden.

$$(389)\quad R_k = \sum_{j\in N_k} a_{kj}\cdot R_j \qquad \text{alle untergeordneten Produkte } k \mid N_k > 0$$

Das Modell NSP ist zwar eine vereinfachte Form des ursprünglich betrachteten dynamischen mehrstufigen Mehrprodukt-Losgrößenproblems. Aber auch zur optimalen Lösung dieses stationären Ersatzmodells ist kein effizientes Verfahren bekannt. Daher schlägt *Heinrich* ein heuristisches Lösungsverfahren[337] vor, in dessen Verlauf die Erzeugnisse jeweils entsprechend ihrer **Dispositionsstufenzuordnung** abgearbeitet werden. Die einzelnen Verfahrensschritte werden im folgenden detailliert dargestellt:

---

334 vgl. Abschnitt 43

335 echelon holding costs

336 Heinrich unterstellt, daß alle Direktbedarfskoeffizienten einheitlich gleich 1 sind; er argumentiert, Unterschiede in den Direktbedarfskoeffizienten könnten durch eine Anpassung der Lagerkostensätze erfaßt werden. Diese Argumentation ist zwar für konvergierende und lineare Erzeugnisstrukturen zutreffend, nicht aber bei generellen Erzeugnisstrukturen. Korrekterweise müssen bei der Berechnung der Sekundärbedarfsmengen auch die Direktbedarfskoeffizienten berücksichtigt werden.

337 vgl. Heinrich/Schneeweiß (1986), S. 159-162

$$Z_{neu} = \sum_{k=1}^{K} [s_k/t_{kneu}+R_k \cdot e_k \cdot (t_{kneu}-1)/2]$$

d) Prüfe, ob durch die vorgenommene Modifikation des Produktionszyklus sich der **Zielfunktionswert** verringert hat:
falls $Z_{neu} < Z_{alt}$, setze $Z_{alt} = Z_{neu}$, $t_k = t_{kneu}$, $t_j = t_{jneu}$, führe eine weitere Iteration l für das betrachtete Produkt k durch;
andernfalls betrachte das nächste Produkt k.

Ende der Phase I - Stufe 1

Nachdem in Schritt C die Produktionszyklen der Produkte - falls sich daraus eine Kostensenkung ergab - wieder verkürzt worden sind, ist die Stufe 1 des Verfahrens abgeschlossen. In dieser Stufe werden also in einem ersten Durchgang die Produktionszyklen der Erzeugnisse isoliert solange erhöht, wie damit noch Kostensenkungen erreichbar sind; dabei werden die evtl. auftretenden Beziehungen zu den untergeordneten Produkten berücksichtigt (Koppelung der Produktionspläne). Nach Abschluß des Schrittes B wird dann für jedes Erzeugnis isoliert überprüft, ob durch die Verkürzung seines Produktionszyklus eine weitere Reduzierung der Kosten erreicht werden kann, wobei auch hier die Beziehungen zu den jeweils übergeordneten Produkten berücksichtigt werden. Nach Abschluß der ersten Stufe des Verfahrens liegt oft schon eine recht gute Lösung vor, die u.U. jedoch in einer weiteren Stufe verbessert werden kann.

Vor Darstellung der zweiten Verfahrenstufe soll zunächst der Ablauf der Stufe 1 anhand des im Zusammenhang mit dem Verfahren von *Dagli und Meral* eingeführten **Beispiels**[340] erläutert werden. Die Verflechtungsbedarfsmengen der Produkte sind in Bild 136 zusammengestellt.

k\j	1	2	3	4	5
1	1	0	0	0	0
2	0	1	0	0	0
3	1	1	1	0	0
4	0	1	0	1	0
5	0	1	0	0	1

Bild 136: Verflechtungsbedarfsmengen

Die aus den in Bild 130 angegebenen Primärbedarfsmengen unter Beachtung der Erzeugnisstruktur abgeleiteten Durchschnittsbedarfsmengen (R_k) sowie die Kostensätze (s_k, e_k, h_k) und die Dispositionsstufennummern (u_k) aller Erzeugnisse sind in Bild 137 zusammengefaßt.

340 vgl. Abschnitt 43432321

k	R_k	s_k	e_k	h_k	u_k
1	10.00	400.00	1.00	2	0
2	40.00	200.00	1.00	9	0
3	50.00	50.00	1.00	1	1
4	40.00	100.00	4.00	4	1
5	40.00	100.00	3.00	3	1

Bild 137: Durchschnittsbedarfsmengen

Beispiel zur Phase I - Stufe 1

Schritt A: *Ermittlung einer Startlösung*

$b=2;\ t_k=1\ (k=1,\dots,5)$ — Für jedes Produkt wird in jeder Periode ein Los aufgelegt.

$Z_{alt}=850.00$ — Die durchschnittlichen Kosten pro Periode für diese Startlösung sind gleich der Summe der Rüstkosten.

Schritt B: *Verlängerung der Produktionszyklen*

u=1: — Dispositionsstufe 1

k=1: — Produkt 1

l=1: — Iteration 1

β_k	1	0	1	0	0
t_k	2	1	2	1	1

(bei $t_3 = 2$: abhängige Veränderung)

Verdoppelung des Produktionszyklus des Produkts 1. Da Produkt 3 Vorgänger von Produkt 1 ist, wird auch dessen Produktionszyklus verdoppelt.

$Z_{neu}=655.00$ — Die neue Lösung ist besser als die bisherige Lösung.

$t_{1neu}=2,\ t_{3neu}=2,\ Z_{alt}=655.00$ — Die neue Lösung wird beibehalten.

l=2: — Iteration 2

tionsplans betragen 562.50[341]. Im nächsten Schritt wird nun überprüft, ob diese Lösung weiter verbessert werden kann.

k	t_k
1	4
2	2
3	4
4	2
5	2

Bild 138: Produktionszyklen (nach Abschluß von Schritt B)

Schritt C: *Verkürzung der Produktionszyklen*

u=1 : — Dispositionsstufe 1

k=1 : — Produkt 1

l=1 : — Iteration 1

β_k	1	1	2	1	1
t_k	2	2	4	2	2

Versuchsweise Halbierung des Produktionszyklus des Produkts 1. Die anderen Produktionszyklen bleiben unverändert.

$Z_{neu} = 652.5 > Z_{alt}$

Die neue Lösung führt zu einem Kostenanstieg; sie wird daher verworfen.

k=2: — Produkt 2

l=1 : — Iteration 1

β_k	2	0	2	1	1
t_k	4	1	4	2	2

Verkürzung des Produktionszyklus des Produkts 2.

$Z_{neu} = 642.50 > Z_{alt}$

Die Lösung verursacht einen Kostenanstieg. Die Verkürzung wird verworfen.

u=2: — Dispositionsstufe 2

341 Die Kosten werden durch Einsetzen der t_k-Werte in Zielfunktion (384) ermittelt.

k=3:	Produkt 3
l=1:	Iteration 1
β_k 1 1 1 1 1 t_k 2 2 2 2 2 (abhängige Veränderung)	Probeweise Halbierung des Produktionszyklus des Produkts 3. Der Produktionszyklus des Erzeugnisses 1 wird angepaßt.
Z_{neu} = 615.00 > Z_{alt}	Die neue Lösung wird wegen der erhöhten Kosten verworfen.
k=4:	Produkt 4
l=1:	Iteration 1
β_k 2 0 2 0 1 t_k 4 1 4 1 2 (abhängige Veränderung)	Halbierung des Produktionszyklus des Produkts 4. Der Produktionszyklus des Produkts 2 wird angepaßt.
Z_{neu} = 612.50 > Z_{alt}	Die Reduzierung des Produktionszyklus wird verworfen.
k=5:	Produkt 5
l=1:	Iteration 1
β_k 2 0 2 1 0 t_k 4 1 4 2 1 (abhängige Veränderung)	Halbierung des Produktionszyklus für Produkt 5. Der Produktionszyklus des Erzeugnisses 2 wird wieder abgepaßt.
Z_{neu} = 632.50 > Z_{alt}	Der Zielfunktionswert wird nicht verringert; daher wird auch Verkürzung des Produktionszyklus des Produkts 5 nicht beibehalten. Schritt C hat damit zu keiner Verbesserung der in Schritt B ermittelten Lösung geführt.

Ende des Beispiels - Phase I - Stufe 1

Damit liegt folgender (gegenüber dem Ergebnis des Schritts 2 unveränderter) Produktionsplan vor:

k	t_k
1	4
2	2
3	4
4	2
5	2

Bild 139: Produktionszyklen (nach Beendigung des Schritts C)

Nach Beendigung der bisher betrachteten ersten Stufe des Verfahrens ist oft schon eine recht gute Lösung erreicht. Dieser stationäre Produktionsplan wurde aber unter der einschränkenden Bedingung erzeugt, daß eine Produktion eines untergeordneten Produkts immer begleitet sein muß von Produktionen aller direkten Nachfolger des Produkts (Koppelung der Produktionspläne). In **konvergierenden Erzeugnisstrukturen**, d.h. wenn jedes Erzeugnis höchstens einen Nachfolger hat, ist die Einhaltung dieser Bedingung Voraussetzung einer optimalen Lösung. In **generellen Erzeugnisstrukturen** dagegen ist die Koppelungsbedingung nicht mehr in bezug auf alle Nachfolger, sondern nur noch bezüglich *mindestens eines Nachfolgeprodukts* gültig; denn wird z.B. ein Einzelteil in mehrere Baugruppen eingebaut, dann ergibt sich die Notwendigkeit der Produktion dieses Einzelteils schon dann, wenn mindestens eine der übergeordneten Baugruppen produziert wird. Bei generellen Erzeugnisstrukturen stellt die Beschränkung der Lösungsmenge auf gekoppelte Produktionspläne damit u.U. eine zu enge Restriktion dar. *Heinrich* hebt daher in der folgenden Stufe II des Verfahrens diese Restriktion wieder auf.

Zur Beurteilung der Vorteilhaftigkeit der Aufhebung der genannten Bedingung bestimmt *Heinrich* Approximationswerte (untere Schranken) für die tatsächlich möglichen Einsparungen, die dann entstehen, wenn die Produktionszyklen der Erzeugnisse verändert werden. Dabei sollen die Produktionszyklen weiterhin ein Vielfaches der Basisperiode lang sein.

Die geschätzte **Kosteneinsparung** bei Veränderung des Produktionszyklus des Produkts k wird gemäß Gleichung (390) folgt bestimmt. Dabei bezeichnet t_{kneu} jeweils den geänderten Produktionszyklus. Bei **Verlängerung** des Produktionszyklus gilt: $t_{kneu} = t_k \cdot b$; bei **Verkürzung** des Produktionszyklus gilt: $t_{kneu} = t_k/b$.

(390) $E(t_{kneu}) = \underline{s_k/t_k} - \underline{s_k/t_{kneu}}$

- s_k/t_k: Rüstkosten vor Veränderung von t_k
- s_k/t_{kneu}: Rüstkosten nach Veränderung von t_k

$$+ \sum_{j \in N_k} \max\{t_k - t_j;\ 0\} \cdot R_j \cdot h_k/2$$

Lagerkosten für Produkt k vor Veränderung von t_k

- $\max\{t_k - t_j;\ 0\}$: Lagerdauer für Produkt k vor Veränderung von t_k
- R_j: aus j abgeleiteter Sekundärbedarf für Produkt k

$$- \sum_{j \in N_k} \max\{t_{kneu} - t_j;\ 0\} \cdot R_j \cdot h_k/2$$

Lagerkosten für Produkt k nach Veränderung von t_k

- $t_{kneu} - t_j$: Lagerdauer für Produkt k nach Veränderung von t_k

$$+ \sum_{j \in V_k} \max\{t_j - t_k;\ 0\} \cdot R_k \cdot h_j/2$$

Lagerkosten für die direkten Vorgänger j des Produkts k vor Veränderung von t_k

- $\max\{t_j - t_k;\ 0\}$: Lagerdauer für Produkt j vor Veränderung von t_k

$$- \sum_{j \in V_k} \max\{t_j - t_{kneu};\ 0\} \cdot R_k \cdot h_j/2$$

Lagerkosten für die direkten Vorgänger j des Produkts k nach Veränderung von t_k

- $\max\{t_j - t_{kneu}\}$: Lagerdauer für Produkt j nach Veränderung von t_k

Die erste Komponente dieser Kostenersparnis beschreibt die Einsparung an Rüstkosten für Produkt k. Der zweite und dritte Summand enthalten die Veränderung der Lagerungskosten für Produkt k, wenn die Länge des Produktionszyklus verändert wird. Wird durch die Verkürzung des Produktionszyklus des Produkts k dieser kürzer als der Produktionszyklus des Nachfolgers j[342], dann entstehen für das Produkt k keine Lagerungskosten, da die produzierten Mengen sofort in den Bestand des übergeordneten Produkts j eingehen; in diesem Fall beträgt die Lagerdauer 0. Die vierte und fünfte Komponente der Gleichung dienen der Erfassung der Auswirkungen der Veränderun-

342 Dies bedeutet eine Abweichung von der Koppelungsbedingung.

gen des Produktionszyklus des Erzeugnisses k auf die Lagerungskosten der untergeordneten Produkte j.

Gleichung (390) gilt für untergeordnete Erzeugnisse, jedoch nicht für Endprodukte (mit $N_k = 0$); denn die Auswirkungen der Veränderung des Produktionszyklus eines Endprodukts auf dessen Lagerungskosten werden nicht erfaßt. Wird der Produktionszyklus eines Endprodukts k verändert, dann erhöhen sich die Lagerungskosten dieses Endprodukts um

$$(391) \quad (t_k - t_{kneu}) \cdot R_k \cdot h_k / 2 \qquad k | N_k = 0$$

Um die mit Beziehung (391) beschriebene Komponente ist Gleichung (390) zu erweitern, falls die kostenmäßigen Konsequenzen der Veränderung des Produktionszyklus eines *Endprodukts* geschätzt werden sollen. Die mit den Gleichungen (390) und (391) quantifizierten Kostenveränderungen stellen lediglich Schätzwerte dar; denn es werden nur die Auswirkungen der Veränderung des Produktionszyklus eines Produkts auf seine direkten Vorgänger und Nachfolger berücksichtigt. Evtl. bestehende Auswirkungen auf die anderen Produkte einer Erzeugnisstruktur werden vernachlässigt. Die geschätzten Kosteneinsparungen werden jeweils für isolierte Veränderungen (Verlängerungen bzw. Verkürzungen) der Produktionszyklen aller Erzeugnisse ermittelt. Stufe 2 des Verfahrens kann damit wie folgt beschrieben werden:

Verfahren HEINRICH - Phase I - Stufe 2

Iteration l:

- berechne $E_i(t_{ineu})$ für alle Produkte i ($i = 1,2,...,k$) sowohl für *Verlängerungen* als auch für *Verkürzungen* der Produktionszyklen;

- bestimme das Produkt k mit der größten Kostenersparnis:
  $k = i | \max \{E_i(t_{ineu})\}$;

  falls $E_k(t_{kneu}) < 0$, STOP;
  andernfalls setze $t_k = t_{kneu}$ und führe eine weitere Iteration durch.

Ende der Phase I - Stufe 2

Die zweite Stufe des Verfahren soll wieder anhand des obigen Beispiels erläutert werden.

Beispiel zur Phase I - Stufe 2

l=1:

Iteration 1

i	$E(t_{i\,neu})$
1	10.0
2	-270.0
3	-93.8
4	-135.0
5	-95.0

Kostenersparnisse bei Verlängerung (Verdoppelung) der Produktionszyklen aller Produkte

i	$E(t_{i\,neu})$
1	-90.0
2	-80.0
3	27.5
4	-50.0
5	-50.0

Kostenersparnisse bei Verkürzung (Halbierung) der Produktionszyklen aller Produkte

$k=3;\ \max\ \{E_i(t_{i\,neu})\}=27.50$
$t_3=2$

Die maximale Kosteneinsparung ist bei Verkürzung des Produktionszyklus des Erzeugnisses 3 auf 2 Perioden zu erreichen.

l=2:

Iteration 2

i	$E(t_{i\,neu})$
1	10.0
2	-310.0
3	-27.5
4	-135.0
5	-95.0

Kostenersparnisse bei Verlängerung der Produktionszyklen aller Produkte

i	$E(t_{i\,neu})$
1	-80.0
2	-80.0
3	-25.0
4	-50.0
5	-50.0

Kostenersparnisse bei Verkürzung der Produktionszyklen aller Produkte

$k=1;\ \max\ \{E_i(t_{i\,neu})\}=10.00$
$t_1=8$

Die maximale Kosteneinsparung ist bei Verlängerung des Produktionszyklus des Erzeugnisses 1 zu erreichen.

l=3:

Iteration 3

i	$E(t_{i\,neu})$
1	-55.0
2	-310.0
3	-27.5
4	-135.0
5	-95.0

Kostenersparnisse bei Verlängerung der Produktionszyklen aller Produkte

i	$E(t_{i\,neu})$
1	-10.0
2	-80.0
3	-25.0
4	-50.0
5	-50.0

Kostenersparnisse bei Verkürzung der Produktionszyklen aller Produkte

k=1; max $\{E(t_{i\,neu})\}=-10.00<0$;
STOP.

Die maximale Kosteneinsparung ist bei Verlängerung des Produktionszyklus des Erzeugnisses 1 zu erreichen. Diese Ersparnis ist aber negativ (Erhöhung der Kosten).

Ende des Beispiels - Phase I - Stufe 2

Damit ist die Phase I des heuristischen Verfahrens von *Heinrich* abgeschlossen. Die endgültige **Lösung des Modells NSP** lautet:

k	t_k
1	8
2	2
3	2
4	2
5	2

Bild 140: Produktionszyklen nach Abschluß der Phase I

Die bisherigen Berechnungen basierten auf einem **stationären Modell mit unendlichem Planungshorizont**. Die ermittelten Produktionszyklen können auf verschiedene Weise zur Erzeugung einer Lösung für die ursprüngliche Problemstellung mit beschränktem Planungshorizont der Länge T und dynamisch schwankenden Bedarfsmengen der Produkte verwendet werden. *Heinrich* betrachtet in **Phase II** des Verfahrens neben einer direkten Umsetzung der Produktionszyklen auch die Möglichkeit der Kostenanpassung.

Verfahren HEINRICH - Phase II

- **direkte Implementation** der in Phase I errechneten Produktionszyklen;
  oder
- **Anpassung der Kostenparameter** und Lösung von K unabhängiger dynamischen Einprodukt-Losgrößenproblemen unter Einsatz eines der in Abschnitt 432 dargestellten Lösungsverfahren.
  Während bei konvergierenden Erzeugnisstrukturen die Form der Proportionalisierung der Rüstkosten mit den Produktionszyklusrelationen eindeutig bestimmt war[343], ist dies bei einer generellen Erzeugnisstruktur nicht mehr der Fall. Zusätzlich zur produktionszyklusbezogenen Kostenverteilung besteht nun die Notwendigkeit, die Rüstkosten auf *mehrere übergeordnete Erzeugnisse* (Verursacher eines Rüstvorgangs) zu verteilen. Bei der Anpassung der Kostensätze bestehen mehrere Möglichkeiten der Proportionalisierung der Rüstkosten in bezug auf die übergeordneten Erzeugnisse. *Heinrich* betrachtet folgende Varianten:

  - **nachfolgerbezogene** Proportionalisierung:
    die Rüstkosten eines Erzeugnisses k werden proportional zur *Anzahl der übergeordneten Erzeugnisse* umgelegt;
    oder
  - **bedarfsbezogene** Proportionalisierung[344]:
    die Rüstkosten eines Erzeugnisses k werden entsprechend den Bedarfs-*mengen* auf die nachfolgenden Erzeugnisse verteilt.

Ende der Phase II

Die genannten drei Formen der Erzeugung eines Produktionsplans können darüberhinaus auf der Grundlage der Ergebnisse der Stufe 1 (gekoppelte Produktionspläne) und auf der Grundlage der Ergebnisse der Stufe 2 der Phase I (nicht gekoppelte Produktionspläne) realisiert werden. Daraus ergeben sich sechs alternative Produktionspläne, die für das obige Beispiel im folgenden dargestellt werden.

1. Direkte Implementation der in Phase I errechneten Produktionszyklen

Die direkte Umsetzung der in Phase I des Verfahrens errechneten Produktionszyklen in erzeugnisspezifische Produktionspläne wird durch die Beziehungen (392) und (393) beschrieben.

---

343 vgl. Abschnitt 4343231, Gleichung (342)

344 Diese Form der Proportionalisierung wird auch von Dagli und Meral verwendet vgl. Abschnitt 43432321

$$(392)\quad q_{k\tau} = \sum_{t=\tau}^{\tau+t_k-1} r_{kt} \qquad k=1,2,\ldots,K;\ \tau=1,t_k+1,\ldots$$

(r_{kt}: Gesamtbedarf des Produkts k in Periode t)

$$(393)\quad q_{kt} = 0 \qquad k=1,2,\ldots,K;\ t=1,2,\ldots,T \mid t\neq\tau$$

Auf der Grundlage der in Stufe 1 der Phase I ermittelten Produktionszyklen (gekoppelte Produktionspläne) ergibt sich der in Bild 141 dargestellte Produktionsplan.

k\t	1	2	3	4	5	6	7	8	Kosten
1	34.0	.0	.0	.0	46.0	.0	.0	.0	1046.00
2	83.0	.0	74.0	.0	90.0	.0	73.0	.0	2339.00
3	191.0	.0	.0	.0	209.0	.0	.0	.0	394.00
4	83.0	.0	74.0	.0	90.0	.0	73.0	.0	400.00
5	83.0	.0	74.0	.0	90.0	.0	73.0	.0	400.00
Gesamtkosten									4579.00

Bild 141: Produktionsplan 1[345]

Bild 142 zeigt den Produktionsplan, der unter Verwendung der Ergebnisse der Stufe 2 generiert werden kann.

k\t	1	2	3	4	5	6	7	8	Kosten
1	80.0	.0	.0	.0	0.0	.0	.0	.0	1014.00
2	83.0	.0	74.0	.0	90.0	.0	73.0	.0	2339.00
3	163.0	.0	74.0	.0	90.0	.0	73.0	.0	200.00
4	83.0	.0	74.0	.0	90.0	.0	73.0	.0	400.00
5	83.0	.0	74.0	.0	90.0	.0	73.0	.0	400.00
Gesamtkosten									4353.00

Bild 142: Produktionsplan 2

2. Anpassung der Kostenparameter

Die Anpassung der Kostenparameter geschieht im Prinzip in der von *Blackburn und Millen* für konvergierende Erzeugnisstrukturen vorgeschlagenen Weise, wobei der Möglichkeit Rechnung getragen wird, daß der Produktionszyklus eines überge-

345 Die Berechnung der Kosten eines Produktionsplans erfolgt unter Verwendung der systemweiten Lagerkostensätze; dies erlaubt es uns, ohne Rücksicht auf die Abstimmung der Produktionszyklen direkt benachbarter Erzeugnisse die erzeugnisbezogenen Lagerbestände zu kumulieren. Alternativ könnte man auch die vollen Lagerkostensätze verwenden; dann muß man aber genau die Abstimmung der einzelnen Lagerbestände berücksichtigen. Stimmen z.B. wie in Periode 3 die Produktionszyklen für die Produkte 4 und 2 überein, dann bedeutet dies, daß die Menge des Produkts 4 schon zu Beginn des Produktionszyklus an das Lager des Produkts 2 weitergegeben wird. Lagerkosten fallen für Produkt 4 dann nicht mehr an. Die gesamte Menge (Produkt 4 und 2) wird dann bei Produkt 2 gelagert.

ordneten Produkts k länger sein kann als der Produktionszyklus eines Vorgängerprodukts j. Die **Modifikation der Lagerkostensätze** erfolgt nach Gleichung (394).

$$\text{(394)}\quad H_k = e_k + \sum_{\substack{j \in V_k \\ m_{jk} \geq 1}} H_j \cdot a_{jk} \cdot m_{jk} + \sum_{\substack{j \in V_k \\ m_{jk} < 1}} h_j \cdot a_{jk} \qquad k=1,2,\ldots,K$$

- a_{jk}: Direktbedarfskoeffizient
- h_j: voller Lagerkostensatz
- m_{jk}: Verhältnis der Produktionszyklen der Produkte j und k
- e_k: systemweiter (marginaler) Lagerkostensatz

Ist der Produktionszyklus eines untergeordneten Produkts j kürzer als der Produktionszyklus des übergeordneten Produkts k, dann werden für Erzeugnis j keine Bestände gelagert, die zum Einbau in Produkt k vorgesehen sind. *Heinrich* berücksichtigt im letzten Summanden der Gleichung (394) für derartige Produkte daher nur die vollen Lagerkostensätze.

Die **modifizierten Rüstkosten** des Produkts k werden nach Gleichung (395) berechnet, wobei eine Kostenüberwälzung nur von solchen untergeordneten Produkten j erfolgt, deren Produktionszyklus länger ist als der Produktionszyklus des Produkts k.

$$\text{(395)}\quad S_k = s_k + \sum_{\substack{j \in V_k \\ m_{jk} \geq 1}} S_j \cdot \alpha_{jk} / m_{jk} \qquad k=1,2,\ldots,K$$

- α_{jk}: Faktoren zur mengenbezogenen Proportionalisierung
- s_k: unmodifizierter Rüstkostensatz des Produkts k

Die mit den Beziehungen (394) und (395) beschriebene Modifikation der Rüst- und Lagerkostensätze unterscheidet sich von der Variante von *Dagli und Meral* dadurch, daß hier eine differenzierte Behandlung der Vorgängerprodukte j erfolgt, die einen kürzeren Produktionszyklus als das Produkt k haben.
Die Faktoren α_{jk} dienen zur mengenbezogenen Proportionalisierung[346] der Rüstkosten von Erzeugnissen mit mehreren Nachfolgern. Ihre Berechnung kann nachfolgerorientiert oder bedarfsorientiert erfolgen.

a) Nachfolgerproportionale Anpassung der Kostenparameter

Bei nachfolgerproportionaler Kostenanpassung ist der Verteilungsfaktor α_{kj} gleich dem Kehrwert der Anzahl der direkten Nachfolger j ($j \in N_k$) des Produkts k mit einem Produktionszyklus, der nicht länger ist als der Produktionszyklus des Produkts k. Auch hier kann wieder von den Ergebnissen der Stufe 1 (gekoppelte Produk-

346 Diese Faktoren werden auch von Dagli und Meral verwendet; siehe Gleichung (377)

tionspläne) oder der Stufe 2 (nicht gekoppelte Produktionspläne) ausgegangen werden.

Kostenanpassung auf der Grundlage der Ergebnisse der Stufe 1:

k	1	2	3	4	5
t_k	4	2	4	2	2

in Stufe 1 errechnete Produktionszyklen

k	j	α_{kj}
3	1	0.5
3	2	0.5
4	2	1.0
5	2	1.0

Verteilungsfaktoren auf der Grundlage der in Stufe 1 errechneten Produktionszyklen (gekoppelte Produktionspläne). k ist der Index des untergeordneten Produkts; j bezeichnet den Index des übergeordneten Produkts.

k	S_k	H_k
1	425.00	2.00
2	412.50	10.00
3	50.00	1.00
4	100.00	4.00
5	100.00	3.00

modifizierte Rüst- und Lagerungskosten

Unter Berücksichtigung dieser modifizierten Kostensätze wird nun für jedes Produkt ein dynamisches Einprodukt-Losgrößenproblem gelöst. Der in dieser Weise ermittelte Produktionsplan 3 ist in Bild 143 zusammengefasst:

k\t	1	2	3	4	5	6	7	8	Kosten
1	80.0	.0	.0	.0	.0	.0	.0	.0	1014.00
2	38.0	79.0	.0	40.0	42.0	83.0	.0	38.0	1821.00
3	118.0	79.0	.0	82.0	.0	83.0	.0	38.0	292.00
4	38.0	79.0	.0	40.0	42.0	83.0	.0	38.0	600.00
5	38.0	79.0	.0	40.0	42.0	83.0	.0	38.0	600.00
Gesamtkosten									4327.00

Bild 143: Produktionsplan 3

Kostenanpassung auf der Grundlage der Ergebnisse der Stufe 2:

k	1	2	3	4	5
t_k	8	2	2	2	2

in Stufe 2 errechnete Produktionszyklen

k	j	α_{kj}
3	1	0.0
3	2	1.0
4	2	1.0
5	2	1.0

Verteilungsfaktoren auf der Grundlage der in Stufe 2 errechneten Produktionszyklen. Der Verteilungsfaktor α_{31} ist 0, weil der Produktionszyklus des Produkts 1 ($t_1=8$) länger ist als der Produktionszyklus des untergeordneten Produkts 3 ($t_3=2$). Eine Umlage der Rüstkosten des Produkts 3 auf Produkt 1 kommt somit nicht in Betracht.

k	S_k	H_k
1	400.00	2.00
2	450.00	9.00
3	50.00	1.00
4	100.00	4.00
5	100.00	3.00

modifizierte Rüst- und Lagerungskosten

Der unter Verwendung dieser Kostensätze ermittelte Produktionsplan 4 ist in Bild 144 wiedergegeben.

k\t	1	2	3	4	5	6	7	8	Kosten
1	80.0	.0	.0	.0	.0	.0	.0	.0	1014.00
2	38.0	79.0	.0	82.0	.0	83.0	.0	38.0	1999.00
3	118.0	79.0	.0	82.0	.0	83.0	.0	38.0	250.00
4	38.0	79.0	.0	40.0	.0	83.0	.0	38.0	500.00
5	38.0	79.0	.0	82.0	.0	83.0	.0	38.0	500.00
Gesamtkosten									4263.00

Bild 144: Produktionsplan 4

b) Bedarfsproportionale Anpassung der Kostenparameter

Bei der bedarfsproportionalen Kostenanpassung bildet die Anzahl der direkten Nachfolger eines Produkts die Basis für die Proportionalisierung der Rüstkosten[347].

Kostenanpassung auf der Grundlage der Ergebnisse der Stufe 1:

k	1 2 3 4 5
t_k	4 2 4 2 2

in Stufe 1 errechnete Produktionszyklen

347 Diese Form der mengenbezogenen Proportionalisierung wird auch von Dagli und Meral eingesetzt; vgl. Abschnitt 43432321; Gleichung (376)

k	j	α_{kj}
3	1	0.2
3	2	0.8
4	2	1.0
5	2	1.0

Verteilungsfaktoren auf der Grundlage der in Stufe 1 errechneten Produkticnszyklen (gekoppelte Produktionspläne)

k	S_k	H_k
1	410.00	2.00
2	420.00	10.00
3	50.00	1.00
4	100.00	4.00
5	100.00	3.00

modifizierte Rüst- und Lagerungskosten

Damit läßt sich der in Bild 145 dargestellte **Produktionsplan** 5 ableiten.

k\t	1	2	3	4	5	6	7	8	Kosten
1	80.0	.0	.0	.0	.0	.0	.0	.0	1014.00
2	38.0	79.0	.0	82.0	.0	83.0	.0	38.0	1999.00
3	118.0	79.0	.0	82.0	.0	83.0	.0	38.0	250.00
4	38.0	79.0	.0	82.0	.0	83.0	.0	38.0	500.00
5	38.0	79.0	.0	82.0	.0	83.0	.0	38.0	500.00
Gesamtkosten									4263.00

Bild 145: Produktionsplan 5

Kostenanpassung auf der Grundlage der Ergebnisse der Stufe 2:

k	1 2 3 4 5
t_k	8 2 2 2 2

in Stufe 2 errechnete Produktionszyklen

k	j	α_{kj}
3	1	0.0
3	2	1.0
4	2	1.0
5	2	1.0

Verteilungsfaktoren auf der Grundlage der in Stufe 2 errechneten Produktionszyklen.

k	S_k	H_k
1	400.00	2.00
2	450.00	9.00
3	50.00	1.00
4	100.00	4.00
5	100.00	3.00

modifizierte Rüst- und Lagerungskosten

Der entsprechende Produktionsplan ist in Bild 146 dargestellt.

k\t	1	2	3	4	5	6	7	8	Kosten
1	80.0	.0	.0	.0	.0	.0	.0	.0	1014.00
2	38.0	79.0	.0	82.0	.0	83.0	.0	38.0	1999.00
3	118.0	79.0	.0	82.0	.0	83.0	.0	38.0	250.00
4	38.0	79.0	.0	82.0	.0	83.0	.0	38.0	500.00
5	38.0	79.0	.0	82.0	.0	83.0	.0	38.0	500.00
Gesamtkosten									4263.00

Bild 146: Produktionsplan 6

Betrachtet man zum Vergleich die Lösung, die nach dem Verfahren von *Dagli und Meral* erzielt wurde[348], dann ist für das Beispiel festzustellen, daß die mit dem Verfahren von *Heinrich* ermittelten Produktionspläne wesentlich kostengünstiger sind. Die Ursache liegt in der höheren Flexibilität des Ansatzes von *Heinrich*, in dem auch nicht gekoppelte Produktionspläne erlaubt sind und in der differenzierten Überwälzung der Kosten.

Heinrich hat das Verfahren anhand einer großen Anzahl synthetisch erzeugter Beispiele unter Zugrundelegung verschiedener Erzeugnisstrukturtypen mit alternativen Vorgehensweisen zur Losgrößenbestimmung in mehrteiligen Erzeugnisstrukturen verglichen. Die referierten Ergebnisse[349] deuten auf eine hohe zu erwartende Lösungsqualität bei Einsatz des Verfahrens hin. Insbesondere im Vergleich mit der in der betrieblichen Praxis gängigen Methode der Verwendung unmodifizierter Kostensätze in Einprodukt-Losgrößenmodellen wurden Kosteneinsparungen von bis zu 24% erzielt.

Das Verfahren läßt sich in gleicher Weise wie alle Ansätze, die auf dem Prinzip der Kostenanpassung basieren, leicht in herkömmliche EDV-Systeme zur Produktionsplanung und -steuerung integrieren. Dies gilt umso mehr, wenn es gelingt, auch Kapazitätsaspekte in die Überlegungen einzubeziehen.

348 vgl. Bild 133
349 vgl. Heinrich (1987), S. 174-201

43432323. Das Verfahren von Graves

Graves[350] schlägt zur Behandlung des mehrstufigen Losgrößenproblems ein Verfahren vor, das als **Multi-Pass-Heuristik** bezeichnet wird. Hier werden iterativ einstufige dynamische Einprodukt-Losgrößenprobleme optimal gelöst, wobei eine Abstimmung zwischen den direkt benachbarten Erzeugnissen in einer Erzeugnisstruktur über eine marginalanalytisch abgeleitete Modifikation der Kostenparameter erfolgt.

Das Grundprinzip des Verfahrens von *Graves* soll *für eine zweistufige lineare Erzeugnisstruktur* mit dem übergeordneten Produkt j und einem direkt untergeordneten Erzeugnis k sowie dem Direktbedarfskoeffizienten a_{kj} beschrieben werden (Bild 147).

ITERATION 0:	
	Löse für Produkt j das dynamische Einprodukt-Losgrößenproblem[351] $WW[r_{jt}, s_j, h_j, p_{jt}(t=1,2,...)]$
ITERATION i:	
	Leite aus den Losgrößen für das Endprodukt j die Gesamtbedarfsmengen r_{kt} für das untergeordnete Erzeugnis k ab und löse das Losgrößenproblem $WW[r_{kt}, s_k, h_k, p_{kt}(t=1,2,...)]$
	Bestimme marginale Kosten π_{kt} der Erhöhung des Bedarfs für das untergeordnete Produkt k in Periode t unter der Voraussetzung unveränderter Produktionstermine für dieses Erzeugnis.
	Erhöhe die variablen Kosten p_{jt} (t=1,2,...) des übergeordneten Erzeugnisses j um die periodenspezifischen marginalen Kosten π_{kt}, d.h. setze $p_{jt} = p_{jt} + a_{kj} \cdot \pi_{kt}$ $\qquad t=1,2,3,...$
	Löse das Problem $WW[r_{jt}, s_j, h_j, p_{jt}(t=1,2,...)]$ Haben sich die Losgrößen für das übergeordnete Erzeugnis j nicht verändert, STOP; andernfalls wiederhole Iteration i.

Bild 147: Verfahren GRAVES

350 vgl. Graves (1981)

351 Mit WW[·] wird ein einstufiges dynamisches Losgrößenproblem bezeichnet; vgl. Abschnitt 4321

Die marginalen Kosten der Erhöhung des Bedarfs für Produkts k in Periode t werden bestimmt durch den den Anstieg der Lagerkosten für Produkt k (und evtl. der Produktionskosten, wenn diese periodenabhängig sind), die dadurch entsteht, daß die um eine Mengeneinheit erhöhte Nachfrage für Produkt k in Periode t durch Vergrößerung des zuletzt (in Periode τ) aufgelegten Loses für Produkt k befriedigt wird. Die marginale Kostenerhöhung des Erzeugnisses k beträgt somit:

$$(396) \quad \pi_{kt} = p_{k\tau} + (t-\tau) \cdot h_k$$

Wird durch Erhöhung der Losgröße des übergeordneten Produkts j in Periode t der Sekundärbedarf für das untergeordnete Produkt k in dieser Periode t um eine Mengeneinheit erhöht, dann muß diese Sekundärbedarfsmenge zunächst einmal **produziert** werden - das geschieht durch Erhöhung der Produktion des Erzeugnisses k in dessen letzter Produktionsperiode τ -; außerdem muß die zusätzlich produzierte Menge von Periode τ bis zur Bedarfsperiode t **gelagert** werden. Die Summe beider Kosten ergibt den marginalen Kostenanstieg für Produkt k bei Erhöhung der Produktionsmenge des übergeordneten Erzeugnisses j in Periode t.

Die **marginalen Kosten** der Erhöhung der Bedarfsmengen für das untergeordnete Erzeugnis k in den einzelnen Perioden sollen die Auswirkungen quantifizieren, die sich bei der Erhöhung der Losgröße des übergeordneten Erzeugnisses j in bezug auf das untergeordnete Erzeugnis k ergeben. Sie dienen damit der Abstimmung der Produktionspläne der Produkte in einer mehrstufigen Erzeugnisstruktur.

Betrachten wir als Beispiel eine lineare Erzeugnisstruktur mit dem Endprodukt 1 und dem untergeordneten Erzeugnis 2. Für das Endprodukt liegen folgende Bedarfsmengen vor.

t	1	2	3	4	5	6	7	8
r_{1t}	5	12	8	9	7	19	11	9

Bild 148: Bedarfsmengen für das Endprodukt 1

Der Lagerkostensatz für das Produkt 1 (2) beträgt 2 (1); der Rüstkostensatz für Produkt 1 (2) sei 50 (50). Die variablen Produktionskosten sind für beide Erzeugnisse zeitunabhängig und werden damit vernachlässigt.

Beispiel zum Verfahren GRAVES

Iteration 0:

Problem $WW[r_{1t}, s_1=50, h_1=2, p_{1t}=0 \ (t=1,2,\ldots,8)]$

$q_{11}=17$, $q_{13}=24$, $q_{16}=39$ — optimale Lösung

Iteration 1:

Gesamtbedarfsmengen für Produkt 2

t	1	2	3	4	5	6	7	8
r_{2t}	17	0	24	0	0	39	0	0

Problem $WW[r_{2t}, s_2=50, h_2=1, p_{2t}=0 \ (t=1,2,\ldots,8)]$

$q_{21}=41$, $q_{26}=39$ — optimale Lösung

$\pi_{11}=0$; $\pi_{12}=1$; $\pi_{13}=2$; $\pi_{14}=3$; $\pi_{15}=4$;
$\pi_{16}=0$; $\pi_{17}=1$; $\pi_{18}=2$

Marginale Kosten der Erhöhung der Periodenbedarfsmengen für das untergeordnete Produkt 2. Wird die aus dem Produkt 1 abgeleitete Bedarfsmenge für Erzeugnis 2 z.B. in Periode 5 um eine Einheit erhöht, dann muß diese Einheit unter der Annahme unveränderter Losgrößen und Produktionszeitpunkte für Produkt 2 schon zum letzten Produktionstermin des Produkts 2 (Periode 1) hergestellt werden und bis zur Periode 5 gelagert werden. Die damit verbundenen Lagerkosten für Erzeugnis 2 betragen $(5-1)\cdot 1=4$. Diese Kosten sind bei der Entscheidung über die Erhöhung der Produktionsmenge des übergeordneten Produkts 1 in Periode 5 zu zusätzlich berücksichtigen.

$p_{11}=0$; $p_{12}=1$; $p_{13}=2$; $p_{14}=3$; $p_{15}=4$;
$p_{16}=0$; $p_{17}=1$; $p_{18}=2$

Erhöhung der variablen Produktionskosten des Produkts 1 um die marginalen Kosten

Problem $WW[r_{1t}, s_1=50, h_1=2, p_{1t} \ (t=1,2,\ldots,8)]$

$q_{11}=41$, $q_{16}=39$ — optimale Lösung; die Losgrößen des Produkts 1 haben sich verändert. Daher ist ein erneuter Durchlauf erforderlich.

Iteration 2:

t	1	2	3	4	5	6	7	8
r_{2t}	41	0	0	0	0	39	0	0

Gesamtbedarfsmengen für Produkt 2

Problem $WW[r_{2t}, s_2=50, h_2=1, p_{2t}=0 \ (t=1,2,\ldots,8)]$

$q_{21}=41$, $q_{26}=39$

optimale Lösung; sie ist gegenüber Iteration 1 unverändert.

STOP

Ende des Beispiels

Graves hat nachgewiesen, daß das Verfahren in einer endlichen Folge von Iterationen zu einem (lokalen) Optimum konvergiert. Das beschriebene Grundkonzept der Bestimmung marginaler Kosten kann auch auf generelle Erzeugnisstrukturen angewandt werden[352].

In einem numerischen Test hat *Graves* die Lösungsqualität des Verfahrens für konvergierende Erzeugnisstrukturen[353] mit den jeweils optimalen Lösungen verglichen. Dabei zeigte sich, daß in mehr als 90% der Fälle die optimale Lösung gefunden wurde. Die durchschnittliche Kostenerhöhung der gefundenen Lösungen lag dabei unter 1%. *Heinrich* hat in seiner Untersuchung das Verfahren von *Graves* zur Erzeugung von Referenzlösungen eingesetzt. Dabei zeigte sich, daß das Verfahren (abgesehen von wenigen Ausnahmen) kostengünstigere Lösungen als das Verfahren von *Heinrich* generiert. In einer anderen Untersuchung vergleicht *Rao* das Verfahren von *Graves* mit einem exakten Verfahren, wobei anhand von 38 Beispielen alle Formen von Erzeugnisstrukturen betrachtet werden[354]. Die Ergebnisse bestätigen die Qualität des Verfahrens von *Graves* für konvergierende Erzeugnisstrukturen, geben aber gleichzeitig Anlaß zu der Vermutung, daß die Lösungsqualität mit wachsender Divergenz der Erzeugnisstruktur sinkt.

352 vgl. Graves (1981); Heinrich (1987), S. 77-82

353 Es wurden konvergierende Erzeugnisstrukturen betrachtet, weil nur für solche Erzeugnisstrukturen Verfahren bekannt sind, die zur Bestimmung der optimalen Lösung bei größeren Problemen einsetzbar sind.

354 vgl. Rao (1981), S. 256-265

43433. Periodenorientierte Dekomposition - das Verfahren von Afentakis

Bei der bisher behandelten **erzeugnisorientierten** Dekomposition steht die Behandlung der **dynamischen** Komponente des Problems im Vordergrund des Interesses. Dies äußert sich darin, daß für ein Produkt zunächst ein Produktionsplan über den gesamten Planungshorizont aufgestellt wird, bevor zum nächsten Produkt übergegangen wird. Die Abstimmung zwischen den miteinander verbundenen Erzeugnissen in einer mehrstufigen Erzeugnisstruktur wird erst an zweiter Stelle berücksichtigt. Eine andere Auffassung liegt den Verfahren zugrunde, die eine **periodenorientierte** Dekomposition der dynamischen und mehrstufigen Problemstruktur vornehmen. Bei diesen Verfahren wird der Planungshorizont schrittweise um eine Periode erweitert, wobei in jedem Planungsschritt für alle Erzeugnisse aufeinander abgestimmte Losgrößen ermittelt werden. Diese Vorgehensweise hat den Vorteil[355], daß die sich mit zunehmender Länge des Planungshorizontes verschlechternde Prognosegenauigkeit besser berücksichtigt werden kann. Vor allem aber eröffnet sich dadurch die Möglichkeit, in einem Konzept der **rollenden Planung** immer nur die dem Planungszeitpunkt am nächsten liegenden Lose zur Produktion freizugeben. Veränderungen von Planungsdaten, die sich auf weiter in der Zukunft liegende Perioden beziehen, resultieren dann nicht in veränderten Planvorgaben für bereits zur Produktion freigegebene Fertigungsaufträge.

Afentakis[356] schlägt ein heuristisches Verfahren zur Lösung des dynamischen Mehrprodukt-Losgrößenproblems bei **konvergierender Erzeugnis- und Prozeßstruktur** vor, in dem durch schrittweise Vergrößerung des Planungshorizonts von $\tau=1$ bis $\tau=T$ mehrere aufeinander aufbauende Mehrprodukt-Losgrößenprobleme erzeugt werden. Bei der Behandlung eines τ-Perioden-Problems werden jeweils **alle Produkte simultan** betrachtet. Eine Lösung für ein τ-Perioden-Problem wird erzielt, indem die *Lösungsmenge* eines (τ-1)-Perioden-Problems unter Verwendung bestimmter heuristischer Konstruktionsregeln erweitert wird.

Afentakis geht von einer Darstellung des Losgrößenproblems als **Netzwerk** aus. Für jedes Produkt wird ein solches Netzwerk aufgebaut und sukzessive um eine Periode erweitert. Bei der Bestimmung der produktbezogenen Losgrößen für den um eine Periode erweiterten Planungshorizont werden dann alle Produkte **simultan** betrachtet.

Das Verfahren läuft in zwei Abschnitten wie folgt ab. Für einen gegebenen Planungshorizont τ werden zunächst *zulässige Produktionsplanalternativen* für die betrachteten Produkte generiert. Die Zulässigkeit bezieht sich vor allem auf die Abstimmung der Produktionstermine und Losgrößen der Erzeugnisse, die direkt durch Input-Output-Beziehungen miteinander verbunden sind. Die Konstruktion der zulässigen Planalternativen für einen Planungshorizont der Länge $\tau+1$ baut auf den in vorangegangenen Schritten gefundenen **Lösungen** für kürzere Planungshorizonte $1,2,...,\tau$ auf. Die grundlegende **Heuristik** dabei besteht darin, daß **einmal festgelegte Produktionstermine al-**

355 vgl. Lambrecht/Vander Eecken/Vanderveken (1983)
356 vgl. Afentakis (1987); Afentakis (1986); Afentakis (1982a); Afentakis (1982b)

ler Erzeugnisse in späteren Planungsphasen nicht mehr revidiert werden[357]. Aus der Menge der für einem Planungshorizont der Länge τ erzeugten zulässigen Produktionspläne für alle Erzeugnisse wird dann durch ein Verfahren der dynamischen Optimierung die optimale Kombination von erzeugnisbezogenen Produktionsplänen ermittelt. Dies geschieht durch das Verfahren $PRODPLAN_\tau$. Das Verfahren von *Afentakis* hat die in Bild 149 dargestellte Struktur.

ITERATION τ (τ=1,2,...,T):

> Bestimme für alle Produkte k (k=1,2,...,K) alle zulässigen Planalternativen p_{ki} für den Planungshorizont τ und deren Kosten c_{ki}.
>
> Bestimme die optimalen Produktionspläne (Losgrößen) aller Produkte für den Planungshorizont τ durch Einsatz des Verfahrens $PRODPLAN_\tau$.
>
> *Verfahren* $PRODPLAN_\tau$
>
> SCHRITT k (k=K,K-1,...,2):
>
> > Bestimme das dem Produkt k direkt übergeordnete Produkt, l=n(k)
> > bezeichne die Menge der Planalternativen für Produkt l mit P_l;
> > bezeichne die Menge der mit Plan $i \in P_l$ des Produkts l harmonierenden Planalternativen des Produkts k mit Z_{kli};
> >
> > für alle Pläne $i \in P_l$:
> >
> > > setze $c_{li}=c_{li}+\min_j\{c_{kj} | j \in Z_{kli}\}$;
> > > speichere j_{ki} als den optimalen Index j bezüglich des Produktionsplans i;
>
> SCHRITT 1:
>
> > Der optimale Produktionsplan j_1 ist der Plan, für den gilt: $j_1=j|\min_j\{c_{1j}\}$

Bild 149: Verfahren AFENTAKIS

In Schritt k des Verfahrens $PRODPLAN_\tau$ werden die Kosten des bezüglich des Produktionsplans i eines übergeordneten Produkts l optimalen Produktionsplans j des untergeordneten Erzeugnisses k dem Produktionsplan i zugerechnet. In c_{li} werden damit die gesamten Kosten, die mit dem Plan i des Produkts l verbunden sind, akkumuliert. Sind alle untergeordneten Erzeugnisse eines Produkts l berücksichtigt worden, dann enthält c_{li} die Kosten für Produkt l zuzüglich der Kosten der optimalen mit Plan i

357 In einem exakten Verfahren kann dagegen der Fall eintreten, daß aufgrund einer für einen späteren Zeitpunkt eingeplanten Losgröße eines Produkts sich auch die Vorteilhaftigkeit früherer Auftragsgrößen anderer Produkte verändert.

harmonierenden Produktionspläne sämtlicher Produkte im Erzeugnisbaum, dessen Wurzel der Knoten 1 ist. Betrachten wir ein Beispiel[358], dessen Erzeugnisstruktur und Produktdaten in den Bildern 150 und 151 dargestellt sind.

Bedarfsmengen					
t	1	2	3	4	5
d_t	40	80	10	60	80
Rüstkosten: s_1=100, s_2=30, s_3=90					
Lagerkosten (systemweit): e_1= 1, e_2=1, e_3=1					

Bild 150: Beispieldaten

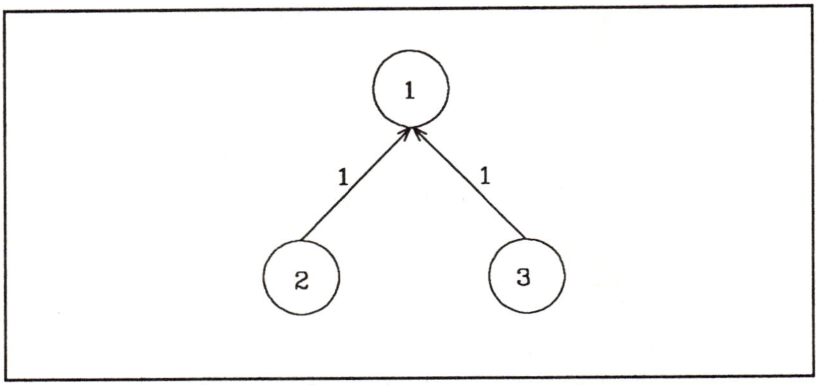

Bild 151: Erzeugnisstruktur des Beispiels

Zur Bestimmung des optimalen Produktionsplans für die drei Produkte wird nun wie folgt vorgegangen.

Beispiel zum Verfahren AFENTAKIS

Iteration $\tau = 1$:

Die **Erzeugung der möglichen Planalternativen** p_{ki} für die Produkte bei einem Planungshorizont $\tau = 1$ ist sehr einfach; denn die einzige zulässige Kombination von Losgrößen bzw. Produktionsplänen für die drei Produkte sieht jeweils die Fertigstellung eines Loses am Ende der Periode 0 vor, das den Bedarf der Periode 1 deckt. Für jedes Erzeugnis steht damit nur ein Produktionsplan zur Verfügung. Bild 152 zeigt die gra-

358 vgl. Lambrecht/Vander Eecken/Vanderveken (1983)

phische Darstellung dieser Lösung. Der den aktuellen Planungshorizont τ umfassende Produktionsplan eines Erzeugnisses ist durch einen Pfeil dargestellt[359]. Der Pfeil beginnt in der Periode, an deren Ende das Los fertiggestellt wird und endet in der letzten Periode, deren Bedarf das Los noch abdeckt. Bei einem Planungshorizont von $\tau = 1$ wird für jedes Produkt am Ende der Periode 0 (bzw. zu Beginn der Periode 1) der Bedarf für Periode 1 fertiggestellt. Die Kosten dieser Lösung betragen 220[360].

	Losgrößen					Lagerungskosten					Rüstkosten
k\\τ	1	2	3	4	5	1	2	3	4	5	
1	40	-	-	-	-	0	-	-	-	-	100
2	40	-	-	-	-	0	-	-	-	-	30
3	40	-	-	-	-	0	-	-	-	-	90
						Gesamtkosten					220

Bild 152a: Optimale Lösung für den Planungshorizont $\tau = 1$

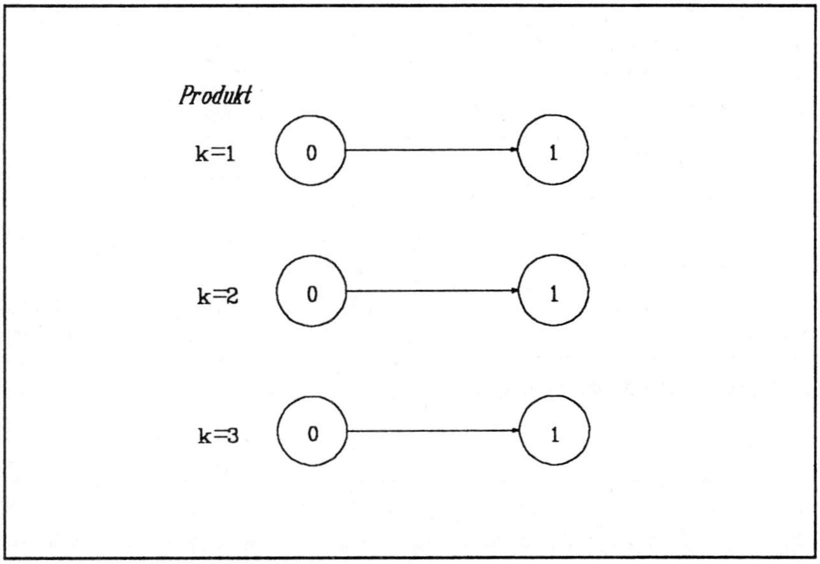

Bild 152b: Optimale Lösung für den Planungshorizont $\tau = 1$ (in Netzwerkdarstellung)

359 Bei längeren Planungshorizonten wird ein produktbezogener Produktionsplan durch einen Pfad repräsentiert.

360 Für jedes Produkt wird ein Los aufgelegt; Lagerung erfolgt nicht.

Iteration $\tau=2$:

Bei Erweiterung des Planungshorizonts um eine Periode auf $\tau=2$ Perioden sind zunächst alle zu berücksichtigenden Produktionsplanalternativen für die Produkte zu erzeugen. Dabei wird folgende Eigenschaft der optimalen Lösung eines dynamischen Einprodukt-Losgrößenproblems genutzt[361]: *Eine Erweiterung des Planungshorizontes von τ-1 auf τ Perioden führt niemals zu einer zeitlichen Rückwärtsverschiebung des letzten für den Planungshorizont von τ-1 Perioden aufgelegten Loses eines Produkts*[362]. Das Verfahren von *Afentakis* ist ein heuristisches Verfahren, weil diese Eigenschaft auch für die Mehrproduktsituation angenommen wird. Als mögliche Produktionstermine, an denen der Bedarf der neu hinzugekommenen Bedarfsperiode τ gedeckt werden kann, kommen somit alle Perioden zwischen der letzten Produktionsperiode und der Periode τ in betracht. Es sind demzufolge die in Bild 153 zusammengefaßten Planalternativen zu berücksichtigen.

	p_{ki} t 1 2	Produktion in Periode	Kosten
Erzeugnis 1:	p_{11} = {1,0} p_{12} = {1,1}	1 1, 2	180(=100+80) 200(=2·100)
Erzeugnis 2:	p_{21} = {1,0} p_{22} = {1,1}	1 1, 2	110(=30+80) 60(=2·30)
Erzeugnis 3:	p_{31} = {1,0} p_{32} = {1,1}	1 1, 2	170(=90+80) 180(=2·90)

Bild 153: Planalternativen für den Planungshorizont $\tau=2$

Die Größe p_{ki} bezeichnet den Produktionsplan i des Erzeugnisses k. Dieser Produktionsplan wird durch eine zeitlich geordnete Folge von τ binären Ziffern dargestellt, wobei eine 1 angibt, daß zu Beginn der betreffenden Periode ein in der Vorperiode fertiggestelltes Produktionslos zur Bedarfsdeckung bereitsteht.

In Bild 154 sind die Planalternativen graphisch dargestellt, wobei für jedes Produkt wieder ein separates Netzwerk verwendet wird. Die gestrichelten Pfeile stellen die Verbindungen zwischen dem Netzwerk für einen Planungshorizont von τ-1[363] und dem neu hinzugekommenen Knoten τ dar. Die letzte Produktionsperiode eines Produkts ist jeweils durch ein Rechteck markiert. Bezeichnen wir den Knoten, an dem das letzte Los aufgelegt wird, mit n, dann werden die neu hinzugekommenen Produktionsplanalternativen durch Einführung von Verbindungen zwischen dem Knoten τ und allen Knoten (n,...,τ-2,τ-1) erzeugt.

361 vgl. Afentakis (1982), S. 103

362 Dieses Planungshorizonttheorem gilt für ein Einprodukt-Losgrößenproblem unter Annahme, daß die variablen Produktionskosten im Zeitablauf nicht steigen; vgl. Hax/Candea (1084), S. 91; Zäpfel (1982), S. 205

363 vgl. Bild 152

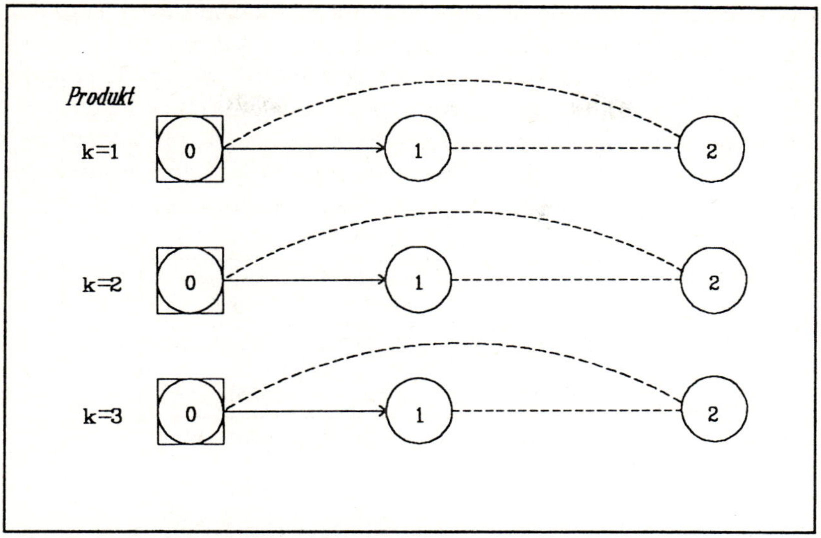

Bild 154: Produktionsplanalternativen für den Planungshorizont $\tau = 2$

Eine **Produktionsplanalternative** für ein Erzeugnis entspricht immer einem geschlossenen Weg vom Knoten 0 zum Knoten τ (aktueller Planungshorizont). Dieser Weg besteht u.U. aus einem bereits in einem vorangegangenen Planungsschritt festgelegten Weg zwischen dem Knoten 0 und einem Knoten n sowie einem Pfeil von diesem Knoten n zum (vorläufigen) Planungshorizont τ. Für jedes Produkt bestehen im vorliegenden Beispiel zwei Planalternativen. Die *erste Alternative* entspricht dem Pfeil vom Knoten 0 zum Knoten $\tau = 2$[364]. Die *zweite Alternative* entspricht dem zweiten möglichen Weg vom Knoten 0 zum Knoten $\tau = 2$, wobei dieser Weg über den bei einem Planungshorizont von $\tau = 1$ ausgewählten Pfeil von Knoten 0 zum Knoten 1 führt.

Nach der Erzeugung aller Planalternativen sind die *Produktionspläne der Erzeugnisse aufeinander abzustimmen*. Bei der Koordination der Produktionsmengen und -termine wird die Optimalitätsbedingung (290)[365] berücksichtigt. Danach sind die Produktionstermine der Produkte so festzulegen, daß ein untergeordnetes Produkt (z.B. Produkt 2) nur dann produziert wird, wenn auch für das direkt übergeordnete Produkt 1 ein Los aufgelegt wird und damit ein Sekundärbedarf für das untergeordnete Produkt 2 besteht. Es wird nun **für jede Planalternative des übergeordneten Erzeugnisses 1** festgestellt, **welche Planalternativen der untergeordneten Produkte 2 und 3 mit ihr harmonieren.**

Bild 155 zeigt die mit den beiden Plänen i (i = 1,2) des Endprodukts l = 1 harmonierenden Pläne der Produkte j = 2 und j = 3. Dabei gilt die aus der Bedingung (290) abgeleitete **Konstruktionsregel**, daß die Produktionspläne eines Erzeugnisses l und eines

364 d.h. das erste Los umfaßt den Bedarf der Perioden 1 und 2
365 vgl. Abschnitt 43422

diesem direkt untergeordneten Erzeugnisses k dann miteinander harmonieren, wenn die Binärdarstellung des Produktionsplans des Produkts k eine **Untermenge** der Binärdarstellung des Produktionsplans des Erzeugnisses l ist. Mit dem ersten Plan (i = 1) des übergeordneten Produkts l = 1 harmoniert jeweils nur ein Plan der Erzeugnisse k = 2 und k = 3. Mit dem zweiten Produktionsplan (i = 2) des Produkts l = 1 harmonieren dagegen jeweils zwei Pläne der untergeordneten Erzeugnisse. Die produktbezogenen Kosten eines Produktionsplans sind in Klammern angegeben; dabei werden die Lagerungskosten unter Verwendung des marginalen Lagerkostensatzes berechnet[366].

Produkt l=1:			Produkt k=2	Produkt k=3
Plan	i=1	$p_{11}=\{1,0\}$ (180)	$p_{21}=\{1,0\}$ (110)	$p_{31}=\{1,0\}$ (170)
	i=2	$p_{12}=\{1,1\}$ (200)	$p_{21}=\{1,0\}$ (110)	$p_{31}=\{1,0\}$ (170)
			$p_{22}=\{1,1\}$ (60)	$p_{32}=\{1,1\}$ (180)

Bild 155: Produktionspläne der Produkte k = 2 und k = 3, die mit den Produktionsplänen i = 1,2 des Produkts 1 harmonieren

Alle Planalternativen des untergeordneten Erzeugnisses k, die mit dem Plan i des direkt übergeordneten Erzeugnisses l harmonieren, können in einer Menge Z_{kli} zusammengefaßt werden. Im vorliegenden Fall gilt z.B.: $Z_{212} = \{p_{21}, p_{22}\} = \{(1,0),(1,1)\}$[367].

Das **Optimierungsproblem** besteht nun darin, eine miteinander harmonierende, d.h. zulässige Kombination von Produktionsplänen der drei Erzeugnisse für den Planungshorizont $\tau = 2$ zu finden, deren Gesamtkosten minimal sind. Dieses Problem läßt sich durch Einsatz des Verfahrens **PRODPLAN**$_\tau$ lösen, das im folgenden anhand des Beispiels im Detail erläutert werden soll:

366 z.B. $c_{21} = c_{32} + e_2 \cdot r_2 = 30 + 1 \cdot 80 = 110$

367 Dies sind beide Produktionspläne für Erzeugnis k = 2, die mit dem Produktionsplan i = 2 des übergeordneten Erzeugnisses l = 1 harmonieren, d.h. in Bezug auf diesen zulässig sind.

Beispiel zum Verfahren PRODPLAN$_T$:

Schritt k = 3:	Erzeugnis 3
$l=n(k)=1$	Nachfolger von Erzeugnis 3 ist das Endprodukt l = 1.
$P_l=P_1=\{p_{11},p_{12}\}=\{(1,0),(1,1)\}$	Menge der Produktionsplanalternativen des Endprodukts l = 1.
i=1	Plan 1 für Endprodukt 1.
$Z_{311}=\{1,0\}$	Der einzige Plan des Produkts 3, der mit dem Plan 1 des Endprodukts 1 harmoniert, ist der Plan 1.
$c_{li}=c_{11}=180+\min\{170\}=350$	In c_{11} werden die Kosten des Plans 1 des übergeordneten Produkts 1 sowie die Kosten des optimalen damit harmonierenden Produktionsplans des untergeordneten Produkts 3 akkumuliert.
$j_{31}=1$	Der kostengünstigste Plan des Produkts 3, der mit Plan 1 des Endprodukts 1 harmoniert, ist der Plan j = 1.
i=2	Plan 2 für Endprodukt 1.
$Z_{312}=\{(1,0),(1,1)\}$	Mit dem Plan 2 des Endprodukts 1 harmonieren beide Pläne des Produkts 3.
$c_{li}=c_{12}=200+\min\{170,180\}=370$	In c_{12} werden die Kosten des Plans 2 des übergeordneten Produkts 1 (200) sowie des optimalen damit harmonierenden Produktionsplans des Produkts 3 (170) akkumuliert.
$j_{32}=1$	Der kostengünstige Plan des Produkts 3, der mit dem Plan 2 des Endprodukts harmoniert, ist der Plan j = 1.

Schritt k = 2:	Erzeugnis 2
$l=n(k)=1$	Nachfolger von Erzeugnis 2 ist das Endprodukt l = 1.
$P_l=P_1=\{p_{11},p_{12}\}=\{(1,0),(1,1)\}$	Menge der Produktionsplanalternativen des Endprodukts l = 1.
i=1	Plan 1 für Endprodukt 1.

$Z_{211}=\{1,0\}$	Der einzige Plan des Produkts 2, der mit dem Plan 1 des Endprodukts 1 harmoniert, ist der Plan 1.
$c_{1i}=c_{11}=350+\min\{110\}=460$ ↑ In Schritt 3 akkumulierte Kosten, die dem Plan 1 des Produkts 1 zugerechnet werden können	Jetzt werden zu den in Schritt 3 akkumulierten Kosten des Plans 1 des Endprodukts 1 und des Plans 1 des Produkts 3 (350) die Kosten des Plans 1 des Produkts 2 addiert. Damit stehen die gesamten Kosten des Plans 1 des Endprodukts einschl. der jeweils günstigsten damit harmonierenden Pläne der untergeordneten Erzeugnisse fest.
$j_{21}=1$	Der kostengünstigste Plan des Produkts 2, der mit Plan 1 des Produkts 1 harmoniert, ist der Plan j = 1.
i=2	Plan 2 für Endprodukt 1.
$Z_{212}=\{(1,0),(1,1)\}$	Mit dem Plan 2 des Endprodukts 1 harmonieren beide Pläne des Produkts 2.
$c_{1i}=c_{12}=370+\min\{110,60\}=430$	In c_{12} werden nun zu den in Schritt 3 kumulierten Kosten des Plans 2 für Produkt 1 und des Plans 1 für Produkt 3 (370) die Kosten des optimalen damit harmonierenden Produktionsplans des Produkts 2 (60) addiert.
$j_{22}=2$	Der kostengünstige Plan des Produkts 2, der mit dem Plan 2 des Endprodukts harmoniert, ist der Plan j = 2.
Schritt 1:	Endprodukt 1
$\min\{460,430\}=430$ ↑ Gesamtkosten des Plans 2 ↑ Gesamtkosten des Plans 1	Auswahl aus der Menge der Pläne des Produkts 1. In den Kosten sind jeweils die Kosten der günstigsten damit harmonierenden Pläne der untergeordneten Produkte berücksichtigt.
Problemlösung für Planungshorizont $\tau=2$: $j_1=2$; $j_{22}=2$; $j_{32}=1$	Der optimale Produktionsplan des Endprodukts 1 ist der Plan 2. Die optimalen damit harmonierenden Pläne des untergeordneten Produkts 2 (3) ist der Plan 2 (1).

Ende des Beispiels zum Verfahren PRODPLAN$_\tau$

Das Verfahren PRODPLAN$_\tau$ ist ein exaktes Verfahren der *dynamischen Optimierung*, wobei die optimale Lösung aus einer *heuristisch begrenzten Alternativenmenge* ermittelt wird. Die optimale Lösung für einen Planungshorizont von $\tau=2$ Perioden enthält damit den **Plan 2 für Produkt 1**: {1,1}, den **Plan 2 für Produkt 2**: {1,1} und den **Plan 1 für Produkt 3**: {1,0}. Die mit dieser Lösung verbundenen Kosten betragen 430. Ein Vergleich der Produktionspläne zeigt, daß das übergeordnete Erzeugnis 1 häufiger produziert wird als das untergeordnete Produkt 3. In Bild 156 ist die ausgewählte Kombination der Produktionspläne mit durchgehenden Linienzügen graphisch veranschaulicht. Es wird deutlich, daß jede zulässige Kombination von Produktionsplänen als ein Baum dargestellt werden kann, dessen Wurzel einem Produktionsplan des übergeordneten Erzeugnisses entspricht.

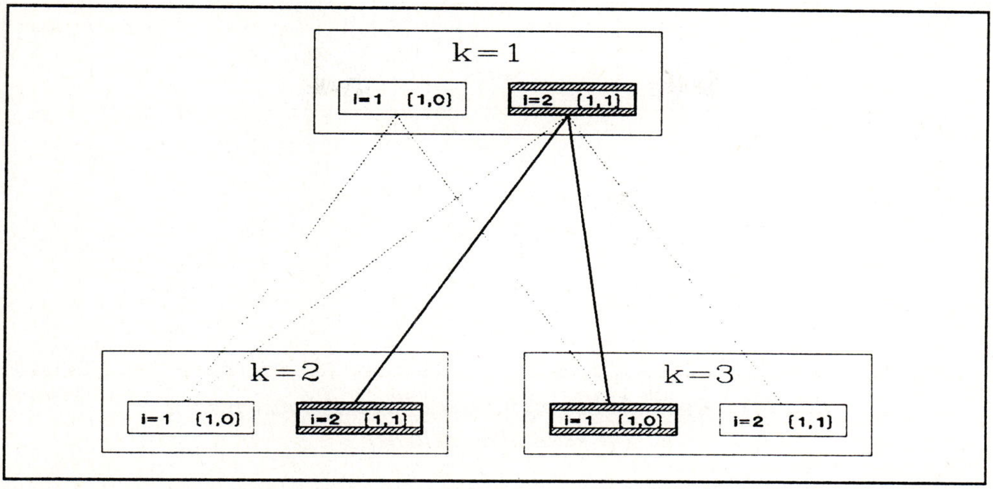

Bild 156: Optimale Lösung für einen Planungshorizont $\tau = 2$

k\\τ	Losgrößen 1	2	3	4	5	Lagerungskosten 1	2	3	4	5	Rüstkosten
1	40	80	-	-	-	0	0	-	-	-	200
2	40	80	-	-	-	0	0	-	-	-	60
3	120	0	-	-	-	80	0	-	-	-	90
						Gesamtkosten					430

Bild 157a: Optimale Lösung für einen Planungshorizont $\tau = 2$

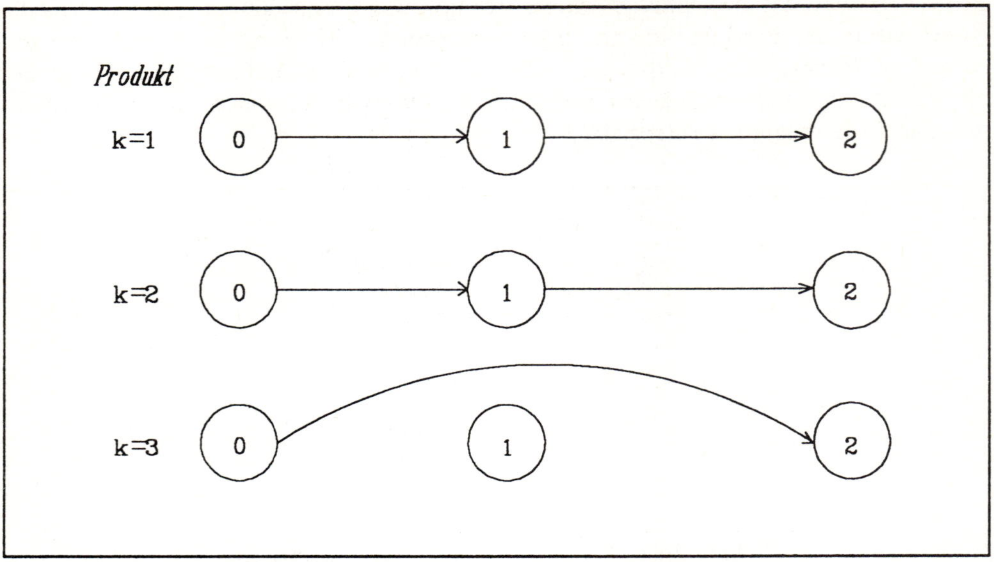

Bild 157b: Optimale Lösung für einen Planungshorizont $\tau=2$ (in Netzwerkdarstellung)

Bild 157 zeigt die optimalen Wege durch die erzeugnisbezogenen Netzwerke. Diese Lösung für einem Planungshorizont der Länge $\tau=2$ bildet die Basis für die Entwicklung von Produktionsplanalternativen für den nächsten zu betrachtenden, um eine Periode verlängerten Planungshorizont $\tau=3$.

Es zeigt sich, daß **für jeden Planungshorizont** τ eine optimale Kombination produktbezogener Wege existiert. Die Menge der optimalen Wege für alle Planungshorizonte bildet in der Terminologie der Graphentheorie einen **Baum** mit dem Wurzelknoten 0. Jeder optimale Weg vom Knoten 0 zum Knoten $t=1,2,...,\tau$ bildet einen **Zweig** dieses Baums. Wird der Planungshorizont um eine Periode verlängert, dann wird jedem produktbezogenen Netzwerk ein weiterer Knoten $\tau+1$ hinzugefügt. Dieser Knoten wird mit dem Baum der optimalen Wege verbunden, indem die Zweige dieses Baums durch Pfeile mit dem Zielknoten $\tau+1$ verbunden werden.

Iteration $\tau=3$:

Es wird nun wieder davon ausgegangen, daß die produktbezogenen Produktionstermine, die in der letzten Planungsstufe, d.h. bei einem Planungshorizont von $\tau=2$ bestimmt worden sind, auch bei Erweiterung des Planungshorizontes auf $\tau=3$ beibehalten werden. Unter dieser Annahme sind die Bild 158 tabellarisch angegebenen und in Bild 159 graphisch dargestellten Planalternativen für die Erzeugnisse zu betrachten.

	t 1 2 3	Produktion in Periode	Kosten
Erzeugnis 1:	p_{11} = {1,1,0} p_{12} = {1,1,1}	1, 2 1, 2, 3	210(=2·100+10) 300(=3·100)
Erzeugnis 2:	p_{21} = {1,1,0} p_{22} = {1,1,1}	1, 2 1, 2, 3	70(=2·30+10) 90(=3·30)
Erzeugnis 3:	p_{31} = {1,0,0} p_{32} = {1,1,0} p_{33} = {1,0,1}	1 1, 2 1, 3	190(=90+80+2·10) 190(=2·90+10) 260(=90+80+90)

Bild 158: Planalternativen für einen Planungshorizont $\tau = 3$

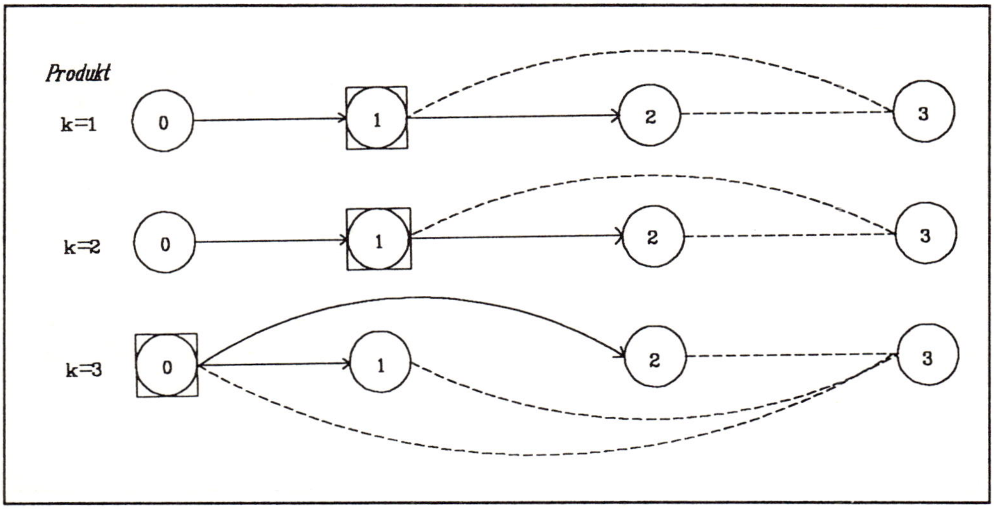

Bild 159: Planalternativen für einen Planungshorizont $\tau = 3$

Die optimale Kombination von Produktionsplänen wird wieder - wie für Iteration $\tau = 2$ beschrieben - nach dem Verfahren PRODPLAN$_\tau$ bestimmt. Sie ist in Bild 160 dargestellt.

Die Bilder 161 bis 164 zeigen für die weiteren Planungshorizonte $\tau = 4$ und $\tau = 5$ jeweils die Planalternativen und die optimalen Lösungen, ohne daß im einzelnen auf die Erzeugung der Planalternativen und die Auswahl der jeweils optimalen Kombination eingegangen wird.

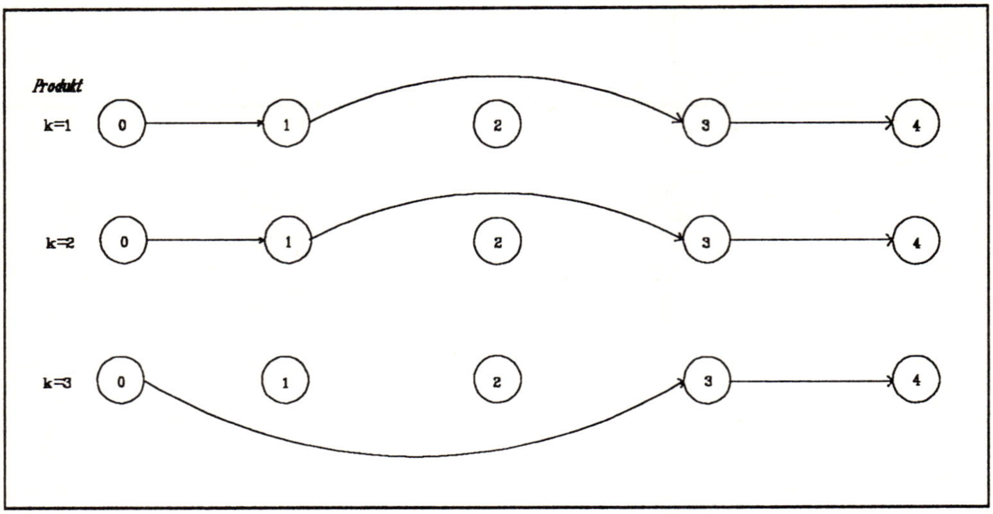

Bild 162b: Optimale Lösung für einen Planungshorizont $\tau = 4$ (in Netzwerkdarstellung)

Iteration $\tau = 5$:

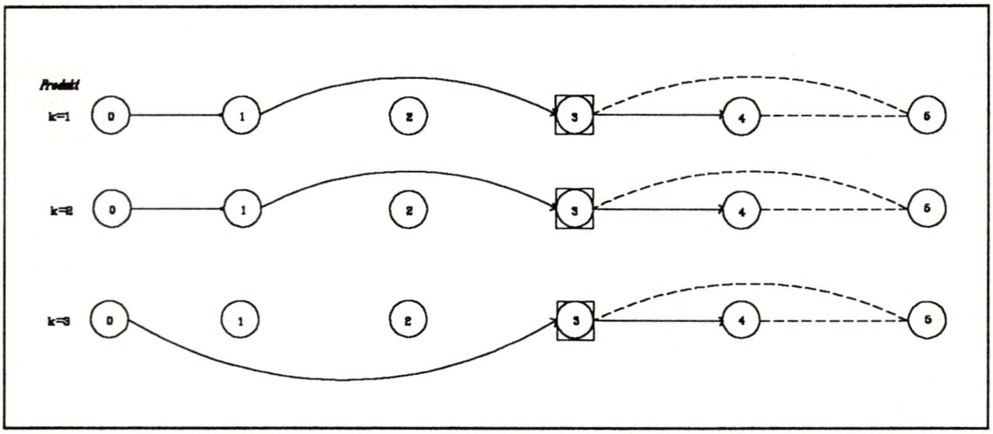

Bild 163: Planalternativen für einen Planungshorizont $\tau = 5$

k\τ	Losgrößen 1	2	3	4	5	Lagerungskosten 1	2	3	4	5	Rüstkosten
1	40	90	0	60	80	0	10	0	0	0	400
2	40	90	0	60	80	0	10	0	0	0	120
3	130	0	0	140	0	90	10	0	80	0	180
						Gesamtkosten					900

Bild 164a: Optimale Lösung für einen Planungshorizont τ = 5

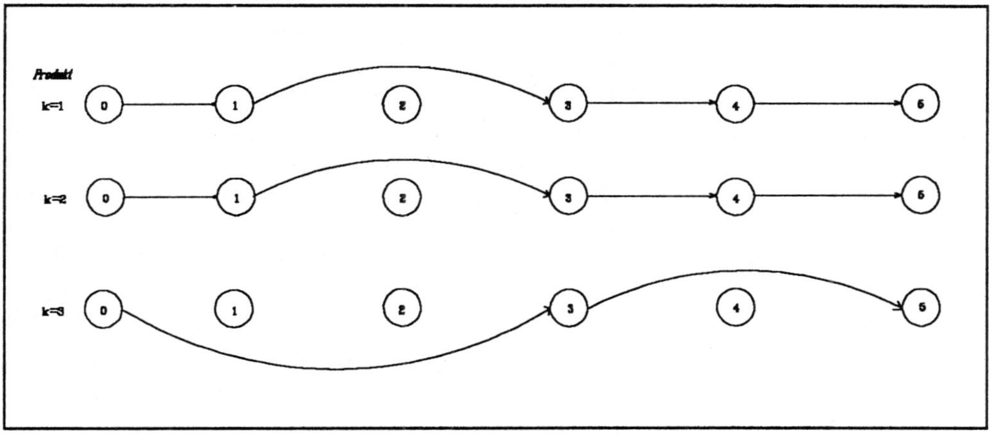

Bild 164b: Optimale Lösung für einen Planungshorizont τ = 5 (in Netzwerkdarstellung)

Ende des Beispiels zum Verfahren von AFENTAKIS

Diese ermittelte Lösung ist die global optimale Lösung[368]. *Afentakis* hat das beschriebene heuristische Verfahren einem numerischen Test unterzogen. Dabei wurden unterschiedliche konvergierende Erzeugnisstrukturen mit bis zu 200 Erzeugnissen auf maximal 45 Produktionsstufen betrachtet. Die Länge des Planungshorizontes variierte zwischen 6 und 18 Perioden. Die mittlere Abweichung der Zielfunktionswerte vom Optimum betrug 0.5%. Die Rechenzeit betrug etwa das dreifache der Rechenzeit, die bei einem isoliertem Einsatz des Wagner-Whitin-Verfahrens zur Lösung der dynamischen Einprodukt-Losgrößenprobleme benötigt wurde[369].

368 vgl. Lambrecht/Vander Eecken/Vanderveken (1983), S. 39
369 vgl. Afentakis (1986), S. 21-22

Afentakis weist darauf hin, daß das Verfahren auf unterschiedliche Weise um **Kapazitätsgesichtspunkte** erweitert werden kann. So besteht z.B. die Möglichkeit, aus der Menge der Planalternativen diejenigen Pläne zu entfernen, die zu einer Verletzung der Kapazitätsbeschränkungen führen. Diese Vorgehensweise enthält jedoch noch einige Freiheitsgrade, da eine Überschreitung der Produktionskapazität in einer Periode üblicherweise nicht durch ein Produkt, sondern durch mehrere Produktionsplanalternativen, die sich auf verschiedene Produkte beziehen, hervorgerufen wird. Eine Alternative dazu könnte darin bestehen, schon im Prozeß der Erzeugung der einzelnen Planalternativen die Knappheit der Produktionskapazität zu berücksichtigen. Dies kann z.B. durch Einsatz eines einstufigen Einprodukt-Losgrößenverfahrens, das Kapazitätsbeschränkungen berücksichtigt[370] werden. Die konkrete Ausgestaltung derartiger Erweiterungen des heuristischen Verfahrens von *Afentakis* ist jedoch noch offen.

Lambrecht, Vander Eecken und Vanderveken[371] schlagen ebenfalls eine periodenorientierte Dekomposition des dynamischen Mehrprodukt-Losgrößenproblems vor. Sie betrachten eine konvergierende Erzeugnisstruktur und erweitern schrittweise den Planungshorizont um jeweils eine Periode. Für jede zusätzlich in den Planungshorizont aufgenommene Bedarfsperiode τ des Endprodukts wird entschieden, ob dieser Bedarf in ein früher produziertes Los aufgenommen wird und wenn ja, für welches Erzeugnis die Losgröße zu erhöhen ist. Als Auswahlkriterium wird ein modifiziertes Stückperiodenausgleichskriterium verwendet. Das Verfahren wurde von den Autoren anhand zahlreicher Beispiele überprüft und mit den in der betrieblichen Praxis üblichen Methoden[372] sowie dem Iterationsverfahren von *Graves*[373] verglichen. Dabei stellte sich heraus, daß das Verfahren bezüglich der Lösungsqualität dem Verfahren von *Graves* nur leicht unterlegen war, die Rechenzeiten aber erheblich unter den Werten des Verfahrens von *Graves* lagen.

43434. Berücksichtigung von Kapazitätsbeschränkungen

In den bisher dargestellten Lösungsansätzen zur Behandlung des dynamischen mehrstufigen Mehrproduktlosgrößenproblem blieben die Kapazitäten der Produktionsfaktoren unberücksichtigt. Dies ist auch die Vorgehensweise der betrieblichen Praxis implementierten Systeme zur Produktionsplanung und -steuerung (PPs-Systeme). Kapazitätsgesichtspunkte werden i.a. erst in einer nachgelagerten Planungsstufe im Rahmen des **Kapazitätsbelastungsausgleichs** berücksichtigt. Dabei werden die vorgegebenen Losgrößen u.U. wieder in kleinere Einheiten zerlegt[374]. Diese Vorgehensweise hat den

370 vgl. z.B. Florian/KLein (1971); Bitran/Matsuo (1986)

371 vgl. Lambrecht/Vander Eecken/Vanderveken (1983)

372 vgl. Abschnitt 434321

373 vgl. Abschnitt 43432323

374 Diese sog. Losteilung ist ein weit verbreitetes Hilfsmittel zur Reduzierung von Kapazitätsproblemen beim Kapazitätsbelastungsausgleich; vgl. z.B. Zäpfel (1982), S. 230

Nachteil, daß die ökonomisch fundierten Überlegungen bzgl. des Ausgleichs von Rüstkosten und Lagerkosten, die der Bildung von Fertigungsaufträgen zugrundeliegen, im Rahmen des Kapazitätsbelastungsausgleichs wieder verworfen werden. Dieses Problem läßt sich nur dann vermeiden bzw. verringern, wenn **schon bei der Losgrößenplanung die damit verbundene zu erwartende Belastung der knappen Produktionsfaktorkapazitäten berücksichtigt** wird.

In Abschnitt 4342 wurde bereits ein dynamisches mehrstufiges Mehrproduktlosgrößenmodell für eine generelle Erzeugnisstruktur formuliert[375], in dem Kapazitäten von nur in beschränktem Umfang verfügbaren Produktionsfaktoren berücksichtigt werden. Leider existieren keine Verfahren, die in der Lage sind, dieses Problem mit vertretbarem Rechenaufwand exakt zu lösen. Auch leistungsfähige heuristische Lösungsverfahren sind für derartige Probleme nicht bekannt. Im folgenden soll daher versucht werden, das von *Heinrich*[376] entwickelte Lösungsverfahren, das für den Fall unbeschränkter Kapazitäten formuliert wurde, soweit zu modifizieren, daß die Lösungen bezüglich der Inanspruchnahme der knappen Kapazitäten zulässig sind.

Erinnern wir uns an das Grundprinzip des Verfahrens von *Heinrich*. Die Phase I dient der zeitlichen Abstimmung der Produktionsmengen der durch Input-Output-Beziehungen miteinander verbundenen Einzelteile, Baugruppen und Endprodukte. Nach Beendigung dieser Phase bestehen verschiedene Möglichkeiten, einen Produktionsplan zu erzeugen. Dem Vorschlag von *Heinrich* zufolge können die in Phase I ermittelten Produktionszyklen direkt übernommen oder zur Modifikation der Kostenparameter für anschließend zu lösende dynamische Einproduktlosgrößenprobleme eingesetzt werden. Diese zweite Möglichkeit ist für unsere weiteren Überlegungen von Bedeutung. *Heinrich* löst in Phase II des Verfahrens Einprodukt-Losgrößenprobleme **ohne** Kapazitätsbeschränkungen.

Geht man nun davon aus, daß die Produkte an Maschinen mit beschränkter Kapazität bearbeitet werden müssen, dann kann der Fall eintreten, daß **ein in Phase II des Verfahrens ermittelter Produktionsplan nicht zulässig** ist. Betrachten wir zur Veranschaulichung den Produktionsplan, der sich bei Einsatz der bedarfsproportionaler Aufteilung der Rüstkosten im obigen Beispiel[377] ergibt. Es soll dabei davon ausgegangen werden, daß die untergeordneten **Produkte 3 und 4 auf einer Maschine mit einer Periodenkapazität von 160 Einheiten** produziert werden. Bild 165 zeigt die sich aus dem Produktionsplan 5 ergebende Belastung der Maschine durch die Produkte 3 und 4.

375 Modell GEN_V
376 vgl. Abschnitt 43432322
377 vgl. Bild 145, Produktionsplan 5

k\t	1	2	3	4	5	6	7	8
3	118.0	79.0	.0	82.0	.0	83.0	.0	38.0
4	38.0	79.0	.0	82.0	.0	83.0	.0	38.0
Kap	156.0	158.0	.0	164.0 ↑	.0	166.0 ↑	.0	76.0
				nicht zulässig				

Bild 165: Sekundärbedarfsmengen und Produktionsplan 5 für die Erzeugnisse 3 und 4 (ohne Berücksichtigung von knappen Kapazitäten)

Der nach dem Verfahren von *Heinrich* ermittelte Produktionsplan ist im Hinblick auf die zusätzlich unterstellte Kapazitätsbeschränkung nicht zulässig; denn die Kapazität der Maschine wird in den Perioden 4 und 6 überschritten.

Es bietet sich nun an, anstelle der isolierten dynamischen Einproduktlosgrößenprobleme in Phase II des Verfahrens von *Heinrich* für alle Erzeugnisse einer Dispositionsstufe, die an denselben Produktionsfaktoren hergestellt werden, ein dynamisches Mehrproduktlosgrößenproblem mit beschränkter Produktionskapazität zu lösen. Dazu kann auf eines der in Abschnitt 433 dargestellten Lösungsverfahren zurückgegriffen werden. Setzt man z.B. das Verfahren von *Dixon*[378] ein, dann ergibt sich der in Bild 166 dargestellte Produktionsplan für die Erzeugnisse 3 und 4, wobei als Kostenparameter die gemäß der direktbedarfsbezogenen Proportionalisierung modifizierten Kostensätze nach dem Verfahren von *Heinrich* verwendet werden:

k\t	1	2	3	4	5	6	7	8
3	118.0	79.0	.0	82.0	.0	83.0	.0	38.0
4	40.0	81.0	.0	78.0	6.0	77.0	.0	38.0
Kap	158.0	160.0	.0	160.0 ↑	6.0	160.0 ↑	.0	76.0
				zulässig				

Bild 166: Produktionsplan für die Erzeugnisse 3 und 4 (mit Berücksichtigung von knappen Kapazitäten)

Vergleicht man beide Produktionspläne, dann ist zu erkennen, daß die Produktionsmengen, die über die verfügbare Kapazität der Maschine hinausgehen, in frühere Perioden verschoben worden sind, wobei sie jeweils so spät wie möglich produziert werden.

Das dargestellte Beispiel zeigt, daß das Verfahren von *Heinrich* um Kapazitätsbetrachtungen ergänzt werden kann. Jedoch ist dies nur dann möglich, wenn keine dispositionsstufenübergreifende Betriebsmittelkonkurrenz auftritt.

Die in diesem Abschnitt vorgetragenen Überlegungen können nur vorläufigen Charakter haben, da zur Beurteilung der Leistungsfähigkeit eines derartigen Konzepts um-

378 vgl. Abschnitt 43321

fangreiche Rechentests angestellt werden müssen, wobei die Qualität des Konzepts erst dann beurteilt werden kann, wenn die Ergebnisse mit *optimalen* Lösungen verglichen werden können. Zum gegenwärtigen Zeitpunkt ist jedoch kein Verfahren bekannt, das für praktisch relevante Problemgrößen optimale Ergebnisse zum Vergleich bereitstellen könnte.

Vertiefende Literatur zu Abschnitt 434.:

Afentakis (1986)
Afentakis/Gavish/Karmarkar (1984)
Billington/McClain/Thomas (1983)
Billington/McClain/Thomas (1986)
Blackburn/Millen (1982)
Choi/Malstrom/Classen (1984)
Dagli/Meral (1985)
De Bodt/Gelders/Van Wassenhove (1983)
Graves (1979)
Heinrich (1987)
Heinrich/Schneeweiß (1986)
Jacobs/Khumawala (1982)
*Lambrecht/VanderEecken/*Vanderveken (1983)
McLaren (1977)
Moily (1982)
Rao (1981)
Rosling (1986)

5. Berücksichtigung der Unsicherheit in mehrstufigen Produktionsprozessen

In den bisherigen Ausführungen zur Materialbedarfs- und Losgrößenplanung wurde davon ausgegangen, daß alle entscheidungsrelevanten Informationen zum Zeitpunkt der Aufstellung eines Produktionsplanes mit Sicherheit bekannt sind. Das bedeutet, daß nicht nur die **Primärbedarfsmengen**, sondern auch die **Produktionszeiten** (Durchlaufzeiten) und die **Ausschußraten** als deterministische Größen behandelt werden können. Die folgenden Ausführungen haben die Probleme zum Gegenstand, die sich daraus ergeben, daß die genannten Annahmen in der betrieblichen Realität nicht erfüllt sind.

Aus den Ergebnissen empirischer Untersuchungen über die Häufigkeitsverteilung von **Auftragsdurchlaufzeiten** in Unternehmen ist zu entnehmen, daß die Durchlaufzeit in vielen Fällen eine **Zufallsvariable mit einer linkssteilen Verteilung und einer sehr hohen Varianz** ist[379]. Die Ursachen dafür liegen einmal in **externen Einflußfaktoren**, die auf den Produktionsprozeß in unvorhersehbarer Weise einwirken, z.B. Verzögerungen in der Beschaffung von Material[380], Maschinenausfälle bei Engpaßmaschinen, die zu nicht aufholbaren Verzögerungen im Produktionsprozeß führen. Darüberhinaus werden die Schwankungen der Durchlaufzeit aber auch durch **Entscheidungen der Produktionsplanung und -steuerung** verursacht. So hat z.B. in der kurzfristigen Ablaufplanung die Anwendung einiger Prioritätsregeln zur Folge, daß bestimmte Aufträge vor einer Maschine länger warten müssen als andere[381], weil sie durch Anwendung der Prioritätsregel mehrfach an das Ende der Warteschlange vor der Maschine gesetzt werden.

Da für die Vorlaufzeitverschiebung nach dem dargestellten Konzept der Materialbedarfs- und Losgrößenplanung aber fixierte Werte der Durchlaufzeit eines Auftrags benötigt werden, bleibt in der betrieblichen Praxis nur die Möglichkeit, die **Durchlaufzeit** eines Auftrags (oder eines Arbeitsgangs) zu schätzen[382]. Als grober Schätzwert wird dabei in einigen Fällen der um einen Risikozuschlag erhöhte Mittelwert vergangener Beobachtungswerte der Durchlaufzeit (für vergleichbare Aufträge) verwendet[383].

---

379 vgl. z.B. Buchmann, W. (1982); Wiendahl (1984)

380 Da die Lieferanten des Materials selbst einer stochastischen Nachfrage gegenüberstehen, lassen sich Fehlmengen und damit auch lagerbedingte Lieferzeiten nicht vermeiden; vgl. hierzu auch Tempelmeier (1983)

381 Eine Prioritätsregel, die zu einer hohen Varianz der Durchlaufzeit der Aufträge führt, ist die Kürzeste-Operationszeit-Regel (KOZ-Regel); vgl. z.B. Hax/Candea (1984), S. 314-317

382 In einem dem Verfasser bekannten Unternehmen wird z.B. für jeden Arbeitsgang mit einer durchschnittlichen Durchlaufzeit von einer Woche gerechnet.

383 vgl. St. John (1983), S. 2

Wird die tatsächliche Produktionsdauer jedoch überschätzt, dann werden Produktionsaufträge früher als notwendig zur Fertigung freigegeben. Das wiederum bewirkt, daß sich die Aufträge und das entsprechende Material im Produktionsbereich vor einzelnen Maschinen **stauen**. Dadurch können weitere Erhöhungen der zu beobachtenden Durchlaufzeiten entstehen[384]. Wird dagegen die tatsächliche Durchlaufzeit unterschätzt, dann kann hat dies Produktionsstillstand bzw. die Überschreitung von Lieferterminen zur Folge haben, da evtl. zur Fertigstellung eines Auftrags benötigtes Material nicht rechtzeitig bereitsteht.

Zur Milderung solcher unerwünschten Auswirkungen von unvermeidbaren Fehlprognosen werden in der betrieblichen Praxis die **Produktionspläne kurzfristig verändert**. So kann man z.B. die Losgröße eines noch nicht fertiggestellten Produktionsauftrags erhöhen oder den Freigabetermin des Auftrags gegenüber dem geplanten Termin zeitlich vorziehen. Dadurch entsteht eine "Nervosität" des Planungssystems[385], die noch durch den Umstand verstärkt wird, daß die Aufträge der Erzeugnisse miteinander verflochten sind. Häufiges Verändern eines Produktionsplanes kann zu Akzeptanzproblemen auf Seiten der ausführenden Mitarbeiter führen, die dann die Prioritäten der Aufträge evtl. nicht mehr ernst nehmen[386]. Parallel zur Umplanung von Mengen und Terminen der Aufträge werden oft **mengenmäßige und zeitliche Puffer** vorgesehen.

Der Problemkreis der Unsicherheit in mehrstufigen Produktionsprozessen ist noch vergleichsweise unerforscht. Zur Berücksichtigung der Unsicherheit bei **einstufigen Produktionsprozessen** (z.B. bei unabhängigem Bedarfsverlauf eines Erzeugnisses) kann auf die Ergebnisse und Entscheidungsregeln der **Lagerhaltungstheorie** für einstufige stochastische Lagerprozesse zurückgegriffen werden. Im Rahmen dieser Lagerdispositionssysteme wird jedes Produkt isoliert betrachtet und durch einen Sicherheitsbestand von den Einflüssen der stochastischen Größen, die sich auf die Bedarfsmengen und -zeitpunkte sowie der Produktionsmengen und Fertigstellungstermine auswirken, abgeschirmt[387].

In der betrieblichen Praxis wird in dieser Weise auch bei mehrstufigen Erzeugnis- und Prozeßstrukturen vorgegangen. In ähnlicher Weise wie bei der Losgrößenplanung werden die einzelnen Erzeugnisse isoliert betrachtet und für jedes Produkt ein **isolierter Sicherheitsbestand** berücksichtigt[388]. Berechnet man aber für mehrere durch Input-Output-Beziehungen miteinander verknüpfte Erzeugnisse derartige **isolierte Sicherheitsbestände**, dann ergeben sich daraus tendenziell überhöhte Lagerbestände; denn die Möglichkeiten des Ausgleichs der Unsicherheit zwischen den verschiedenen Produktions- und Erzeugnisstufen werden nicht genutzt. So ist z.B. die Standardabweichung der Durchlaufzeiten zweier **unmittelbar hintereinandergeschalteter** Arbeitsgänge niedriger als die Summe der isoliert berechneten Standardabweichungen der ar-

384 vgl. Tatsiopoulos/Kingsman (1983)
385 vgl. Mather (1977); Steele (1975); Ho/Carter/Melnyk/Narasimhan (1986)
386 vgl. Carlson/Jucker/Kropp (1979); Grasso (1982)
387 vgl. hierzu z.B. Schneeweiß (1981); Tempelmeier (1983)
388 vgl. z.B. Skutta (o.J.); Hahn/Laßmann (1986), S. 443-448; Vollmann/Berry/Whybark (1984), S. 42-43

beitsgangbezogenen Durchlaufzeiten[389]. Das leuchtet unmittelbar ein, da die zufällige *Überschreitung* der geplanten Durchlaufzeit auf einer Produktionsstufe z.T. durch eine ebenso zufällige *Unterschreitung* der Durchlaufzeit auf einer nachfolgenden Produktionsstufe kompensiert werden kann. Da die Berechnung von Sicherheitsbeständen aber i.a. auf der isolierten Standardabweichung eines Arbeitsganges basiert, werden die Sicherheitsbestände tendenziell zu hoch festgelegt.

Das im folgenden betrachtete Problem besteht darin, die Ergebnisse der deterministischen Bedarfsrechnung und der Losgrößenplanung vor den negativen Auswirkungen der Unsicherheit abzuschirmen. Im folgenden sollen zunächst die Ursachen der Unsicherheit näher untersucht werden. Im Anschluß daran erfolgt eine Diskussion der planerischen Möglichkeiten zur Berücksichtigung der Unsicherheit in der Materialbedarfs- und Losgrößenplanung.

51. Einflußgrößen der Unsicherheit in mehrstufigen Produktionsprozessen

Betrachten wir zunächst die Einflußgrößen, aufgrund deren Unsicherheit bei der Produktionsplanung besteht. Die Komponenten der Planungsstruktur sind in Bild 167 wiedergegeben[390].

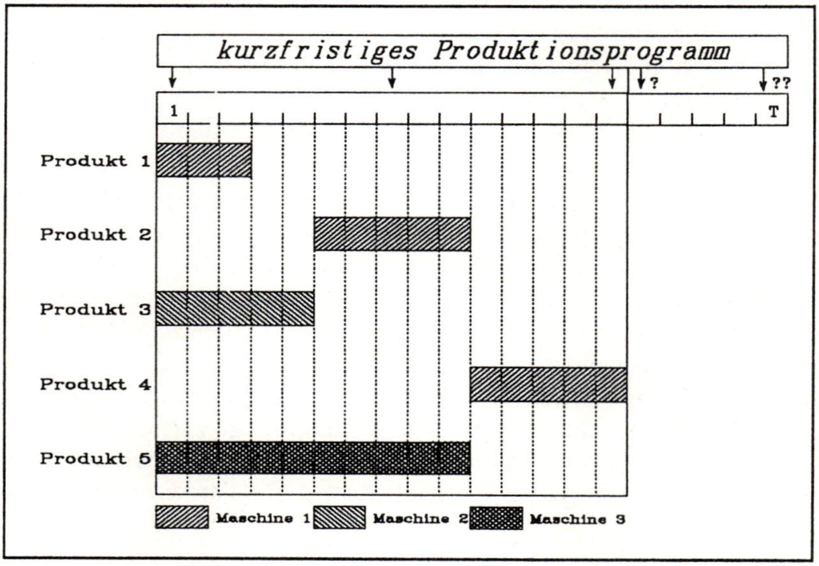

Bild 167: Komponenten der zeitlichen Planungsstruktur in einem PPS-System

389 Diese Aussage läßt sich durch Rückgriff auf wahrscheinlichkeitstheoretische Überlegungen bezüglich der Verteilung einer Summe von Zufallsvariablen begründen, vgl. z.B. Kohlas (1977), S. 32-33

390 vgl. Chang (1981), S. 6

Die Materialbedarfs- und Losgrößenplanung arbeitet in einem über die Zeitachse hinwegrollenden Entscheidungsfenster der Länge T auf der Grundlage eines für diesen Zeitraum extern vorgegebenen kurzfristigen Produktionsplans. Für einen kurzen Zeitraum, d.h. für die ersten Perioden des Entscheidungsfensters sind die Produktionsaufträge freigegeben und liegen damit unveränderbar fest. Dieser Zeitraum sollte mindestens die maximale Durchlaufzeit eines Endprodukts über alle Fertigungsstufen umfassen[391]. Mit zunehmender zeitlicher Entfernung einer Periode von Planungszeitpunkt nimmt der Grad der Unsicherheit der auf diese Periode bezogenen Informationen und Entscheidungen zu.

Unsicherheit kann in unterschiedlicher Weise charakterisiert werden. Stellt man in den Vordergrund der Betrachtung die Tatsache, daß in einem Produktionsprozeß Potentialfaktoren Aktionen an Erzeugnissen vornehmen, dann lassen sich als Ansatzpunkte zur Kennzeichnung der Unsicherheit einmal die Eigenschaften der *Potentialfaktoren* sowie der von ihnen durchgeführen *Aktionen* (bzw. Prozesse) und zum anderen die Eigenschaften der *Erzeugnisse* unterscheiden. Dies führt zur Differenzierung zwischen

- **potentialfaktorbezogener Unsicherheit** und
- **produktbezogener Unsicherheit**[392].

Beide Formen der Unsicherheit verlangen nach unterschiedlichen Absorptionsmechanismen. Während produktbezogene Unsicherheit nur durch auf das einzelne Produkt bezogene Maßnahmen (z.B. durch einen erzeugnisspezifischen Sicherheitsbestand[393]) aufgefangen werden kann, stehen zur Berücksichtigung der potentialfaktorbezogenen Unsicherheit alternative Maßnahmen zur Verfügung, die sich - sofern der Potentialfaktor zur Produktion mehrerer Erzeugnisse eingesetzt wird - auf verschiedene Erzeugnisse beziehen können[394].

Eine andere Unterscheidung der Unsicherheit orientiert sich an den unterschiedlichen *Sicherheitsgraden der Planungsinformationen* in den einzelnen Phasen des Planungsprozesses. Hier läßt sich differenzieren zwischen Unsicherheit, die aus der Differenz zwischen tatsächlicher und prognostizierter Bedarfsmenge einer Periode entsteht (Prognosefehler) und der Unsicherheit, die daraus resultiert, daß im Verlaufe eines rollenden Planungsprozesses die Prognosewerte selbst stochastischen Schwankungen unterliegen[395].

Von besonderer Bedeutung ist die Unsicherheit bezüglich der Höhe der **Prognosefehler**. Ein Prognosefehler ist die Differenz zwischen dem zuletzt (vor der endgültigen

---

391 Durch Produktion der Einzelteile oder Baugruppen auf Lager kann der notwendige Planungsvorlauf verkürzt werden.

392 vgl. Bemelmans (1985), S. 26-29

393 Die ungeplante Erhöhung der Bedarfsmenge für ein bestimmtes Produkt kann nur durch einen Sicherheitsbestand für dieses Produkt aufgefangen werden.

394 Ein ungeplanter Ausfall einer Maschine, auf der die Produkte A, B und C hergestellt werden, kann alternativ durch einen Sicherheitsbestand des Produkts A, B oder C absorbiert werden.

395 vgl. Candea (1977), S. 220-249

Fixierung des Produktionsplans) prognostizierten und der tatsächlich eingetretenen Bedarfsmenge der Periode τ [Gleichung (397)].

$$(397)\quad E_\tau = Y_\tau - P_\tau$$

- P_τ: zuletzt (in Periode t) ermittelter Prognosewert des Bedarfs für Periode τ
- Y_τ: beobachteter Bedarf in Periode τ
- E_τ: Prognosefehler in Periode τ

Bild 168 zeigt die Zusammenhänge zwischen den betrachteten Größen. Im Zeitpunkt t wird die Prognose für die Bedarfsmengen der Perioden [τ=t+1,...,T] ermittelt. Aufgrund dieser Prognose wird der für diesen Zeitraum verbindliche Produktionsplan aufgestellt. Weicht die für die Periode τ (τ=t+1,...,T) zuletzt erstellte Prognose von der tatsächlich eintretenden Bedarfsmenge ab, dann entsteht ein **Prognosefehler**. Die Höhe der Prognosefehler wird für unsere weiteren Überlegungen von Bedeutung sein.

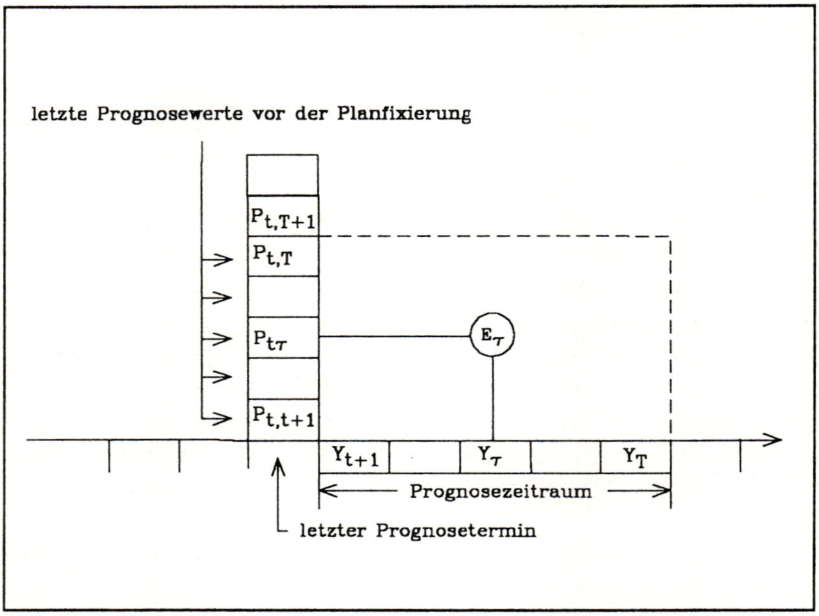

Bild 168: Zusammenhang zwischen Prognosetermin, Prognosezeitraum und Prognosefehlern

Wird nach Ablauf jeder Periode eine neue Prognose für den gesamten Prognosezeitraum (τ=1,2,...,T,T+1,...,H) erstellt und führen Änderungen der Prognosen unmittelbar zu Änderungen des Produktionsplans, dann sind die **Schwankungen der Prognosen** im Zeitablauf von Interesse. Die Unsicherheit bezüglich der Dauerhaftigkeit der Prognosewerte ist abhängig von dem eingesetzten Prognoseverfahren und dem Verlauf der beobachteten Zeitreihe der Bedarfsmengen. Eine solche Situation tritt dann auf, wenn Produktionsaufträge für untergeordnete Teile schon aufgrund vorliegender (Sekundär-)Bedarfsprognosen ausgelöst werden. Wenn sich nun nach Produktionsbeginn eines Einzelteils die tatsächlichen Sekundärbedarfsmengen für dieses Erzeugnis aufgrund von Veränderungen der Primärbedarfsmengen der übergeordneten Produkte verändern, dann können - falls der Sicherheitsbestand des untergeordneten Erzeugnisses nicht ausreicht - Fehlmengen entstehen[396]. Für den Produktionsplaner kann sich die Unsicherheit damit auf verschiedene Weise darstellen:

- **Unsicherheit** bezüglich der **Dauerhaftigkeit eines Bedarfsprognosewertes**[397];
- **Unsicherheit** bezüglich der Übereinstimmung zwischen (zuletzt, d.h. vor der Auftragsfreigabe bzw. der Planfixierung ermitteltem) Bedarfsprognosewert und der tatsächlichen **Bedarfsmenge** (Prognosefehler)

Zwischen den Unsicherheiten bezüglich der **Höhe des Prognosefehlers**, der **Dauerhaftigkeit der Bedarfsprognosewerte** und der **Höhe der tatsächlichen Bedarfsmenge** bestehen Beziehungen. Die Unsicherheit bezüglich der **Dauerhaftigkeit eines Bedarfsprognosewertes** entsteht - wie bereits erwähnt - dadurch, daß im Rahmen einer rollenden Planung Prognosewerte für eine zukünftige Periode τ zu verschiedenen Zeitpunkten t auf der Basis unterschiedlicher Informationen errechnet werden. Umfaßt der Prognosezeitraum H Perioden, dann wird jeder Prognosewert H-mal ermittelt bzw. revidiert. Dies führt zu Schwankungen der Prognosewerte im Zeitablauf. Wird der **Produktionsplan in jeder Periode an die neuesten Prognoseinformationen angepaßt**, dann ergeben sich bei Änderung der Prognoseinformationen zwangsläufig Auswirkungen auf die Planungsergebnisse.

Die Schwankungen der Prognoseinformationen hängen von der Reagibilität des verwendeten Prognoseverfahrens in Bezug auf Veränderungen der Beobachtungswerte ab[398]. Die Reagibilität der Prognosewerte auf Veränderungen ihrer Datengrundlage, d.h. auf neu eintreffende Beobachtungen kann allgemein durch die **Kovarianz-Matrix** der Koeffizienten des Prognosemodells erfaßt werden. Ist diese Matrix bekannt, dann läßt sich die **Varianz der Prognoseänderungen** errechnen. Die Ermittlung der Kovarianz-Matrix ist jedoch relativ aufwendig, so daß man versucht, den Mittelwert und die Varianz der Prognoseänderungen zu approximieren.

Grundsätzlich besteht folgender Zusammenhang zwischen den Varianzen der Beobachtungswerte der Bedarfsmengen, Y_τ, der Prognosewerte $P_t(\tau)$ und der Prognosefehler $E_t(\tau)$[399] [Gleichung (398)].

$$\text{(398)} \quad VAR\{E_t(\tau)\} = VAR\{Y_\tau\}+VAR\{P_t(\tau)\}$$

396 Dieses Problem kann dadurch beseitigt werden, daß man den fixierten Planungshorizont verlängert (extended frozen schedule).

397 Graves et al. berichten über ein Unternehmen, in dem aus häufigen Veränderungen der geplanten Produktionsmengen in einem Montageprozeß für die vorgelagerten Produktionsstufen erhebliche Unsicherheiten resultierten; vgl. Graves/Meal/Dasu/Qui (1986)

398 vgl. Brown (1963), S. 227-237; Hax/Candea (1984), S. 172-178

399 vgl. Candea (1977)

Der Prognosefehler der in Periode t für die Periode τ berechneten Prognose ist gemäß Beziehung (399) definiert.

(399) $E_t(\tau) = Y_\tau - P_t(\tau)$

- $P_t(\tau)$: in Periode t ermittelter Prognosewert für Periode τ
- Y_τ: tatsächlicher Bedarf in Periode τ
- $E_t(\tau)$: Prognosefehler in Periode t bezüglich des Bedarfs der Periode τ

Wir nehmen nun an, daß die Varianz der Bedarfsmenge, VAR$\{Y_\tau\}$, mit σ_Y^2 zeitinvariant ist. Die Varianz der Prognoseänderungen wird durch die Schwankungen der Koeffizienten $\underline{a}(t)$ der verwendeten Prognosemodells im Zeitablauf beeinflußt.

Für ein einfaches Modell der **exponentiellen Glättung erster Ordnung** (mit dem Glättungsparameter α) hängt die Varianz der in Periode t ermittelten Prognosewerte bezüglich der Periode τ wie folgt von der Varianz σ_E^2 der irregulären Schwankungen der Beobachtungswerte ab[400]:

(400) $VAR\{P_t(\tau)\} = \alpha/(2-\alpha) \cdot \sigma_E^2$

- $P_t(\tau)$: in Periode t ermittelter Prognosewert für Periode τ

Derartige Beziehungen können auch für andere Prognosemodelle entwickelt werden[401]. *Brown*[402] untersucht die Entwicklung der Varianzen der Prognosewerte für verschiedene Prognosemodelle als Funktion der Entfernung der Prognoseperiode (τ) vom Prognosezeitpunkt ($t=0$). Er kommt dabei zu dem Ergebnis, daß bei Vorliegen eines *linearen Trends* in der Bedarfszeitreihe die Varianz der Prognosewerte eine annähernd lineare Funktion der Zeit (τ) ist, während für ein Prognosemodell mit gleichbleibendem Bedarf die Varianz der Prognosewerte konstant bleibt. Sind nun die Varianzen der auf einzelne zukünftige Perioden (τ) bezogenen, in Periode t erstellten Prognosewerte $P_t(\tau)$ gegeben, dann lassen sich auch die **Varianzen der Bedarfsprognosen** über einen zukünftigen Zeitraum $[t,\tau]$ ermitteln. Die kumulierte prognostizierte Bedarfsmenge während des Zeitraums $[t,\tau]$, z.B. während der Durchlaufzeit eines Produkts beträgt

(401) $P_t([t,\tau]) = \sum_{i=t+1}^{\tau} P_t(i)$

Bei gleichbleibendem Bedarfsverlauf ergibt sich daraus

(402) $P_t([t,\tau]) = (\tau-t) \cdot P_t(t+1)$

400 vgl. Brown (1963), S. 110; Hax/Candea (1984), S. 173
401 vgl. Brown (1963), S. 235-237; Candea (1977), S. 219
402 vgl. Brown (1963), S, 235-237

Die **Varianz der Bedarfsprognose** $VAR\{P_t([t,\tau]\}$, kann mittels des obigen Ansatzes abgeleitet werden. Ist dies geschehen, dann kann eine Aussage über die *Beständigkeit des Prognosewertes als Grundlage für die zukünftigen Planungen* getroffen werden.

Sofern der Produktionsplan auch bei sich ändernden Bedarfsprognosen für einen bestimmten Zeitraum fixiert wird, ist vor allem die Höhe der mit Beziehung (399) angegebenen Prognosefehler von Bedeutung. Hierbei ist zu unterscheiden zwischen der **Primärbedarfsprognose** und der **Prognose abgeleiteter Bedarfsmengen** (Sekundärbedarfsprognose).

Bezüglich der **Unsicherheit der Primärbedarfsmengen** kann auf die Wahrscheinlichkeitsverteilung der Prognosefehler abgestellt werden, die sich z.B. durch direkte Erfassung der Prognosefehler bei Anwendung eines quantitativen Prognoseverfahrens[403] schätzen läßt.

Die **Unsicherheit bezüglich der Sekundärbedarfsprognosen** der untergeordneten Erzeugnisse erfordert eine andersartige Betrachtung. Denn in **mehrstufigen Erzeugnisstrukturen** tritt das Problem auf, daß die Veränderung der Bedarfsprognose für ein übergeordnetes Produkt, z.B. für ein für den Absatz vorgesehenes Endprodukt, aufgrund der *deterministischen Erzeugniszusammenhangs* sich direkt auf die Sekundärbedarfsmengen der untergeordneten Erzeugnisse überträgt. Für ein untergeordnetes Erzeugnis k, das direkt oder indirekt in übergeordnete Erzeugnisse eingebaut wird, beträgt die **Varianz des Prognosefehlers** bezüglich des Sekundärbedarfs dann[404]

$$(400)\quad VAR\{E_k\} = \sum_{i \in \Gamma_k} v_{ki} \cdot VAR\{E_i\} + 2 \cdot \sum_{i \in \Gamma_k} \sum_{j \in \Gamma_k} v_{ki} \cdot v_{kj} \cdot COV\{E_i, E_j\}$$

└ Kovarianz der Bedarfsprognosefehler der Produkte i und j

└ Verflechtungsbedarfskoeffizient

└ Menge aller dem Produkt k übergeordneten Erzeugnisse

Sofern zwischen den Bedarfsprognosen der Endprodukte keine Korrelation besteht, reduziert sich der Ausdruck auf den ersten Summanden.

Beziehung (400) verdeutlicht, daß ein direkter Zusammenhang zwischen den Sekundärbedarfsprognosen eines untergeordneten Erzeugnisses und den Prognosen der Bedarfsmengen der übergeordneten Erzeugnisse besteht. Dieser Zusammenhang ist allerdings in der Praxis schwer quantifizierbar, da die Kovarianzen der Prognosefehler der Bedarfsmengen unterschiedlicher Produkte empirisch nur schwer zu bestimmen sind[405]. Aus diesem Grund wird die direkte Erfassung der Prognosefehler auch für untergeordnete Produkte empfohlen[406].

Eine weitere, in der Literatur weit verbreitete Klassifizierung der Unsicherheit orientiert sich an dem prozessualen Charakter der Produktion eines Erzeugnisses (Input-

403 vgl. Abschnitt 3.
404 vgl. Meal (1979); Baker (1985)
405 vgl. Meal (1979)
406 vgl. Meal (1979)

Transformation-Output). Betrachtet man den Produktionsvorgang eines Erzeugnisses als einen Prozeß der Transformation von Input in Output, der durch bestimmte Planungsinformationen ausgelöst wird, dann lassen sich folgende **Bereiche (Bezugsobjekte) der Unsicherheit** unterschieden:

- **Inputunsicherheit**
- **Outputunsicherheit**
- **Informationsunsicherheit**

Inputunsicherheit besteht hinsichtlich der Verfügbarkeit des im betrachteten Arbeitsgang zu verarbeitenden Materials. Hierzu sind einmal **Mengenabweichungen** aufgrund von Ausschuß auf der vorangegangenen Produktionsstufe, die das vor dem Arbeitsgang angesiedelt Zwischenlager auffüllt, zu rechnen. Zum anderen besteht auch **terminliche** Unsicherheit, z.B. wenn sich die Durchlaufzeit auf der vorangehenden Produktionsstufe erhöht. Inputunsicherheit ist insb. dann ein Problem, wenn bei perfekt abgestimmtem Materialfluß (lagerlose Produktion) der direkt nachfolgende Arbeitsgang aufgrund mangelnder Verfügbarkeit des benötigten Materials nicht durchgeführt werden kann. Zur Inputunsicherheit zählen auch alle diejenigen Einflüsse, die aus der beschränkten Verfügbarkeit der Produktionsanlagen (ungeplante Wartezeiten von Aufträgen wegen knapper Kapazitäten) resultieren[407].

Outputunsicherheit besteht im Hinblick auf den Bedarfsverlauf, d.h. auf die den nachfolgenden Produktionsstufen aus dem betrachteten Arbeitsgang zur Verfügung zu stellenden Zwischenprodukt- oder Endproduktmengen. Diese Unsicherheit leitet sich aus der Unsicherheit bezüglich des Endproduktbedarfs ab. Sie kann aber auch durch Ausschuß entstehen, wenn im nachfolgenden Produktionsprozeß aufgrund von Produktionsfehlern Material vernichtet wird und dieses aus dem vorangestellten Lager nachgeliefert werden muß. In diese Kategorie fällt auch die Unsicherheit bezüglich der Beständigkeit der Bedarfsprognosen.

Informationsunsicherheit schließlich besteht immer dann, wenn das betriebliche Informationssystem nicht immer Auskunft über die **aktuelle Höhe der Lagerbestände** geben kann, z.B. weil eine **Lagerbestandsüberwachung nur periodisch** vorgenommen wird. In diesem Fall besteht Unsicherheit bezüglich der innerhalb der Überwachungsperioden eingetretenen Ereignisse[408], die zwar schon eingetreten, aber noch nicht bekannt sind. Die Informationsunsicherheit bezieht sich auf den Systemzustand, nicht aber auf die Prognoseinformationen der Bedarfsmengen, die zur Outputunsicherheit gerechnet werden.

---

407 vgl. hierzu auch Bemelmans (1985), S. 2f.

408 Ein typisches Lagerdispositionssystem, in dem Informationsunsicherheit auftritt, ist das (t,S)-System mit periodischer Lagerüberwachung; zum Problem der Informationsunsicherheit vgl. insb. Morey (1985)

Charakterisiert man die Erzeugnisse nach der mengenmäßigen und der zeitlichen Verteilung des Bedarfs (Lagerabgang) und der Produktion (Lagerzugang)[409], dann lassen sich in dieser Hinsicht zwei **Dimensionen** der Unsicherheit[410] unterscheiden.

- **Unsicherheit bezüglich der Menge**
- **Unsicherheit bezüglich des Zeitpunkts**

Unsicherheit bezüglich der Menge kann sich auf die Bedarfsmenge (Output) und/oder auf die Lagerzugangsmenge (Input) beziehen. In beiden Fällen wird der Nettobedarf in einer Periode beeinflußt. Unsicherheit bezüglich des Zeitpunkts kann einmal den Bedarfstermin (Output) betreffen; zum anderen kann sie sich aber auch auf den Beschaffungstermin (Anlieferungstermin; Input) oder den Fertigstellungstermin eines Fertigungsauftrags für das betrachtete Teil beziehen. Im letztgenannten Fall hat sich die Bearbeitungszeit eines teilebezogenen Auftrags verlängert. Man kann demnach folgende **Erscheinungsformen der Unsicherheit** unterscheiden:

Dimensionen	Bezugsobjekte Output	 Input
Zeitpunkt	Bedarfszeitpunkt verschiebt sich bei gegebener Bedarfsmenge	Ausstehende Zugangsmenge trifft zu einem anderen Zeitpunkt im Lager ein
Menge	Bedarfsmenge einer Periode verändert sich	Lager-Zugangsmenge weicht vom Plan ab

Bild 169: Ausgewählte Erscheinungsformen der Unsicherheit[411]

Während das Ausmaß der mengenmäßigen Bedarfsunsicherheit bei untergeordneten Erzeugnissen, d.h. bei abhängigem Bedarf - zumindest für den Zeitraum, für den der Produktionsplan festgeschrieben worden ist - vergleichsweise gering ist, sind **zeitliche Abweichungen** in der betrieblichen Praxis an der Tagesordnung[412]. Die folgende Tabelle (Bild 170) zeigt Beispiele für die vier beschriebenen Erscheinungsformen der Unsicherheit in einem Zwischenproduktlager[413].

409 Küpper (1984), S. 193

410 vgl. auch Vollmann/Berry/Whybark (1984), S. 417-423

411 In einem konkreten Fall ist die Art der Unsicherheit jedoch sehr schwer zu erkennen; es handelt sich vielmehr oft lediglich um eine logische Trennung

412 vgl. Padilla (1982), S. 243

413 vgl. Whybark/Williams (1976)

Periode	1	2	3	4	5	6	7	8	9	10
Output Zeitpunkt										
geplant	0	0	0	0	0	0	372	130	0	255
eingetreten	0	0	0	372	130	0	255	0	0	0
Ursache: Bedarfsverschiebung (um drei Perioden)										
Input Zeitpunkt										
geplant	0	0	502	0	0	403	0	0	144	0
eingetreten	502	0	0	0	0	403	0	0	0	144
Ursache: zu frühe oder zu späte Anlieferung										
Output Menge										
geplant	85	122	42	190	83	48	41	46	108	207
eingetreten	103	77	0	101	124	15	0	100	80	226
Ursache: Bedarfsüberschreitung (Fehlprognosen)										
Input Menge										
geplant	0	161	0	271	51	0	81	109	0	327
eingetreten	0	158	0	271	50	0	77	113	0	327
Ursache: mehr bzw. weniger Ausschuß als geplant										

Bild 170: Typen der Unsicherheit (Beispiele)

Es ist offensichtlich, daß in vielen Fällen eine eindeutige Trennung von mengenmäßigen und zeitlichen Abweichungen kaum durchführbar ist. So kann man z.B. auch zeitliche Verschiebungen von einer Periode in eine andere in beiden betroffenen Perioden als mengenmäßige Verschiebungen interpretieren[414].

Sofern allerdings die Mengen konstant sind und nur die Zeitpunkte des Lagerzugangs bzw. des Lagerabgangs stochastisch schwanken, dann kann man auch hier zeitbezogene Prognosen erstellen und die Prognosefehler erfassen. Aus den erfaßten Daten kann dann eine Wahrscheinlichkeitsverteilung der Abweichungen der Lagerzugangstermine und der Bedarfstermine von den prognostizierten Terminen ermittelt werden. Die Kenntnis einer derartigen Wahrschlichkeitsverteilung ist insb. dann notwendig, wenn **Sicherheitszeiten** zur Absorption der Unsicherheit eingesetzt werden sollen.

414 Eine zeitliche Verschiebung eines Bedarfs kann in der einen Periode als eine mengenmäßige Verringerung und in der anderen Periode als eine mengenmäßige Erhöhung aufgefaßt werden.

52. Methoden zur Berücksichtigung der Unsicherheit in mehrstufigen Produktionsprozessen

Es bestehen mehrere Möglichkeiten, mit denen die genannten Formen der Unsicherheit in bezug auf ein Erzeugnis sachlich berücksichtigt werden können[415]:

- *Einsatz* **stochastischer Planungsmodelle**

- *Verwendung von* **Pufferungsmechanismen**
  - *Sicherheitsbestand (safety stock)*
  - *Sicherheitsvorlaufzeit (safety lead time)*
  - *Überschätzung der Nachfragemenge (hedging)*[416]

- **Verlängerung des Planungshorizonts der kurzfristigen Produktionsplanung** *mit fixierten Planvorgaben (extended frozen schedule)*[417]

- **Neueinplanung** *von Produktionsaufträgen (rescheduling)*
  - mit *verkürzter Plandurchlaufzeit* (Freigabe von Eilaufträgen[418])
  - mit *veränderter Produktionsmenge*
  - mit *verändertem Fertigstellungstermin (Produktionstermin)*

Bei Anwendung **stochastischer Planungsmodelle**[419] wird versucht, das betrachtete Problem der dynamischen Materialbedarfs- und Losgrößenplanung als ein stochastisches Entscheidungsmodell abzubilden und mithilfe geeigneter Verfahren zu lösen. Angesichts der Komplexität der deterministischen Modellierungsvariante, die wir bislang behandelt haben, hat ein solcher Versuch nur geringe Aussicht auf Erfolg. Die bisher vorliegenden Ansätze beziehen sich daher auf ausgewählte Aspekte des betrachteten Problemkreises. So liegen in beschränktem Umfang z.B. Ansätze zur Erweiterung des dynamischen Einprodukt-Losgrößenproblems um den Aspekt der Unsicherheit oder zur Betrachtung von seriellen Erzeugnis- und Prozeßstrukturen vor[420].

Die Verwendung von **mengenmäßigen und zeitlichen Puffern** ist in den in der betrieblichen Praxis eingesetzten Systemen zur Produktionsplanung und -steuerung weit verbreitet. Zur Vorbereitung der nachfolgenden Überlegungen sei zunächst der grund-

415 vgl. Ho/Carter/Melnyk/Narasimhan (1986); Jönsson/Lundell/Thorstensson (1982); Tatsiopoulos/Kingsman (1983); Wijngaard/Wortmann (1985)

416 vgl. Miller (1979)

417 vgl. Chang (1981), S. 54-56; diese Methode eignet sich zur Beseitigung der Prognoseunsicherheit

418 vgl. Carlson/Yano (1986)

419 vgl. hierzu DeBodt/Gelders/Van Wassenhove (1984); Karmarkar/Lin (1986)

420 vgl.z.B. Burstein/Nevison/Carlson (1984); Clark/Scarf (1960); Nevison (1985); Silver (1978). Eine einfache Erweiterung des (s,q)-Lagerdispositionssystems für den Fall einer linearen Erzeugnisstruktur bei deterministischen Durchlaufzeiten, gekoppelten Produktionsplänen sowie einer speziellen Form des Bedarfsverlaufs wird von BeBodt und Graves vorgeschlagen; vgl. DeBodt/Graves (1985)

sätzliche *Zusammenhang zwischen prognostizierter Bedarfsmenge, disponiblem Lagerbestand, Vorlaufzeitverschiebung und der Mindestproduktionsmenge* beschrieben.

Wir bezeichnen mit $r_{t\tau}$ die in Periode t prognostizierte Bedarfsmenge der zukünftigen Periode τ. Mit y_t sei der zu Beginn der Periode t geplante verfügbare Lagerbestand (einschl. aller bis zum Zeitpunkt t+1 noch eintreffenden Produktionsmengen, die aus vor dem Zeitpunkt t ausgelösten Produktionsaufträgen stammen) bezeichnet[421]. Dann gilt folgende generelle Beziehung zwischen der in Periode t für den Zeitraum $[t,\tau]$ prognostizierten gesamten Bedarfsmenge sowie dem verfügbaren Lagerbestand, y_t, einerseits und der Mindestproduktionsmenge p_t, mit deren Produktion spätestens zu Beginn der Periode t begonnen werden muß, andererseits, wenn die Durchlaufzeit l Perioden beträgt:

geplante Durchlaufzeit

$$(401)\quad p_t(l=1) = \max\left[\left[\sum_{\tau=t}^{t+1} r_{t\tau} - y_t\right], 0\right]$$

zu Beginn der Periode t disponibler Lagerbestand (einschl. der bereits eingeplanten Produktionsaufträge, ohne die noch in Periode t einzuplanende Produktionsmenge)

in Periode t prognostizierte Gesamtbedarfsmenge während der Durchlaufzeit l

Mindestproduktionsmenge in Periode t

Ein Produktionsauftrag, der in Periode t aufgelegt wird, wird erst nach einer Durchlaufzeit von l Perioden fertiggestellt. Periode (t+l) ist damit die nächste Periode, in der die Produktionsentscheidung in Periode t wirksam wird und zu einem Zugang im Lager führt. Reicht der verfügbare Lagerbestand zum Zeitpunkt t (einschl. der im Zeitraum [t,t+l] noch eintreffenden Mengen) nicht aus, um den **gesamten Bruttobedarf während der Produktionsdauer l**, d.h. im Zeitraum [t,t+l] zu versorgen, dann muß in Periode t ein Produktionslos mit der Mindesthöhe p_t aufgelegt werden; geschieht dies nicht, dann kann nicht der gesamte Bedarf im Zeitraum [t,t+l] erfüllt werden und es treten Fehlmengen auf. Die in Periode t noch einzuplanende Mindestproduktionsmenge ist damit entweder Null oder gleich der Differenz zwischen der kumulierten prognostizierten Bedarfsmenge während der Durchlaufzeit und dem in Periode t verfügbaren Lagerbestand.

Bild 171 zeigt den Zusammenhang zwischen Bedarfsmenge, verfügbarem Lagerbestand und Mindestproduktionsmenge an einem Beispiel[422]. Bis zur Periode 4 ist der disponible Lagerbestand größer als die Bedarfsmenge und der Nettobedarf definitionsgemäß Null[423]. Damit der Nettobedarf in Periode 5 erfüllt werden kann, muß zu

421 Der geplante verfügbare Lagerbestand entspricht dem geplanten physisch vorhandenen Bestand zuzüglich der für den Zeitraum [t,t+l] geplanten Zugangsmenge.

422 vgl. Whybark/Williams (1976)

423 vgl. Abschnitt 421, Beziehung (181)

Beginn dieser Periode ein Lagerzugang eingeplant werden. Daher wird in Periode 3 eine Produktionsauftrag ausgelöst, die nach einer geplanten Durchlaufzeit von $l=2$ Perioden fertiggestellt wird.

Periode t	1	2	3	4	5
Bruttobedarfsmenge r_t	20	40	20	0	30
verfügbarer Lagerbestand y_t[424]	90	70	30	10	10
Nettobedarf	0	0	0	0	→ 20
Mindestproduktionsmenge p_t			20		
			⊢	l=2	⊣

Bild 171: Zusammenhang zwischen Mindestproduktionsmenge, verfügbarem Lagerbestand und Bedarfsmenge

Erweitert man Beziehung (401) für den Fall, daß eine diskrete Wahrscheinlichkeitsverteilung der Durchlaufzeit mit einer maximalen Ausprägung von l^* Perioden für das betrachtete Erzeugnis bekannt ist, dann ergibt sich als **Erwartungswert** der in Periode t aufzulegenden **Mindestproduktionsmenge**:

$$(402) \quad E\{p_t\} = \sum_{l=0}^{l^*} \left\{ \max\left[\left[\sum_{\tau=t}^{t+l} r_{t\tau} - y_t \right], 0 \right] \right\} \cdot \underline{P\{L=l\}}$$

- $P\{L=l\}$: Wahrscheinlichkeit für eine Durchlaufzeit der Länge l
- y_t: in Periode t verfügbarer Lagerbestand (ohne Produktion in Periode t)
- $r_{t\tau}$: in Periode t prognostizierte Bruttobedarfsmenge für den den Zeitraum $[t,t+l]$
- $E\{p_t\}$: erwartete Mindestproduktionsmenge in Periode t

Der Unsicherheit bezüglich der Bedarfsmengen und der Länge der Durchlaufzeit eines Produktionsauftrags kann durch verschiedene **Pufferungsmechanismen** Rechnung getragen werden. Bei Verwendung eines **Sicherheitsbestands** SB wird der zum Zeitpunkt t vorhandene disponible Lagerbestand, y_t, um den Sicherheitsbestand reduziert[425]. Der zu einem Zeitpunkt t vorhandene **Sicherheitsbestand** eines Erzeugnisses ist definiert als Differenz zwischen dem zum Zeitpunkt t für den Zeitraum $[t,t+l]$ disponiblen Lagerbestand, y_t, und dem Erwartungswert der kumulierten Bedarfsmenge im Zeitraum $[t,t+l]$. Anders ausgedrückt ist der Sicherheitsbestand der Erwartungswert des unmittelbar vor der Ankunft des in Periode t noch einzuplanenden Fertigungsauftrags (der zu einem Lagerzugang in Periode $t+1$ führt) im Lager erwarteten noch vorhandenen Lagerbestands.

424 am Periodenanfang, ohne Berücksichtigung neuer Produktionsmengen

425 Dies bedeutet nicht, daß sich bei Verwendung eines Sicherheitsbestandes die Produktionsmenge erhöht. Es wird ja davon ausgegangen, daß der Sicherheitsbestand bereits auf Lager liegt. Eine Erhöhung der Produktionsmenge ergibt sich nur in Bezug auf die Alternative des einmaligen Verbrauchs des Sicherheitsbestands zur Nachfragebefriedigung.

Wird ein Sicherheitsbestand zur Absorption der Unsicherheit eingesetzt, dann beträgt die Mindestproduktionsmenge in Periode t bei einer Durchlaufzeit von l Perioden:

$$(403) \quad p_t(L=l) = \max\left[\left\{ \sum_{\tau=t}^{t+l} r_{t\tau} - \underline{(y_t - SB)} \right\}, 0\right]$$

$p_t(L=l)$: Mindestproduktionsmenge in Periode t (unter Berücksichtigung des Sicherheitsbestands

$(y_t - SB)$: nach Abzug des Sicherheitsbestands noch disponibler Lagerbestand

In Bild 172 wird das obige Beispiel durch Bevorratung eines **Sicherheitsbestands** von SB = 20 erweitert. Ein Produktionsauftrag wird nun l Perioden vor der Periode ausgelöst, in der der der verfügbare Lagerbestand auf das Niveau des Sicherheitsbestands sinkt. Das geschieht im Beispiel bereits in der Periode 1. Denn ohne den in dieser Periode auszulösenden Produktionsauftrag würde der Lagerbestand in Periode 3 mit 10 Stück das Niveau des geforderten Sicherheitsbestands unterschreiten. Im Vergleich zur Situation ohne Sicherheitsbestand (Bild 171) wird nun schon zwei Perioden früher produziert. Die in Periode 1 zu produzierende Menge dient zur Auffüllung des nach Abzug des Bedarfs in Periode 3 noch verfügbaren Lagerbestands auf das gewünschte Niveau des Sicherheitsbestands. Es wird deutlich, daß die rechnerische Reduktion des disponiblen Lagerbestands um den Sicherheitsbestand eine Verschiebung des Produktionstermins von Periode 3 zur Periode 1 zur Folge hat.

Periode t	1	2	3	4	5
Bruttobedarfsmenge r_t	20	40	20	0	30
verfügbarer Lagerbestand y_t	90	70	30		
verfügbarer Lagerbestand y_t-SB	70	50	-10		
Nettobedarf	0	0	10		
Mindestproduktionsmenge p_1	10				
	├──	l=2	──┤		

Bild 172: Zusammenhang zwischen Mindestproduktionsmenge, verfügbarem Lagerbestand und Bedarfsmenge bei Verwendung eines Sicherheitsbestands SB = 20

Der Bedarf während der Durchlaufzeit l = 2 darf bei Bevorratung eines Sicherheitsbestands von 20 um diese 20 Einheiten überschritten werden, bevor das Lager lieferunfähig wird. Oder die geplante Produktionsmenge darf - z.B. aufgrund von Ausschuß - um 20 Mengeneinheiten unterschritten werden. Der Sicherheitsbestand kann damit sowohl zum Ausgleich ungeplanter **Erhöhungen des Bedarfs** als auch zum Ausgleich ungeplanter **Verringerungen des Materialnachschubs** in einem Lager dienen. Sofern der Sicherheitsbestand durch diese ungeplanten Ereignisse nicht überbeansprucht wird, kann die Produktion reibungslos fortgesetzt werden. Ist der Sicherheitsbestand verbraucht, dann muß er zum nächstmöglichen Termin durch einen Produktionsauftrag wieder aufgefüllt werden. In der betrieblichen Praxis wird häufig versucht, durch andere Maßnahmen zu verhindern, daß der Sicherheitsbestand überhaupt angegriffen wird. So wird z.B. bei ungeplanter Erhöhung der Bedarfsmenge durch **Änderung der Prioritäten** und Neueinplanung der bereits eingeplanten Aufträge (rescheduling) versucht, die erhöhte Bedarfsmenge zu decken, ohne den Sicherheitsbestand anzugreifen. Eine derartige Vorgehensweise entspricht einem fehlerhaften Verständnis der Funktion des Sicherheitsbestands[426]. Denn in diesem Fall wird der Sicherheitsbestand niemals angegriffen und ist demzufolge überflüssig (toter Lagerbestand).

Ist die Durchlaufzeit eine Zufallsvariable, dann beträgt die erwartete Mindestproduktionsmenge in Periode t bei Verwendung eines Sicherheitsbestands:

$$(404)\quad E\{p_t\} = \sum_{l=0}^{l^*} \left\{ \max\left[\left[\sum_{\tau=t}^{t+l} r_{t\tau} - (y_t - SB) \right], 0 \right] \right\} \cdot P\{L=l\}$$

- $E\{p_t\}$: erwartete Mindestproduktionsmenge in Periode t (unter Berücksichtigung des Sicherheitsbestands)
- $\sum_{\tau=t}^{t+l} r_{t\tau}$: in Periode t prognostizierte Bedarfsmenge während der Durchlaufzeit
- y_t: in Periode t verfügbarer Lagerbestand (ohne Produktion in Periode t)
- $P\{L=l\}$: Wahrscheinlichkeit für eine Durchlaufzeit der Länge l

Bei der Bestimmung der (optimalen) **Höhe des Sicherheitsbestands** ist zu unterscheiden zwischen dem Sicherheitsbestand für **Endprodukte** (mit Primärbedarf) und dem Sicherheitsbestand für **untergeordnete Erzeugnisse** (Baugruppen und Einzelteile mit Sekundärbedarf)[427]. In beiden Fällen ist die Grundlage für die Berechnung des Sicherheitsbestands die Wahrscheinlichkeitsverteilung der Prognosefehler. Für Endprodukte wird häufig angenommen, daß die Prognosefehler bezüglich der Primärbedarfsmenge in der Durchlaufzeit einer **Normalverteilung** folgen. In diesem Fall wird der Sicherheitsbestand als eine Vielfaches k der Standardabweichung des Prognosefehlers, $\sigma_e(L)$, festgesetzt[428].

$$(405)\quad SB = k \cdot \sigma_e(L)$$

- k: Sicherheitsfaktor
- $\sigma_e(L)$: Standardabweichung des Prognosefehlers der Bedarfsmenge während der Durchlaufzeit

Die Standardabweichung der Prognosefehler während der Durchlaufzeit eines Produkts kann durch Überwachung der Qualität des eingesetzten Prognoseverfahrens ermittelt werden. Dabei wird die Standardabweichung des Prognosefehlers bezüglich der *Bedarfs während der Durchlaufzeit* (oder Wiederbeschaffungszeit) häufig vereinfacht aus

426 vgl. Wijngaard/Wortmann (1985)
427 vgl. Meal (1979); Wijngaard/Wortmann (1985)
428 vgl. Schneeweiß (1981), S. 100-102; Wijngaard/Wortmann (1985)

der Standardabweichung des Prognosefehlers bezüglich des *Bedarfs einer Periode* abgeleitet[429]. Die Festlegung der Höhe des **Sicherheitsfaktors** k kann im Hinblick auf den zu erreichenden Servicegrad erfolgen[430], wobei häufig basierend auf der Normalverteilungsannahme für den Bedarfsprognosefehler der Sicherheitsfaktor als Funktion der **Fehlmengenwahrscheinlichkeit** bestimmt wird.

Bei der Bestimmung des Sicherheitsbestands für ein **untergeordnetes Erzeugnis** ist zu berücksichtigen, daß die Schwankungen der Sekundärbedarfsmengen aufgrund der deterministischen Input-Output-Beziehungen zwischen den Produkten direkt aus den Schwankungen der Bedarfsmengen der übergeordneten Erzeugnisse abgeleitet werden können. Während bei den Endprodukten davon ausgegangen wird, daß der Bedarfsverlauf eines Produkts von dem anderer Endprodukte unabhängig ist, kann diese Annahme für den Verlauf der Sekundärbedarfsmengen der untergeodneten Erzeugnisse nicht aufrechterhalten werden.

Für untergeordnete Erzeugnisse kann das für kontinuierlichen stationären Bedarfsverlauf konzipierte **Base stock-System**[431] entsprechend angewandt werden. Hierbei wird das Konzept des systemweiten Lagerbestands[432] auf den Sicherheitsbestand übertragen. Die Grundüberlegung besteht darin, bei Berechnung des Sicherheitsbestands eines untergeordneten Erzeugnisses einerseits die kumulierte Durchlaufzeit des betrachteten Erzeugnisses sowie aller nachfolgenden Produkte zu berücksichtigen, andererseits aber auch die verfügbaren Lagerbestände und Sicherheitsbestände dieser Produkte kumuliert zu betrachten. Bild 173 zeigt die Bestandteile der systemweiten Durchlaufzeit (echelon lead time) eines Einzelteils 2, das in ein Endprodukt 1 eingebaut wird[433].

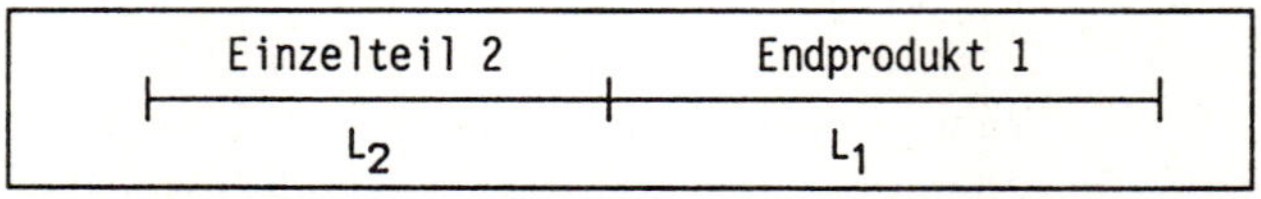

Bild 173: Systemweite Durchlaufzeit eines Einzelteils

Nehmen wir nun an, daß keine Losbildung erfolgt (Materialbereitstellung im Bedarfsfall). Die zufälligen Schwankungen der Bedarfsmenge des Endprodukts werden dann direkt an das untergeordnete Erzeugnis weitergegeben. Bei der Bestimmung des Sicherheitsbestands für das *Endprodukt 1* ist die Unsicherheit der Endproduktnachfragemenge während der Durchlaufzeit L_1 aufzufangen. Bei der Bestimmung des Sicherheitbestands für das Einzelteil 2 ist die Unsicherheit der Endproduktnachfragemenge während der kumulierten Durchlaufzeit $L_1 + L_2$ zu berücksichtigen.

429 vgl. Silver/Peterson (1985), S. 131-134

430 vgl. Tempelmeier (1983), S. 150-156; Donselaar/Wijngaard (1986)

431 vgl. Magee (1958), S. 88-94; Timmer/Monhemius/Bertrand (1984); Silver/Peterson (1985), S. 476-480; Wijngaard/Wortmann (1985)

432 vgl. Abschnitt 4343231

433 vgl. Timmer/Monhemius/Bertrand (1984)

Dabei ist zu beachten, daß ein Teil der Schwankungen der Endproduktnachfrage nicht bis zum Einzelteil 2 durchschlägt, sondern schon durch den Sicherheitsbestand des Endprodukts 1 abgefangen werden kann. Den zufälligen Schwankungen der Endproduktnachfrage während der systemweiten Durchlaufzeit steht also die kumulierte (systemweite) Sicherheitsbestandsmenge auf beiden Produktionsstufen gegenüber. Für das Endprodukt kann die Mindestproduktionsmenge wie folgt beschrieben werden:

Sicherheitsbestand für Endprodukt 1

$$(406)\quad p_{1t} = \max\left[\left\{\sum_{\tau=t}^{t+l_1} r_{t\tau} - \underline{(y_{1t} - SB_1)}\right\}, 0\right]$$

nach Abzug des Sicherheitsbestands noch verfügbarer Lagerbestand des Endprodukts 1

Mindestproduktionsmenge in Periode t (unter Berücksichtigung des Sicherheitsbestands

Zur Bestimmung des Sicherheitsbestands des Endprodukts 1 kann Beziehung (405) unter Einsatz der Durchlaufzeit l_1 wie folgt verwendet werden:

$$(407)\quad SB_1 = k \cdot \sigma_e(l_1)$$

Dabei bezeichnet l_1 die Durchlaufzeit des Erzeugnisses 1. Der Sicherheitsbestand SB_1 deckt damit die Prognosefehler des Bedarfs während der Durchlaufzeit des Endprodukts ab.

Für die Mindestproduktionsmenge des Einzelteils 2 gilt folgende Beziehung (408):

systemweite Durchlaufzeit des Einzelteils 2

systemweiter Sicherheitsbestand für Einzelteil 2

$$(408)\quad p_{2t} = \max\left[\left\{\sum_{\tau=t}^{t+\overline{l_1+l_2}} r_{t\tau} - \underline{(y_{1t}+y_{2t}-\overline{SB_1-SB_2})}\right\}, 0\right]$$

nach Abzug des systemweiten Sicherheitsbestands des Einzelteils 2 noch verfügbarer systemweiter Lagerbestand des Einzelteils 2

Mindestproduktionsmenge in Periode t (unter Berücksichtigung des systemweiten Sicherheitsbestands

Ein Produktionsauftrag muß eingeplant werden, sobald sich abzeichnet, daß die nach Abzug des systemweiten Sicherheitsbestands insgesamt im Lagersystem vorhandene verfügbare Lagerbestandsmenge des Produkts 2 nicht mehr zur Deckung des Bedarfs innerhalb der systemweiten Durchlaufzeit des Einzelteils ausreicht. Durch die Verwendung systemweiter Größen (Durchlaufzeit und Lagerbestände) wird der Möglichkeit Rechnung getragen, daß eine zufällige Bedarfserhöhung in einer Teilperiode durch eine zufällige Bedarfsunterschreitung in einer anderen Teilperiode der systemweiten Durchlaufzeit kompensiert werden kann.

Bei der Bestimmung des systemweiten Sicherheitsbestands für das Einzelteil 2 wird die Standardabweichung der Prognosefehler bezüglich des Endproduktbedarfs während der systemweiten Durchlaufzeit des Einzelteil verwendet:

$$(409)\quad SB_1+SB_2 = k\cdot\sigma_e(l_1+l_2)$$

Bilden wir die Differenz (409)-(408), dann beträgt der (marginale) Sicherheitsbestand für das Einzelteil 2:

$$(410)\quad SB_2 = k\cdot[\sigma_e(l_1+l_2)-\sigma_e(l_1)]$$

Bild 174 zeigt die Anwendung des Konzepts des systemweiten Sicherheitsbestands für ein Endprodukt und ein Einzelteil bei der Einplanung der Mindestproduktionsmengen.

Produkt 1: $SB_1=20$ Periode t	8	9	10	11	12	13
Bruttobedarfsmenge für Endprodukt 1	0	0	0	20	40	60
verfügbarer Lagerbestand y_{1t}	90	90	90	90	70	30
Lagerbestand $y_{1t}-SB_1$	70	70	70	70	50	-10
Nettobedarf	0	0	0	0	0	50
Mindestproduktionsmenge p_1				50		
				⊢	$l_1=2$	⊣
Produkt 2: $SB_2=30$ Periode t	**8**	**9**	**10**	**11**	**12**	**13**
Sekundärbedarfsmenge für Einzelteil 2	0	0	0	50	0	0
verfügbarer Lagerbestand y_{2t}	40	40	40	40	30	30
Lagerbestand $y_{2t}-SB_2$	10	10	10	-10	10	10
Lagerbestand $y_{1t}+y_{2t}-SB_1-SB_2$	80	80	80	80	60	20
Nettobedarf	0	0	0	40	0	0
Mindestproduktionsmenge p_2	40					(40)
	⊢	$l_2=3$		⊢	$l_1=2$	⊣

Bild 174: Anwendung des Konzepts des systemweiten Sicherheitsbestands mit $SB_1=20$ und $SB_2=30$

Damit der prognostizierte Bedarf (60) des Endprodukts 1 in Periode 13 gedeckt werden kann, muß - unter Beachtung der geforderten Sicherheitsbestände $SB_1=20$ und $SB_2=30$ - in Periode 11 ein Fertigungauftrag über 50 Einheiten des Endprodukts und in Periode 8 ein Auftrag über 40 Einheiten des Einzelteils aufgelegt werden. Ist die Prognose für den Bedarf der Periode 13 zutreffend, dann betragen die Lagerbestände am Ende der Periode 13 wie geplant 20 (Endprodukt 1) und 30 (Einzelteil 2).

Der Endproduktbedarf am Ende der systembezogenen Durchlaufzeit des Einzelteils (l_2+l_1), d.h. in Periode 13, darf sich nun aufgrund unvorhergesehener Ereignisse um maximal 50 Einheiten erhöhen, ohne daß wegen mangelnder Verfügbarkeit des Einzelteils Fehlmengen entstehen. Wird die *Bedarfserhöhung* in Periode 13 *bereits in Periode 8 bekannt*, dann können 20 Mengeneinheiten des Einzelteils, die schon in das

Endprodukt 1 eingebaut worden und in dessen Sicherheitsbestand gebunden sind sowie 30 Mengeneinheiten des Einzelteils, die noch produziert und in das Endprodukt 1 eingebaut werden müssen, zur Bedarfsdeckung verwendet werden; die geplante Produktionsmenge des Endprodukts in Periode 11 muß dann um 30 Mengeneinheiten erhöht werden. Durch diese Produktionsmengenerhöhung des Endprodukts (infolge eines geänderten Bedarfsprognosewertes für Periode 13) wird der Sicherheitsbestand des Einzelteils vollständig aufgebraucht. Wird die *Bedarfserhöhung* in Periode 13 *erst in Periode 11 bekannt*, dann darf sie nur noch 20 Mengeneinheiten betragen, da nicht mehr genügend Zeit zur Produktion weiterer Einheiten des Einzelteils bleibt.

Der Vorteil der systemweiten Betrachtung des Sicherheitsbestands ist darin zu sehen, daß die Schwankungen der Bedarfsmenge nicht von Erzeugnisstufe zu Erzeugnisstufe kumuliert werden.

Ist eine **Sicherheitsvorlaufzeit** SZ vorgesehen, dann wird ein Fertigungsauftrag anstatt in Periode t schon eine oder mehrere Perioden früher, also in der Periode (t-SZ) ausgelöst[434]. Die um die Sicherheitsvorlaufzeit erhöhte Durchlaufzeit bezeichnet man in der englischsprachigen Literatur auch als **planned lead time**[435], weil sie nicht der tatsächlichen Durchlaufzeit entspricht, sondern lediglich eine Größe für Planungszwecke darstellt. Die Verwendung der Sicherheitsvorlaufzeit verschiebt den spätestzulässigen Produktionstermin in die Periode (t-SZ)[436]:

$$(411)\quad p_{t-SZ}(L=1) = \max\left[\left[\sum_{\tau=t}^{t+1} r_{t\tau} - y_t\right], 0\right]$$

Bei Verwendung einer Sicherheitsvorlaufzeit SZ ist die unter deterministischen Bedingungen in Periode (t+1) fertiggestellte Menge unter normalen Bedingungen nun schon in der Periode (t+1-SZ), d.h. SZ Perioden früher im Lager verfügbar. Die tatsächliche Durchlaufzeit des Produktionsauftrags kann sich um die Sicherheitsvorlaufzeit erhöhen, ohne daß Probleme bei der Versorgung des nachfolgenden Produktionsprozesses mit Material auftreten. Bild 175 zeigt den Einfluß der Sicherheitszeit auf die Terminierung eines Produktionsauftrags.

Periode t	1	2	3	4	5
Bruttobedarfsmenge r_t	20	40	20	0	30
verfügbarer Lagerbestand y_t	90	70	30	10	10
Nettobedarf	0	0	0	0	20
Mindestproduktionsmenge p_2		20			
		⊢ SZ ⊣	⊢ l=2		⊣

Bild 175: Zusammenhang zwischen Mindestproduktionsmenge, verfügbarem Lagerbestand und Bruttobedarfsmenge bei Berücksichtigung einer Sicherheitsvorlaufzeit SZ = 1

434 vgl. New (1975)

435 vgl. Padilla (1982); vgl. auch St. John (1983); St. John (1985)

436 Eine andere Variante der Verwendung der Sicherheitsvorlaufzeit, bei der die Produktionsmenge mit zunehmender Sicherheitsvorlaufzeit steigt, benutzen Wijngaard und Wortmann; vgl. Wijngaard/Wortmann (1985), S. 283.

Die Bestimmung der *optimalen Sicherheitszeit* bereitet erhebliche Schwierigkeiten. Hierzu ist die Kenntnis der Wahrscheinlichkeitsverteilung der Durchlaufzeit erforderlich. Eine einfache Gleichung für der Vorlaufzeit, bei der die (stochastischen) Komponenten der Durchlaufzeit eines Erzeugnisses einzeln erfaßt werden, lautet[437]:

$$(412) \quad l = \mu_R + q/\mu_B + \mu_T + \underbrace{k \cdot \sqrt{[\sigma_R^2 + \sigma_B^2 \cdot q + \sigma_T^2]}}_{\text{Sicherheitsvorlaufzeit}}$$

Es bedeuten:

B	Stückbearbeitungszeit
k	Sicherheitsfaktor
q	Losgröße
R	Rüstzeit
T	Transportzeit
σ^2	Varianz
μ	Mittelwert

Der Sicherheitsfaktor k hat dieselbe Funktion wie bei der Bestimmung der Sicherheitsbestands. Er kann im Hinblick auf ein tolerierbares Verspätungsrisiko festgelegt werden. Die in Gleichung (412) vorgenommene Zerlegung der Durchlaufzeit in ihre Komponenten ist in der Praxis sehr schwer durchzuführen, da in einem konkreten Fall nicht sichtbar ist, welche Einflußgröße zu einer Veränderung der Durchlaufzeit geführt hat.

Wird für jeden Arbeitsgang bzw. für jede Erzeugnisstufe eine Sicherheitsvorlaufzeit vorgesehen, dann besteht die Gefahr, daß sich diese Zeiten über die mehrstufige Erzeugnisstruktur kumulieren und überhöhte Lagerbestände zu Folge haben. Dies ist ein Problem, das in der betrieblichen Praxis häufig auftritt.

Die **Bestimmung der Vorlaufzeit** wirft zusätzlich die Frage auf, in welcher Höhe sie festgelegt werden soll, wenn **keine ungeplanten, zufälligen Ereignisse** eintreten. Die Durchlaufzeit bei Werkstattfertigung ist ja bekanntermaßen nicht gleich der Summe aus Rüst- und Bearbeitungszeiten; vielmehr kommen von dem **Ergebnis der Ablaufplanung** abhängige Wartezeiten der Aufträge hinzu. Diese Wartezeiten müssen bei der Vorlaufverschiebung mit berücksichtigt werden. Man muß also wissen, wie hoch die gesamte Wartezeit eines Auftrags in der Fertigung sein wird. Die tatsächliche Sicherheitsvorlaufzeit (Pufferzeit) eines Auftrags hängt dann davon ab, wie hoch die notwendige normale Wartezeit überschätzt wird und wieviel Reservezeit aufgrund stochastischen Überlegungen bereitgehalten wird.

Bei beiden beschriebenen Pufferungsmechanismen - sowohl bei Verwendung eines Sicherheitsbestands als auch bei Einsatz einer Sicherheitsvorlaufzeit - wird der durchschnittliche Lagerbestand eines Produkts erhöht[438]. Die Auswirkungen beider Methoden zur Absorption der Unsicherheit auf die Höhe des Lagerbestands sind aber un-

437 vgl. ähnlich Padilla (1982), S. 205

438 Bei konstantem und regelmäßigem Bedarf können beide Maßnahmen zur Berücksichtigung der Unsicherheit als äquivalent betrachtet werden; vgl. Wijngaard/Wortmann (1985), S. 283

terschiedlich. Während die Verwendung eines Sicherheitsbestands zu einer konstanten, von einzelnen Produktionsaufträgen unabhängigen Erhöhung des Lagerbestands führt, tritt ein erhöhter Lagerbestand bei Verwendung einer Sicherheitsvorlaufzeit nur dann auf, wenn auch ein Produktionsauftrag früher ausgelöst worden ist. Die Höhe des aus Sicherheitsgründen überhöhten Lagerbestands entspricht dabei der Menge des zeitlich vorgezogenen Produktionsauftrags. Der durch die Unsicherheit induzierte Lagerbestand ist damit umso größer, je mehr Aufträge eingeplant und um die Sicherheitsvorlaufzeit verfrüht eingelagert werden. Da auf den unteren Erzeugnisstufen die Bedarfe zunehmend sporadischer und demzufolge Produktionsaufträge seltener aufgelegt werden, ist zu erwarten, daß die Sicherheitszeit insb. für untergeordnete Produkte bei gleichem Lieferunfähigkeitsrisiko gegenüber dem Sicherheitsbestand mit einem niedrigerem Lagerbestand verbunden ist[439]. Ein Nachteil der Sicherheitsvorlaufzeit besteht darin, daß mengenmäßige Unsicherheit (Ausschuß) nicht ohne die Beeinflussung anderer Produktionsaufträge aufgefangen werden kann.

Der dritte Pufferungsmechanismus besteht in der systematischen **Überschätzung der Bedarfsmengen** (hedging)[440]. Diese Methode ist insb. bei der Berücksichtigung von erwartetem Ausschuß üblich. Die Mindestproduktionsmenge wird in diesem Fall wie in Gleichung (401) bestimmt, wobei anstelle der prognostizierten Bedarfsmengen überhöhte Werte angegeben werden.

Die **Verlängerung des Planungshorizonts der kurzfristigen Produktionsplanung** ist eine weitere Möglichkeit, die Unsicherheit in der Materialbedarfs- und Losgrößenplanung zu berücksichtigen. Je länger der Planungszeitraum ist, für den verbindliche Primärbedarfsmengen festgelegt werden, umso seltener wird eine Umstrukturierung der Produktionsplanung für die untergeordneten Erzeugnisse notwendig sein. Die Unsicherheit bezüglich der Primärbedarfsmengen kann dann durch Sicherheitsbestände abgefangen werden. Die in der betrieblichen Praxis in beträchtlichem Ausmaß bestehende Unsicherheit bezüglich der Durchlaufzeiten der einzelnen Arbeitsgänge kann jedoch auf diesem Wege nicht absorbiert werden.

Die **Neueinplanung von Produktionsaufträgen**, die zwar schon terminiert und freigegeben sind, mit deren Bearbeitung aber noch nicht begonnen wurde (rescheduling) ist eine häufig eingesetzte Form der Reaktion auf Änderungen in der Datenstruktur der kurzfristigen Produktionsplanung. Dabei ist nach dem geänderten Auftragsmerkmal zu unterscheiden zwischen einer Veränderung des geplanten **Fertigstellungstermins**, einer Veränderung der **Auftragsmenge** und einer Veränderung der geplanten **Durchlaufzeit.**

Die **Veränderung des geplanten Fertigstellungstermins** eines Auftrags infolge einer Veränderung der Bedarfsmenge wird in der Literatur als eine einfach zu implementierende Methode empfohlen[441]. In diesem Fall wird ein Auftrag für ein Erzeugnis, dessen Bedarf sich in einer Periode gegenüber dem Plan erhöht hat, soweit vorgezogen, daß der zusätzliche Bedarf gedeckt werden kann. Das ist jedoch nur dann möglich,

439 vgl. Meal (1979); New (1975); Wijngaard/Wortmann (1985), S. 286

440 vgl. New (1975);

441 vgl. Ho/Carter/Melnyk/Narasimhan (1986); Orlicky (1975)

wenn genügend zeitlicher Spielraum (Pufferzeit) für die Terminverschiebung des Auftrags besteht. Wurde die Losgröße des vorgezogenen Auftrags nach einem Verfahren der dynamischen Losgrößenbestimmung durch Zusammenfassung einer ganzzahligen Anzahl zukünftiger Periodenbedarfsmengen gebildet, dann bedeutet die Verwendung eines Teils dieses Loses zur Abdeckung des ungeplanten zusätzlichen Bedarfs, daß die verbleibende Reichweite des Loses sich verringert. Dies wiederum kann alle in folgenden Perioden eingeplanten Aufträge beeinflussen. Die negativen Folgen einer zeitlichen Verschiebung des Produktionstermins sind dabei umso größer, je weiter ein Los vorgezogen werden muß, d.h. je größer die Reichweiten der Lose sind.

Bei **Veränderung der Produktionsauftragsmenge** (Losteilung) aufgrund eines kurzfristigen Anstiegs der Bedarfsmenge eines Erzeugnisses wird die Losgröße um den zusätzlichen Bedarf erhöht bzw. verringert. Insb. eine Verringerung der Losgröße kann in mehrstufigen Erzeugnisstrukturen schwerwiegende Probleme aufwerfen, da aufgrund der zeitlichen Vorlaufverschiebung evtl. bereits produzierte untergeordnete Einzelteile und Baugruppen nach Verringerung der Auftragsmenge des übergeordneten Produkts nicht mehr benötigt werden.

Die **Veränderung der geplanten Durchlaufzeit** (planned lead time) eines Auftrags ist eine in der betrieblichen Praxis häufig zum Einsatz kommende Vorgehensweise. Das liegt vor allem daran, daß bereits bei der Planung der Durchlaufzeit eines Auftrags wegen der bestehenden Unsicherheit mit einem überhöhten Zeitzuschlag gerechnet wird. Da ohnehin kein Vertrauen in die Realitätsnähe eines solchen Planwerts besteht, wird eine Anpassung der Plandurchlaufzeit oft zur Adaption des Produktionsplans an eine geänderte Datensituation eingesetzt. Die Veränderung der Plandurchlaufzeit wird in vielen Fällen auch von Maßnahmen zur tatsächlichen Beschleunigung des Bearbeitungsfortschritts eines Auftrags begleitet; so kann ein kritischer Auftrag als Eilauftrag deklariert und bevorzugt bearbeitet werden. Dabei ist jedoch zu beachten, daß die Verkürzung der Durchlaufzeit eines bevorzugten Auftrags zu Lasten mindestens eines anderen Auftrags geht, dessen Durchlaufzeit sich erhöht.

Vertiefende Literatur zu Abschnitt 5.:

Carlson/Jucker/Kropp (1979)
Ho/Carter/Melnyk/Narasimhan (1986)
Meal (1979)
Melnyk/Piper (1981)
New (1975)
Orlicky (1975)
Padilla (1982)
St. John (1983)
Timmer/Monhemius/Bertrand (1984)
Whybark/Williams (1976)
Wijngaard/Wortmann (1985)

Literaturverzeichnis

Afentakis, P., Issues in Material Requirements Planning Systems, University of Rochester, Graduate School of Management, Thesis Series No. Ph.-D.-04, Rochester 1982

Afentakis, P., A Parallel Heuristic Algorithm for Lot-Sizing in Multistage Production Systems, in: IIE Transactions 19(1987)March, S. 34-42

Afentakis, P., A Parallel Heuristic Algorithm for Lot-Sizing in Multistage Production Systems, Working Paper, Dep. of IE and OR, Syracuse University 1986

Afentakis, P., A class of heuristic algorithms for lot-sizing in multistage systems, Working paper series No. QM 8203, Graduate School of Management, University of Rochester, Rochester, New York 1982

Afentakis, P. und B. Gavish, Optimal Lot-Sizing Algorithms for Complex Product Structures, in: Operations Research 34 (1986), S. 237-249

Afentakis, P. und B. Gavish, Complexity Analysis of Bill of Material Processor Algorithms, Working Paper, University of Rochester, Graduate School of Management, Rochester (New York) o.J.

Afentakis, P. und B. Gavish, Optimal Lot-Sizing Algorithms for Complex Product Structures, in: Operations Research 34(1986), S. 237-249

Afentakis, P. Gavish, B. und U. Karmarkar, Computational Efficient Optimal Solutions to the Lot-Sizing Problem in Multistage Assembly Systems, in: Management Science 30(1984), S. 222-239

Aquilano, N.J. und D.E. Smith, A Formal Set of Algorithms For Project Scheduling With Critical Path Scheduling/Material Requirements Planning, in: Journal of Operations Management 1(1980)2, S. 57-67

Arnolds, H., Heege, F. und W. Tussing, Materialwirtschaft und Einkauf, 4. Aufl., Wiesbaden (Gabler) 1985

Axsäter, S., Economic Lot-Sizes and Vehicle Scheduling, in: European Journal of Operational Research 4(1980), S. 395-398

Axsäter, S., Evaluation of lot-sizing techniques, in: International Journal of Production Research 24(1986)1, S. 51-57

Bahl, H.C.,Master Scheduling and Component Lot Sizing Decisions in Resource-Constrained Material Requirements Planning Environments, Ph.D. Diss., Ohio State University 1980

Bahl, H.C., Column Generation Based Heuristic Algorithm for Multi-Item Scheduling, in: IIE Transactions 15(1983), S. 136-141

Bahl, H.C. und L.P. Ritzman, A cyclical scheduling heuristic for lot sizing with capacity constraints, in: International Journal of Production Research 22(1984), S. 791-800

Bahl, H.C. und L.P. Ritzman, An Integrated Model for Master Scheduling, Lot Sizing and Capacity Requirements Planning, in: Journal of the Operational Research Society 35(1984)5, S. 389-399

Bahl, H.C. und St. Zionts, Lot Sizing as a Fixed-Charge Problem, in: Production and Inventory Management 27(1986)1, S. 1-11

Baker, K.R., Safety Stocks and Component Commonality, in: Journal of Operations Management 6(1985)1, S. 13-22

Banks, J. und J.S. Carson, Discrete Event Simulation, Englewood Cliffs (Prentice-Hall) 1984

Bemelmans, R.P.H.G., On the Capacity-Aspect of Inventories, Berlin (Springer) 1986

Bellman, R., Dynamic Programming, Princeton (Princeton University Press) 1957

Benton, W.C. und R. Srivastava, Product Structure Complexity and Multilevel Lot Sizing Using Alternative Costing Policies, in: Interfaces 16(1985), S. 357-369

Berg, C.C., Materialwirtschaft, Stuttgart (Fischer) 1979

Beveridge, G.S.G. und R.S. Schechter, Optimization: Theory and Practice, New York (McGraw-Hill) 1970

Billington, P.J., McClain, J.O. and L.J. Thomas, Programming Approaches to Capacity-Constrained MRP-Systems: Review, Formulation and Problem Reduction, in: Management Science 29(1983), S. 1126-1141

Billington, P.J., Multi-Level Lot-Sizing with a Bottleneck Work Center, Ph.D. Diss., Cornell University 1983

Billington, P.J., McClain, J.O. and L.J. Thomas, Heuristics for Multilevel Lot-Sizing with a Bottleneck, in: Management Science 32(1986), S. 989-1006

Bitran, G.R. und H. Matsuo, Approximation Formulations For The Single-Product Capacitated Lot Size Problem, in: Operations Research 34(1986)1, S. 63-74

Blackburn, J.D., Kropp, D.H. und R.A. Millen, Effective Strategies for Less-Nervous MRP Systems, Working Paper, Vanderbilt University, Owen Graduate School of Management, Nashville, Tennessee, o.J.

Blackburn, J.D., Kropp, D.H. und R.A. Millen, MRP System Nervousness: Causes and Cures, in: Engineering Costs and Production Economics 9(1985), S. 141-146

Blackburn, J.D., Kropp, D.H. und R.A. Millen, A Comparison of Strategies to Dampen Nervousness in MRP Systems, in: Management Science 32(1986)4, S. 413-429

Blackburn, J.D. and R.A. Millen, An evaluation of heuristic performance in multi-stage lot-sizing systems, in: International Journal of Production Research 23(1985)5, S. 857-866

Blackburn, J.D. and R.A. Millen, Improved Heuristics for Multi-Stage Requirements Planning Systems, in: Management Science 28(1982), S. 44-56

Bott, K.M., An Analysis of Factors which Affect Load Variability and System Performance in a Multistage, Multiproduct Production System, Ph.D. Diss., Ohio State University 1981

Brown, R.G., Decision Rules for Inventory Management, Hinsdale (Dryden Press) 1967

Brown, R.G., Estimating Aggregate Inventory Standards, in: Naval Research Logistics Quarterly 10(1963)1, S. 55-71

Brown, R.G., Smoothing, Forecasting and Prediction of Discrete Time Series, Englewood Cliffs (Prentice Hall) 1963

Brown, R.G., Materials Management Systems - A Modular Library, 2. Aufl., Malabar (Krieger) 1984

Buchmann, W., Konzeption eines Programmsystems zur belastungsorientierten Fertigungssteuerung, in: Zeitschrift für wirtschaftliche Fertigung 77(1982)8, S. 374-378

Buffa, F.P., Inbound Logistics: Analysing Inbound Consolidation Opportunities, in: International Journal of Physical Distribution & Materials Management 16(1986)4, S. 3-32

Burstein, M.C., Nevison, C.H und R.C. Carlson, Dynamic Lot-Sizing when Demand Timing is Uncertain, in: Operations Research 32(1984), S. 362-379

Candea, D., Issues of Hierarchical Planning in Multi-Stage Production Systems, Techn. Report. No. 134, OR-Center, MIT, Cambridge 1977

Carlson, C.C. und C.A. Yano., Safety Stocks in MRP-Systems with Emergency Setups for Components, in: Management Science 32(1986), S. 403-412

Chakravarty, A.K., Orlin, J.B. und U.G. Rothblum, A Partitioning Problem with Additive Objective with an Application to Optimal Inventory Groupings for Joint Replenishment, in: Operations Research 30(1982), S. 1018-1022

Chakravarty, A.K., Deterministic lot-sizing for coordinated families of production/inventory items, in: European Journal of Operational Research 17(1984), S. 207-214

Chakravarty, A.K., Multi-Item Inventory Aggregation into Groups, in: Journal of the Operational Research Society 32(1981), S. 19-26

Chakravarty, A.K., Multi-stage production/inventory deterministics lot size computations, in: International Journal of Production Research 22(1984), S. 405-420

Chang, C.A., A Matrix Model and Analysis for the Loading Procedure of MRP Systems. Ph.D. Diss, Mississippi State University 1981

Chang, C.A., The Interchangeability of Safety Stocks and Safety Lead Time, in: Journal of Operations Management 6(1985)1, S. 35-42

Chang, C.A., Brown, L.G. und L.R. Johnson, Analysis of Buffering Techniques in MRP-Systems with a Matrix Loading Model, in: IIE Transactions 15(1983)4, S. 305-312

Choi, H.-G., Malstrom, E.M. und R.J. Classen, Computer Simulation of Lot-Sizing Algorithms in Three-Stage Multi-Echelon Inventory Systems, in: Journal of Operations Management 4(1984)3, S. 259-277

Clark, A.J. und H. Scarf, Optimal Policies for a multi-echelon inventory problem, in: Management Science 6(1960), S. 475-490

Collier, D.A., A Comparison of MRP Lot Sizing Methods Considering Capacity Change Costs, in: Journal of Operations Management 1(1980), S. 23-29

Collier, D.A., The Interaction of Single-Stage Lot Size Models in a Material Requirements Planning System, in: Production and Inventory Management (1980)4, S. 11-20

Croston, J.D., Forecasting and Stock Control for Intermittent Demands, in: Operational Research Quarterly 23(1972)3, S. 289-303

Crouch, R.B. und S. Oglesby, Optimizytion of a Few Lot Sizes to Cover a Range of Requirements, in: Journal of the Operational Research Society 29(1978), S. 897-904

Crowston, W.B und M.H. Wagner, Dynamic Lot Size Models for Multi-Stage Assembly Systems, in: Management Science 20(1973)1, S. 14-21

Crowston, W.B., Wagner, M.H. und A. Henshaw, A Comparison of Exact and Heuristic Routines for Lot-Size Determination in Multi-Stage Assembly Systems, in: AIIE Transactions, 4(1972), S. 313-317

Carlson, R.C., Jucker, J.V. und D.H. Kropp, Less Nervous MRP Systems: A Dynamic Economic Lot-Sizing Approach, in: Management Science 25(1979), S. 754-761

Dagli, C.H. und F.S. Meral, Multi-Level Lot-Sizing Heuristics, Technical Report No. 85-05, Department of Industrial Engineering, Middle East Technical University University, Ankara 1985; auch veröffentlicht in: Bullinger, H.-J, und H.-J. Warnecke (Hrsg.), Towards the Factory of the Future, Berlin (Springer) 1985

De Bodt, M.A., Gelders, L. und L.N. van Wassenhove, Lot Sizing Under Dynamic Demand Conditions: A Review, in: Engineering and Production Economics 8(1984), S. 165-187

DeBodt, M.A. und S.C. Graves, Continuous-Review Policies for a Multi-Echelon Inventory Problem with Stochastic Demand, in: Management Science 31(1985), S. 1286-1299

DeBodt, M.A. und L.N. Van Wassenhove, Cost Increases Due to Demand Uncertainty in MRP Lot Sizing, in: Decision Sciences 14(1983), S. 345-362

DeMatteis, J.J., An economic lot-sizing technique I - The part-period algorithm, in: IBM Systems Journal 7(1968)1, S. 30-39

Dervitsiotis, K.N., Operations Management, New York (McGraw-Hill) 1981

Dixon, P.S. und E.A. Silver, A Heuristic Solution Procedure for the Multi-Item, Single-Level Limited Capacity Lot-Sizing Problem, in: Journal of Operations Management 2(1981)1, S. 23-39

Dogramaci, A., Panayiotopoulos, J.C. und N.R. Adam, The Dynamic Lot-Sizing Problem for Multiple Items Under Limited Capacity, in: AIIE Transactions 13(1981)4, S. 294-303

Domschke, W. und A. Drexl, Logistik: Standorte, München (Oldenbourg) 1984

Donaldson, W.A., Grouping of Inventory Items by Review Period, in: Journal of the Operational Research Society 32(1981), S. 1075-1076

Donaldson, W.A., The Allocation of Inventory Items to Lot Size/Reorder Level (Q,r) and Periodic Review (T,Z) Control Systems, in: Operational Research Quarterly 25(1974), S. 481-485

Donselaar, K. und J. Wijngaard, Practical Application of the Echelon Approach in a System with Divergent Product Structures, in: in: Axsäter, S., Schneeweiß, Ch. und E.A. Silver (Hrsg.), Multi-Stage Production Planning and Inventory Control, Berlin (Springer) 1986

Draper, N.R. und H. Smith, Applied Regression Analysis, 2. Aufl. New York (Wiley) 1981

Eilon, S. und R.V. Mallya, An Extension of the Classical ABC Inventory Control System, in: OMEGA 13(1985), S. 429-433

Elsayed, E.A. und T.O. Boucher, Analysis and Control of Production Systems, Englewood Cliffs (Prentice Hall) 1985

Evans, J.R., An Efficient Implementation of the Wagner-Whitin Algorithm for Dynamic Lot-Sizing, in: Journal of Operations Management 5(1985)2, S. 229-235

Flores, B.E. und D.C. Whybark, Multiple Criteria ABC Analysis, in: International Journal of Operations and Production Management 6(1986)3, S. 38-46

Florian, M. und M. KLein, Deterministic Production Planning with Concave Costs and Capacity Constraints, in: Management Science 18(1971), S. 12-20

Florian, M., Lenstra, J.K. und A. Rinooy Kan, Deterministic production planning: algorithms and complexity, in: Management Science 26(1980), S. 669-679

Fox, R.E., OPT vs. MRP - Thoughtware vs. Software, Part I, in: Inventories & Production 3(1983)6

Fliedner, E.B., B. Flores und V.A. Mabert, Evaluating adaptive smoothing models: some guidelines for implementation, in: International Journal of Production Research 24(1986), S. 955-970

Franken, R., Materialwirtschaft, Stuttgart (Kohlhammer) 1984

Gardner, E.S., Forecasting with Exponential Smoothing: Some Guidelines for Model Selection, in: Decision Sciences 11(1980), S. 370-383

Gardner, E.S., The Strange Case of the Lagging Forecasts, in: Interfaces 14(1984)3, S. 47-50

Gardner, E.S., The Trade-offs in Choosing a Time Series Method, in: Journal of Forecasting 2(1983), S. 263-267
Gelders, L., Van Wassenhove, L. und J. Maes, A Branch and Bound Algorithm for the Multi Item Single Level Capacitated Dynamic Lotsizing Problem, in: Axsäter, S., Schneeweiß, Ch. und E. Silver, Multi-Stage Production Planning and Inventory Control, Berlin (Springer) 1986, S. 92-108
Goyal, S.K. und A.K. Chakravarty, Two Heuristic Methods for Grouping Inventory Items, in: Engineering Costs and Production Economics 8(1984), S. 211-214
Grasso, E.T. und B.W. Taylor, A simulation-based experimental investigation of supply/timing uncertainty in MRP systems, in: International Journal of Production Research 22(1984), S. 485-497
Grasso, E.T., An Experimental Investigation: Uncertainty in MRP Systems, PH.D. Diss., Virginia Polytechnic Institute and State University, Blacksburg 1982
Graves, S.C., Meal, H.C., Dasu, S.D. und Y. Qui, Two-Stage Production Planning in a Dynamic Environment, in: Axsäter; S., Schneeweiss, Ch. und E. Silver (Hrsg.), Multi-Stage Production Planning and Inventory Control, Berlin (Springer) 1986, S. 9-43
Graves, S.C., Multi-Stage Lot-Sizing: An Iterative Procedure, in: Schwarz, L.B. (Hrsg.), Multi-Level Production/Inventory Controls Systems: Theory and Practice, New York (North Holland) 1981
Grochla, E., Materialwirtschaft, 3. Aufl., Wiesbaden (Gabler) 1978
Groff, G.K., A lot sizing rule for time-phased component demand, in: Production and Inventory Management, (1979)1, S. 47-53
Günther, H.-O., Planning lot sizes and capacity requirements in a single stage production system, in: European Journal of Operational Research 31(1987a), S. 223-231
Günther, H.-O., Numerical Evaluation of Heuristics for the Multi-Item Single-Level Capacitated Lot-Size Problem, Diskussionsarbeit Nr. 26, Universität Mannheim, Lehrstuhl für Allgemeine Betriebswirtschaftslehre und Unternehmensforschung, Mannheim 1987b
Hahn, D. und G. Laßmann, Produktionswirtschaft - Controlling industrieller Produktion, Band 1, Heidelberg (Physica) 1986
Hamburg, M., Statistical Analysis for Decision Making, New York (Harcourt) 1970
Hartmann, H., Materialwirtschaft, 3. Aufl., Gernsbach (Deutscher Betriebswirte-Verlag) 1986
Harrison, P.J., Exponential Smoothing and Short-Term Sales Forecasting, in: Management Science 13(1967), S. 821-842
Haupt, R., ABC-Analyse, in: Kern, W., Handwörterbuch der Produktionswirtschaft, Stuttgart (Poeschel) 1979, Sp. 1-5;
Hax, A.C. und D. Candea, Production and Inventory Management, Englewood Cliffs (Prentice Hall) 1984
Heinrich, C.E., Mehrstufige Losgrößenplanung in hierarchisch strukturierten Produktionsplanungssystemen, Berlin (Springer) 1987
Heinrich, C. und Ch. Schneeweiß, Multi-Stage Lot-Sizing for General Production Systems, in: Axsäter, S., Schneeweiß, Ch. und E.A. Silver (Hrsg.), Multi-Stage Production Planning and Inventory Control, Berlin (Springer) 1986
Ho, Ch., Carter, P.L. Melnyk, St.A. und Narasimhan, R., Quantity versus Timing Change in open Order: a critical Evaluation, in: Production and Inventory Management 27(1986), S. 123-137
Hoel, P.G., Introduction to Mathematical Statistics, 3. Aufl., New York (Wiley) 1962
Hoitsch, H.-J., Produktionswirtschaft, München (Vahlen) 1985
Holt, C.C., Forecasting Seasonals and Trends by Exponentially Weighted Moving Averages, O.N.R. Memorandum No. 52, Carnegie Institute of Technology, Pittsburgh 1957, zitiert nach: Silver/Peterson (1985)
Horvath, P., Materialwirtschaft, in: Engel, K.H. (Hrsg.), Handbuch der neuen Techniken des Industrial Engineering, München 1972
Hüttner, M., Markt- und Absatzprognosen, Stuttgart (Kohlhammer) 1982
Ihde, G.-B., Transport, Verkehr, Logistik, München (Vahlen) 1983
Jacobs, F.R. and B.M. Khumawala, Multi-Level Lot Sizing in Material Requirements Planning: An Empirical Investigation, in: Computers & Operations Research 9(1982)2, S. 139-144
Jensen, P.A. und J.W. Barnes, Netwok Flow Programming, New York (Wiley) 1980
Johnson, L.A. und D.C. Montgomery, Operations Research in Production Planning, Scheduling, and Inventory Control, New York (Wiley) 1974
Jönsson, H., Lundell, P. und A. Thorstensson, Some Aspects on Uncertainty in a Multi-Level Inventory System, in: Egineering Costs and Production Economics 6(1982), S. 141-146

Karmarkar, U.S. und S. Lin, Production Planning with Uncertain Yields and Demands, Working Paper QM 86-32, University of Rochester, Graduate School of Management, Rochester 1986
Karni, R., Maximum Part-Period Gain (MPG) - A Lot Sizing Procedure for Unconstrained and Constrained Requirements Planning Systems, in: Production and Inventory Management 22(1981), S. 91-98
Karni, R. und Y. Roll, A Heuristic Algorithm for the Multi-Item Lot Sizing Problem with Capacity Constraints, in: IIE Transactions 14(1982), S. 249-256
Kendall, M.G., Times Series, London (Griffin) 1973
Khumawala, B.M., An Efficient Heuristic Procedure for the Uncapacitated Warehouse Location Problem, in: Naval Research Logistics Quarterly 20(1973)1, S. 109-121
Kilger, W., Industriebetriebslehre, Band I, Wiesbaden (Gabler) 1986
Kirsch, W., Bamberger, I., Gabele, E., und H.K. Klein, Betriebswirtschaftliche Logistik, Wiesbaden (Gabler) 1973
Knolmayer, G., Ein Vergleich von 30 "praxisnahen" Lagerhaltungsheuristiken, Manuskripte aus dem Institut für Betriebswirtschaftslehre der Universität Kiel, Nr. 152, 1984; vgl. auch ders., Zur Bedeutung des Kostenausgleichsprinzips für die Bedarfsplanung mit PPS-Systemen, in: Zeitschrift für betriebswirtschaftliche Forschung 37(1985)5, S. 411-427
Knolmayer, G., Zur Bedeutung des Kostenausgleichsprinzips für die Bedarfsplanung in PPS-Systemen, in: Zeitschrift für betriebswirtschaftliche Forschung 37(1985), S. 411-427
Knolmayer, G., The Performance of Lot Sizing Heuristics in the Case of Sparse Demand Patterns, in: Kusiak, A. (Hrsg.), Modern Production Management Systems, New York (North-Holland) 1987, S. 265-279
Kohlas, J., Stochastische Methoden des Operations Research, Stuttgart (Teubner) 1977, S. 32-33
Krarup, J. und O. Bilde, Plant Location, Set Covering and Economic Lot Sizing: An O(nm) Algorithm for Structured Problems, in: Collatz, L. et al. (Hrsg.),Numerische Methoden bei Optimierungsaufgaben, Band 3, Optimierung bei graphentheoretischen und ganzzahligen Problemen, Basel (Birkhäuser) 1977, S. 155-180
Küpper, H.-U., Beschaffung, in: Bitz, M. et. al. (Hrsg.), Vahlens Kompendium der Betriebswirtschaftslehre, Band 1, München (Vahlen) 1984, S. 187-240
Kupsch, P.U. und T. Lindner, Materialwirtschaft, in: Heinen, E. (Hrsg.), Industriebetriebslehre, 8. Aufl., Wiesbaden (Gabler) 1985
Lambrecht, M.R., J.A. Muckstadt and R. Luyten, Protective stocks in multi-stage production systems, in: International Journal of Production Research 22(1984), S. 1001-1025
Lambrecht, M.R., Vander Eecken, J. und H. Vanderveken, A Comparative Study of Lot Sizing Procedures for Multi-Stage Assembly Systems, in: OR Spektrum 5(1983)1, S. 33-43
Lambrecht, M.R. und H. Vanderveken, Heuristic Procedures for the Single Operation, Multi-Item Loading Problem, in: IIE Transactions 11(1979)4, S. 319-326
Lasdon, L.S. und R.C. Terjung, An Efficient Algorithm for Multi-Item Scheduling, in: Operations Research 19(1971), S. 946-969
Lee, T.S. und E.E. Adam, Forecasting Error Evaluation in Material Requirements Planning (MRP) Production-Inventory Systems, in: Management Science 32(1986), S. 1186-1205
Lewandowski, R., Prognose- und Informationssysteme und ihre Anwendungen, Berlin (DeGruyter) 1974
Love, St.F., Inventory Control, New York (McGraw-Hill) 1979
Maes, J. und L.N. Van Wassenhove, Multi-Item single level capacitated dynamic lot-sizing heuristics: a computational comparison (part I: static case), in: IIE Transactions 18(1986a), S. 114-123
Maes, J. und L.N. Van Wassenhove, A simple heuristic for the multi item single level capacitated lotsizing problem, in: OR Letters 4(1986b), S. 265-273
Magee, J.F., Production Planning and Inventory Control, New York (McGraw-Hill) 1958
Makridakis, S. und S.C. Wheelwright, Interactive Forecasting, 2. Aufl., San Francisco (Holden-Day) 1978
Manne, A.S., Programming of economic lot sizes, in: Management Science 4(1958), S. 115-135
Mather, H., Reschedule the Schedule you just Rescheduled - way of Life in MRP, in: Production and Inventory Management 18(1977)1, S. 60-79
Maxwell, W.L. und J.A. Muckstadt, Establishing Consistent and Realistic Reorder Intervals in Production-Distribution Systems, Technical Report No. 561, School of Operations Research and Industrial Engineering, Cornell University 1984
McClain, J.O. und W.W. Trigeiro, Cyclic Assembly Schedules, in: IIE Transactions, 17(1985), S. 346-353

McClain, J.O., Maxwell, W.L., Muckstadt, J.A., Thomas, L.J. und E.N. Weiss, On MRP Lot Sizing, in: Management Science 28(1982), S. 582-584

McLaren, B.J. und D.C. Whybark, Multi-Level Lot Sizing Procedures in a Material Requirements Planning Environment, Discussion Paper No. 64, Division of Research/School of Business, Indiana University, Bloomington 1976

McLaren, B.J., A Study of multiple level lo sizing procedures for material requirements planning systems, Ph.D. Diss., Purdue University 1977

McLeavey, D.W. und S.L. Narasimhan, Production Planning and Inventory Control, Boston (Allyn and Bacon) 1985

Meal, H.C., Safety Stocks in MRP, Technical Report No. 166, OR Center, MIT, Cambridge, Mass. 1979

Mertens, P., (Hrsg.), Prognoserechnung, 4. Aufl., Würzburg (Physica) 1981

Mertens. P, und K. Backert, Vergleich und Auswahl von Prognoseverfahren für betriebswirtschaftliche Zwecke, in: Zeitschrift für Operations Research 24(1980), S. B1-B27

Miller, J.G., Hedging the master schedule, in: Ritzman, L.P., Krajewski, L.J., Berry, W.L., Goodman, S.II., Hardy, S.T. und L.D. Vitt (Hrsg.), Disaggregation, Boston (Nijhoff) 1979, S. 237-256

Moily, J.P., Optimal and Heuristic Lot-Sizing Procedures for Multi-Stage Manufacturing Systems, Ph. D. Diss., University of Wisconsin 1982

Morey, R.C., Estimating Service Level Impacts form Changes in Cycle Count, Buffer Stock, or Corrective Action, in: Journal of Operations Management 5(1985)4, S. 411-418.

Montgomery, D.C. und L.A. Johnson, Operations Research in Production Planning, Scheduling, and Inventory Control, New York (Wiley) 1974

Müller-Merbach, H. und W.P. Schmidt, Teilebedarfsermittlung mit Hilfe des Gozinto-Graphen in: Zeitschrift für betriebswirtschaftliche Forschung 22(1970), S. 727-733

Müller-Merbach, H., Die Anwendung des Gozinto-Graphs zur Berechnung des Roh- und Zwischenproduktbedarfs in chemischen Betrieben, in: Ablauf- und Planungsforschung 7(1966)4, S. 187-198

Müller-Merbach, H., Die Inversion von Gozinto-Matrizen mit einem graphentheoretischen Verfahren, in: Elektronische Datenverarbeitung 11(1969)7, S. 310-314

Müller-Merbach, H., Operations Research, 3. Aufl. München (Vahlen) 1973

Müller-Merbach, H., Optimale Losgrößen bei mehrstufiger Fertigung, in: Ablauf- und Planungsforschung 4(1963)4

Naylor, T.H., Corporate Planning Models, Reading (Addison-Wesley) 1979

Neter, J. und W. Wassermann, Applied linear statistical models, Homewood (Prentice-Hall) 1974

Nevison, C.H., A Cost Adjustment Heuristic for Dynamic Lot-Sizing with Uncertain Demand Timing, in: Operations Research 33(1985), S. 1342-1352

New, C.C., Lot-Sizing in Multi-Level Requirements Planning Systems, in: Production and Inventory Management 15(1974)4, S. 57-72

New, C.C., Managing the Manufacture of Complex Products, London (Business Books) 1977

New, C.C., Safety Stocks for Requirements Planning, in: Production and Inventory Management 16(1975)2, S. 1-18

Newson, E.F.P., Multi-Item Lot Size Scheduling by Heuristic, Part I: With Fixed Resources, in: Management Science 21(1975), S. 1186-1193

Oeldorf, K. und K. Olfert, Materialwirtschaft, 4. Aufl., Ludwigshafen (Kiehl) 1985

Ohse, D., Näherungsverfahren zur Bestimmung der wirtschaftlichen Bestellmenge bei schwankendem Bedarf, in: Elektronische Datenverarbeitung 12 (1970), S. 83-88

Orlicky, J.A., Material Requirements Planning, New York (McGraw-Hill) 1975

Padilla, J.A., Quantitative Consideration o Lot Size, Lead Time and Safety Stock in MRP Systems, Ph. D. Diss., University of Texas, Austin 1982

Pekayaz, B., Strategische Planung in der Materialwirtschaft, Frankfurt (Lang) 1985

Pfohl, H.-Ch., Logistiksysteme, Berlin (Springer) 1985

Rao, V.V., Optimal Lot Sizing for Acyclic Multi-Stage Production Systems, Ph.D. Diss., School of Industrial and Systems Engineering, Georgia Institute of Technology 1981

Rosling, K., Optimal Lot-Sizing for Dynamic Assembly Systems, in: Axsäter, S., Schneeweiß und E.A. Silver (Hrsg.), Multi-Stage Production Planning and Inventory Control, Berlin (Springer) 1986, S. 119-131

Salzman, L., Computerized Economic Analysis, New York (McGraw-Hill) 1968

Scheer, A.-W., Absatzprognosen, Berlin (Springer) 1983

Scheer, A.-W., EDV-orientierte Betriebswirtschaftslehre, Berlin (Springer) 1984
Scheer, A.-W., Elektronische Datenverarbeitung und Operations Research im Produktionsbereich - zum gegenwärtigen Stand von Forschung und Anwendung, in: OR Spektrum 2(1980), S. 1-22
Scheer, A.-W., Wirtschaftsinformatik, München (Moderne Industrie) 1978
Scheer, A.-W., Wirtschaftsinformatik, Berlin (Springer) 1988
Scheuch, F., Marketing, München (Vahlen) 1986
Schlittgen, R. und B.H.J. Streitberg, Zeitreihenanalyse, München (Oldenbourg) 1984
Schneeweiß, Ch., Einführung in die Produktionswirtschaft, Berlin (Springer) 1987
Schneeweiß, Ch., Modellierung industrieller Lagerhaltungssysteme, Berlin (Springer) 1981
Schwarz, L.B. und L. Schrage, Optimal and System Myopic Policies for Multi-Echelon Production/Inventory Assembly Systems, in: Management Science 21(1975), S. 1285-1294
Sharda, R. und J.F. Rock, Forecasting Software for Microcomputers, in: Computers & Operations Research 13(1986), S. 197-206
Silver, E.A., Inventory Control under a probabilistic, time-varying, demand pattern, in: AIIE Transactions 10(1978)4, S. 371-379
Silver, E.A. and H.C. Meal, A Heuristic for Selecting Lot Size Quantities for the Case of a Deterministic varying Demand Rate and Discrete Opportunities For Replenishment, in: Production and Inventory Management 14(1973)2, S. 64-74
Silver, E.A. and H.C.Meal, A simple modification of the EOQ for the case of a varying demand rate, in: Production and Inventory Management 1O(1969), S. 51-55
Silver, E.A. und B. Switzer, Indices Versus Transcendental Functions in Seasonal Forecasting: Reaping the Benefits of Both, in: Journal of the Operational Research Society 36(1985)1, S. 49-54
Silver, E.A. und J. Miltenburg, Two Modifications of the Silver-Meal Lot Sizing Heuristics, in: INFOR 22(1984)1, S. 56-69
Silver, E.A. und R. Peterson, Decision Systems for Inventory Management and Production Planning, 2. Aufl., New York (Wiley) 1985
Skutta, W., ISI - Industrielles Steuerungs- und Informationssystem, Teil 2: Materialdisposition, in: Siemens Schriftenreihe data praxis, München (Siemens) o.J.
Smith, D.E., A Combined Critical Path Method-Material Requirements Planning Model For Project Scheduling Subject To Resource Constraints, Ph. D. Diss., University of Arizona, Graduate School of Management 1980
Späth, H., Cluster-Analyse-Algorithmen zur Objektklassifizierung und Datenreduktion, München (Oldenbourg) 1975
Starr, M.K. und D.W. Miller, Inventory Control: Theory and Practice, Englewood Cliffs (Prentice Hall) 1962
Steele, D.C., The Nervous MRP System: How to do the Battle, in: Production and Inventory Management 16(1975)4, S. 83-88
Steinberg, E. und H.A. Napier, Optimal Multi-Level Lot Sizing For Requirements Planning Systems, in: Management Science 26(1980), S. 1258-1271
Steinbrüchel, M., Die Materialwirtschaft der Unternehmung, Bern 1971
Steinhausen, D. und K. Langer, Clusteranalyse, Berlin (DeGruyter) 1977
St. John, R.E., The Cost Effects of Inflated Planned Lead Times in MRP Systems, in: Journal of Operations Management 5(1985)2, S. 119-128
St. John, R.E., The Cost Effects of Inflated Planned Manufacturing Lead Times in Material Requirements Planning Systems, Ph.D. Diss., Arizona State University 1983
Szendrovits, A.Z., Non-Integer optimal lot size ratios in two-stage production/inventory systems, in: International Journal of Production Research 21(1983)3, S. 323-326
Tanaka, T. und Y. Sawada, Optimal Groupings of Inventory Items for a Common Order Cycle Systems, in: Bullinger, H.-J. und Warneke (Hrsg.), Toward the Factory of the Future, Proceedings of the 8th International Conference on Production Research, Berlin (Springer) 1985 S. 242-246
Tatsiopoulos, I.P. und B.G. Kingsman, Lead time Management, in: European Journal of Operational Research 14(1983), S. 351-358
Tempelmeier, H., Losgrößenplanung in PPS-Systemen, in: Zeitschrift für Logistik (1986)9, S. 62-64
Tempelmeier, H., Quantitative Marketing-Logistik, Berlin (Springer) 1983
Tempelmeier, H., Lieferzeit-orientierte Lagerungs- und Auslieferungsplanung, Würzburg (Physica) 1983
Tersine, R.J., Principles of Inventory Management, 2. Aufl., New York (North-Holland) 1982

Tersine, R.J., Productions/Operations Management: Concepts, Structure & Analysis, 2. Aufl., New York (North-Holland) 1985

Theisen, P., Beschaffung, in: Grochla, E. (Hrsg.), Handwörterbuch der Betriebswirtschaftslehre, 4. Aufl., Stuttgart 1974, Sp. 494-503

Thizy, J.M. und L.N. Van Wassenhove, Lagrangean Relaxation for the Multi-Item Capacitated Lot-Sizing Problem: A Heuristic Implementation, in: IIE Transactions 17(1985)4, S. 308-313

Timmer, J.P.J., Monhemius, W. und J.W.M. Bertrand, Production and Inventory Control with the Base Stock System, Report EUT/BDK/12, Eindhoven University of Technology, Eindhoven 1984

Treu, F., Stücklistenauflösung und Bedarfs-Planung, in: Zeitschrift für wirtschaftliche Fertigung 67(1972), S. 561-567

Trigg, D.W. und A.G. Leach, Exponential Smoothing with an Adaptive Response Rate, in: Operational Research Quarterly 18(1967)1, S. 53-59

Troßmann, E., Betriebliche Bedarfsplanung auf der Grundlage einer dynamischen Produktionstheorie, in: Zeitschrift für Betriebswirtschaft 56(1986), S. 827-847

Trux, W.R., Einkauf und Lagerdisposition mit Datenverarbeitung, 2. Aufl., München (Moderne Industrie) 1972, S. 82; der Störpegel kann bei normalverteilter Bedarfsmenge in den Variationskoeffizienten überführt werden.

Van Wassenhove, L. und J. Maes, Multi-Item Single Level Capacitated Dynamic Lotsizing Heuristics: a Critique, WP 84-25, Kathlieke Universiteit Leuven, Departement Werktuigkunde, Afdeling Industrieel Beleid, Leuven 1984

Van Wassenhove, L.N. und M.A. DeBodt, Capacitated Lot Sizing for Injection Moulding: a Case Study, in: Journal of the Operational Research Society 34(1983)6, S. 489-501

Van Wassenhove, L.N. und P. Vanderhenst, Planning production in a bottleneck department, in: European Journal of Operational Research 12(1983), S. 127-137

Vazsonyi, A., Die Planungsrechnung in Wirtschaft und Industrie, München (Oldenbourg) 1962

Veinott, A.F.jr., Minimum Concave-Cost Solution of Leontief Substitution Models of Multi-Facility Inventory Systems, in: Operations Research 17(1969)2, S. 262-291

Vollmann, T.E., Berry, W.L. und D.C. Whybark, Manufacturing Planning and Control Systems, Homewood (Irwin) 1984

Wagner, H.M. und T.M. Whitin, A Dynamic Version of the Economic Lot Size Model, in: Management Science 5(1958)1, S. 89-96

Wagner, H.M. und T.M. Whitin, Dynamic Version of the Economic Lot Size Model, in: Management Science 5(1958), S. 89-96

Wäscher, G., Innerbetriebliche Standortplanung bei einfacher und mehrfacher Zielsetzung, Wiesbaden (Gabler) 1982

Wedekind, H., Ein Vorhersagemodell für sporadische Nachfragemengen bei der Lagerhaltung, in: Ablauf- und Planungsforschung 9(1968), S. 1-11

Wemmerlöv, U. und D.C. Whybark, Lot-sizing under uncertainty in a rolling schedule environment, in: International Journal of Production Research 22(1984), S. 467-484

Wemmerlöv, U., A Comparison of Discrete, Single Stage Lot-Sizing Heuristics with Special Emphasis on Rules Based on the Marginal Cost Principle, in: Engineering Costs and Production Economics 7(1982), S. 45-53

Wemmerlöv, U., An Experimental Analysis of the Use of Echelon Holding Costs and Single Stage Lot-Sizing Procedures in Multi-Stage Production/Inventory Systems, in: International Journal of Operations and Production Management 2(1981/82)2

Wemmerlöv, U., The Ubiquitous EOQ - Its Relation to Discrete Lot Sizing Heuristics, in: International Journal of Operations and Production Management 1(1980), S. 161-179

Wheelwright, S.C. und S. Makridakis, Forecasting Methods for Management, 4. Aufl., New York (Wiley) 1985

Whybark, D.G. und J.G. Williams, Material Requirements Planning under Uncertainty, in: Decision Sciences 7(1976), S. 336-352

Wiendahl, H.-P., Stand und Entwicklungstendenzen der Verfahren zur Fertigungssteuerung, in: Steckhan, H., Bühler, W., Jäger, K.E., Schneeweiß, Ch. und J. Schwarze (Hrsg.), Operations Research Proceedings 1983, Berlin (Springer) 1984, S. 137-154

Wijngaard, J. und J.C. Wortmann, MRP and Inventories, in: European Journal of Operational Research 20(1985), S. 281-293

Winters, P.R., Forecasting Sales by Exponentially Weighted Moving Averages, in: Management Science 6(1960)3, S. 324-342

Zangwill, W.I., A Backlogging Model and a Multi-Echelon Model of a Dynamic Economic Lot Size Production System - A Network Approach, in: Management Science 15(1969)9, S. 506-527

Zäpfel, G. und J. Attmann, Losgrößenplanung: Problemstellung und Problemklassen, in: Wirtschaftsstudium 7(1978), S. 532

Zäpfel, G. und J. Attmann, Losgrößenplanung: Lösungsverfahren für den dynamischen Fall bei beschränkten Kapazitäten und einstufiger Fertigung, in: Wirtschaftsstudium 8(1979), S. 589-594

Zäpfel, G., Produktionswirtschaft - Operatives Produktions-Management, Berlin (DeGruyter) 1982

Zoller, K. und A. Robrade, Dynamische Bestellmengen- und Losgrößenplanung - Verfahrensübersicht und Vergleich, in: OR Spektrum 9(1987), S. 219-233

Sachverzeichnis